Geschichte der Wissenschaft für Dummies – Schummelseite

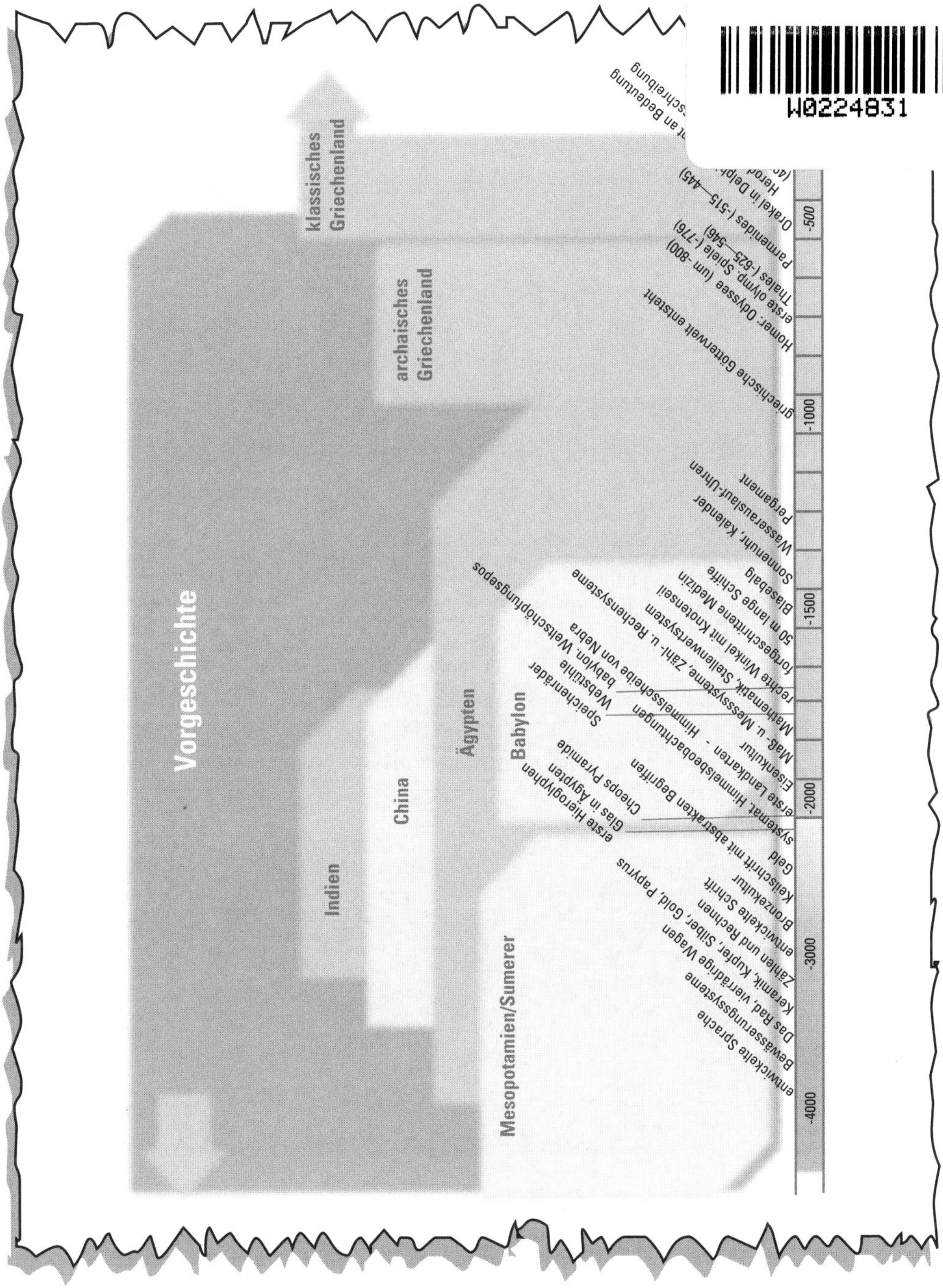

Geschichte der Wissenschaft für Dummies – Schummelseite

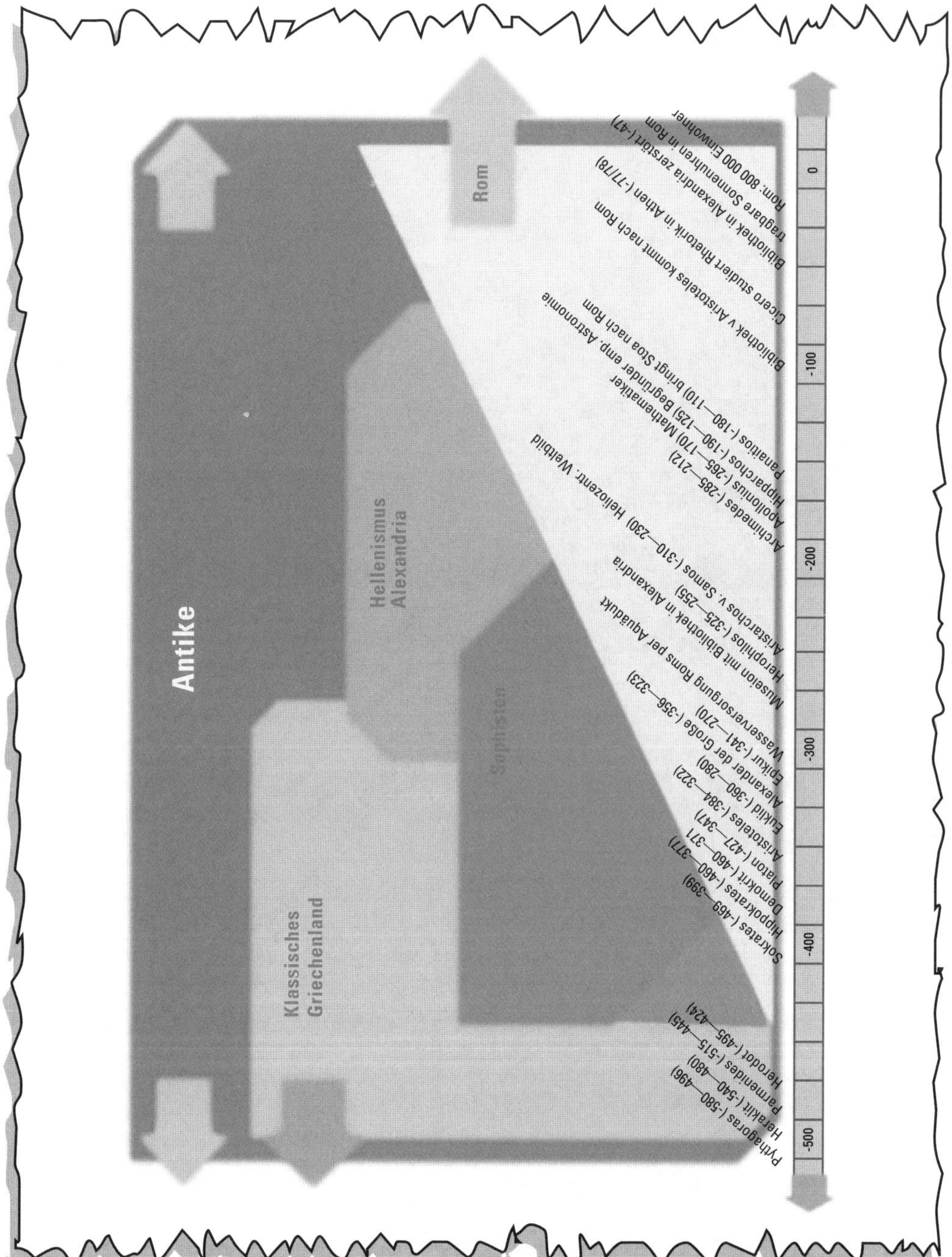

Geschichte der Wissenschaft für Dummies – Schummelseite

Antike

Römisches Reich

- A.C. Celsus (-25-50) Medizin-Lexikon, u.a. plastische Operationen
- Plinius d.Ä. (23-79) enzyklopäd. Naturkunde
- Frontinus: Fachbuch röm. Wasserleitungen
- Tacitus (50-116) Historiker
- Seneca: röm. Stoizismus
- Die Evangelien entstehen
- Kolosseum fertiggestellt (50 000 Sitzplätze)
- Ptolomäus (100-170) genaue Sternvermessungen
- unter- u. oberirdische Wasserleitungen in Rom 400 km lang, 800 öff. Bäder
- Aristides (um 100-175) Verteidigungsschriften für Christentum
- Galen (130-205) Arzt in Alexandria, ab 160 in Rom, verbindet Säftelehre mit Anatomie
- Ptolomäus (100-170) Welt- und Länderkarten, bestimmend für Geographie bis 1500, verwirft heliozentr. Weltbild, versucht wiss. Begründung d. Astrologie
- Plotin (205-270), kommt 244 aus Ägypten nach Rom, Neuplatonismus
- Technikerschulen, Förderung Ingenieurwesen, vor allem Kriegstechnik
- Rom: 28 öff. Bibliotheken, 144 Bedürfnisanst., 46 Bordelle
- Buchform ersetzt bis dato übliche Buchrolle
- kaum noch wissenschaftliches Forschen bis zu zögerlichen Neuanfängen im Hoch- und Spätmittelalter

0 | 100 | 200 | 300 | 400 | 500

Geschichte der Wissenschaft für Dummies – Schummelseite

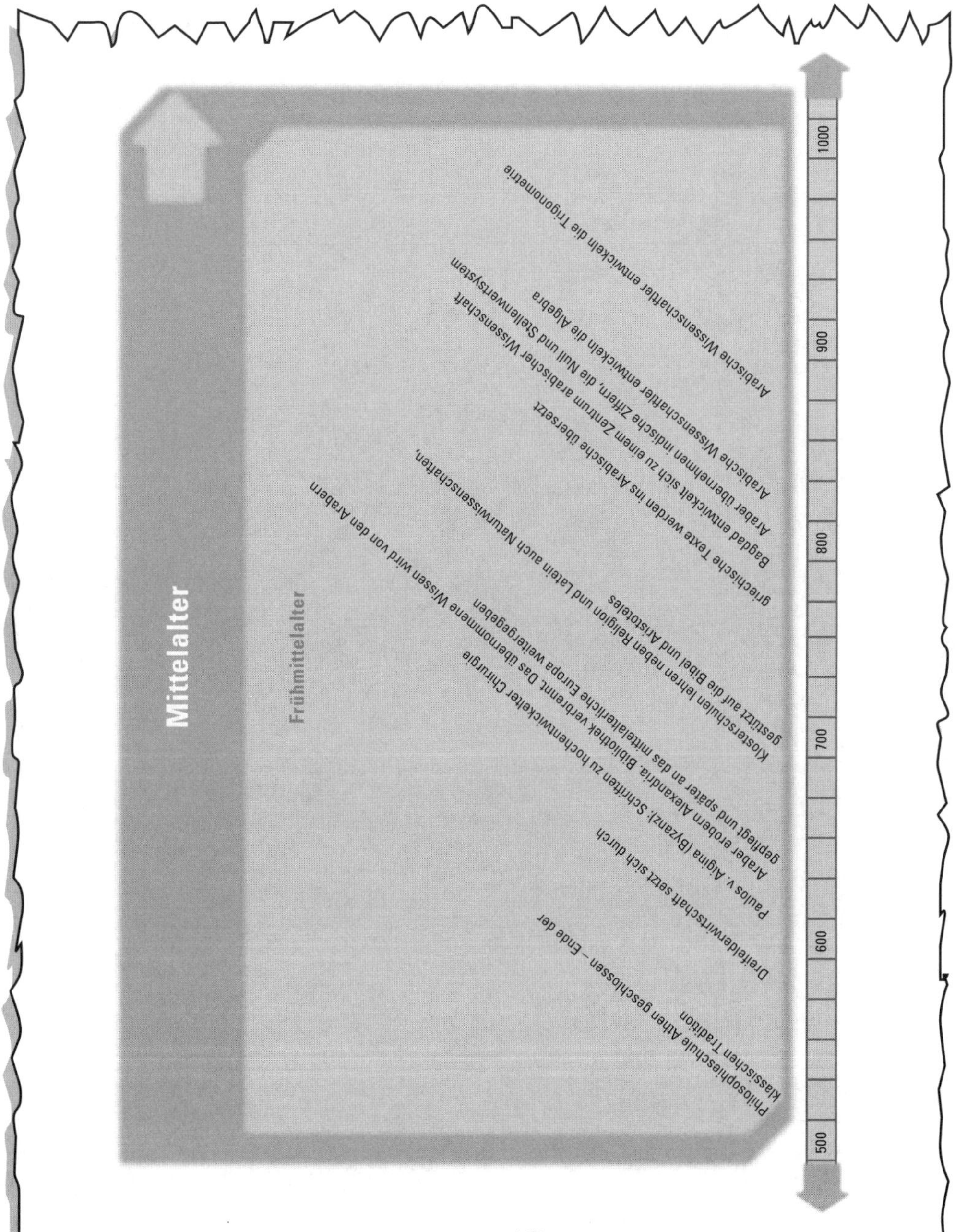

Geschichte der Wissenschaft für Dummies – Schummelseite

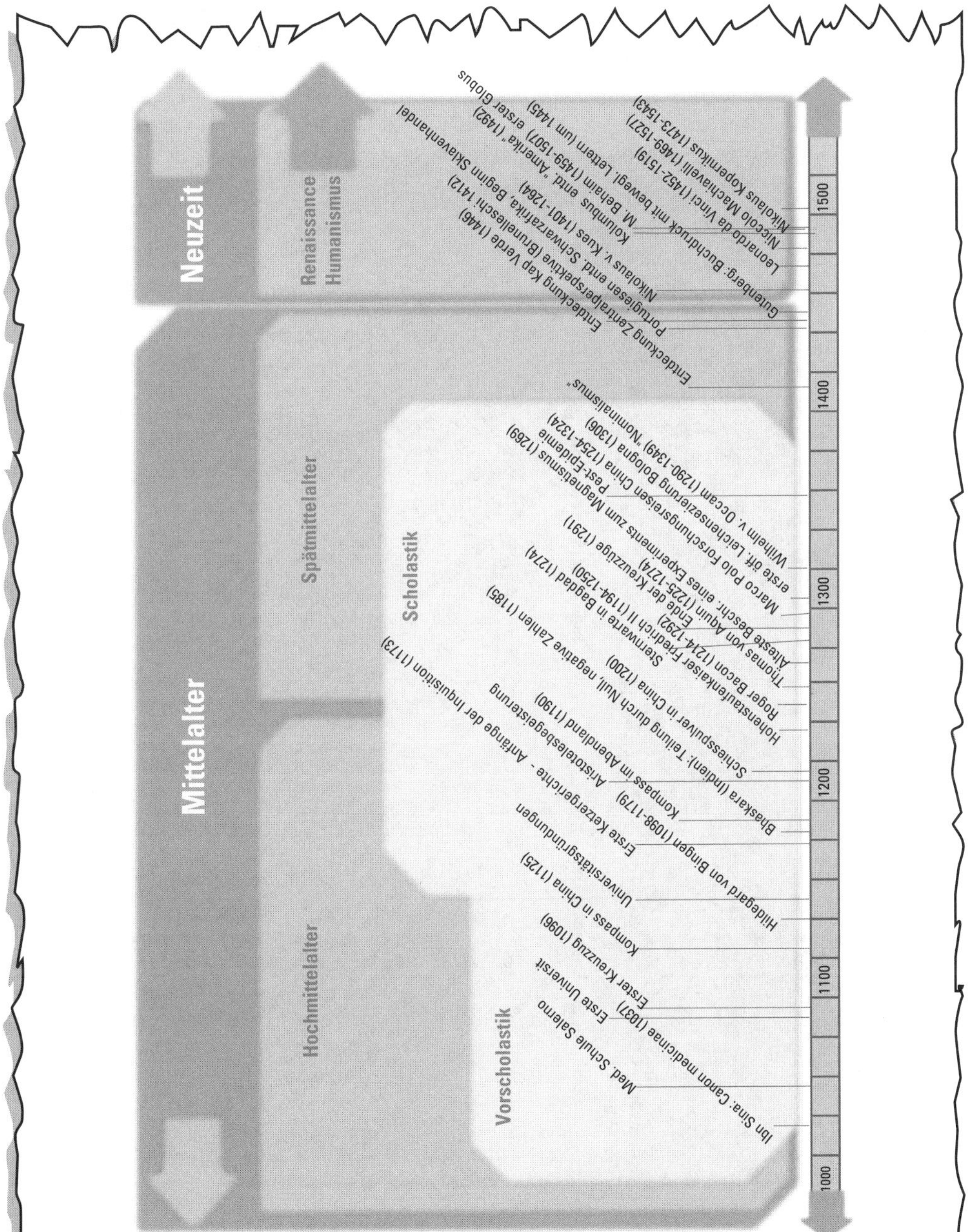

Geschichte der Wissenschaft für Dummies – Schummelseite

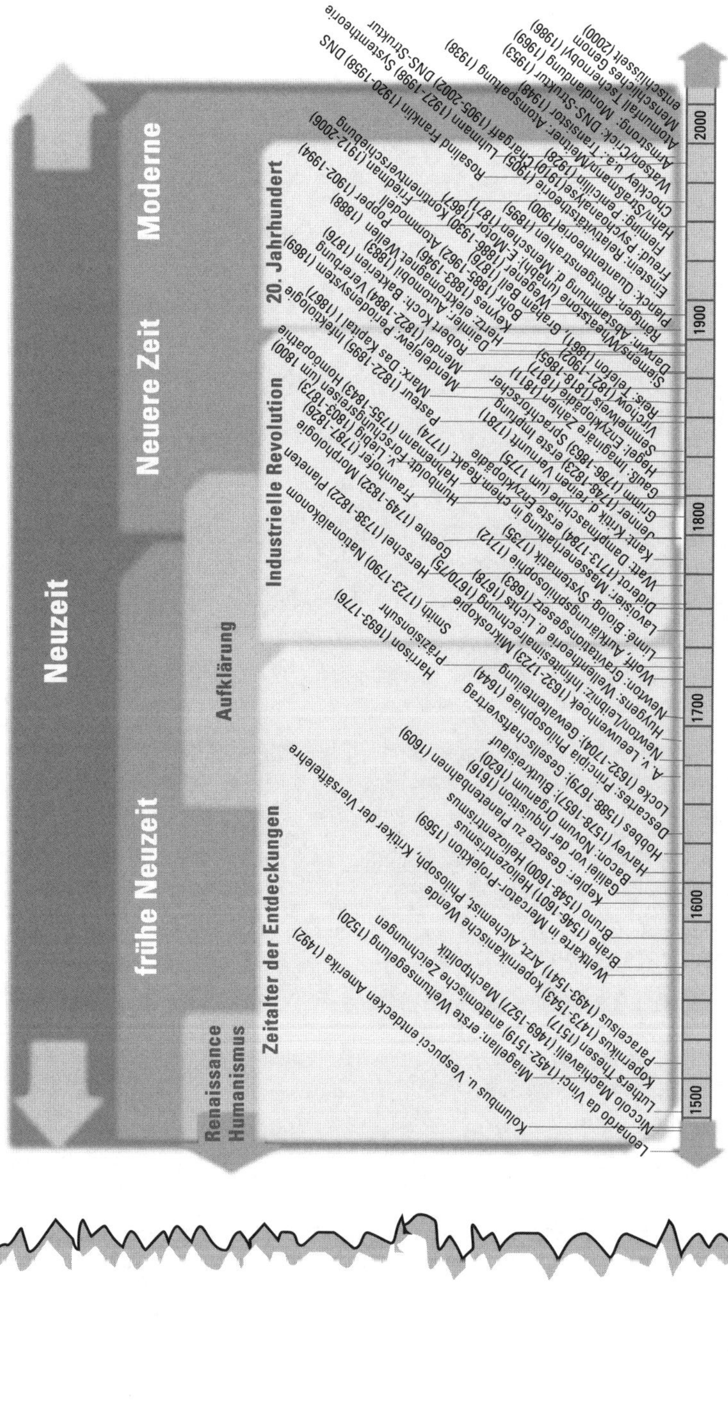

Geschichte der Wissenschaft für Dummies

Winfried Göpfert

Geschichte der Wissenschaft für Dummies

WILEY

WILEY-VCH Verlag GmbH & Co. KGaA

Bibliografische Information der Deutschen Nationalbibliothek
Die Deutsche Nationalbibliothek verzeichnet diese Publikation in der Deutschen Nationalbibliografie; detaillierte bibliografische Daten sind im Internet über http://dnb.d-nb.de abrufbar.

1. Auflage 2014

Printed in Germany
Gedruckt auf säurefreiem Papier

FSC
www.fsc.org
MIX
Papier aus verantwortungsvollen Quellen
FSC® C006701

Coverfoto: Dariusz Kopestynski/fotolia, nickolae/fotolia, Jocelyn Bell Burnell/fotolia, FMUA/fotolia, velazquez/fotolia, pictore/iStock
Korrektur: Geesche Kieckbusch
Satz: inmedialo Digital- und Printmedien UG, Plankstadt
Druck und Bindung: CPI, Ebner & Spiegel, Ulm

Print ISBN: 978-3-527-70804-8
ePDF ISBN: 978-3-527-66875-5
ePub ISBN: 978-3-527-66876-2
mobi ISBN: 978-3-527-66877-9

Über den Autor

Winfried Göpfert (Jahrgang 1943) studierte Nachrichtentechnik an der Universität Karlsruhe. Er begann seine journalistische Karriere als naturwissenschaftlicher Redakteur im Hörfunkprogramm des Senders Freies Berlin.

Bald wechselte er zum Fernsehen und war Autor und Moderator vieler ARD-Serien wie »Bilder aus der Wissenschaft« und »ARD-Ratgeber: Gesundheit«.

16 Jahre lang leitete er die Wissenschaftsredaktion beim Sender Freies Berlin (Hörfunk und Fernsehen).

1990 wurde er auf die erste und in Deutschland damals einzige Professur für Wissenschaftsjournalismus an die Freie Universität Berlin berufen. Er ist Herausgeber des Handbuchs »Wissenschaftsjournalismus« aus dem Springer Verlag, Reihe »Praktischer Journalismus«. Seit 2006 ist er emeritiert und arbeitet als freier Journalist, Moderator und Medientrainer.

Er schrieb den naturwissenschaftlichen Teil des Bandes »Allgemeinbildung für Dummies«.

Cartoons im Überblick

von Christian Kalkert

Seite 27

Seite 123

Seite 327

Internet: www.stiftundmaus.de

Inhaltsverzeichnis

Einführung

»Geschichte der Wissenschaft«, das ist mal ein Wort, genau genommen sind es ja drei. So spannend das Thema ist, so umfangreich ist es auch. Dieses Buch erhebt keinen Anspruch auf Vollständigkeit. Ich gehe exemplarisch vor, greife also Personen und Entwicklungen heraus, die mir typisch zu sein scheinen. Sie stehen beispielhaft für andere. Notgedrungen geraten dabei wichtige Fachvertreter ins Abseits oder werden gar nicht erwähnt. Dafür ist die Entwicklung der Wissenschaft ein zu großes Feld, und der Platz in einem Buch ist begrenzt. Wer sich für Geschichte interessiert, wer sich für Wissenschaft interessiert, der findet hier spannende Geschichten, wie sich die Menschheit entwickelte und dabei immer klüger wurde.

Über dieses Buch

Dieses Buch ist kein Lehrbuch. Sie müssen es nicht »durcharbeiten«. Das Buch ist so aufgebaut, dass Sie auch mittendrin anfangen können. Das Buch lädt zum Schmökern ein.

- ✔ Systematiker lesen vielleicht erst die Kapitel für den »großen Überblick«. Das sind die Kapitel 2, 3 und 4.
- ✔ Leser mit einem bestimmten Fachinteresse gucken sich vielleicht erst das Kapitel 11 an und sehen, wie sich die Mathematik entwickelte. Oder Kapitel 6 mit der spannenden Frage: »Was ist Leben?«

Ihre ganz persönliche Neugier sollte das Hauptmotiv sein, wenn Sie dieses Buch zur Hand nehmen. Dann haben Sie am meisten Spaß bei der Lektüre.

Törichte Annahmen über die Leser

Sie möchten also etwas über die Geschichte der Wissenschaft erfahren. Vielleicht finden Sie sich ja in den folgenden Punkten wieder:

- ✔ Sie sind vielfältig interessiert, haben aber das Gefühl, nicht auf allen Gebieten ganz sattelfest zu sein.
- ✔ Sie wissen eine ganze Menge, möchten aber einen Überblick bekommen, wie sich die Wissenschaft entwickelt hat.
- ✔ Sie haben das Gefühl, über die Geschichte ganz gut Bescheid zu wissen. Speziell die Geschichte der Wissenschaft kam aber bisher dabei nicht vor.
- ✔ Sie sind Geisteswissenschaftler und kennen die Geistesgeschichte. Um die Naturwissenschaften und deren Geschichte haben Sie aber immer einen großen Bogen gemacht. Hier finden Sie nun endlich einen Überblick ohne Formeln, ohne all den komplizierten Kleinkram. Jetzt ist die Zeit, die spannende Geschichte der Naturwissenschaften einmal nachzulesen.
- ✔ Sie sind Naturwissenschaftler und haben um die Geisteswissenschaften und deren Geschichte immer einen großen Bogen gemacht. Hier ist nun endlich ein Überblick ohne

geschraubte Ausdrucksweise, ohne all den komplizierten Kleinkram. Jetzt ist die Zeit, die spannende Geschichte der Geistes- und Sozialwissenschaften, der Geschichtswissenschaften und der Wirtschaftswissenschaften einmal nachzulesen.

Wie dieses Buch aufgebaut ist

Teil I (Kapitel 1 bis 4) gibt den großen Gesamtüberblick und ist streng chronologisch aufgebaut:

- ✔ Wie die Alten dachten – Wissenschaft in der Antike
- ✔ Lichtblicke – Wissenschaft in Mittelalter und Renaissance
- ✔ Auf zu neuem Denken – Wissenschaft in der Aufklärung und der Neuzeit

Die **Teile II und III** rekapitulieren die Geschichte einzelner Fächer oder Fachgruppen: **Teil II** (Kapitel 5 bis 12) ist den Naturwissenschaften vorbehalten, **Teil III** (Kapitel 13 bis 15) widmet sich den Geistes- und Sozialwissenschaften sowie der Philosophie.

Und in **Teil IV** (Kapitel 16 bis 18) kommen die amüsanten Top Ten zum Zuge: Wer waren die »größten« Forscher? Wer waren die geschicktesten Fälscher? Was waren die größten Zufälle? Viele Leser fangen hier an. Denn das sind die »Appetitanreger«.

Konventionen in diesem Buch

Fettschreibung weist auf Schlüsselbegriffe und Zusammenhänge hin, die in dem betreffenden Abschnitt behandelt werden.

Eingerahmte, **graue Kästen** heben Einzelheiten besonders hervor, entweder, weil sie wichtig für das Verständnis des jeweiligen Kapitels oder Themas sind, oder weil sie interessante Zusatzinformationen enthalten.

In diesem Buch verwendete Symbole

Dieses Symbol verwenden wir, wenn wir etwas Wichtiges zusammenfassen. Also etwas, was man sich besonders einprägen sollte.

Dieses Symbol soll Sie auf einen besonderen Aspekt aufmerksam machen. Der ist vielleicht nicht entscheidend wichtig, aber er ist amüsant und wirft ein besonderes Licht auf das Thema.

Wie es weitergeht

Am besten, Sie fangen gleich an zu schmökern. Aber wie ich Sie kenne, werden Sie erst das Inhaltsverzeichnis studieren, um sich einen Überblick zu verschaffen, was hier so geboten wird. Keine schlechte Idee. Ich bin sicher, Sie werden schnell wissen, wo Sie mal reinschnuppern wollen.

Teil I

Der große Überblick: 100 Seiten Wissenschaftsgeschichte

In diesem Teil ...

gehe ich streng chronologisch vor. Das klingt sehr systematisch und soll es auch sein. Ich finde es nämlich höchst interessant zu sehen, wie unterschiedlich sich die verschiedenen Gebiete entwickelt haben. Da gab es manchmal einen Stillstand über Jahrhunderte in dem einen Fach, während sich ein anderes rasant weiter entwickelte.

Dann wurden neue Instrumente entdeckt und in einem Fall begeistert aufgenommen wie das Teleskop in der Astronomie – während das Mikroskop in der Medizin/Biologie nur sehr zögerlich akzeptiert wurde.

Aber gerade die Instrumente erlaubten einen genaueren Blick auf die Natur und öffneten ganz neue Zugangswege zur Erkenntnis, wie die Natur, der Makro- und der Mikrokosmos aufgebaut waren. Doch lesen Sie selbst...

Was ist Wissenschaftsgeschichte?

1

In diesem Kapitel

- Mit diesem Buch wird alles anders
- Rasante Reise durch die Zeit
- Einstein & Co: Verständlich und lebendig
- Kommt es auf Detailwissen an?
- Männer und Frauen

Es gibt Ausnahmen, ich weiß. Aber die meisten Menschen beginnen sich für **Geschichte** zu interessieren, wenn sie älter werden. Plötzlich interessieren sie sich für die Geschichte des eigenen Volkes. Plötzlich wird es spannend, über Alexander den Großen Bescheid zu wissen. Viele studieren speziell die Kunstgeschichte und fragen sich, wie sich die europäische Malerei in der Renaissance verändert hat – nur so als Beispiel.

Und die Geschichte der Wissenschaft? Sie blieb immer ein bisschen außen vor. Vielleicht auch, weil es oft so schwer war, zu begreifen, um was es da eigentlich ging.

Mit diesem Buch wird alles anders

Dieses Buch gibt einen kompakten **Gesamtüberblick** über die Wissenschaftsgeschichte. Es ist spannend zu lesen, wie sich aus allgemeinen Fragen zum Sein und Bewusstsein die **Philosophie** als »Mutter aller Wissenschaften« und danach langsam die anderen Wissenschaften entwickelt haben.

Es ist spannend, mitzuerleben, wie die alten Griechen sich die Welt erklärten. Sie hatten nur sehr begrenzte Möglichkeiten, durch Experimente zu überprüfen, ob eine Theorie stimmt oder nicht. Vieles, was sie erdachten, war falsch. Aber manchmal stockt einem der Atem, wenn sie mit einfachen Worten komplizierte Sachverhalte richtig beschrieben haben. So sagte beispielsweise **Demokrit** (etwa 460-400 v.u.Z.): »In Wahrheit gibt es nur Atome und leeren Raum. Alles andere ist Meinung«. Oder die **Pythagoräer**: »Im Zentrum ist Feuer und die Erde ist einer der Sterne. Tag und Nacht entstehen, weil die Erde sich kreisförmig um das Zentrum dreht«.

Rasante Reise durch die Zeit

Es ist erstaunlich zu sehen, wie alle Wissensgebiete anfangs mythisch oder religiös geprägt waren. Wie sich langsam aus Alchemie die Chemie entwickelte, aus Metaphysik die Physik und aus der Astrologie die nüchterne Astronomie.

Viele Prozesse liefen nach ähnlichen Mustern ab und man hatte das Gefühl, es ist **eine** Wissenschaft, in der **interdisziplinär** zusammengearbeitet wird. Ab dem 18. Jahrhundert wurde diese »Zusammenschau« immer schwieriger. Die Wissenschaften entwickelten sich immer schneller, und entsprechend schnell vermehrte sich das Wissen. Für Zeitgenossen wurde es zunehmend schwierig, zu beobachten, welche Richtungen die Wissenschaften einschlugen und welche Ideen sich durchsetzten. Die Disziplinen spezialisierten sich immer weiter, bis sie dann in der Neuzeit zu explodieren schienen.

Manche Fächer schritten zügig voran, andere wurden von der Inquisition gebremst. Neue Instrumente ermöglichten neue Einblicke und Erkenntnisse, ähnliche Gerätschaften in anderen Fächern wurden lange nicht genutzt und die Disziplin machte über 100 Jahre keine Fortschritte mehr.

Dann traten **Forscherpersönlichkeiten** auf, die mit kühnen Gedanken die Disziplin aus der Gefangenschaft einer zu engen Theorie hinausführten. Andere Forscher bekriegten sich gegenseitig und lähmten den Fortschritt mit endlosen Debatten über Ansichten und Meinungen, die durch die eigenen Experimente längst überwunden waren.

Einstein & Co: Verständlich und lebendig

Das ist das Geheimnis dieses Buches: Sie sollen verstehen, worum es geht. Die kompliziertesten Sachverhalte werden geduldig aufgedröselt. Alles geschieht in einer einfachen Sprache, ergänzt durch sinnfällige Abbildungen. Alle Fachbegriffe werden erläutert (und viele werden gar nicht erst eingeführt, weil die Alltagssprache genug Möglichkeiten bietet). Alles soll einfach und für Fachfremde **verständlich** sein.

Vieles wurde in diesem Buch in **Geschichten** verpackt: **Anekdoten** aus Biografien, **Erzählungen** aus zeitgenössischen Berichten. Dadurch werden Einstein und Co lebendig. Manches haben wir auch ausgeschmückt, um den Szenen Leben einzuhauchen. Vor dem geistigen Auge des Lesers entsteht eine Szene, als wäre man dabei gewesen. Das ist eine Technik, die in der Geschichtsdarstellung vieler Medien angewendet wird. Nach dem Motto: So **könnte** es gewesen sein.

Das Buch erhebt **nicht** den Anspruch, reine Dokumentation zu sein. Dann müsste jede Äußerung belegt sein. **Zitate** und **Handlungen** sind als **Illustration** zu verstehen, die das Gesagte anschaulicher werden lassen.

»Wissenschaftsgeschichte für Dummies« beschränkt sich nicht auf die **Geisteswissenschaften**. Es macht keinen Bogen um die **Naturwissenschaften**, weil die zu kompliziert und mathematisch sind. Das Buch beschreibt die Entwicklung aller Wissensgebiete und zeigt Zusammenhänge auf.

Kommt es auf Detailwissen an?

Dabei mussten wir vereinfachen und zusammenfassen. Wir nehmen in Kauf, dass uns Experten nachweisen können: »So stimmt das aber nicht.« Das wissen wir meistens selbst.

Natürlich ist es schön, wenn einer genau Bescheid weiß. Aber unser Wissen ist heute viel zu umfangreich, als dass es noch in allen Details zu überblicken wäre. Und was hätten wir davon? Was wir erkennen und wissen sollten, sind **die großen Zusammenhänge**. Falls Einzelheiten von Interesse sind, können wir die auch im Lexikon nachschlagen oder im Internet schnell aufrufen.

Wir präsentieren Ihnen zwar Jahreszahlen, doch kaum Zahlenangaben mit zwei Stellen hinter dem Komma und kaum Formeln. Wenn wir die genauen Details darstellen würden, würden die meisten Leser den Wald vor lauter Bäumen nicht mehr sehen und den Überblick verlieren.

Auswahl ist immer subjektiv – »Objektivität« übrigens auch

Die Herausforderung an die Autoren dieses Buches bestand darin, eine Auswahl zu treffen: Welcher Schritt in der Geschichte war wesentlich, was kann weggelassen werden.

Aus der Fülle hunderter **Quellen** musste nach langen Diskussionen entschieden werden: Welches sind **die wesentlichen Perioden der Geistesgeschichte**, welches sind die für unser Weltbild **wichtigsten Erkenntnisse**? Andere treffen eine andere Wahl – doch auch sie ist subjektiv. Wer behauptet, allein er habe die richtige, objektive Auswahl getroffen, macht sich selbst – und dem Leser – was vor.

Männer und Frauen

Als Forscher treten auf: fast nur Männer. Die Geschichte der Wissenschaft ist eine Geschichte der **Frauenunterdrückung**. An einigen markanten Beispielen habe ich in einzelnen Kapiteln eigens darauf hingewiesen. Eine der spannendsten Fragen muss wohl unbeantwortet bleiben: Würde die Wissenschaft anders aussehen, wenn Frauen sie wesentlich mitgestaltet hätten?

Möglicherweise nicht so sehr in ihrem innersten Wesen: Wissenschaft als methodisches Vorgehen wäre wohl – männlich wie weiblich – sehr ähnlich ausgeprägt.

In diesem Buch haben wir versucht, Mit-Entdecker und Mit-Erfinder mit aufzuführen. Also Forscher, die zur gleichen Zeit ähnliche Ideen hatten, nur mit der Veröffentlichung oder der Patentanmeldung etwas zu spät kamen. Jedenfalls dient die »erste« Urheberschaft nicht als Beweis der Überlegenheit einer ganzen Nation.

Wie die Alten dachten

2

In diesem Kapitel

- Vom Wissen und Glauben
- Vom Sprechen und Schreiben
- Vom Zählen und Rechnen
- Vom Denken und Philosophieren
- Vom Machtstreben und Kriegführen
- Vom ptolemäischen Weltbild
- Vom römischen Recht und fremden Kulturen

Wissenschaft fängt mit **Fragen** an. Das ist heute so wie damals, als die ersten Vorfahren des modernen Menschen lebten. Sagen wir am 1. April des Jahres 800 000 vor unserer Zeitrechnung. Aber einen Kalender gab es damals nicht – noch nicht.

Ich stelle mir vor: Der Urmensch saß abends am Lagerfeuer. Nein, das Feuer gehörte noch nicht zum Alltag, das Feuermachen war noch nicht erfunden. Also saß er einfach so da und schaute in den Abendhimmel. Was ist hinter dem Himmel? Wer hat Sonne, Mond und Sterne erschaffen? Wofür leben wir, warum sterben wir?

Das sind die uralten Menschheitsfragen: Woher kommen wir, wohin gehen wir? Wie ist alles entstanden? Wie wird alles enden?

Irgendwie, irgendwann haben Sie sich sicher auch solche Fragen gestellt. Heutzutage sind es vor allem die Kinder, die solche Fragen stellen: Warum ist der Himmel blau? Warum wachsen alle Bäume nach oben? Meist bekommen sie darauf richtige Antworten, zumindest von Ihnen. Vieles können wir heute erklären, weil wir über gesicherte Erkenntnisse verfügen. Viele kluge Menschen haben darüber nachgedacht und uns ihr Wissen überlassen. Ganze Generationen von Forschern und Wissenschaftlern haben sich diese und ähnliche Fragen gestellt und versucht, sie wissenschaftlich zu beantworten.

Je weiter die Zeit voranschritt, desto größer war das Vorwissen, auf das man zurückgreifen konnte. Umgekehrt: Je weiter der Forscher am Anfang stand, desto weniger Wissen gab es, desto mehr blühten Spekulationen und Fantasien.

Denn die Natur machte auch Angst. Alles Unverstandene war bedrohlich. Um es begreifbar zu machen, wurde es animiert, beseelt mit guten oder bösen Geistern. Und plötzlich erhielt alles einen Sinn. Der liebe Gott wohnte im Himmel beziehungsweise mehrere Götter thronten auf den Gipfeln der Berge. Der Teufel herrschte in der Hölle. Donner und Sturm, Erdbeben und

Vulkanausbruch waren die Mahnungen und Strafen der Götter, wenn ihre Gebote nicht beachtet wurden.

Schöpfungsmythen und Religionen brachten Sinn in eine bedrohliche, unverstandene Umwelt. Erklärungen aufgrund gesicherter Erkenntnisse gab es noch nicht. Da musste zunächst der Glaube herhalten.

Wer nichts weiß, muss alles glauben

Mit der Frage nach dem Sinn des Lebens begannen die Menschen nach tieferen Zusammenhängen zu forschen. Doch in der Urzeit gab es nur magische Vorstellungen und erstes Erfahrungswissen. Da man über kein gesichertes Wissen verfügte, musste man alles glauben.

So sind die Vorstufen der Wissenschaft im Wesentlichen von magischen Vorstellungen und vom Aberglauben bestimmt. Manche dieser Vorstufen haben sich als sehr zäh erwiesen und existieren immer noch. Aber zumeist sind sie durch ihre rationalere Nachfolge-Wissenschaft abgelöst worden:

- ✔ Die Vorstufe der **Astronomie** war die **Astrologie**.
- ✔ Die Vorstufe der **Chemie** war die **Alchemie**.
- ✔ Die Vorstufe der **Medizin** war die **Hexenmedizin** sowie die **Quacksalberei**.
- ✔ Die Vorstufe der **Physik** war die **Metaphysik**.

Aber diese Unterscheidungen gab es noch gar nicht. Es gab noch keine Wissenschaft und erst recht keine ausdifferenzierten Fächer. Es gab nur Fragen, wie die Umwelt zu deuten und zu verstehen sei.

Fragen und nach Antworten suchen: Das waren erste zaghafte Schritte hin zu wissenschaftlichem Denken. Es waren Fragen von philosophischer Tiefgründigkeit und gleichermaßen von praktischem Nutzen. Was war mit der Bewegung der Sterne? Welche Auswirkungen hatten sie auf das menschliche Schicksal? Wie ließen sich Krankheiten heilen? Wie konnte man Steine behauen, wie Metalle bearbeiten?

- ✔ Das **praktische** Wissen war in der Urzeit überlebenswichtig. Deswegen hat sich das handwerkliche Wissen auch als Erstes entwickelt. Wie verteidige ich mich? Was taugt als Hilfsmittel zur Jagd? Womit zerlege ich ein erbeutetes Tier?
- ✔ Der **Faustkeil** war die geniale Basiserfindung in der Frühzeit des Homo erectus, noch lange bevor der Mensch die Sprache entwickelte. Die Sprache erst ermöglichte das begriffliche Denken.

Ein pfiffiges Keulchen

Faustkeile waren Universalgeräte. Man konnte mit ihnen schneiden, sägen, schaben und hämmern. Wie man sie behauen musste, damit eine scharfe Schneidkante entstand, war eine Kunst für sich. Man könnte auch sagen, eine »Wissenschaft für sich«. Aber es gehörte noch keine Wissenschaft dazu, einen brauchbaren Keil herzustellen. Wohl aber Erfahrungswissen und handwerkliche Begabung.

Interessant ist das Alter der aufgefundenen Faustkeile. Sie sind erstaunlich alt, wurden also in der Geschichte der Menschheit recht früh erfunden. Gerade kürzlich wurden in Kenia Faustkeile gefunden, die noch einmal rund 300 000 Jahre älter sind als die bisherigen Rekordhalter. So hatten unsere Urväter schon vor 1,7 Millionen Jahren den Bogen raus, Steine so zu behauen, dass daraus so etwas wie das Schweizer Messer der Urzeit wurde.

Ja sag doch mal was: Die Entwicklung der Sprache

Materialerfahrungen und handwerkliches Können sind gewiss nützlich für wissenschaftliche Vorgehensweisen. Doch es gehört mehr dazu. Ganz sicher mussten die Menschen über eine entwickelte Sprache verfügen. Denn es mussten nicht nur Gegenstände und Geschehnisse benannt werden, sondern auch abstrakte Zusammenhänge. Die Beziehungen der Dinge untereinander mussten auf den »Begriff« gebracht werden.

Sprache ist mehr als Verständigung, auch wenn sie in erster Linie der Kommunikation dient. Schon immer mussten Menschen, mussten Lebewesen sich gegenseitig auf Gefahren aufmerksam machen, auf Futterquellen hinweisen, sich gegenseitig ihre Paarungsbereitschaft signalisieren. Kommunikation, Verständigung, das Aussenden und Empfangen von Signalen und die entsprechende Reaktion darauf ist eine der zentralen Leistungen von Lebewesen.

Aber: Sprache geht darüber hinaus. Sie bezeichnet nicht nur Zustände, sondern sagt auch etwas über die Beziehungen der Dinge zueinander aus. Und sie gibt dem »Ding an sich« einen Namen, benennt also die **Abstraktion**. Beispiel: Ein Stuhl ist immer ein Stuhl, ob er nun alt oder neu, aus Holz oder Plastik, gepolstert oder glatt ist. Die Abstraktion benennt generell das Sitzmöbel Stuhl. Sprache ist etwas, was offenbar nur dem Menschen eigen ist: Sprache ist Werkzeug des Denkens.

Jetzt überlegen Sie mal: Können Tiere sprechen? Wenn Sie Hundebesitzer sind, oder Eigentümer eines begabten Papageis, werden Sie dazu eine ganz eigene Meinung haben…

Reizvoll: »Sprache« der Tiere

Kommunikation ist in der Welt des Lebendigen universell. Und doch sprechen nichtmenschliche Lebewesen, so weit wir heute wissen, keine »Sprache«, auch wenn es manchmal danach aussieht.

Tiere – auch unsere nächsten Verwandten, die Primaten – benutzen nur einfache Signale, um einfache Gegebenheiten mitzuteilen. Es sind Signale, die wie Reize wirken. Auf jeden Reiz erfolgt eine darauf passende Reaktion. Ein aufgeplusterter Oberkörper soll Gegner in die Flucht schlagen, das Piepsen der Küken soll den Schutztrieb der Glucke ansprechen und so weiter.

Es ist vor allem die **Sprache**, durch die sich Mensch und Tier unterscheidet. Sprache macht den Menschen zum Menschen. Tiere können kompliziertere Zusammenhänge nicht mitteilen. Wenn zum Beispiel Papageien komplizierte Sätze wiederholen, dann plappern sie unverstandene Lautfolgen nach. Sie »sprechen«, aber sie benutzen keine Sprache.

Gerade weil Sprache das Abstrakte benennt, ermöglicht sie das abstrakte Denken. Weil Sprache die Beziehungen der Dinge zueinander benennt, ermöglicht sie die unendliche Vielfalt an Gedanken, zu denen der Mensch fähig ist. Erst Sprache ermöglicht die Wissenschaft.

Sprache ist Ausdruck des Menschen. Denn Sprache ermöglicht ihm die Verständigung über Gedanken und Gefühle mittels eines Systems verbaler Symbole. Und Sprache ist das Medium der Weltanschauung, der Orientierung in der Welt, Sprache ist Mittel des Denkens schlechthin.

Der Mensch hat die Sprache vermutlich vor rund 100000 Jahren entwickelt – es können aber auch 500000 oder nur 40000 Jahre gewesen sein.

Manche Forscher vertreten die Auffassung, Sprache sei erst spät entstanden, nach den ersten Auswanderungen aus Afrika. Es wären dann mehrere Ursprachen entstanden, in unterschiedlichen Regionen, bei unterschiedlichen Stämmen.

Vieles spricht jedoch für eine frühe Entwicklung. Die erste und einzige **Ursprache** wäre dann bei unseren aufrecht gehenden Vorfahren entstanden, noch bevor sie sich aus Afrika aufmachten, den gesamten Planeten zu erobern. Diese Ursprache wurde an alle nachfolgenden Generationen weitergegeben, auf große Reisen mitgenommen, weiterentwickelt und verändert.

Die Erfindung der Sprache scheint mit dem enormen Entwicklungssprung zusammenzuhängen, der damals in der Evolution zu jenem entscheidenden Schritt vom Affen zum Menschen geführt hat: Das deutlich größere Gehirn und der aufrechte Gang.

Allein die Größe des Gehirns ist nicht unbedingt entscheidend. Man muss es zum Beispiel im Verhältnis zum Körpergewicht sehen. Unsere Urahnen waren sehr klein. Und man muss beachten, wie kompliziert es aufgebaut ist. Dieses kompliziertere Gehirn ermöglichte komplexere Gedanken.

Der aufrechte Gang führte über die Jahrtausende zu einem anderen Körperbau. Die vorderen Gliedmaßen dienten nicht mehr der Stütze und Fortbewegung, sondern konnten zum Greifen und Arbeiten genutzt werden. Der aufrechte Gang führte auch dazu, dass sich der Kehlkopf anders ausbilden konnte. Er sank nach unten und öffnete den Mundraum, was erst die Lautbildung und damit eine variantenreiche Sprache ermöglichte.

Jetzt kommen Sie mit der berechtigten Frage, was zuerst entstand: das Denken, das nach Begriffen suchte und dafür Wörter fand, oder einzelne Wörter, Bezeichnungen für Gegenstände, die in einen Zusammenhang gebracht werden mussten. Und fingen die Menschen dafür mit dem Denken an? Wir wissen es nicht. Wir können nur spekulieren.

Wau-wau und pfui-pfui – Theorien zur Sprachentstehung

Haben die Menschen die Sprache zufällig erfunden, so nebenbei? Vielleicht gelang es über den Umweg der Nachahmung. Das Tier, das »wau wau« macht, ist ja auch bei Kindern heutzutage noch ein »Wau-wau«. Allerdings sind lautmalerische Wörter in den Sprachen sehr selten.

Auch eine andere Theorie zur Sprachentstehung zeigt wenig Ergebnisse in den lebendigen Sprachen. Die »Pfui-pfui«-Theorie geht davon aus, dass Ausrufe wie »Oh«, »Aha« oder eben »Pfui-pfui« zu den ersten Wörtern geführt haben.

Vielleicht stimmt die »Hau-ruck«-These, die davon ausgeht, dass sich Menschen zu gemeinsamen Aktionen etwa bei der Jagd oder beim Bäumefällen verständigen mussten. Oder die »La-la«-Theorie, die vermutet, dass Liebkosungen oder Summen und Singsang zur Sprache führten.

Wie auch immer: Es hat sich eine babylonische Vielfalt von Sprachen entwickelt, von denen heute noch etwa 7000 übrig sind. Manche werden von Millionen gesprochen, andere nur noch von wenigen – und es ist absehbar, dass diese bald aussterben werden.

Mit den Menschen wanderte die Ursprache mit aus und entwickelte sich jeweils getrennt weiter. Es bildeten sich die späteren Sprachfamilien wie das Indoeuropäische, das Tibetochinesische oder das Afroasiatische (siehe Abbildung 2.1). In allen Kontinenten – außer in Australien – entwickelten sich Hochkulturen. Dabei veränderten sich die Sprachen und gewannen an Komplexität und Ausdruckskraft.

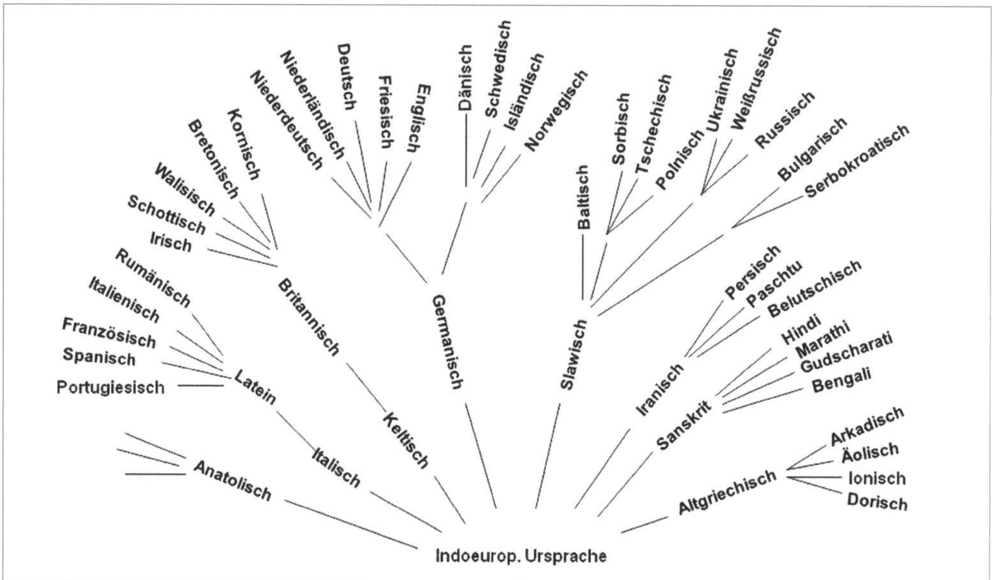

Abbildung 2.1: Neben der hier dargestellten indoeuropäischen Familie gab und gibt es noch etwa zwanzig andere Familien.

Jetzt gibt's Keile: Die Erfindung der Schrift

Eine zweite Voraussetzung für die Entwicklung wissenschaftlicher Herangehensweisen war die **Schrift**, mit der Wissen festgehalten und ausgetauscht werden konnte.

Wahrscheinlich hat sich die Schrift aus der Malerei entwickelt. Felsmalereien gab es schon früher. Um 8000 v. u. Z. begannen Menschen zum ersten Mal, Bilder hintereinander zu setzen und damit Geschichten zu erzählen. Um 3000 v. u. Z. entwickelten die Sumerer daraus kombinierbare Symbole und damit die Schrift. Sie kannten etwa 2000 verschiedene Symbole, die keilförmig in Ton geritzt wurden, daher die Bezeichnung **Keilschrift**.

Ägypter erfanden um 3000 v. u. Z. den **Papyrus** als Träger der Schrift. Aus den Stängeln der Papyruspflanze, einer Art Sumpfgras, schnitten sie breite Streifen, legten sie nebeneinander und klopften sie fest. Die im Pflanzensaft enthaltene Stärke wirkte als Kleber. Große Bogen wurden gepresst und getrocknet. Der Papyrus konnte bemalt oder beschriftet werden.

Aus den ägyptischen Hieroglyphen entwickelte sich die griechische und aus dieser um 500 v. u. Z. die lateinische Schrift, die wir bis heute benutzen. Die Erfindung der Schrift hängt eng mit der Sprachentwicklung zusammen.

Schreiben wie man spricht – drei Konzepte der Schrift

Die Schrift wurde von vielen Menschengruppen zu unterschiedlichen Zeiten und an unterschiedlichen Orten erfunden: Sumerer, Ägypter, Maya, Chinesen und andere. Neben den unterschiedlichen Schreibanordnungen (von links oder rechts nach unten oder oben) waren es vor allem drei unterschiedliche Konzepte, die bis heute unsere Schriften so verschieden machen:

- ✔ Die **Wortschrift** oder **Bilderschrift**: Jedes Zeichen entspricht einem Wort (zum Beispiel die chinesischen Zeichen).
- ✔ Die **Silbenschrift**: Jedes Zeichen entspricht einer Silbe (zum Beispiel die japanische Schrift).
- ✔ Die **Buchstabenschrift** oder **Lautschrift**: Jedes Zeichen entspricht einem Laut (zum Beispiel die lateinische Schrift).

Der Vorteil der **Bilderschrift** ist ihre unmittelbare Verständlichkeit. Jedes Bild oder Symbol entspricht einem Wort, einem Begriff. Aber man kann sich vorstellen, dass bei 2000 oder mehr Zeichen schnell der Überblick verloren geht.

Dagegen ist die **Lautschrift** ein direktes Abbild der jeweiligen Sprache. Die gesprochene Sprache wird in Schriftzeichen »übersetzt«. Häufig entwickelten sich Silbenschriften, durchgesetzt haben sich aber eher die Buchstabenschriften. Voraussetzung war eine Sprechweise, bei der sich einzelne Laute unterscheiden ließen. Diese konnte man dann mit einem Symbol kennzeichnen und kombinieren. Schon früh schälte sich eine Buchstabenzahl von ungefähr 28 heraus.

Alte Sprachen sind besonders schwierig zu interpretieren. So konnten die alten Hieroglyphen nur entschlüsselt werden, weil es »Schriftstücke« gab, die in mehreren Sprachen (und den entsprechenden Schriften) abgefasst waren. Berühmt ist der **Stein von Rosetta**, der 1799 bei Alexandria gefunden wurde. Er enthält einen gleichartigen Text in drei Schriften, darunter Hieroglyphen und Altgriechisch. Da Griechisch zu lesen und zu verstehen war, hatten Sprachforscher damit einen Schlüssel in der Hand, die Hieroglyphen zu deuten und zu entziffern.

In Stein gehauene Botschaften sind oft die einzigen Zeugnisse der Vergangenheit, die uns authentische Einblicke in das damalige Leben ermöglichen. Doch, zum Leidwesen der Archäologen, setzte sich mehr und mehr der Papyrus durch, der zwar einfacher zu handhaben, aber nicht sehr haltbar war …

Neben dem Papyrus gab es noch eine andere Entwicklung, die zwar den Namen, nicht aber das Ausgangsmaterial übernahm: Das Papier auf Basis von Holz oder anderen Faserstoffen wurde in China zu Beginn unserer Zeitrechnung erfunden.

Eine Null von unschätzbarem Wert

Mit der Sprache muss der Mensch auch zur **Mathematik** gekommen sein. Zumindest zum Zählen. Denn es muss ein frühes Bedürfnis gewesen sein, anderen mitzuteilen, wie viel von etwas gemeint ist: »Zwei« oder »fünf Mammuts stehen unten am Fluss«, »drei Früchte gebe ich dir für vier von diesen schönen Steinen« und so weiter.

Dabei ist ein Zahlwort schon eine erhebliche intellektuelle Leistung. Denn es ist eine Abstraktion. »Drei« kann eben die Anzahl von Mammuts genauso angeben wie die Zahl von Früchten oder Steinen.

Die nächste Hürde war die Kombination von Zahlen: »Fünf« Fremde vor dem Dorf und »vier« Feinde hinter dem Dorf macht »neun« Angreifer. Wenn ich »zwei« Früchte von »fünfen« abgebe, bleiben mir noch »drei«. Das sind schon Leistungen, die ein erhebliches Abstraktionsvermögen voraussetzen:

- ✔ das Operieren mit Zahlen, losgelöst von den konkreten Zusammenhängen
- ✔ das Nutzen von klaren Regeln: zwei und zwei ist immer vier
- ✔ die Gesetzmäßigkeiten von Addition und Subtraktion

Hinzu kommt noch etwas, das Sie sicher auch kennen: Manchmal muss man seinen Mitmenschen klarmachen, dass man nicht Äpfel mit Birnen zusammenziehen kann, es sei denn man kommt zu einer weiteren Abstraktionsstufe: Obst.

Mathematik ist fürwahr eine »Wissenschaft für sich«, aber sie ist ganz wesentlich eine Voraussetzung, dass Berechnungen in anderen Fächern möglich werden. Mathematik ist für viele andere Fachdisziplinen ein Werkzeug, eine Hilfswissenschaft.

Nun werden Sie zu Recht sagen: Fast an jeder Stelle dieser Entwicklung beginnt das Zeitalter der Wissenschaft. Die Abstraktionsleistungen bei der »Erfindung« von Zahlen und Rechenregeln sind beeindruckende Kulturleistungen. Die größte freilich war die Erfindung der **Null**. Für »Nichts« etwas hinzuschreiben, für »Nichts« ein Symbol zu schreiben, darauf sind Menschen in Indien gekommen. Die Araber haben sich die Schreib- und Rechenweise abgeguckt und später nach Europa gebracht. Hier wurden sie bekannt als die »arabischen« Ziffern.

Und irgendwie haben Sie Recht: Es sind die Anfänge der Wissenschaft. Allerdings denke ich, dass die systematische Beschäftigung mit geistigen Fragen erst später begann. Doch bleiben wir noch einen Augenblick bei der faszinierenden Welt der Zahlen.

Die hohen Kulturen der Griechen und der Römer mussten noch ohne die Null auskommen. Schon Zahlen bis hundert waren sperrige Ausdrücke, deren Wertigkeit mühsam ausgerechnet werden musste, denn die »Zahlen« enthielten regelrechte Additions- und Subtraktionsaufgaben. In römischer Schreibweise musste man LXXII und XXVII schreiben. Nehmen wir die letzte Zahl. Um sie überhaupt zu erfassen, müssen wir mühsam rechnen: Zweimal X sind 20, einmal V und zweimal I macht 7. Zwanzig im Sinn macht mit der 7 zusammen 27.

Und so einfach schreibt man diese Zahlen im arabisch-indischen Stellensystem: 72 und 27.

An den Fingern abgezählt: Das Dezimalsystem

Dass wir bis 10 zählen und danach mit 11 auf einer höheren Stufe wieder mit 1 anfangen, liegt einzig und allein daran, dass wir 10 Finger haben. Hätten wir nur 8 Finger, würden wir zählen: 1 2 3 4 5 6 7 10. »Unsere« acht wäre dann die Zehn. Hätten wir nur zwei Finger, dann käme nach der 1 gleich die Zehn: 1 10 11 100 101 110 111 1000 und so weiter. Computer haben nur 2 »Finger« und kommen mit diesem Zweiersystem ganz gut zurecht.

Es gab durchaus **Alternativen**. Das 12-er System mit der 60 oder der 360 als Basis hat sich ja in einigen Abwendungen bis heute erhalten: Die Stunde hat 60 Minuten, der Tag hat 2 mal 12 Stunden, der Kreis hat 360 Grad. Der Vorteil des 12-er Systems liegt darin, dass die Basiszahlen durch viele andere Zahlen teilbar sind. Aber offenbar war wohl entscheidend, dass man im 10-er System so gut mit den Fingern rechnen konnte...

Schön und gut. Doch wie soll man das hinschreiben? Auch dafür hatten die Inder eine geniale Idee.

Die Inder erfanden nicht nur die Null (und die anderen neun Ziffern), sie hatten auch die Idee mit dem **Zehnersystem** und sie machten eine andere große Erfindung: das **Stellenwertsystem**.

Eins im Sinn: Rechnen im Stellenwertsystem

Da muss man erst mal drauf kommen! Ganz hinten die Einer, dann die Zehner, dann die Hunderter, dann die Tausender und so weiter. Das Zahlensystem, das mit der 10 erst mal endet und gleichzeitig die nächste Zehnerreihe eröffnet, ist eine geniale Erfindung. Aber die Schreibweise ist mindestens ebenso genial.

Vor allem erleichtert sie das Rechnen:

```
  72
+ 27
----
= 99
```

Sie wissen noch, wie das geht? Man zählt einfach, von hinten beginnend, die einzelnen Ziffern zusammen. Erst die Einer, dann die Zehner, schön der Reihe nach. Kommt man im Ergebnis über die 9, hat also eine zweistellige Zahl, dann schreibt man nur die Einer hin und muss die linke Ziffer in die nächste Spalte übernehmen. Na, Sie kennen das ja. 72 + 27 ergibt 99. Übereinander hingeschrieben, ergibt sich das Ergebnis fast von selbst. Das Stellenwertsystem macht's möglich. Nun addieren Sie mal spaßeshalber LXXII und XXVII.

Aber mit der Mathematik ging es dann erst richtig los. Die nächste Entwicklung war das **Rechnen mit Buchstaben**. War die Zahl ja schon eine Abstraktion von den Gegenständen, so ist der Buchstabe eine Abstraktion von den konkreten Zahlen. Allseits bekannt ist zum Beispiel der Buchstabe x für eine unbekannte Zahl, die aufgrund eines mathematischen Zusammenhangs gefunden werden soll.

Das klingt alles sehr theoretisch, fast wie in einem Lehrbuch. Doch bis das erste Lehrbuch zur Algebra geschrieben wurde, sollte noch viel Zeit vergehen. Die frühzeitliche Entwicklung der Mathematik war eher praktisch begründet.

Ich weiß nicht, ob es Ihnen auch so geht: Viele Monumente der Antike erwecken den Anschein, dass unsere Vorfahren schon astronomische Zusammenhänge erkennen, berechnen und voraussagen konnten. Die Nord-Süd-Ausrichtung der Pyramiden oder die Ausrichtung der Steine in **Stonehenge** (Abbildung 2.2), so dass nur am Morgen des Mittsommertags die Strahlen der Sonne ins Innere des Bauwerks eindringen konnten, sind solche Beispiele. Da wurde später viel hinein geheimnist, und den Baumeistern der Antike wurde mehr angedichtet als sie tatsächlich zu leisten imstande waren.

So beeindruckend solche Leistungen auch scheinen mögen, es liegt dem keine hoch entwickelte Theorie der Mathematik zugrunde. Sie sind Beweis für praktische Anwendungen. Sie enthalten üblicherweise so viel Mathematik, wie zum Berechnen der Baumaße notwendig war.

Abbildung 2.2: Kein Observatorium der Frühzeit. Dennoch wurden mit der Anlage in Stonehenge kalendarische Daten ermittelt. Die Nutzung war an praktischen Fragestellungen orientiert und von mythischen Vorstellungen geprägt.

Stonehenge könnte genutzt worden sein, die Wintersonnenwende präzise vorauszusagen, um Aussaat und Ernte besser planen zu können. Stonehenge war vielleicht eine Art Sonnen-Kalender und wurde eher praktisch als wissenschaftlich gebraucht.

Ganz ähnlich werden die ägyptischen Pyramidenbauer nicht an theoretischen Himmelsberechnungen interessiert gewesen sein. Sie waren gefragte Fachleute, wenn es etwas zu berechnen gab, zum Beispiel genauere Vorhersagen der jährlichen Nilüberschwemmungen.

Wissenschaft: Probieren, beobachten, messen

Das Beispiel der Nilüberschwemmungen macht deutlich, wie Sprache, Schrift und Mathematik helfen konnten, Alltagsprobleme zu lösen. Jahr für Jahr schwemmte der Nil fruchtbaren Boden auf die sandigen Ufer. Doch wo waren die Felder? Wem gehörte welches Stück? Einzelne Bäume waren stehen geblieben. Einzelne Wegmarken waren zu erkennen, andere nicht. Es gab Unzufriedenheit und Zerwürfnisse. Hier kamen die »Mathematiker« zum Zuge. Sie waren Experten in der **Landvermessung** und konnten helfen, nach der Überschwemmung die alten Felder wieder herzustellen.

Wenn eine Lösung des Problems gefunden werden sollte, musste sie vier Bedingungen erfüllen:

- ✔ Es musste eine einfache Methode gefunden werden, die alten Verhältnisse wieder herzustellen.
- ✔ Die Methode musste zuverlässig und gerecht sein.
- ✔ Die Methode musste genau sein.
- ✔ Die Methode musste für jedermann nachvollziehbar sein.

Der rechte Winkel: Probieren geht über Studieren

Nachdem die Überschwemmung zurückgegangen war, mussten die Anbauflächen neu vermessen werden. Das ging am einfachsten, wenn die Felder rechtwinklig waren. Die alten Ägypter hatten schon früh eine Methode entwickelt, mit der man im Gelände rechte Winkel herstellen konnte.

Sie knoteten 12 gleich lange Seile aneinander und spannten das gesamte Seil zu einem Dreieck: Eine Seite zu drei, eine zu vier und eine Seite zu 5 Abschnitten. Dann, so hatten sie herausgefunden, entstand zwischen den beiden kürzeren Seiten immer ein **rechter Winkel**. Die jeweiligen Längen und Breiten der Felder ließen sich dann schnell und leicht anhand der geknoteten Seile feststellen.

Ohne dass sie es wussten, wendeten sie den **Satz des Pythagoras** an. Der war zu jener Zeit noch unbekannt. Durch Ausprobieren war ein Zusammenhang entdeckt worden, dessen theoretische Begründung erst später geliefert wurde.

Viele Erkenntnisse gewinnen wir direkt aus der Beobachtung.

Die Planeten drehen sich um die Erde? Ja, so hat es den Anschein. Aber wenn man genau hinschaut, wenn man die **Umlaufbahnen** ausmisst, stellen sich doch einige Ungereimtheiten ein. Manchmal scheinen einige von ihnen rückwärts zu fliegen, um dann wieder ihre gewohnte Bahn aufzunehmen. Man kann das achselzuckend hinnehmen, man kann es auch zum Ausgangspunkt radikal neuer Alternativdeutungen machen: Nimmt man nämlich an, die Planeten drehen sich um die Sonne, dann werden die Bahnen plötzlich sehr viel einfacher erklärbar.

Theorien sind gut und schön. Entscheidend ist aber die Befragung der Natur. Entscheidend ist das **Experiment**, ist die **Beobachtung**. Und die muss so genau wie möglich sein.

Alle frühen Hochkulturen haben mythische Deutungen der Sternbewegungen entwickelt. Durch genauere Beobachtungen ergaben sich dann Widersprüche. Damit begann das Dilemma. Die alten Deutungen hatten sich zu **Dogmen** verfestigt und konnten nicht so ohne Weiteres verworfen werden. Die neuen Deutungen wurden nicht akzeptiert. Sie ahnen schon, dass wir diesem Dilemma noch häufig begegnen werden. Die Wissenschaft entdeckt etwas Neues, doch die Wahrheit hat große Schwierigkeiten, sich durchzusetzen. Oft genug wird der Wissenschaftler als Ketzer verfolgt. Doch ich will nicht vorgreifen.

Schon recht früh hatte man Messungen der Zeit entwickelt, zumindest was die längeren Zeiträume betrifft. Aus bestimmten Sternkonstellationen ließen sich periodische Muster erkennen, die als Grundmaß verwendet werden konnten. Vor allem die Umläufe von Sonne und Mond wurden als **Taktgeber der Zeit** genutzt.

7 und 12 – wir zählen babylonisch

Die Babylonier entwickelten bereits einen zuverlässigen **Kalender**. Sie mussten dabei, wie wir heute, das Problem mit den krummen Zahlen lösen. Das Jahr hatte etwas mehr als 365 Tage. Zu allem Überfluss wollte dazu der Mondmonat mit 29½ Tagen überhaupt nicht passen. Sie kamen auf die Idee mit dem Schaltjahr. Jedes dritte Jahr wurde ein 13. Schaltmonat eingeschoben.

Viele Ideen der Babylonier (und anderer früher Hochkulturen) waren prägend für unser Denken und Handeln. Viele Konventionen wurden beibehalten, obwohl sie gar nicht in unser metrisches Zehnersystem passen.

Die **Zeiteinteilung** wurde vom Mondzyklus abgeleitet. Das Regeljahr hatte 12 Monate. Der Monat wurde in vier Wochen eingeteilt. Daraus ergab sich eine Wochendauer von 7 Tagen. Spätere Versuche, etwa im Zuge der Französischen Revolution, eine Wochendauer von 10 Tagen einzuführen, wurden schnell wieder aufgegeben.

Aber auch die Stundenaufteilung in 60 Minuten und von einer Minute in 60 Sekunden verdanken wir den Babyloniern. Ebenso die Aufteilung des Sternenhimmels in 12 Tierkreiszeichen.

Aus all dem folgte die besondere Stellung der Zahlen 7 und insbesondere der 12. Wobei die Zahl 12 noch den großen Vorteil besaß, durch mehrere Zahlen teilbar zu sein. Das gilt natürlich auch für deren Vielfache 60 und vor allem die Zahl 360, die bis heute unsere Gradaufteilung des Kreises bestimmt. Das 10-er System hat sich nicht überall durchgesetzt.

Was Wissen schafft

Vier Voraussetzungen für die Entwicklung der Wissenschaft sind also ausgemacht:

- ✔ Die Entfaltung einer fortgeschrittenen **Sprache**
- ✔ Die Entwicklung einer aussagekräftigen **Schrift**
- ✔ Die Erfindung eines praktikablen **Zähl- und Rechensystems**
- ✔ Sowie die Anwendung systematischer **Maß- und Messsysteme**

Man könnte noch hinzufügen: die Existenz einer **Hochkultur**, die den Menschen Zeit und Muße bot, auch philosophischen Fragestellungen nachzugehen, über die Bewegung der Sterne nachzusinnen und ihre Beobachtungen zu Papyrus zu bringen. Nur in den Hochkulturen waren die Menschen einigermaßen frei, sich um die Beantwortung der Menschheitsfragen zu kümmern, weil es für die Sicherheit und die Ernährung einigermaßen verlässliche Strukturen gab. Die Gesellschaft war reich genug, sich Philosophen leisten zu können.

Wesentliche **Grundlagen unseres heutigen Denkens** sind von unseren Vorfahren in den frühen Hochkulturen gelegt worden. Wir denken in bestimmten Schemata und benutzen bestimmte Konventionen, die zwar im Laufe der Zeit erheblich verändert wurden, die aber doch in ihren Grundstrukturen vor einigen Tausend Jahren erdacht und festgelegt wurden.

Vor den Babyloniern waren das **Hochkulturen in Indien und China**, von denen wir recht wenig wissen. Von den nachfolgenden Hochkulturen wissen wir auch wenig, weil ihre Originalschriften oft nicht erhalten blieben. Aber: Es gab sozusagen Sekundärliteratur. Ein erwachendes Geschichtsbewusstsein führte dazu, dass über Gedanken und Entdeckungen herausragender Zeitgenossen Berichte verfasst wurden. Damit vervielfältigte sich das Quellenmaterial.

Kennzeichnend für die frühen Hochkulturen waren die **Siedlungen an Flüssen**, vor allem die **Städte**. In den Städten differenzierte sich das Leben. Neben Bauern und Handwerkern entwickelten sich neue Berufsfelder, die mit der Organisation des Lebens zu tun hatten: Kaufleute und Verwaltungsbeamte. Für sie waren Schrift und Mathematik wichtige Voraussetzungen ihrer Tätigkeit.

So zielte die Beschäftigung mit der Wissenschaft vornehmlich darauf, den Alltag zu erleichtern. Wissenschaft diente dazu, praktische Probleme zu lösen.

Ich möchte Ihnen in diesem Kapitel ja einen Überblick über die **Geistesgeschichte** der Menschheit geben: Wie haben Menschen damals gedacht, welche Weltbilder haben sie entworfen? Das wollen wir mal anhand der frühen Hochkulturen durchspielen.

Hochkulturen im Pisa-Test

Mit der Einführung von Geld und Steuern mussten Maßeinheiten allgemein verbindlich vereinbart werden. Die **Babylonier** beispielsweise benutzten ein Zahlensystem, das auf der Basiszahl 60 aufbaute. Sie führten Multiplikation und Bruchrechnen ein, berechneten Flächen- und Rauminhalte. Mit Hilfe von astronomischen Berechnungen bestimmten sie ihre Position auf der Erde. Sie nutzten algebraische Beziehungen zu den Fixsternen, zogen aber noch keine Rückschlüsse etwa auf die geometrische Gestalt von Himmel und Erde.

In ihrer Vorstellung war die Erde eine Scheibe, eine Insel im Wasser der Meere. Das Ganze überwölbt von einer Himmels-Halbkugel. Wolken und die ganze Atmosphäre gehörten für sie übrigens nicht zur Erde, sondern zum Himmel mit Sternen, Planeten und Meteoren – woraus sich auch der Begriff der **Meteorologie** ableitet.

Die Astronomie der Babylonier diente nicht dazu, sich ein genaueres Bild vom Kosmos zu machen, sondern die Einflüsse der Sterne und ihrer Bewegungen auf die einzelnen Individuen zu erkennen und vorherzusagen. Sie betrieben also noch blütenreine **Astrologie**. Manche Sterngucker fühlen sich solch einer Tradition ja noch heute verbunden.

Die **Ägypter** traten vor allem als große Baumeister hervor. In Mathematik und Astronomie waren sie nicht besonders weit fortgeschritten, obwohl sie die Pyramiden streng nach den Himmelsrichtungen ausrichteten oder die Seitenflächen präzise im gleichen Winkel ansteigen ließen und ihre Flächen symmetrisch gestalten konnten.

Große Fortschritte erzielten die Ägypter in der **Medizin**. Sie kannten so etwas wie ein Gesundheitslexikon: Etwa 50 Krankheiten wurden beschrieben und mit Hinweisen versehen, wie man die Krankheit eindeutig erkennen kann und was dagegen getan werden sollte. Die Vorstellung dabei war eher schamanisch: Ein böser Geist hatte vom Körper des Patienten Besitz ergriffen und die Gegenmaßnahmen sollten den Geist vertreiben.

Geistig betätigten sich vor allem Priester und Beamte. Allerdings beschränkten sie sich darauf, das vorhandene Wissen zusammenzutragen, aufzuschreiben und weiterzugeben. Sie unternahmen selten eigene Untersuchungen, sie waren keine aktiven Forscher.

Ihre Vorstellung von der Welt war die einer viereckigen Scheibe. An den jeweiligen Ecken befanden sich Gebirge, an denen der flach gewölbte Himmel befestigt war.

Zumindest bei ihren **Pharaonen** glaubten die alten Ägypter an ein ewiges Leben. Davon zeugen die kleinen Paläste, die sich an die Grabkammern unter den Pyramiden anschlossen. Hier wurden neben dem Grabschmuck aus Gold und Edelsteinen Dinge des täglichen Bedarfs aufgehoben, da man davon ausging, dass es ein Leben nach dem Tod geben würde.

Es gibt nicht den einen Zeitpunkt, den man als »Beginn« wissenschaftlichen Denkens in der Geschichte der Menschheit festlegen kann. Aber verschiedene erste Schritte lassen sich aufzählen. Sie sind verteilt über alle Hochkulturen der Frühzeit. Der Aufbruch in das rationale Denken begann vor rund viereinhalbtausend Jahren. Hier einige wichtige **Meilensteine** in der Entwicklung hin zur modernen Wissenschaft:

-2650 **Pyramiden** von Gizeh (eines der 7 Weltwunder) als ehernes Zeugnis der Baukunst in Ägypten.
Sumerisches **Zahlensystem** und Rechnungswesen mit der Basiszahl zwölf.
Festgelegte **Zeit- und Längenmaße**. Kalendereinteilung.

-2550 Sumerische Tontafel verzeichnet 15 **Heilmittel**.

-2500 Entwicklung der **Astronomie** in Babylonien. Die ersten **Maßstäbe** und Anfänge des Messens.
Nutzung von **Bronze** in Ägypten.
Töpferöfen, **Töpferscheibe** und **Metallgießverfahren** (Kupfer) in Mesopotamien.
Darstellung ägyptischer **Chirurgen**.

-2400 Im Vorderen Orient **Speichenräder** statt Vollscheibenräder.

-2225 Tontafeln aus Babylon mit Aufzählung und **Maßangaben** von Grundstücken in Keilschrift.

-2100 Steinerner Becher mit Keilschrift zeigt ältesten **Schlangenstab** (**Äskulap**); vermutlich als Wahrzeichen der Ärzte.

-2029 Hoher Stand der ägyptischen Webkunst, Verwendung von **Webstühlen**.

-2000 Babylonische **Mathematik**: Inhaltsberechnungen von Rechteck, Dreieck, Trapez, Kreis, Zylinder. Anwendung in der Astronomie.
Zunehmende Verwendung technologisch anspruchsvoller Werkstoffe mit **Legierungen aus Eisen und Bronze**.

-1950 **Babylonisches Weltbild**: Erde als Boden einer geschlossenen Schachtel; in der Mitte Schneeberge als Euphratquelle, drum herum Wasser, dahinter den Himmel tragende Berge.

-1900 Licht- und Luftschächte, **Bade- und Aborträume** mit **Kanalisation** im **Knossos-Palast** auf Kreta.

-1728 Chirurgische Kenntnisse in Babylonien: **Operationen am Auge**, **Kastration**, **Entfernung von Geschwüren**, Behandlung von **Knochenbrüchen** und **Schädelverletzungen**, **Nähen von Wunden**.

-1700 **Wasserräder** zur **Feldbewässerung** in Babylon.

-1555 Den Ägyptern ist die Entwicklung des Vogels aus dem **Ei**, der Fliege aus der **Made**, des Frosches aus der **Kaulquappe** bekannt.
Über 700 **Medikamente in Ägypten**. Diagnostik durch **Abhören** und Abtasten.

-1500 **Pflug** in Nordeuropa nachgewiesen.

-1450 **Blasebalg** löst das Blasrohr ab.
Ägyptischer **Obelisk** dient als **Sonnenuhr** und Kalender.

-1400 Erste Schriftrollen aus **Pergament** in Ägypten.

-1200 Sinnsuchende **Universalreligionen** ersetzen allmählich das magische Weltbild der Urvölker.
Einteilung der Sonnenbahn in die **12 Tierkreisbilder** in Babylon.

-1090 China: **Messung der Sonnenhöhe** mit einem schattenwerfenden Stab (**Gnomon**) und Berechnung der **Neigung der Erdachse**.
Gebrauch eines **Rechenbretts** (**Abakus**).

-1000 Entstehung der klassischen griechischen **Götterwelt**.

-776 Vermutlich erste **Olympische Spiele** in Delphi. Beginn einer **einheitlichen Zeitrechnung**.

-775 **Babylonische Astronomie** ist sehr exakt in der Berechnung der Bewegung von Himmelskörpern.
China: **Sonnenfinsternis** am 6. September markiert das erste sichere Datum der chinesischen Geschichte.

-699 **Wasserleitung** in Jerusalem.

-650 In Ninive wird eine große **Tontafelbibliothek** angelegt. Ninive, eine mesopotamische Stadt am Tigris, ist damals ein bedeutendes Handelszentrum. Die Tontafeln enthalten Angaben zur Himmelskunde, zum Kalenderwesen, zur Heilkunde sowie astrologische Voraussagen.

Ein exakter Zeitpunkt für den Beginn wissenschaftlichen Denkens lässt sich nicht festmachen, auch kein exakter Ort, kein bestimmter Mensch. Aber in diesem Zeitraum, ein, zwei Jahrtausende vor unserer Zeitrechnung, wurden an vielen Orten die ersten Schritte gemacht. Und spätestens mit den alten Griechen fing die Menschheit an, sich systematisch mit wissenschaftlichen Fragen und Methoden zu beschäftigen.

Jugend forscht – Wissenschaft in Griechenland

Die Griechen profitierten vom Seehandel, der einen regen Austausch mit anderen Hochkulturen ermöglichte. Zunächst sammelten sie vorhandenes Wissen, reicherten es mit eigenen Beobachtungen an und deuteten es noch vorwiegend mythisch. Aber im Laufe der Jahrhunderte entwickelten die Griechen eine eigene **Naturphilosophie**. Man suchte nach dem ursprünglichen Wesen der Natur.

Unter den vielen Vorstellungen stach vor allem diese Deutung hervor: Die Griechen sahen die Luft als **Ursubstanz** an, die nur zusammengedrückt werden musste, um andere Erscheinungsformen anzunehmen. Zunächst entstand Wind und Sturm, dann Regen und Wasser, dann Erde und Steine. Später entwickelten die Griechen die Vorstellung von den **vier Elementen**: **Wasser**, **Feuer**, **Luft** und **Erde**. Schließlich formulierten sie eine Vorstellung, dass alle Materie immer weiter zerkleinert werden kann, bis man auf die kleinsten Teilchen trifft. Dies sind die unteilbaren Bausteine der Materie, die **Atome**.

All diese Vorstellungen entwickelten die alten Griechen allein aus der Kraft ihrer Gedanken. Experimente zur Überprüfung theoretischer Überlegungen waren nicht üblich und oft auch nicht möglich. Die Griechen trieben weniger Physik als **Metaphysik**. Es ging ihnen also weniger um die objektive Wirklichkeit, als vielmehr um den Sinn des Ganzen und das Erkennen tiefer liegender Ursachen.

Die Jahre um 1000 v. u. Z. werden oft als der **Beginn des klassischen Altertums** angesehen. Will man den Beginn wissenschaftlicher Arbeitsweisen auf eine Jahreszahl festlegen, so wäre dies ein geeigneter Zeitpunkt. Aber Sie haben längst bemerkt, wie fragwürdig das ist. Denn auch in den frühen Hochkulturen sind wichtige und kühne Erfindungen und Denkleistungen erbracht worden, die zumindest die Voraussetzungen für wissenschaftliches Arbeiten ermöglichten. Darauf konnten die Griechen aufbauen.

Wir sprechen immer von *den* Griechen, dabei handelt es sich um Generationen über Generationen, reicht doch die gesamte **Hochkultur der Griechen** über einen Zeitraum von etwa **800 Jahren**. In diesen Jahrhunderten lebten viele Gelehrte, die wichtige Denkmuster entwarfen, die bis heute gültig sind – oder auch verworfen wurden, die aber dennoch unsere Vorstellungen von der Welt bis heute beeinflussen.

Ein besonders interessanter Philosoph der Antike war **Sokrates** (469–399 v.u.Z). Er entwickelte eine ganz besondere Methode des Philosophierens, nämlich den **strukturierten Dialog**, der unter anderem den Vorteil hatte, den Prozesscharakter der Analysen deutlich werden zu lassen. Sokrates hinterließ keine schriftlichen Aufzeichnungen. Seine Gedanken und Methoden wurden aber von seinen Schülern, insbesondere von Platon, aufgeschrieben und weiterentwickelt.

Sokrates
469–399 v. u. Z.

Sokrates interessierte sich nicht für abstrakte Probleme, sondern für ganz praktische Fragen, die das Leben der Menschen betrafen: die Gestaltung von Politik, die Rechtsordnung, Sprache und Rhetorik, die Bildung und die Kritik an althergebrachten Mythen. Was ihn auszeichnete, war die Penetranz seiner Fragestellungen (zum Beispiel »Was ist Tapferkeit?«): Er gab sich nicht mit oberflächlichen Definitionen zufrieden, sondern bohrte immer tiefer und leuchtete den Bedeutungsraum des jeweiligen Begriffs in allen möglichen Richtungen aus. Seine Fragetechnik nannte man deshalb auch **Mäeutik**, auf Deutsch »Hebammentechnik«.

Waren die Begriffe geklärt, ging es um die Konsequenzen für das praktische Handeln. So entwickelte Sokrates moralische Regeln für **ethisches Handeln**, das sich aus der vernunftbegabten Einsicht in die Zusammenhänge ergab. Zentraler Begriff für ihn war die **Gerechtigkeit**. Gerecht zu handeln, war oberstes Gebot. Sokrates wurde es auch als Verdienst angerechnet, dass er die Philosophie vom »Himmel« geholt habe, sprich er hat sie von einer metaphysischen auf eine sehr praktische, im Leben anwendbare Ebene gebracht.

Sokrates lebte seine Philosophie bis in die letzte Stunde seines Lebens. Wegen »Gottlosigkeit« und seines »verderblichen Einflusses auf die Jugend« war er zum Tode verurteilt worden. Freunde wollten ihn zur Flucht überreden. Sokrates lehnte ab mit der Begründung, sich nicht durch Missachtung des Rechts selbst ins Unrecht zu setzen. Ungerechte Gesetze könnten geändert werden. Sie zu missachten, also unrecht zu handeln, sei schlimmer als Ungerechtigkeit zu erleiden. So griff er selbst zum Schierlingsbecher und starb. Gelassen und heiter, wie seine Schüler berichten, und bis zur letzten Minute philosophierend.

Die großen Denker

Die großen Denker verteilen sich über die gesamte Zeit: die **vorsokratische** Periode von 600 bis 400 v. u. Z., das 3. Jahrhundert, mit Athen auf dem Höhepunkt seiner Macht, und der **hellenistischen** Periode von 300 v. u. Z. bis 30 v. u. Z. Und immer sind wichtige erste Schritte in das Zeitalter der Wissenschaft gemacht worden, auch davor und erst recht danach. Aber: Ab 600 v. u. Z. waren die Bedingungen gut und die alten Griechen hatten eine Menge kluger Köpfe, die genau beobachten, logisch denken und sich mehr und mehr von mythischen Vorstellungen befreien konnten.

Eine besondere Rolle spielten die **Sophisten**. Sie vertraten eine religionskritische Haltung. Götter schienen ihnen nicht existent, sondern menschengemacht. Das sei schon daran zu erkennen, dass die Götter bei weißen Völkern weiß, bei dunkelhäutigen dunkel dargestellt würden. Manche Sophisten sahen in der Religion gar eine Erfindung von Priestern, die sich ein Machtinstrument schaffen wollten. Sie wirkten etwa von 460 bis 360 v. u. Z.

Die Sophisten waren davon überzeugt, dass sich die Verhältnisse der Menschen untereinander rational gestalten ließen. Der Mensch war das Maß aller Dinge. Aber die Sophisten waren nicht in erster Linie Vertreter einer bestimmten philosophischen Richtung. Sie nahmen eher die Zeitströmung auf und sahen ihre Hauptaufgabe darin, die philosophischen Erkenntnisse populär zu machen und unters Volk zu bringen. Sie waren Lehrer, Journalisten, Entertainer. Und sie nahmen Geld für ihre Darbietungen. Dafür wurden sie gelegentlich kritisiert. Doch was ist dagegen zu sagen, wenn jemand eine Sache gut macht und von dieser Leistung auch leben will? Die alten Griechen hatten Sorgen – die unseren gar nicht unähnlich sind ...

Bereits um 800 v. u. Z. hatten die Griechen eine **Lautschrift** entwickelt, also eine einfach zu erlernende Schrift mit einem einheitlichen Alphabet. Dass die Beherrschung der Schrift kein Privileg der höheren Schichten war, beweisen eingeritzte Graffiti an Denkmälern. Es gab also eine »Demokratisierung des Wissens«, weil viele Menschen Zugang zu den Texten hatten.

Das Denken war sehr dem Wort verbunden. Griechische Wissenschaftler waren in erster Linie **Theoretiker**. Ihr Nachdenken, ihr Ergründen nutzte die Kraft der Gedanken, nicht das Experiment. Sie wollten die Ursachen durchleuchten, nicht praktische Probleme lösen.

Das hing vielleicht mit der **Sklavengesellschaft** zusammen, in der sie lebten. Alles, was Schweiß, Mühe und körperliche Arbeit kostete, wurde häufig von Sklaven verrichtet. Mühevolle Kraftarbeit war eines griechischen Bürgers unwürdig. So ist es auch nicht verwunderlich, dass die Leistungen der Griechen auf dem Gebiet der Technik eher mager waren. Es kam ihnen einfach nicht in den Sinn, nach Erleichterungen in der Feldarbeit oder in den Handwerken zu suchen. Archimedes, auf den ich noch zu sprechen komme, war also eher eine Ausnahmeerscheinung. Nicht einmal in die Verbesserung von Waffen und Kriegsgerät wurde sonderlich investiert. Was zählte waren einzig die Ideen.

Bekanntester Vertreter dieser **Naturphilosophie** war **Platon** (428-348 v.u.Z). Für ihn war die Materie uninteressant. Es ging ihm vielmehr um die Idee hinter der Materie. Die Ideen waren die eigentliche Realität. Sein Schüler und späterer Gegenspieler war **Aristoteles**. Für ihn war die Erfahrung mindestens ebenbürtig. Er beobachtete die Natur und zog daraus seine Schlüsse.

Platon war ein vielseitiges Genie. Er beschäftigte sich nicht nur mit Physik und Metaphysik, sondern auch mit Sprachphilosophie, Staatstheorie und **Erkenntnistheorie**. Dabei entwickelte er literarische Formen, um seine Gedanken und die von anderen in unterhaltsamer Form zu vermitteln. Die Dialoge, die er nach Sokrates' Vorbild erfand, waren literarisch beachtliche Werke. Außerdem gestatteten die Dialoge, so manches im Unklaren zu lassen und den Leser oder Zuhörer aufzufordern, eigene Gedanken zu entwickeln.

Zentral war für Platon die Frage, wie wir **gesichertes Wissen** erlangen können und wie Wissen von Meinung zu unterscheiden sei. Ob wir unseren Sinneseindrücken vertrauen und überhaupt in der Lage seien, die Wahrheit oder auch nur die Realität zu erkennen. Berühmt ist seine Erzählung eines Gedankenexperiments – wahrlich eine fantastische Science-Fiction-Geschichte:

Schattenwelt – Platons Höhlengleichnis

In einer Höhle leben Menschen, die seit ihrer Geburt dort so festgebunden sind, dass sie nur die gegenüberliegende Höhlenwand betrachten können. Hinter ihnen brennt ein Feuer und zwischen den Gefangenen und dem Feuer bewegen sich Menschen, tragen allerlei Gegenstände und reden miteinander. Die Gefangenen sehen nur die Schatten an der Wand, und durch den Widerhall scheinen auch die Gespräche von vorn, von den Schatten zu kommen. Die Welt, die sie erleben, ist eine Schattenwelt.

Würden sie losgebunden, würden sie die reale Welt nicht verstehen und zu ihrer gewohnten »wahren« Welt zurückkehren wollen. Und wer die Wirklichkeit durchschauen würde, wer erkennen würde, dass die Schatten nur ein Abbild der realen Gegenstände wären, würde von den anderen als Sonderling und Ignorant ausgelacht werden.

Für Platon war das ein Beispiel für die Begrenztheit unserer sinnlichen Wahrnehmung. Was wir sehen, sind nur die Schatten der Wirklichkeit. Unsere Realität sind nur die Dinge, die wir sehen. Es kommt aber darauf an, die Ideen dahinter zu erkennen.

Aristoteles (384-322 v.u.Z.) ist wohl der einflussreichste der griechischen Philosophen, weshalb ich ihn auch noch mal im Kapitel 16 aufgenommen habe – er war einfach einer der Größten. Er hat das Denken der Nachwelt am meisten geprägt. Er vertrat die Ansicht, dass die materiellen Dinge unsere Wirklichkeit darstellten. Er kritisierte Platons Ideenlehre, nach der die Ideen unsere Wirklichkeit seien und die materiellen Dinge nur deren Ausformungen. Er sah darin eine **unnötige Verdoppelung** der Wirklichkeit. Auch sei es fragwürdig, wie der Mensch zur Erkenntnis der Wahrheit kommen könne, ohne sich auf Beobachtung und Erfahrung zu stützen.

In seiner **Kosmologie** vertrat Aristoteles eine strikte Trennung zwischen Himmel und Erde. Die Sonne bestehe nicht aus den irdischen vier Elementen, sondern aus einem fünften, der »Quintessenz«. Der Himmel sei unvergänglich und unabänderbar, während die Erde als Hort alles Vergänglichen angesehen wurde.

Aristoteles führte die **Ganzheitsbetrachtungen** in die Wissenschaften ein: »Das Ganze ist vor dem Teil«.

Er erkannte den **freien Fall** als **beschleunigte Bewegung**, glaubte aber, dass schwerere Körper schneller fallen. Dies wurde erst durch Galilei richtiggestellt.

Aristoteles fasste im **Lyzeum**, einer Lehr- und Forschungsstätte, das gesamte Wissen seiner Zeit zusammen: Logik, Physik, Psychologie, Metaphysik, Ethik, Politik, Verfassungslehre, Rhetorik, Poetik.

Aristoteles vertrat die Auffassung, dass die Erde ruhender Mittelpunkt des Universums sei, da sich sonst die Erdbewegung in den Sternen »widerspiegeln« müsste. Seine Autorität verhinderte für lange Zeit den Durchbruch des heliozentrischen Weltbilds.

Seine Ethik sah in der Vernunft einen Weg zur Glückseligkeit, der die Extreme meidet.

Er fasste die 4 Elemente als Eigenschaftsträger auf und die »Quintessenz« als geistiges Ordnungsprinzip nach dem Schema aus Abbildung 2.3.

Aristoteles' psychologische Schriften (»Über die Seele«, »Über die Wahrnehmung« und andere) kennen Stufen des Seelischen entsprechend der Stufenreihe der Substanzen: unbewusste tote Materie, vegetative Seele der Pflanzen, animalische Seele der Tiere, denkende Seele des Menschen und Gott als »Denker des Denkens«.

Altgriechische Mathematik: Geometrie = Sehr gut

Auch in der Mathematik haben die Griechen große Fortschritte gemacht. **Thales** (624-546 v.u.Z.) zum Beispiel hat viele Gesetzmäßigkeiten der **Geometrie** entdeckt. Berühmt ist seine Bestimmung der Höhe der Pyramiden. Er steckte einen Stab in den Sand neben der Pyramide und maß die Länge seines Schattens. Sein genialer Schluss war: Die Pyramidenhöhe steht im gleichen Verhältnis zu ihrem Schatten wie die Stabhöhe zum Stabschatten. Stabhöhe und Stabschatten waren bekannt. Auch der Pyramidenschatten, gemessen vom Rand der Pyramide erweitert um die halbe Pyramidenlänge. Angewandte Bruchrechnung. Simpler Dreisatz. Und schon hat man die Höhe der Pyramide ermittelt – unter Verwendung des blitzgescheiten Gedankens, dass die Verhältnisse einander entsprechen.

Pythagoras (570-520 v.u.Z.) hingegen wird überschätzt. Der ihm zugeschriebene Satz vom Quadrat der Seiten eines rechtwinkligen Dreiecks – Sie wissen schon – stammt gar nicht von ihm. Da sind sich die Historiker heute jedenfalls ziemlich einig. Pythagoras war eher der mystischen Seite damaliger Denkungsarten zugetan. Er untersuchte zum Beispiel, wie sich Bewegungsmuster im Kosmos durch Zahlenverhältnisse darstellen lassen und er schrieb unterschiedlichen Zahlen unterschiedliche Eigenschaften zu. 3 oder 13 waren Unglückszahlen, die 4 stand für Gerechtigkeit, die Harmonie des Kosmos war durch die 10 symbolisiert, die sich aus $1 + 2 + 3 + 4 = 10$ herleitet und so weiter. Nicht alles, aber so manches hat sich bis in unser aufgeklärtes Zeitalter erhalten.

Die **Arithmetik** war nicht gerade die Stärke der Griechen, was vor allem damit zusammenhing, dass sie zwar im Dezimalsystem rechneten, aber weder die Null noch das Stellenwertsystem kannten. Meist wurden die Zahlen durch die Anzahl von Strichen »geschrieben«, größere Zahlen durch andere Symbole. Das wurde schnell unhandlich. Ihre Stärke lag in der Geometrie. Und so stammen auch einige der kniffligsten **Rätsel der Mathematik** aus der Geometrie, erstmals formuliert von den alten Griechen: Entweder man löst sie oder man beweist, dass sie unlösbar sind:

- ✔ Wie gelingt die Quadratur des Kreises?
- ✔ Wie lässt sich ein Winkel dreiteilen?
- ✔ Wie verdoppelt man einen Würfel?

Und zwar mit geometrischen Mitteln, nicht mit dem Taschenrechner, nein, mit Lineal und Zirkel.

Abbildung 2.3: Basis jeden Ordnungsprinzips ist das physikalische Modell der vier Elemente, das von Aristoteles ergänzt wurde um ein fünftes (daher »quint«) Element, die »Quintessenz«, den »Äther«.

Griechischer Eid – ärztliche Kunst

In der **Medizin** erzielten die Griechen beachtliche Leistungen. Natürlich fällt Ihnen sofort der »Hippokratische Eid« ein, den bis heute alle Ärzte beachten, indem sie sich verpflichten, nur zu heilen, nie einem Patienten zu schaden. Nur: Der Eid stammt gar nicht von **Hippokrates** (460-370 v.u.Z.). Er wurde ihm zugedichtet, um seinen Nimbus zu erhöhen.

Schon damals: Halbgötter in Weiß

Hippokrates und seine Schüler betrieben schon ein regelrechtes Marketing. Das begann damit, dass sie behaupteten, die einzigen zu sein, die über eine solide Ausbildung verfügten. Das lockte gut situierte, mithin zahlungskräftige Schüler an. Die wiederum konnten darauf verweisen, von Hippokrates selbst ausgebildet worden zu sein. Indem sie dessen Ruhm vergrößerten, steigerten sie auch ihren eigenen Wert.

Hippokrates war durchaus ein guter Mediziner. Berühmt sind seine Fallberichte. Für viele Krankheiten schilderte er deren Verlauf. Wenn auch die Ärzte wenig zur Heilung beitragen konnten, so konnten sie doch voraussagen, was geschehen würde. Zumeist vertrauten sie auf die Selbstheilungskräfte des Immunsystems und ließen sich für ihre »Erfolge« feiern.

Die hippokratischen Ärzte betonten eher die **Vorbeugung**, lehrten also ihre Patienten, gesund zu leben und gesund zu bleiben. Nach ihren Vorstellungen kam es darauf an, dass die inneren **Säfte** in einem **harmonischen Verhältnis** zueinander standen. Dazu gehörten:

- ✔ Blut, verantwortlich für die Lebenskraft
- ✔ gelbe Galle, hilfreich für die Verdauung
- ✔ Schleim, um Entzündungen zu kühlen
- ✔ schwarze Galle, die den Säften Farbe verlieh

Das Verhältnis dieser Körpersäfte bestimmte nicht nur die körperliche Verfassung eines Menschen, sondern prägte auch dessen Charakter.

Galen (130-200) war einer der Schüler von Hippokrates, der speziell die **Chirurgie** weiterentwickelte. Auch darin erzielten die alten Griechen große Fortschritte und machten erste Schritte hin zu einer sachorientierten Vorstellung vom Körper und seinen Funktionen. Erste Schritte wohlgemerkt, denn noch war das Denken gefangen von allerlei mythischen Vorstellungen.

Galen behandelte Soldaten und römische Gladiatoren, schiente Brüche, verband Wunden und amputierte, wo nötig, Gliedmaßen. Er vertrat die Auffassung, dass angehende Ärzte vor allem aus der Sezierung (Leichenöffnung) des Körpers lernen könnten, scheiterte aber am Seziertabu.

Auch machte er Experimente, um zu beweisen, dass Arterien nicht Luft, sondern Blut transportierten. Aber er unterlag auch kapitalen Irrtümern, die sich lange hielten, weil seine Lehrbücher immer wieder kopiert und genutzt wurden. So hatte er bei Affen Löcher in der Herzscheidewand entdeckt und – weil er es nicht besser wusste – für normal gehalten. Auch durchschaute er das Kreislaufsystem nicht – mit dem Herzen als Pumpe. Er nahm an, das Blut werde in der Leber erzeugt und von den anderen Organen »verbraucht«. Hirn, Herz und Leber deutete er als verschiedene Sitze der Seele.

Mit den alten Griechen begann zweifellos eine intensive Auseinandersetzung mit der Natur. Noch ist es ein Ausprobieren verschiedener Zugänge. Aber da ist das Denken von den Ursprüngen her, die Frage nach dem Sinn. Und da ist das Denken von den beobachteten Einzelheiten her. Schon beginnen die ersten **Empiriker** zu messen und zu experimentieren.

Noch ist das Denken eingeschränkt durch überlieferte Vorstellungen. Da gibt es die Götter und den »großen Beweger«, der die Himmelsmaschine antreibt. Noch beherrscht der Glaube an die Magie das Denken, von dem sich die Menschheit erst viele Jahrhunderte später langsam befreit.

Das Imperium schlägt zu: Alexandria und Rom

Den Machtwechsel leitet **Alexander der Große** (356-323 v.u.Z.) ein. Das Zentrum verlagert sich von Athen nach **Alexandria**, auch das Zentrum der wissenschaftlichen Entwicklung.

Athen verliert an Bedeutung, aber griechischer Forschergeist, griechische Bildung und Philosophie wirken weiter fort. Sie sind bestimmend für die Machtperiode Alexandriens, die auch als **Hellenismus** (Griechentum) bezeichnet wird. Denn auch wenn die Denker dieser Zeit geografisch nicht aus Griechenland stammten, waren sie meist entweder ethnisch gesehen Griechen oder von diesen zumindest beeinflusst.

Dennoch muss man zugestehen, dass der Hellenismus mehr ist als die bloße Fortsetzung alter griechischer Denkungsart. Schon allein die Feldzüge Alexanders veränderten und erweiterten das antike geografische Weltbild erheblich. Und letztlich führte die geografische Nähe zu Asien zu einer fruchtbaren Begegnung mit anderen Kulturkreisen. Der Hellenismus war in Teilen eine griechisch-orientalische Mischkultur.

Die Bedeutung, die man den Wissenschaften zuteilwerden ließ, wurde in einem besonderen Gebäude deutlich. In der Mitte von Alexandria errichtete man das **Museion**, einen Tempel der Musen. Es war ein **Forschungszentrum** mit angegliederter **Bibliothek**. Es beherbergte Künstler, Dichter und Gelehrte der verschiedensten Disziplinen. In der Bibliothek sammelte man das Wissen der Vergangenheit und Gegenwart. Die Sage geht von einer halben Million Schriftrollen aus.

Die **Philosophie**, die allumfassende Wissenschaft, die Mutter aller Wissenschaften, begann sich zu differenzieren. Zwar waren die alten Griechen grundsätzlich an allen Fragen interessiert und philosophierten über den tieferen Grund allen Daseins. Doch es gab auch schon Spezialisten, die sich nahezu ausschließlich mit einem Fach auseinandersetzten. Ich will Ihnen ein paar Beispiele nennen.

Da war zunächst **Euklid** (325-265 v.u.Z.), den man als den berühmtesten Mathematiker aller Zeiten bezeichnet hat. Er veröffentlichte ein riesiges Kompendium der Geometrie, in dem er das gesamte geometrische Wissen seiner Zeit zusammenfasste und seine eigenen Erkenntnisse darlegte. Dabei dachte er streng systematisch und arbeitete auf diese Weise methodische Standards heraus. Sorgsam unterschied er zwischen Definitionen, Postulaten (Annahmen) und Axiomen (allgemeinen Setzungen). Beweise endeten mit der Formel »was zu beweisen war« – die noch heute üblich ist.

Demokrit (460-370 v.u.Z.) formulierte vermutlich als erster die Auffassung, dass alles in der Natur aus unteilbaren Teilchen, den Atomen besteht. Die Atome existieren ewig. Das Universum ist entstanden, weil die Atome im leeren Raum einen Wirbel bildeten. Die leichteren Atome gerieten nach außen und bildeten die Sterne, die schwereren kamen nach innen und formten die Erde. Alle Bewegung gründet auf Zufall oder Notwendigkeit. Es ist sinnlos, nach einer tieferen Ursache zu fragen. Demokrit gehört zu den Vorsokratikern und gilt als der letzte große Naturphilosoph.

Epikur (341-270 v.u.Z.) war der bedeutendste Vertreter der **Atomtheorie**. Seine Vorstellung: Atome sind unterschiedlich groß, bleiben aber immer unter der Grenze des Sichtbaren. Sie können sich zu Verbindungen untereinander zusammenlagern. Diese Vorstellungen entsprechen den Atommodellen aus dem 18. Jahrhundert. Die Atome, die die Seele bilden, lösen sich mit dem Tod auf.

Seine Weltanschauung: Es gibt zwar Götter, aber sie kümmern sich nicht um die Menschen. Der Mensch sei dem Hier und Jetzt verpflichtet. **Epikureer** genießen das Leben und meiden Exzesse, die den Lebensgenuss schwächen. Epikur gilt als geistiges Vorbild späterer Atheisten und Freidenker.

Neben der philosophischen Schule von Platon und der von Aristoteles hatten sich vor allem zwei große Denkrichtungen herausgebildet: Die der Epikureer und die **Stoa** (der **Stoizismus)**. Die stoischen Philosophen wollten die Natur und den Kosmos ganzheitlich erfassen. Dabei suchten sie nach universellen Gesetzen, die für alle Abläufe in Natur und Kosmos gelten. Indem der Mensch mit Bescheidenheit seinen Platz in diesem Universum erkennt, kommt er in Gelassenheit zu Weisheit und Seelenruhe.

Nun werden Sie nicht unruhig, ich weiß, Sie warten auf **Archimedes** (287-242 v.u.Z.), den Typen mit dem Wasserverdrängungsprinzip und seinem Aufschrei »Heureka – ich hab's gefunden!«. Er wird den Griechen zugerechnet, obwohl er aus Sizilien stammt, aber er studierte und lebte lange in Alexandria.

Er war Physiker und Mathematiker und beschäftigte sich zum Beispiel mit der **Kreiszahl Pi**. Zur genauen Berechnung der Kreiszahl entwickelte er eine Näherungsmethode: In den Kreis legte er ein Quadrat, dessen Eckpunkte auf dem Kreis lagen. Sein Inhalt war kleiner als der Kreisinhalt, kam diesem aber schon recht nahe. Aus dem Quadrat machte er nun ein Sechseck, dann ein Achteck und so weiter bis zum 96-Eck. Dessen Inhalt war nun schon sehr nahe am Kreisinhalt und die Zahl Pi ließ sich recht genau bestimmen.

Heureka – Ich hab's gefunden

Archimedes sollte herausfinden, ohne das gute Stück zu zerstören, ob des Herrschers Krone aus reinem Gold oder nur äußerlich vergoldet war. Er nahm einen Klumpen reinen Goldes, der genau so viel wog wie die Krone. Beide tauchte er nacheinander in einen Topf mit Wasser, das daraufhin anstieg – aber bei der Krone mehr als beim Gold. Sie hatte bei gleicher Masse ein größeres Volumen, also musste sie einen Kern aus leichterem Material haben.

Auf diese Methode war er beim Baden gekommen, als er beobachtete, wie das Wasser in der Wanne anstieg und überlief, als er darin Platz nahm. Er sprang heraus auf die Straße und schrie: »Heureka – ich hab's gefunden!« (Mehr über Archimedes lesen Sie auch noch in Kapitel 16.)

Das Beispiel von Archimedes ist kennzeichnend für den Wandel im wissenschaftlichen Denken. Suchten die alten Griechen noch nach den Prinzipien und den tiefer liegenden Ursachen, so interessierten sich nun die jungen Forscher für die nutzbringenden **Anwendungen** ihrer Erkenntnisse. Ins Zentrum rückten die praktischen Fragen.

Nur ein Beispiel:

Eratosthenes (276-194 v.u.Z.) berechnete aus den verschiedenen Sonnenhöhen in Alexandria und Assuan den Erdumfang auf 46 000 Kilometer. Gar nicht so schlecht: Nach modernen Messungen beträgt der Erdumfang (am Äquator) 40 075 Kilometer.

Das ptolemäische Weltbild – falsch, aber haltbar

Fehlt noch **Ptolemäus** (90-168), der die griechische Sichtweise auf Erde und Kosmos zusammenfasste und dessen Name mit der klassischen Weltanschauung verbunden ist: d**as ptolemäische Weltbild**, das bis ins 17. Jahrhundert vorherrschend war. Alles dreht sich um die Erde.

Weltbild – mit kleinen Fehlern

Im ptolemäischen Weltbild steht die Erde im Mittelpunkt der Welt. Sonne, Mond und Sterne, auch die Planeten, die Wandelsterne, drehen sich um die Erde.

Ptolemäus übernahm zunächst die Modellvorstellungen von Aristoteles und Pythagoras. Diese hatten versucht, mystische Zahlenverhältnisse, etwa aus der Musik, auf den Kosmos und zum Beispiel die Abstände der Sterne zu übertragen.

Aristoteles variierte diese Vorstellungen, indem er eine striktere Ordnung postulierte. Vor allem nahm er für alle Himmelskörper an, dass sie sich mit konstanter Geschwindigkeit auf exakten Kreisbahnen bewegten, angetrieben von dem »großen Beweger«. Die Klarheit dieses Modells war sicher mit dafür entscheidend, dass sich das Modell so lange hielt. Später kam es den Christen entgegen, die in dem »großen Beweger« ihren Gottvater erkennen konnten.

Allerdings hatte das Modell einen Schönheitsfehler. Die **Planeten** durchliefen partout keine Kreisbahnen. Sie wurden **Wandelsterne** genannt, weil sie ihre Bahn ständig veränderten, manchmal stehen blieben und sogar rückwärts liefen.

Ptolemäus bastelte nun an den Problemen herum und gab kurzerhand einige der einfachen Prinzipien von Aristoteles auf: Er konstruierte abenteuerliche Bewegungsmuster für die **Wandelsterne** und konnte so deren merkwürdige Bahnen einigermaßen erklären. Schön war's nicht, aber es passte so lala.

Er nahm nämlich an, dass die Wandelsterne sich auf kleinen Kreisbahnen bewegen, die sich ihrerseits auf einer großen Kreisbahn um die Erde befanden. Das war zwar keine exakte Kreisbahn mehr, aber irgendwie war das Prinzip der Kreisbahn doch gerettet.

Die Schriften von Ptolemäus gelangten unter dem Namen **Almagest** später in die islamische Welt und noch später von dort nach Europa. Sie bestimmten lange das kosmologische Denken. Im Almagest beschrieb Ptolemäus auch Geräte, mit denen sich zum Beispiel die Position eines Sterns nach Längen- und Breitengrad bestimmen ließ.

Almagest ist übrigens ein arabisches Wort, und macht deutlich, dass ohne den Umweg über die islamische Welt viele Leistungen der Antike für uns verloren gegangen wären.

Alexandrien war zwar ein eigenständiges Staatsgebilde, doch wird es allgemein zum hellenistischen Erbe gezählt. Alexander der Große regierte von 336 bis 323 v.u.Z., aber der **Hellenismus** wirkte noch lange weiter bis in das römische Reich und die Spätantike hinein.

Nach der Herrschaft Alexanders des Großen entwickelte sich langsam aus dem kleinen Stadtstaat **Rom** der Mittelpunkt eines neuen Imperiums. Griechenland wurde unterworfen, seine wissenschaftlichen Erkenntnisse als Beute übernommen. Griechische Gelehrte wurden verehrt, viele ihrer Gedanken und Vorstellungen prägten die geistig-kulturelle Entwicklung Roms. Viele Römer, wenn sie auf sich hielten, sprachen Griechisch, die Sprache der Gebildeten.

Aber: Die Römer waren anders. Sie waren **Pragmatiker**. Von theoretischer Wissenschaft hielten sie nicht viel. Sie waren nicht an Grundsatzfragen interessiert. Philosophie war nicht ihre Stärke.

Mit Wissenschaft beschäftigten sie sich so lange, wie sie ihnen dienlich war. Die Römer waren **Ingenieure**, die beachtliche technische Leistungen vollbrachten. Sie schufen außerordentliche Bauwerke: mehrstöckige Thermalbäder, die Kanalisation, Fußbodenheizung, Viadukte, Verteidigungsanlagen, Brücken, Amphitheater. Sie erfanden den Flaschenzug und damit bestückte Kräne zum Heben schwerer Lasten. Sie legten befestigte Straßen an und entwickelten eine ausgefeilte Kriegstechnik.

Brennendes Interesse an theoretischen Schriften

Die Römer waren an der Theorie nicht sonderlich interessiert. Es gab den schönen Satz: »Wenn man ein Haus bauen will, muss man Bretter sägen und nicht darüber nachsinnen, warum Bäume in den Himmel wachsen.«

Die Pflege des wissenschaftlichen Erbes war nicht die erste Sorge der Römer. Die Bibliothek im Museion von Alexandria wurde noch rege genutzt, etwa bis zur Zeitenwende. Dann führte Cäsar seine Eroberungskriege und es kamen die ersten Zerstörungen. Religiöse Fanatiker aus den Anfangsjahren des Christentums vernichteten jene Schriften, die ihnen unlieb waren.

Endgültig zerstört wurden das Museion und seine Bibliothek durch die Mohammedaner, als sie um 600 n. u. Z. die Stadt eroberten. Sie richteten alles nach dem Koran aus. Entweder die Schriften widersprachen dem Koran, dann gehörten sie vernichtet. Oder sie stimmten mit dem Koran überein, dann waren sie überflüssig. Tatsächlich wurden die übrig gebliebenen Schriften verbrannt.

Einige herausragende Persönlichkeiten Roms möchte ich doch noch skizzieren, um deutlich zu machen, wie römische Gelehrte mit wissenschaftlichen Methoden umgingen und wie sie das Wissen bewahrten, vielleicht auch weiterentwickelten:

Aulus Cornelius Celsus (ca. 25 v. u. Z. – 50 n. u. Z.) verfasste eine Enzyklopädie. Besonders wichtig darin die 8 Bücher über **Medizin**, u. a. die Darstellung plastischer Operationen und die Behandlung von Unterleibsbrüchen.

Lucius Annaeus Seneca (1-65) war Philosoph, Naturforscher und Dramatiker sowie glühender Vertreter des Stoizismus. In seinen Tragödien, zum Beispiel in »Ödipus« schildert er die Leidenschaften so, dass sie abschreckend wirken. Er schrieb auch ein Buch über »Naturwissenschaftliche Untersuchungen«, das noch im Mittelalter als Lehrbuch der Physik verwendet wurde.

Im 4. Jahrhundert begann das »Zeitalter« der **Alchemie**. Zunächst entstanden in Alexandria viele Alchimisten-Schulen. Hauptsächlich versuchte man unedle Metalle in edle zu verwandeln (zum Beispiel Gold aus gelbem Schwefel und glänzendem Quecksilber) oder man begab sich auf die Suche nach dem »Stein der Weisen«.

Mit der Verlegung der Hauptstadt des römischen Reiches von Rom nach **Byzanz** begann auch der äußere Niedergang Roms. Dagegen erblühte **Trier**, das Rom des Nordens.

Außer einer hochentwickelten **Bau- und Kriegstechnik** leisteten die Römer keine bedeutsamen Fortschritte in den Naturwissenschaften. Allerdings entwickelten sie bestimmte Geisteswissenschaften weiter. Ihre größte Leistung war die Entwicklung eines strukturierten **Rechtssystems**.

Da sie dabei auch Prinzipien herausarbeiteten, die sie theoretisch begründeten, kann man ihre Vorgehensweise als wissenschaftlich ansehen. Ähnlich reflektiert war ihr Umgang mit der Geschichte. Hier schufen sie die Grundsätze der **Geschichtswissenschaft**. Und sie entwickelten die **Geografie** – auch wieder als **angewandte Wissenschaft**, soweit sie ihnen bei ihren Kriegszügen und Eroberungen von Nutzen war.

Die ersten Deutungen der geheimnisvollen Natur waren mythisch und begründeten die Religionen. Als die **Religionen** sich organisierten, also Kirchen bildeten, übernahmen sie die Deutungshoheit über alle Menschheitsfragen. Das sollte Folgen haben für die Entwicklung der Wissenschaft. Denn geduldet wurde nur, was zur jeweiligen Kirchengeschichte passte. Was ihr widersprach, wurde als ketzerisch verurteilt und vernichtet.

Das **römische Denken** war beeinflusst von religiösen Vorstellungen. Das war auch in der Rechtskunde so. Die Priester legten fest, wann die Götter angerufen werden konnten und welche Urteile sie sprachen. Nur langsam gingen Rechtskunde, Rechtsentwicklung und Rechtsprechung in weltliche Hände über.

Das Zwölf-Tafel-Recht

Auf zwölf Tafeln wurden die wichtigsten Grundsätze des römischen Rechts aufgeschrieben und öffentlich ausgestellt: Regelungen zum Erbrecht etwa oder zum Schuldrecht.

Recht sprachen vom Volk gewählte »Praetoren«, die als Richter Einzelfälle zu beurteilen hatten. Ihre Rechtsprechung wurde schließlich abgelöst von kaiserlichen Rechtsverordnungen.

Das römische Recht war »Einzelfallrecht«. Die Grundsätze der zwölf Tafeln enthielten also keine abstrakten Beschreibungen von Verbrechen und wie sie zu bestrafen waren. Sorgsam musste jeder Fall als Einzelfall untersucht und beurteilt werden. Die Grundsätze waren dabei Leitplanken, anhand derer sich der Richter vortasten musste, um Recht zu sprechen. Der wichtigste Grundsatz etwa lautete: honeste vivere, alterum non laedere, suumcuique tribuere – ehrenhaft leben, niemanden schädigen, jedem das Seine geben.

Das römische Recht wurde weiterentwickelt und musste später reformiert werden. Es hatte sich zu sehr in unterschiedliche Provinz-Rechte aufgegliedert und dabei widersprüchliche Aussagen getroffen. Kaiser **Justinian I** setzte im Jahr 529 eine Kommission ein, die das Recht vereinheitlichen und zusammenfassen sollte. Dieser **Codex constitutionum** – oder auch **Corpus Iuris** war prägend für die weitere Entwicklung des Rechts in Europa und beeinflusst unser Rechtssystem bis heute.

Jaja, ich sehe es Ihnen an, dass Sie darauf gewartet haben: die Römer und ihre Kriegs- und Kampftechnik. In der **Kriegstechnik** leisteten die Römer Beachtliches, sowohl in der Konstruktion eigener **Verteidigungsanlagen** als auch in der Angriffstechnik beim Überwinden von solchen Verteidigungsanlagen. Sie erfanden die stern- und zackenartigen Wallmauern, die es erlaubten, die Angreifer sowohl von vorn, als auch von der Seite, ja sogar von hinten zu attackieren.

Gefürchtet waren ihre **Katapulte**, die 10 Kilogramm schwere Steinkugeln 200 Meter weit schleudern konnten. Gepanzerte Rammbockwagen konnten sich wie Schildkröten an die Barrikaden heranbewegen und ihr zerstörerisches Werk beginnen. Ihre Wissenschaft war sehr pragmatisch. Mit theoretischen Fragestellungen – etwa der Physik – haben sich die Römer kaum beschäftigt.

Kulturen im Osten – China, Indien und die islamische Welt

Von den Hochkulturen im fernen Osten wissen wir wenig. Vermutlich wurden viele Entdeckungen, die wir für unseren Kulturraum reklamieren, schon viel früher in Indien oder China gemacht.

Die chinesischen **Astronomen** haben Sternbewegungen und Himmelspositionen nur algebraisch berechnet. Sie haben nicht geometrisch gedacht, und so ist auch kein kosmologisches Modell bekannt, das von den Chinesen entwickelt wurde.

Das wissenschaftliche Denken war sehr stark geprägt von den magischen Kräften **Yin und Yang**. Sie symbolisieren zwei gegensätzliche Prinzipien, die aufeinander bezogen sind und im Gleichgewicht stehen. Dieses Schema gilt überall, in jedem einzelnen Menschen wie im gesamten Kosmos.

In der **Alchemie** suchte man diese Kräfte zu nutzen, um das »Elexier des ewigen Lebens« zu finden.

Die Chinesen erfanden das **Schießpulver**, den **Kompass**, das **Papier** und den **Buchdruck** – bewegliche Lettern erwiesen sich allerdings als unpraktisch, einfach weil es zu viele Schriftzeichen gab.

Von den Indern haben wir die **Null**, das **dezimale Zahlensystem** und das **Stellenwertsystem** sowie die Idee einer alphabetischen Schrift. Im Nahen Osten waren es die Araber, die Ideen und Einflüsse des Ostens nach Westen brachten und umgekehrt Gedanken aus dem Westen aufnahmen und über die Zeiten des Verfalls retteten.

Viele Schriften, zum Beispiel aus dem alten Griechenland, sind so bewahrt worden. Über den Umweg durch die islamische Welt sind sie nach Europa zurückgekehrt und für das christliche Abendland erhalten geblieben.

In **Bagdad** wurde um 800 ein **astronomisches Observatorium** eingerichtet. In der Chemie (Alchemie) wurde die Waage eingeführt. Die Araber kamen bis nach Spanien und ließen viele Übersetzungen aus dem Arabischen dort, unter anderem die »novem figurae indorum«, die »neun Ziffern der Inder«, die in Europa als »arabische Ziffern« Karriere machen sollten. Wobei freilich angemerkt werden muss, dass die größere Bedeutung der zehnten Ziffer, der Null, gebührt – und dem Stellenwertsystem.

Arabische Gelehrte nutzten und bewahrten nicht nur das Wissen der Antike, sie lieferten auch eigene Beiträge. Besonders in der Optik und in der Astronomie entwickelten sie neue Methoden und sammelten neues Wissen.

Wissenschaftliches Denken in Arabien

Arabische Forscher wollten die Lichtbrechung mathematisch erfassen. Das war zumindest ein wissenschaftlicher Versuch, wenn auch die Ergebnisse noch nicht stimmig waren. Die Vorstellungen der arabischen Wissenschaftler waren an Beobachtungen orientiert und weniger mythisch bestimmt, wie bei den Griechen. So nahmen sie an, dass beim Licht etwas von den Gegenständen ausgeht, das in unser Auge trifft. Heute nennen wir das »Lichtstrahlen«.

Für ihre astronomischen Beobachtungen entwickelten sie ein einfaches, aber effektives Instrument, den **Gnomon**. Es erfasste den Sonnenstand über die Länge des Schattens. Die islamischen Gelehrten wussten schon, dass man aus dem Mittel beider Sonnenhöchststände, zum Zeitpunkt der jeweiligen Wendepunkte, den **Breitengrad** bestimmen kann, also die Position zwischen Äquator und Pol.

Lichtblicke: Mittelalter, Renaissance

3

In diesem Kapitel

- Die Vormacht der Religion
- Das Privileg der Bildung
- Die Schulweisheit
- Der Rückgriff auf die Antike
- Der geistige Aufbruch in die neue Zeit
- Die kopernikanische Wende

Die Jahrhunderte um die Jahrtausendwende herum gelten meist als Zeiten der Stagnation. Die großen Kulturen waren zerfallen, neue noch nicht entstanden.

Das »finstere« Mittelalter

Es geschah nicht viel im Mittelalter. Dennoch wäre es falsch, nur vom »finsteren« Mittelalter zu sprechen. So gab es in den ersten Jahrhunderten des zweiten Jahrtausends einige bemerkenswerte Fortschritte:

- ✔ an vielen Orten wurden **Universitäten** gegründet
- ✔ nach und nach wurde ein allgemeines **Schulwesen** eingerichtet
- ✔ neben der Philosophie und Theologie etablierten sich die Fächer Rhetorik, Logik, Arithmetik, Geometrie, Musik und Astronomie

Die Königin aller Disziplinen blieb die **Philosophie**. Daneben, in der Regel sogar übergeordnet, die Theologie. Sollte Wissenschaft später einmal dazu dienen, ein objektives Bild der Natur zu ermöglichen, so war nach dem mittelalterlichen Denken die Wahrheit vorgegeben. Sie bestand in der Gottheit und war unabänderlich festgelegt in der Genesis, in der jeweiligen Schöpfungsgeschichte, die es in jeder Religion gibt.

Mochte auch die Beobachtung und die Kraft der Vernunft anderes nahelegen, so war nach den Überzeugungen aller Gelehrten des Mittelalters doch klar, dass die Schöpfungsgeschichte nicht anzuzweifeln war. Der Glaube war die Wahrheit, die es zu erkennen galt.

Die **Religionen** entwickelten sich zu staatstragenden **Kirchen**. Sie entwickelten sich zu Machtzentren, weil sie den Menschen Sicherheit vermittelten. Sie allein konnten die Sinnfrage beantworten. Nur sie konnten die Angst machende Umwelt erklären. Unheimliche Vorgänge, unverstandene Zusammenhänge, das Wirken von Geistern und Dämonen wurden eingeordnet in eine höhere Lehre. In der »Heiligen Schrift« war alles niedergelegt. Im Glauben war alles zu finden.

Die Religionen hatten die Kraft der geistigen Auseinandersetzung erkannt und sich bald ihrer bemächtigt. Universitäten und Schulen waren in ihrer Obhut. Die Wissenschaft wurde von Anfang an kontrolliert und zensiert. So wurde beispielsweise um 1210 in Paris das Studium der wiederentdeckten Schriften des **Aristoteles** zunächst verboten. Man behielt sich »Säuberungen« vor.

Doch Verbote machen oft den Gegenstand des Verbots erst richtig interessant. So setzte noch im selben Jahrhundert eine wahre Aristoteles-Begeisterung ein. Aristoteles bekam nahezu gottgleiche Beweiskraft. Doch ich wollte ja nicht vorgreifen.

Philosophie und **Theologie** waren, zumindest im Frühmittelalter, die einzigen Gebiete, auf denen wissenschaftlich gearbeitet wurde. Vielleicht waren die Menschen zu sehr mit sich selbst beschäftigt. Schließlich hatten sie gerade die Völkerwanderung hinter sich und neue Gesellschaftsstrukturen mussten sich etablieren. Das raubte alle Kräfte, und wenn es auch versteckte Genies gegeben haben mag, ihnen fehlten Zeit, Muße und Institutionen, ihre wissenschaftlichen Begabungen auszuleben. Lediglich zu Zeiten **Karls des Großen** (um 800) kam es zu einer gewissen Blütezeit der Künste und der Bildung.

Es passierte nicht viel im **Frühmittelalter** – jedenfalls was die Entwicklung der Wissenschaften betrifft. Erst nach der Jahrtausendwende und dann auch erst ab dem 12. Jahrhundert gab es wieder eine nennenswerte Geistesgeschichte im europäischen Abendland.

Schulweisheiten des Mittelalters: Die Scholastik

Als große geistige Strömung entwickelte sich die **Scholastik**, die **Schulwissenschaft** könnte man sagen. In diesem Rahmen wurde festgelegt, wie frei sich die Wissenschaft entwickeln konnte und wo die Grenzen waren.

Kurz und klar: Es ging um die Vorherrschaft der **Religion**. Wenn Wissenschaftler sagten, man müsse doch erst einmal die Natur beobachten, gezielt Experimente machen, um aus den Ergebnissen die Gesetzmäßigkeiten abzuleiten, dann wurden sie nur milde belächelt. Die Gesetzmäßigkeiten musste man doch nicht mühsam suchen. Siehe, sie waren bereits da, lagen offen in der Heiligen Schrift, in der **Schöpfungsgeschichte**. Mit wissenschaftlichem Denken, mit der **Vernunft**, wie man damals sagte, konnte man diese Gesetzmäßigkeiten deuten und auslegen und eventuelle Widersprüche klären, aber nicht ihre Gültigkeit beweisen oder gar anzweifeln.

Die **scholastische Methode** der Beweisführung geht auf Aristoteles zurück, der sie in seinen Schriften zur Logik entwickelt hatte. Zunächst werden alle Argumente im Für und Wider einander gegenübergestellt. Dann wird überprüft, ob die Behauptungen in sich logisch begründet sind, oder ob sie mit bereits erwiesenen Tatsachen im Einklang stehen. Andernfalls werden sie verworfen. Die scholastische Methode war keinesfalls auf die Theologie beschränkt, sondern galt als wissenschaftliche Vorgehensweise schlechthin.

Es ist unübersehbar, dass die Methode zu Widersprüchen führen musste. Denn viele Erkenntnisse der Vernunft standen im Gegensatz zu Glaubensgrundsätzen, die als »erwiesene Tatsachen« gelten durften. Doch die Scholastiker stießen sich offenbar nicht daran. Es scheint sogar, dass sie in der Gewissheit des Glaubens eine tiefe Zufriedenheit und Sicherheit fanden. Alles fügt sich zu einem höheren Ganzen, dem Universalen.

Dem entspricht eine philosophische Diskussion, die die Scholastiker über Jahrhunderte führten. Die Rede ist vom sogenannten **Universalienstreit**. Die Frage war: Sind Verallgemeinerungen (Universalien) eigentlich wirklich, entsprechen sie etwas Realem in der **Realität**? Oder sind es nur Gedankengebilde? Besitzt die Verallgemeinerung »Baum« irgendeine Realität? Oder kommt diese nur dem einzelnen Baum zu, also einer individuellen Birke beispielsweise?

Vermitteln konnte der alte Aristoteles mit seiner Sichtweise, dass die Universalien zwar real existierten, aber nur in Form der einzelnen Individuen.

Thomas von Aquin (1225-1274) brachte den Konflikt auf den Punkt: Es ist unmöglich, dass Erkenntnisse der Vernunft und Logik nicht wahr sein können. Es ist aber auch unmöglich, dass Wahrheiten des Glaubens falsch sein können. Der Glaube aber ist höher als alle Vernunft. Er ist übervernünftig – aber nicht widervernünftig. So ergibt sich die Einheit des erkennenden Geistes.

Die Kirche war auf vielen Gebieten entscheidende Instanz. Unter anderem war sie der **Hort des Wissens**. Und sie entschied, wie viel davon freigegeben wurde und wie viel verborgen bleiben sollte. Sie entschied, was als wahr zu gelten hatte und was verboten war. Über Jahrhunderte behinderte sie dadurch den freien Geist. Über Jahrtausende bremste sie die Entwicklung einer freien Wissenschaft. Sie konnte ihre Position lange erfolgreich verteidigen. Unter anderem dadurch sicherte sie ihre Macht über Jahrhunderte.

Ich muss zugeben, aus heutiger Sicht klingt das ziemlich machtbesessen. Und sicher entsprang die Motivation für das Handeln der Kirche einem gut entwickelten Machtinstinkt.

Aber nicht nur.

Man muss sich die Situation in Europa damals klarmachen. Ich habe es oben schon angedeutet: Noch hielt sich das oströmische Reich in Byzanz, aber die Macht des ehemals großen römischen Imperiums ging absehbar zu Ende. Neue Staaten, neue Imperien gar waren noch nicht zu erkennen.

Da hatte es die Kirche übernommen, Schulen zu errichten und ein **Mindestmaß an Bildung** weiterzugeben. Sie sorgte mit dafür, dass altes Wissen bewahrt und gepflegt, gesammelt und systematisiert wurde: in den Klöstern mit ihren oft reichhaltigen Bibliotheken. Dass sie dabei auf ihre eigenen Interessen achtete, lässt sich auch irgendwie nachvollziehen.

Denn drum herum herrschte eine **Welt des Aberglaubens**. Die Menschen waren halt ungebildet, glaubten an Geister und Dämonen und allen Unsinn, den man ihnen erzählte. Da war es ein Segen, wenn wenigstens eine kleine Elite in Klosterschulen Latein, logisches Denken und Philosophie und Theologie lernte.

Neben der Bibel waren es in der **Vorscholastik** philosophische Texte vor allem von **Platon**, zu denen die Gebildeten Zugang hatten beziehungsweise ihren Schülern verschafften. Das änderte sich im 12. Jahrhundert.

Durch Kontakte zu Muslimen, die Schriften aus der Antike bewahrt und übersetzt hatten, kam die Geisteswelt Europas auch mit den Gedanken von **Aristoteles** in Kontakt. Den größten Austausch gab es in Spanien, das die Araber erobert hatten. Aristoteles war prägend für die **Scholastik** und die weitere Entwicklung der abendländischen Philosophie. Alles, was er gesagt hatte, hatte Beweiskraft. Es dauerte lange, bis die Europäer aufhörten, Aristoteles nur zu lesen und zu zitieren. Es dauerte lange, bis sie ihn auch verstanden und seine Methoden anwendeten, bis sie **kritische Wissenschaft** betrieben.

Der Engländer **Roger Bacon** (1214–1292) war ein Wegbereiter für eine modernere Weltanschauung: Er benannte als Ursachen des Stillstands neben der Eitelkeit die Trägheit. Jene Trägheit nämlich, die die Menschen verführt, in starren Schemata verhaftet zu bleiben und sich auf die immer gleichen Autoritäten zu berufen. Hiervon nahm er allerdings die Bibel und die Kirche ausdrücklich aus.

Bacons Forderungen sind sensationell, auch wenn sie nur Vorahnungen dessen sind, wohin sich die wissenschaftlichen Methoden entwickeln sollten: Basis jeder wissenschaftlichen Erkenntnis ist das **Experiment**.

Es muss genau beobachtet und protokolliert werden. Aus den Ergebnissen der Experimente lässt sich dann eine Theorie ableiten, die die Wirklichkeit beschreibt. Damit formuliert Bacon die »induktive Methode« und begründet den »Empirismus«. Die Experimente sind die Basis und liefern die Grundlage für eine Theorie.

Umgekehrt funktioniert die »deduktive Methode«: Ausgehend von einer Theorie werden Experimente und deren Ergebnis vorausgesagt, die die Theorie entweder bestätigen oder widerlegen.

Wissenschaftlich brauchbar sind die Ergebnisse von Experimenten erst, wenn sie mathematisch beschrieben werden können. Hellsichtig erkannte Bacon, welchen Weg die Wissenschaften gehen würden. Mit seinen Ideen war er seinen Zeitgenossen um Jahrhunderte voraus.

Der wirkliche Aufbruch in ein neues Denken ließ noch auf sich warten. Deshalb nutze ich die Gelegenheit, um Ihnen kurz zu erzählen, wie die Entwicklung im Hoch- und Spätmittelalter weiterging.

Die Medizin im Hoch- und Spätmittelalter

Die mittelalterliche **Medizin** war ursprünglich Erfahrungswissenschaft und enthielt als solche begründbare Ansätze, aber auch viel Quacksalberei. Durch den islamischen Einfluss ergaben sich erste Regeln, die auf einer wissenschaftlichen Basis standen. »Wissenschaftlich« ist vielleicht ein bisschen hochtrabend. Sagen wir: »nachprüfbar«, es bildeten sich also »Regeln, die auf einer nachprüfbaren Basis standen« heraus.

Eine wichtige Rolle spielte hierbei die **Schule von Salerno**. Vor allem die Chirurgie, aber auch die anderen Fachrichtungen der Medizin wurden hier erprobt und überprüft. Besonders die Regeln für gesundes Leben sind heute noch gültig. Der Hohenstaufenkaiser **Friedrich II.** (1194-1250) ordnete an, dass nur diejenigen die ärztliche Kunst ausüben sollten, die ein Zertifikat dieser Schule erworben hatten. Man könnte sagen, damit waren die Grundlagen der »Schulmedizin« geschaffen.

Friedrich II. war überhaupt eine interessante Persönlichkeit. Er war ein richtiger Forscher und betrieb seine wissenschaftlichen Studien nicht aus einer Laune heraus, sondern suchte ernsthaft nach haltbaren Ergebnissen. Er entwickelte methodische Grundsätze, die bis heute gültig sind. Seiner Zeit war er weit voraus.

Kaiserliche Forschheit: Friedrich II. von Hohenstaufen

Kaiser Friedrich II. war selbst ein engagierter Forscher. Sein besonderes Interesse galt der **Zoologie**. Gott hatte die Natur erschaffen – sie zu untersuchen hieß, Gottes Werke zu studieren. Er liebte alle Tiere, aber am meisten die Vögel. Er beobachtete und beschrieb sie, untersuchte ihren Knochenbau, ihre Organe, die Nahrungssuche und Brut. Friedrich kannte das Phänomen der Kuckuckskinder – wobei hier die Vögel gemeint sind – und wusste um die Flugrouten der Zugvögel.

Er ging streng wissenschaftlich vor und setzte die Beobachtung, das **Experiment**, über die Theorie. Fragwürdigen Sagen ging er auf den Grund, indem er sie kontrolliert überprüfte. So wurde behauptet, Wildgänse würden aus Muscheln schlüpfen. Er ließ sich solche Muscheln kommen, beobachtete sie über längere Zeit und konnte keine Bestätigung der wirren Geschichte finden.

Von Falken wurde behauptet, dass sie ihr Beutefleisch riechen würden. Er ließ einem Tier die Augen verbinden und stellte fest, dass Falken auch nahe liegendes Fleisch nicht finden, wenn sie nur ihre Nase gebrauchen. So konnte er beweisen, dass die Tiere sehr wohl ihre Augen brauchen, um Fleisch zu finden. Er schrieb ein Buch über die Falknerei, das lange das Standardlehrwerk schlechthin war.

Friedrich II. gründete eine Universität in Neapel. Es war übrigens die erste Universität, die nicht von der Kirche oder einem Orden kontrolliert wurde, sondern vom Staat.

Gegen **Seuchen** hatte man noch keine wirksamen Methoden gefunden, zumal man ihren Ansteckungsweg noch nicht richtig erkannte. Über die Jahrhunderte verbreiteten Epidemien wie Typhus, Cholera und vor allem die Pest (besonders schlimm 1348) Angst und Schrecken.

Die vorherrschende Geisteshaltung im Mittelalter war durch die **Religion** bestimmt. In Europa war es das Christentum: Alles war auf das Jenseits gerichtet. Die Zeit auf Erden war nur eine Zeit der Bewährung und Prüfung, die darüber entschied, ob der Mensch die Ewigkeit im Himmel oder in der Hölle verbringen würde.

Die katholische Kirche hatte sich zu einem gigantischen Machtapparat entwickelt. Machtkämpfe wurden gelegentlich offen ausgetragen. Zeitweise gab es drei Päpste gleichzeitig, die sich gegenseitig exkommunizierten und bekämpften. Trotz allem gelang es ihnen, über ganze Staaten zu herrschen und die weltliche Macht zu kontrollieren.

Fehlentwicklungen wie Ablasshandel, Hexenverbrennungen und »Gottesurteile« provozierten **Reformbewegungen**, die letztlich die Religion wieder zum individuellen Glauben zurückführten. Für die Entfaltung der modernen Wissenschaft war es existenziell bedeutend, dass der Einfluss der Kirche zurückgedrängt wurde. Insbesondere die **Trennung von Kirche und Staat** sollte sich als hilfreich erweisen. Ein Prozess, der freilich immer noch nicht so ganz abgeschlossen ist.

Die Universitäten

Ab dem 13. Jahrhundert kam es in immer mehr Städten zu Gründungen von **Universitäten**: Salerno, Bologna, Paris (Sorbonne), Oxford, Cambridge, Montpellier, Coimbra, Prag, Krakau, Wien, Heidelberg und so fort.

An den mittelalterlichen Universitäten wurden zunächst die sogenannten »freien Künste« studiert. Darunter verbargen sich Sprache, Dialektik und Rhetorik, sowie Arithmetik und Geometrie, Astronomie und Musik, wobei insbesondere die mathematischen Zusammenhänge untersucht wurden.

Die Fächer wurden sehr theoretisch betrachtet und ihre Bezeichnungen stimmen nicht unbedingt mit den heutigen Begriffen überein.

Über allem stand die **Theologie**, die alles beherrschte. **Naturphilosophie** und rationale **Logik** mussten absolviert werden, bevor die Studenten in die theologische Fakultät aufgenommen wurden. Die klassischen Disziplinen Medizin und Recht wurden nicht an jeder Universität angeboten.

Aber wir sollten den Blick weiten. Das Mittelalter war zwar weitgehend eine Zeit des Stillstands, aber es gab immer wieder Ausnahmen, es gab immer wieder bewegende Ereignisse, die das Abendland verändern sollten. Ich fasse mal die wichtigsten zusammen:

1185 Sterbejahr des **Bhaskara**, eines indischen Mathematikers. Er gab der Teilung durch Null einen unendlich großen Wert, verwendete negative Zahlen und erkannte die Unmöglichkeit, aus diesen Wurzeln zu ziehen.

1187 Sterbejahr des **Gerhard von Cremona**, übersetzte das »Almagest« des Ptolemäus ins Lateinische.

1193 Geburt von **Albertus Magnus**, deutscher Philosoph und Naturforscher. Kommentierte und verbreitete die Werke des Aristoteles im christlichen Sinne. Er lehrte unter anderem an der Universität von Paris.

1198 Sterbejahr des **Ibn Ruschd**, latinisiert **Averroes**. Verfasste Kommentare zu den Schriften des Aristoteles und ermöglichte so die breite Popularität des griechischen Philosophen im Westen Europas.

1215 Geburt des **Roger Bacon**, englischer Philosoph und Vordenker einer naturwissenschaftlichen Denkweise.

1225 Geburt des **Thomas von Aquin**, italienischer scholastischer Philosoph.

1229 Kaiser **Friedrich II.** wird im Laufe des 5. Kreuzzugs König von Jerusalem. Ab 1232 macht er seinen Hof in Palermo zum Mittelpunkt des italienischen kulturellen Lebens. Er schreibt ein Buch über die Falkenjagd.

1248 6. Kreuzzug. Er misslingt. **Kreuzzüge** schleppen **Lepra** nach Europa ein.

1240 Durch die arabische Vermittlung gelangt die Kenntnis der griechischen **Astronomie** und **Astrologie** nach Europa.
König **Alfons X.** von Kastilien beruft einen astronomischen Kongress mit 50 Gelehrten in Toledo ein. Die neuesten Planetenbeobachtungen werden mit der ptolemäischen Kreis-auf-Kreis-Theorie durch Einführung weiterer Kreise in Übereinstimmung gebracht.

1254 Geburt von **Marco Polo**, italienischer Forschungsreisender in Asien. 1271 begleitet er seinen Vater auf einer Kaufmannsreise nach Peking.

1269 Brief des **Pierre von Maricout** über **Magnetismus**, die älteste bekannte experimentalphysikalische Darstellung dieses Gebiets.

1273 **Thomas von Aquin**; Schüler des **Albertus Magnus**. Sein Werk »Summa theologica« ist die hochscholastische Zusammenfassung der römisch-christlichen Theologie unter Verwendung der aristotelischen Philosophie. Er ersetzt dabei das »Ich glaube, damit ich erkenne« durch den Grundsatz »Ich glaube durch vernünftige Erkenntnis«.

1274 Todesjahr des **Nasir ed-din et-Tusi**, arabischer Universalwissenschaftler in Bagdad. Er veranlasst den Bau einer Sternwarte in Megara. Seine Beobachtungen verarbeitet er zu Planetentafeln und einem Fixsternkatalog.

1275 Der Perser **Al Schirasi** erklärt den **Regenbogen** durch die zweimalige Brechung und einmalige Zurückwerfung des Sonnenlichts in den Wassertröpfchen der Wolken.

1306 Erste öffentliche **Leichensezierung** durch **Mondino di Luzzi** in Bologna. Das dabei entstandene erste Lehrbuch einer realistischen Anatomie sprengt das scholastische Denken.

1231 Geburtsjahr des **Kou Chou King**, chinesischer Wissenschaftler und Techniker; baut unter anderem große astronomische Instrumente für die Sternwarte Pekings.

1321 Der Araber **Levi ben Gerson** erwähnt die **Lochkamera** (Camera obscura) als Hilfsmittel zur Sonnenbeobachtung.

1349 **Konrad von Megenberg** schreibt das »Buch der Natur«, eine volkstümliche Naturkunde und erstes deutsches Kräuterbuch.

Alle europäischen Gelehrten im Mittelalter waren Kleriker, denn nur sie konnten hinreichend lesen und schreiben und waren der lateinischen Sprache mächtig. Trotzdem waren etliche von ihnen freigeistig denkend und viele unterstützten den Willen der Universität, ihre Autonomie zu pflegen. Das ging oft erstaunlich weit, sehr zum Ärger von Klerus und Obrigkeit, fand aber auch oft ein schnelles Ende, wenn die Finanzierung gestrichen und die Universität umgewandelt oder aufgelöst wurde. Schon die Drohung reichte aus, um bestimmte Schriften und Lehren vom Lehrplan zu verbannen. So geschah es beispielsweise mit den Theorien des arabischen Gelehrten Ibn Ruschd, latinisiert Averroes. Er vertrat die Auffassung, dass es keine unsterbliche Seele gäbe, sondern dass sie zeitlebens an den Körper gebunden wäre und nach dem Ableben in der Weltseele aufginge.

Der große Aufbruch

Im 14. und 15. Jahrhundert spürte man an vielen Orten in Europa den Willen zu einem Neuanfang. Die Zeit war reif: Weg mit den alten Dogmen, auf zu neuen Ufern! Dieser Aufbruch kündigte sich auf vielen Gebieten an: In der Kunst, der Religion, der Politik – und in den Wissenschaften.

Zum ersten Mal erschienen **wissenschaftliche Texte in verständlicher Form**. Noch wichtiger: Die Texte erschienen in der Landessprache, etwa das »Buch der Natur« von **Konrad von Megenberg** in deutscher Sprache. Es wurde hundertfach abgeschrieben und bis 1500 auch 6-mal gedruckt.

Aus diesem Buch lässt sich ableiten, welche Vorstellungen zu dieser Zeit herrschten: Das **Weltbild im Mittelalter** war zum Teil noch von den Vorstellungen der Antike bestimmt, zum Teil aber auch fortgeschritten. Die **Kugelgestalt der Erde** war allgemein anerkannt. Dazu lieferte das Buch auch einen Beweis aus exakten Beobachtungen: Wer nach Norden reist, findet den Nordpolarstern immer höher am Himmel. In Äquatornähe steht der Nordstern flach über dem Horizont. Aber in der Nähe des Nordpols findet man ihn senkrecht über dem Beobachter, hoch droben am Himmel. Das alles funktioniert nur auf einer Kugel.

Man kannte den **Bewegungserhaltungssatz**: Jeder Körper behält seine momentane Geschwindigkeit bei, es sei denn er wird von außen gebremst oder beschleunigt. Damit war die kontinuierliche Bewegung der Planeten erklärt und damit war der »Große Beweger« überflüssig.

Die **Alchemisten** waren von jeher Experimentatoren, sie mussten ausprobieren und abwarten, ob sie Gold herstellten – oder wenigstens Messing. Und sie mussten Wege finden, wie das ohne Zweifel zu unterscheiden war.

Allmählich wandelte sich die Alchemie zur **Chemie**. Sie wandelte sich vom Glauben und von allerlei spekulativen Mutmaßungen zu Wissen und methodischen Analysen. Die (Al-)Chemiker beherrschten die Destillation und waren in der Lage, Flüssigkeiten durch ihren unterschiedlichen Siedepunkt zu trennen. Der **Destillationsapparat** ist eines der wichtigsten Instrumente in der Chemie. Vermutlich ist das Prinzip schon in der Antike entwickelt und angewendet worden. Beflügelt wurde diese Erfindung sicherlich durch die Möglichkeit, aus Wein Weingeist herzustellen ...

Drei wichtige Ereignisse kennzeichnen den beginnenden Umbruch, den man später als das **Zeitalter der Renaissance** bezeichnen wird:

- ✔ Um 1450 erfand **Gutenberg** den Buchdruck (mit beweglichen Lettern), fast zeitgleich ging das Byzantinische Reich unter und viele griechische Gelehrte strömten nach Italien.
- ✔ 1492 entdeckte **Kolumbus** Amerika.
- ✔ 1517 schlug **Martin Luther** seine Thesen an die Tür zur Schlosskirche in Wittenberg.

In der Kunst hatte die **Renaissance** begonnen, der Aufbruch in neue Gestaltungsräume – unter ideellem Rückgriff auf die Kulturen der **Antike**. Diese Zeit des Aufbruchs sollte auch die Zeit des Aufbruchs in die moderne Wissenschaft sein.

Zurück! Wir wollen nach vorn: Die Renaissance

Die Rückbesinnung auf die Leistungen der Antike war das eine. Aber es kamen noch andere günstige Faktoren hinzu: Die Schriften konnten per **Buchdruck** vervielfältigt und in Bibliotheken und an Universitäten studiert werden. Sogar die **Kleinstaaterei** in Europa wirkte sich positiv aus. Das dichte Nebeneinander führte zu einer Konkurrenzsituation, die für viele junge Denker anspornend war. Und überall lockte der Aufbruch in die geistige Freiheit, die zögerlich zwar, aber dennoch von Obrigkeit und Kirche gewährt werden musste.

Die antiken Kulturen standen nicht unter der Kontrolle einer Kirche, wie es die mittelalterlichen Gesellschaften erlebt hatten. Sie waren dem Hier und Heute zugewandt, nicht dem Jenseits. Das machte die Beschäftigung mit der Antike noch einmal besonders interessant.

Die neuen Ideen, das neue Denken verhießen **Freiheit**. Frei und unabhängig sollte der Mensch sein. Und frei sollte jede geistige Auseinandersetzung in der Philosophie und den übrigen Wissenschaften sein, frei von religiösen Dogmen und theologischen Zweckbestimmungen. Modernere wissenschaftliche Methoden setzten sich durch: Nur das **Experiment** und die nüchterne Beschreibung zugrunde liegender Gesetzmäßigkeiten sollten die Erkenntnis prägen.

Humanismus: Der Mensch im Mittelpunkt

Die Hinwendung zum Menschen, zum Menschsein war namengebend für diese Bewegung, für diese Periode zu Beginn der Renaissance: **Humanismus**. Die Humanisten studierten mit Eifer die alten Texte, meist im Original oder in neuen Übersetzungen, die sie oft selbst herstellten. Noch heute leben diese Gedanken fort in den »humanistischen« Gymnasien. Fast alle antiken Texte, die wir heute kennen, wurden in der Renaissance neu entdeckt, editiert und einer systematischen Textkritik unterzogen.

Die Ideen des Humanismus und der Renaissance traten zuerst in Italien auf und erreichten bald darauf auch die europäischen Völker nördlich der Alpen. Sie zeigten sich zunächst in der Malerei, die sich von der Vorherrschaft religiöser Motive befreite. Kennzeichnend war, dass der Mensch als Motiv ernster genommen wurde. Er war nicht mehr

Beiwerk sakraler Szenarien, sondern trat selbstbewusst in den Vordergrund. In den Porträts waren nicht mehr ebenmäßige Minen zu sehen, sondern lebendige Gesichter, die Gefühle, Freude, Liebe, Aufregung, Schmerz oder Trauer ausdrückten. Die Darstellungen zeigten den Menschen nicht mehr im Profil, gleichsam schamhaft abgewandt, sondern frontal, wie er den Betrachter direkt anschaut.

Die **Begeisterung für Wissenschaft** wäre sicher auch ohne die Wiederentdeckung der alten Schriften gekommen. Wissenschaftliche Betätigung entspricht der menschlichen Neugier. Aber durch die Idee der Renaissance wurde der Anschluss an das **Gedankengut der Antike** hergestellt. So wurde all unser Wissen noch einmal an die Traditionen unserer Vorfahren angekoppelt – mit allen Vor- und Nachteilen. Vorteile, weil wertvolles Wissen nicht verloren ging, Nachteile, weil sich so manche falsche Vorstellung und so mancher Irrweg fortsetzten und erst mühsam überwunden werden mussten.

Wir denken, was wir wissen ...

Neues Wissen baut auf altem auf, übernimmt dessen Grundgedanken. Manchmal sind es kühne Visionen, manchmal scharfsinnige Analysen der Realität und manchmal auch grundfalsche Annahmen. Fehlentwicklungen schleppen sich durch die Generationen und es dauert, bis sie erkannt und überwunden werden.

Sähe unsere Wissenschaft heute anders aus, wenn es die Rückbesinnung in der Renaissance nicht gegeben hätte? Mit Sicherheit. Aber die Unterschiede wären nicht gravierend. Denn es liegt im Wesen der Wissenschaft, dass sie den Dingen auf den Grund geht. Und selbst wenn wir glauben, die Wahrheit gefunden zu haben, können neue Erkenntnisse zeigen, dass alles relativ ist.

Jetzt habe ich ein überaus positives Bild vom Großen Aufbruch gezeichnet, und vermute, dass eine gesunde Skepsis in Ihnen aufsteigt. Sie haben vollkommen recht. Man muss die Dinge realistisch sehen. Wie immer im Leben, wie immer in der Geschichte reimt sich im Nachhinein alles so schön zusammen. Aber in der Wirklichkeit gab es Zufälle, Rückschritte und jede Menge Fehlentwicklungen.

Die Ideen des Humanismus und der Renaissance haben den ungeheuren Aufbruch in der Wissenschaft, der jetzt begann, sicher befördert, aber nicht ausgelöst. Auch nicht die Reformation. »Wissen statt Glauben« war nicht das Motto. Luther predigte den Glauben. Wenn er Freiheit forderte, dann für die Auslegung der Schrift. An weltlicher Forschung war er kaum interessiert. Wohl setzte er sich für bessere Bildungschancen auch der niederen Stände ein, damit sie lesen und schreiben lernten – aber nur, um letztlich die Bibel selber lesen zu können.

Humanismus und Reformation waren Ausprägungen der gleichen Geisteshaltung, die parallel auch die Beschäftigung mit den Phänomenen der Natur und der Gesellschaft beförderten und damit auch die Wissenschaften.

Humanismus und Reformation zerschlugen überkommene Autoritäten – und ersetzten sie durch andere: Der Humanismus suchte sie in den alten Schriften der Antike, die Reformation in der Bibel – auch einer alten Schrift. Weder förderten sie die Freiheit des Geistes noch bekämpften sie mittelalterlichen Aberglauben.

Nach wie vor gab es Ketzer- und Hexenverbrennungen, Letzteres erreichte seinen Höhepunkt sogar erst im 17. Jahrhundert. Die Alchemie und die Quacksalberei lebten munter fort. Luther geißelte die rationale Weltanschauung, die »Vernunft«, als »Teufelshure«.

Der geistige Aufbruch provozierte zudem einen rein körperlichen Aufbruch: auf zu den alten Stätten, nach Griechenland, Ägypten, Rom, Byzanz, Bagdad und Jerusalem – aber nicht wie die Kreuzritter, nicht als Eroberer, sondern als neugiergetriebene Forscher, die entdecken, beobachten und analysieren wollen. Das Reisen und Entdecken wurde möglich durch eine Reihe von Erfindungen, die parallel entstanden: Kompass, Papier, Brillen, Waffen, neuartiger Schiffbau.

Die **wissenschaftliche Revolution**, die eigentlich erst im 17. Jahrhundert stattfand, nahm durchaus schon im 15. und 16. Jahrhundert Anlauf …

1470 Ältester deutscher **Landkartendruck**.
1471 Portugiesen überqueren auf ihren Seefahrten den **Äquator**.
1472 Erster Druck eines technischen Werkes in Verona mit Zeichnung eines **Windradwagens**.
1473 Geburt von **Nikolaus Kopernikus** in Thorn, europäischer Astronom; Begründer des heliozentrischen Weltbildes. Er studierte in Krakau bis 1494.
1480 Geburt des **Ferdinand Magellan**, portugiesischer Weltumsegler.
1484 Der Portugiese **Diego Cao** entdeckt die Kongomündung.

Fragen an die Natur

Freilich, die großen Theorien konnten noch nicht entworfen werden. Zuvörderst kam es darauf an, die Natur erst einmal kennenzulernen und die Fakten zu bestimmen, die Welt zu vermessen. Ein genaueres Weltbild entstand, genauere Karten wurden gezeichnet, die Anatomie vieler Tierarten wurde genauer unter die Lupe genommen genauso wie der Bauplan und die Funktion von Pflanzen.

Insbesondere die Portugiesen starteten eine Reihe von **Forschungs- und Entdeckungsreisen.** Vom Hafen in Lagos wurde die Westküste Afrikas in Richtung Süden erkundet. 1446 erreichte man das **Cabo Verde**, das grüne Kap, und die Überraschung war groß. Denn in den Schriften der Antike hieß es noch, nach Süden werde es immer heißer und lebensfeindlicher, die Erde verliere sich in ewiger Wüste. Nun entdeckte man üppigen Regenwald.

Das wurde nun zum Anlass genommen, die Gegenposition zu den alten Idealen zu formulieren: Auf die eigenen Erfahrungen komme es an. Dem eigenen Experiment sei mehr zu vertrauen als den alten Schriften, und mochten sie auch von Aristoteles stammen. Das neue Bild der Erde begründete zugleich die »Revolution der Erfahrung«.

Dämmerung der Disziplinen

Die **Naturwissenschaften** waren in ihren Grundzügen schon ziemlich weit entwickelt und differenzierten sich nun weiter. Ganz anders war die Situation in den **Geistes-**, **Sozial-** und **Kulturwissenschaften**. Sie entstanden überhaupt erst in jenen Zeiten des Umbruchs.

So ließ die Beschäftigung mit dem Altertum selbst neue Disziplinen entstehen: Etwa die **Altertumsforschung**, die **klassische Philologie**, die **Kunstgeschichte**. Die Geschichtsschreibung wurde verfeinert. Mit der Entwicklung der Industrie und der modernen Gesellschaften entstanden dann die Soziologie und die Ökonomie. Mit der Beachtung des Individuums wurden die Grundlagen der Psychologie geschaffen.

Für den Bau von Kathedralen oder Brücken waren technische Kenntnisse nötig. Hilfsgeräte wie Kräne oder Hebel mussten bekannt sein und einsetzbar. Ein neuer Typus von Baumeister entstand, der gleichermaßen Künstler und Ingenieur war. Der bekannteste war **Leonardo da Vinci** (1452-1519), der geniale Maler, Architekt, Ingenieur, Visionär. Er skizzierte Flugmaschinen, Geschütze, Bagger, Windmesser und Feuchtigkeitsmessgeräte und noch vieles mehr. Er ist in allen Ausprägungen so typisch für seine Zeit, dass ich ihn etwas intensiver beleuchten will (noch mehr Infos finden Sie auch in Kapitel 16).

Leonardo war einer der größten **Baumeister**: Er baute Kanäle und Schleusen, Wasserräder und hydraulische Maschinen, baute mehrstöckige Häuser und Straßen und notierte nebenbei Erkenntnisse der Naturwissenschaft wie »Die Sonne bewegt sich nicht« oder »Die Gesetze der Natur sind nur mathematisch zu fassen« – womit er die Grundlagen der modernen Naturwissenschaft knapp und meisterhaft definierte.

Dabei hatte er keine solide Schulbildung erhalten, wehrte sich aber gegen den Vorwurf, ungebildet zu sein: Nicht auf die Kenntnis der alten Schriften komme es an, sondern auf die **Hinterfragung der Natur**, auf die Kenntnis all ihrer Geheimnisse. Wer disputiere, so meinte er geringschätzig, beschäftige nicht seinen Geist, sondern nur sein Gedächtnis.

Nicht die alten Schriften solle man studieren, sondern die Lehrmeisterin der Alten, die **Natur** selbst. Und wenn seine Gegner ihn als »Erfinder« verhöhnten, verwies Leonardo darauf, dass der Erfinder aus eigenem Geist etwas schaffe, während der übliche »Gelehrte« doch nur nachplappere, was andere vor ihm gedacht hätten.

Beispielhaft für seine Haltung sind seine **Darstellungen der Anatomie**, die gleichermaßen künstlerisch wie lehrbuchhaft sind, weil sie im Detail das wiedergeben, was der »Anatom« da Vinci genauestens untersuchte. Dabei ergaben sich für ihn aus

Leonardo da Vinci
1452-1519

jeder Sache, die er anfasste, neue Fragestellungen: Welche Bedeutung haben die Lymphgefäße? Wo führen die Nervenfasern hin, wie wird vom Muskel die Sprungkraft auf das Gelenk übertragen?

Bildung bedeutete zur Zeit der Renaissance noch **Universalbildung**. Es gab zwar Vorlieben und Spezialisierungen, aber jeder war bestrebt, das gesamte Wissen der Zeit zu überblicken. Hätte sich jemand auf ein einzelnes Fach konzentriert, wäre er als ungebildet angesehen worden. Und es gab noch nicht den tiefen Graben zwischen den Natur- und den Geisteswissenschaften, wie er heute vorherrscht.

Gebildet waren nicht mehr nur die Kleriker, sondern auch Ärzte, Apotheker, Lehrer und begüterte Interessierte – die zwar auch Theologie studiert hatten, sich aber nicht als Theologen verstanden. Doch Bildung war teuer und nur wenige konnten sie sich leisten, wenn auch mehr als je zuvor.

In der Philosophie wurde nicht mehr das Thema »Gott und Seele« diskutiert, sondern das Thema »Mensch und Kosmos«. Der Mensch erkennt sich selbst und seine Individualität. Das große Thema »Identität« wird die Philosophen jetzt jahrhundertelang beschäftigen. Bis in unsere Tage, denn die Hirnforscher werfen neue Argumente in die Debatte um den »freien Willen«, um Schuld und Verantwortung des Menschen.

Das Weltbild zu jener Zeit wurde durch die neuen Entdeckungen und Erfindungen nachhaltig beeinflusst. Insbesondere die **Erkundungen unbekannter Erdteile** veränderten das Bewusstsein – auch wenn diese Reisen in erster Linie der Eroberung und Ausbeutung dienten, weniger der Erforschung und Welterkenntnis.

Dabei entfalteten die Europäer besonders viel **Entdeckerleidenschaft** und profitierten vom Wissen und den Errungenschaften anderer Völker. Sie lernten neue Länder und Kontinente kennen, sie erfuhren von andersartigen Pflanzen und Tieren, sie erweiterten ihr Wissen über die Natur und fremde Völker einschließlich deren Erfahrungen. Andere, durchaus entwickelte Kulturen wie Inder oder Chinesen hatten diesen **Expansionsdrang** nicht. Zum Teil beruhte die rasante Entwicklung der europäischen Völker auf diesem ungleichen »Kulturaustausch«.

Die neuen Entdeckungen machten auch deutlich, wie bruchstückhaft das alte Wissen war. Die ausschließliche Konzentration auf den Erfahrungsschatz und das beeindruckende Wissen aus der Antike hieß eben auch, ein bis zwei Jahrtausende hinter der Entwicklung zurückzubleiben. Die Beschäftigung mit dem Wissen der Vorfahren hatte ihren eigenen Wert. Doch dabei durfte man nicht stehen bleiben. Die Erkenntnis über die Lückenhaftigkeit dieses Wissens war Ansporn, neues Wissen zu finden und zu erfinden.

Statt Himmel und Hölle nun Mensch und Kosmos

Es waren vor allem drei Innovationen, die den großen Entwicklungssprung in Europa beförderten:

- die Erfindung des Kompasses
- die Erfindung des Schießpulvers
- die Erfindung des Buchdrucks

Der **Kompass**, vor dem 12. Jahrhundert als Teufelswerk beargwöhnt, setzte sich erst zögerlich in der Seefahrt als Wegweiser durch. Dann war er als Garant sicherer Fahrt durch die Weltmeere – auch bei schlechter Sicht, ohne sich an den Sternen orientieren zu können – nicht mehr wegzudenken.

Das **Schießpulver** ermöglichte Eroberungen, bei denen eine Handvoll bewaffneter Männer ganze Länder und Kontinente beherrschen konnte. Vor allem aber waren es die sozialen Umwälzungen, die das Schießpulver in Europa selbst auslöste. Denn es bedeutete das Ende des Rittertums und seiner herausgehobenen Stellung in der mittelalterlichen Gesellschaftsordnung.

Und, ganz klar, der **Buchdruck** ermöglichte, dass sich das neue Denken, die neuen Erkenntnisse breit durchsetzen konnten. Eigentlich könnte man noch eine vierte Erfindung hinzuzählen: Auch das viel billigere **Papier**, das das Pergament ersetzte, trug dazu bei, dass das Buch zu einer Art frühem Massenmedium wurde.

Am deutlichsten wurde der große Aufbruch in den **Entdeckungsreisen**:

- **Kolumbus** fand die neue Welt hinter dem Atlantik (obwohl er zeitlebens glaubte, Indien erreicht zu haben)
- **Vasco da Gama** entdeckte den Seeweg nach Indien
- **Ferdinand Magellan** (portugiesisch Fernao de Magalhaes) schaffte als Erster eine Weltumsegelung, wobei er jene Meerenge bei Feuerland nutzte, um zum Pazifik zu gelangen, die heute seinen Namen trägt: die Magellanstraße.

Alles dreht sich um den Mittelpunkt der Welt

Eine andere Entdeckungsreise ging hinaus in den Sternenhimmel. Es war eine gedankliche Reise, an der unter anderem diese fünf beteiligt waren:

- Nikolaus Kopernikus
- Tycho Brahe
- Johannes Kepler
- Giordano Bruno sowie
- Galileo Galilei

Nikolaus Kopernikus (1473-1543) gilt heute als der Begründer oder auch Entdecker des **heliozentrischen Weltbildes**. Dabei war er nur ein Wiederentdecker. Denn vor ihm wurde schon im antiken Griechenland die Möglichkeit diskutiert, dass die Sonne still steht und die Erde zusammen mit den anderen Planeten um die Sonne rotiert.

Vermutlich war es **Aristarchos von Samos** (310-230 v.u.Z.), der als Erster ein heliozentrisches Weltmodell formuliert hatte. Er konnte sich aber gegenüber Aristoteles und Ptolemäus nicht durchsetzen. Einen Beweis, etwa durch den Nachweis einer Parallaxe bei der Beobachtung der Fixsterne, konnte er damals nicht liefern.

Bei einer **Parallaxe** verschiebt sich das Bild, wenn sich der Beobachter bewegt. Aufgrund der ungeheuren Entfernung der Fixsterne ist die Parallaxe aber so winzig, dass sie erst mit Fernrohren des 19. Jahrhunderts nachgewiesen werden konnte. Ich komme gleich noch einmal darauf zurück. Dann sehen Sie auch, mit welchen Tricks man arbeiten muss, um das Licht im Fernrohr auch zu sehen.

Kopernikus kannte diese frühzeitige These von Aristarchos, wie auch Arbeiten der Neuzeit, die sich mit dem alternativen Modell des Sternenhimmels auseinandersetzten. Zum Beispiel hatte sich **Nikolaus von Kues** daran versucht, allerdings fehlten ihm Zeit und Mittel, die Theorie mathematisch zu fassen. So besteht nun Kopernikus' Leistung vor allem darin, zur rechten Zeit den Gedanken wieder aufgegriffen, ihn nachhaltig publik gemacht und letztlich durchgesetzt zu haben. Das klingt revolutionär, doch seine Vorgehensweise war äußerst behutsam. Denn dreißig Jahre lang lag die kühne These in seiner Schublade. Eigentlich auch kein wirkliches Problem, schließlich lag sie davor eineinhalb Jahrtausende in der Vergessensschublade der Geschichte.

Ob er die Inquisition fürchtete oder unzufrieden mit seiner Beweisführung war, lässt sich nicht genau feststellen. Dass er die Gefahr, als Ketzer verfolgt zu werden, durchaus ernst nahm, lässt sich am Vorwort erkennen. Das besteht nämlich aus einem Brief an den Papst, in dem Kopernikus die Bedeutung seiner Arbeit herunterzuspielen versucht. Es handele sich nur um eine historische Arbeit, die früher geäußerte Abhandlungen überprüfe. Oder er betonte den hypothetischen Charakter der Arbeit, die zu einer besseren Berechnung der Planetenbahnen dienen sollte.

Widerstand kam auch nicht in erster Linie von der katholischen Kirche. Allein die Propagierung des heliozentrischen Gedankens galt nicht als Ketzerei. Die Kirche vertraute auf den sinnlichen Eindruck, der jedermann täglich vor Augen führte, wie die Sonne um die Erde kreiste...

Luther hingegen lehnte das neue Modell ab – mit Bezug auf die Bibel. Josua, so stehe es in der Heiligen Schrift, hieß die Sonne still stehen, woraus zu schließen sei, dass sie sich normalerweise bewege.

Kurze Zeit nach der Veröffentlichung starb Kopernikus. Zwar ließen sich nach seinen Vorschlägen viele Himmelsbewegungen besser erklären und einfacher berechnen. Aber es gab doch verwirrende Abweichungen und Ungenauigkeiten, die Kopernikus nur mit neuen Hilfshypothesen zu erklären versuchte. Kepler konnte das Modell festigen, indem er nicht kreisrunde, sondern elliptische Planetenbahnen zugrunde legte. Galilei steuerte genauere Beobachtungen bei. Erst im 19. Jahrhundert wurde die Fixsternparallaxe nachgewiesen und Isaac Newton schließlich lieferte mit der Gravitationstheorie die Begründung für die Bewegungsgleichungen nach den Keplerschen Gesetzen.

Die kopernikanische Wende

Kopernikus hatte die Debatte neu entfacht und es waren andere, die zur Beweisführung beitrugen. Die Debatte ist ein schönes Beispiel für wissenschaftliche Denk- und Arbeitsweisen.

Hypothese, These, Theorie – die wissenschaftliche Beweisführung

Da ist zunächst eine Idee. Sie wird als Aussage formuliert, wie eine These. Aber da sie noch nicht bewiesen ist, nennt man sie **Hypothese**. Es gibt vielleicht Hinweise, die für den Nachweis sprechen könnten, aber es gibt keinen Beweis.

Nun werden Überlegungen theoretischer Natur angestellt: Was könnte logischerweise für die neue Idee sprechen, was dagegen. Gleichzeitig – oder danach – entwirft man Versuchsanordnungen, um durch das Experiment zu überprüfen, wie sich die Natur verhält.

Wichtig ist die ständige Überprüfung, ob man wirklich das beobachtet und misst, was man überprüfen will. Wenn das Ergebnis die Hypothese stützt, und das sogar mehrfach und womöglich gleichermaßen durch andere Versuchsanordnungen, dann wird aus der Hypothese eine **These**. Die These gilt vorläufig als bewiesen. »Vorläufig«, weil es ja noch einen Denkfehler geben könnte, oder weil sich doch noch ein Experiment ausdenken lässt, das im Gegensatz zur These steht.

Die Krönung des Ganzen ist dann die Erklärung durch die passende **Theorie**. Die Theorie ist dann »passend«, wenn sie Experimentergebnisse exakt voraussagen kann. Das geschieht, zumindest in den Naturwissenschaften, aber zunehmend auch in den Geistes- und Sozialwissenschaften, durch mathematische Modellrechnungen. Diese Gleichungen geben nichts anderes wieder als die Theorie in handhabbarer Form.

Auch der umgekehrte Weg ist möglich: die Theorie führt zu einer Hypothese, die dann experimentell überprüft wird.

Tycho Brahe (1546-1601) gilt als einer der bedeutendsten Astronomen seiner Zeit. In der Öffentlichkeit wurde er berühmt, als er mit eigenen Augen eine Supernova beobachtete und darüber berichtete. In der Fachwelt galt er als Autorität, weil er außerordentlich genaue Sternkarten anlegte. Dabei stand ihm kein Teleskop zur Verfügung – das gab es einfach noch nicht. Er benutzte sogenannte Mauerquadranten, Instrumente, mit denen sich Höhenwinkel und Positionen von Sternen bestimmen ließen.

Bei der Messung der **Planetenbewegung** stieß er auf das alte Problem, dass deren tatsächliche Positionen nicht mit den berechneten Positionen übereinstimmten. Und zwar weder nach dem ptolemäischen Modell noch nach dem kopernikanischen.

Tycho Brahe war ein gutmütiger Mann, der es sich mit niemandem verderben wollte. So kam er auf die glorreiche Idee, ein Kompromissmodell zu entwerfen: Sonne und Mond würden sich demnach um die Erde drehen, die übrigen Planeten aber um die Sonne.

Tatsächlich konnten mit diesem Modell die Unstimmigkeiten zwischen Theorie und Beobachtung deutlich reduziert werden, doch einige Ungenauigkeiten blieben. Erst hundert Jahre später konnten die Effekte der **Parallaxe** und der sogenannten **stellaren Aberration** geklärt und auch gemessen werden. Damit konnte schließlich das kopernikanische Weltbild als zutreffend bewiesen werden. Ironie der Geschichte: Brahe, der zeitlebens das kopernikanische Modell abgelehnt hatte, trug wesentlich zu dessen Siegeszug bei.

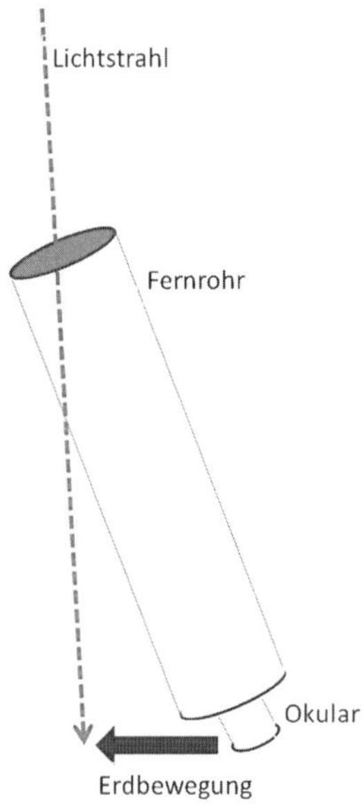

Abbildung 3.1: Der Lichtstrahl braucht seine Zeit um das Fernrohr zu durchlaufen. Währenddessen hat sich die Erde auf ihrer Bahn um die Sonne bewegt. Damit der Lichtstrahl dennoch das Okular erreicht, muss das Fernrohr gekippt werden: Der Aberrationswinkel beweist die Eigenbewegung der Erde gegenüber den Fixsternen.

Johannes Kepler (1571-1630) war Philosoph, Mathematiker, Astronom und Astrologe, Optiker und – evangelischer Theologe. Er fand die nach ihm benannten **Gesetze der Planetenbewegung**, leistete darüber hinaus aber wesentliche Beiträge auf vielen anderen Gebieten. So entwickelte er Formeln zur Berechnung von dreidimensionalen Gebilden, führte konvexe Linsen ein und gilt überhaupt als der Begründer der (wissenschaftlichen) **Optik**.

Er war Assistent von Tycho Brahe, hielt aber nicht viel von dessen Kompromissmodell. Er orientierte sich am kopernikanischen System und half mit, die mit dem neu entwickelten Teleskop gemachten Beobachtungen seines Zeitgenossen Galileo Galilei zu beweisen.

Kepler war ein tief religiöser Mann. Er glaubte, dass die Schöpfung ein harmonisches Ganzes sei und dass mathematische Beziehungen zwischen all ihren Teilen herrschen müssten. Angeregt durch die Kraftwirkung des neu entdeckten Magnetismus entwickelte er die **Idee einer Kraft**, die von der Sonne ausging und mit der Entfernung abnahm. Das war eine kühne Annahme. Kepler ahnte die Massenanziehung, die Gravitation.

Bei Tycho Brahe hatte er gelernt, die Bahnen der Planeten sehr genau zu vermessen. Kepler konzentrierte sich auf den Mars und stellte fest, dass dieser gar keine Kreisbahn, sondern eine Ellipse beschrieb. Das war bemerkenswert, weil die Abweichung sehr gering war. Die **Marsbahn** ist fast kreisförmig. Keplers Verdienst bestand also darin, dass er sich nicht von jahrtausendealten Dogmen leiten ließ, sondern seinen Beobachtungen vertraute, und dass diese auf penibel genauen Messungen beruhten.

Dann stellte er fest, dass die elliptische Marsbahn so angeordnet war, dass die Sonne genau in einem ihrer Brennpunkte lag – damit formulierte er sein **erstes Planetengesetz**. Weiter stellte er fest, dass in gleichen Zeiten gleiche Flächen überstrichen wurden. Das bedeutete, dass die Planetenbewegung langsamer war, wenn der Planet weiter entfernt von der Sonne stand: das **zweite Keplersche Gesetz.**

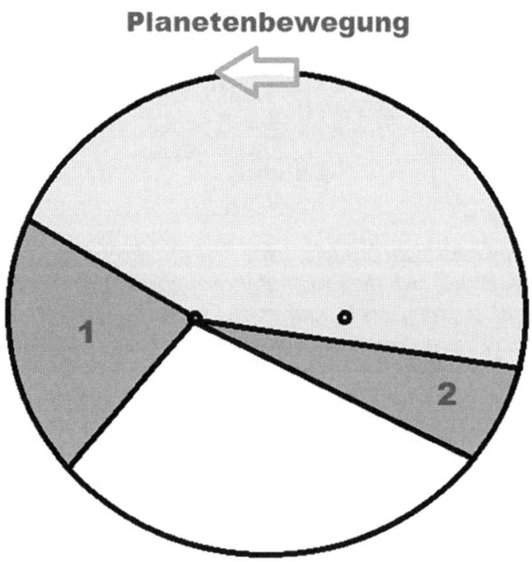

Abbildung 3.2: Planetenbahnen sind elliptisch. In einem der beiden Schwerpunkte befindet sich die Sonne. In gleichen Zeiten werden gleiche Flächen überstrichen: 1 und 2 sind gleich groß. Das bedeutet: Der Planet ist bei 1 schneller als bei 2.

Das **dritte Gesetz** scheint etwas bizarr, passt aber in Keplers Weltanschauung: Das Verhältnis der dritten Potenz der großen Halbachse einer Planetenbahn zum Quadrat seiner Umlaufzeit ist konstant und für alle Planeten gleich. Das scheint ziemlich weit hergeholt. Doch Kepler sagte »Herrlich!«, und war begeistert von der »musikalischen Harmonie«, die der Schöpfer im Universum verewigt hatte.

Kepler hinterließ ein riesiges astronomisches Werk in sieben Bänden. Trotz seiner wissenschaftlichen Vorgehensweise blieb er mystischem Denken verhaftet. Die Astrologie blieb bis an sein Lebensende Teil seiner naturphilosophischen Betätigung.

Galileo Galilei, der Rationalist, schätzte Keplers mathematische Begabung, hielt aber nichts von seinen Sinndeutungen und den postulierten Fernwirkkräften. Die wurden erst durch Isaac Newton als Gravitationskräfte erkannt. Der war übrigens auch bis ins hohe Alter an Naturphilosophie und Alchemie interessiert. Das 17. Jahrhundert war für viele Forscher ein schwieriges Zeitalter des Übergangs. Noch wirkten die alten Denkmuster, die neuen Prinzipien mussten erst noch entwickelt werden.

Giordano Bruno (1548-1600) wollte Mönch werden, doch er hielt es im Kloster nicht aus. Als Philosophielehrer zog er durch halb Europa. Er wurde Gedächtnistrainer bei König Heinrich III. von Frankreich, schrieb satirische Theaterstücke und Abhandlungen über »Die Ursache und das Prinzip«, »Vom Unendlichen und der Welt« oder »Von den heroischen Leidenschaften«. Er war ein richtiger Widerspruchsgeist, der zu allem eine abweichende Meinung hatte. Dabei war er ein beliebter Gesprächspartner und ein charmanter Plauderer. In einem Wort: Er war interessant, aber schwierig.

Dann legte er sich mit der Kirche an, und das kam so: In einer Abhandlung zur Astronomie vertrat er die Auffassung, dass die Erde nur ein verlorenes Körnchen in den unendlichen Weiten des Weltalls sei. Planeten wie die Erde gäbe es zu Tausenden, ja Millionen. Die Erde sei mitnichten der Mittelpunkt des Universums. Der Kosmos habe überhaupt kein Zentrum. Würde man den Standpunkt im Universum wechseln, so ändere sich nichts, überall sähe es im Prinzip gleich aus.

Giordano Bruno
1548-1600

Damit entzog er der Kirche jegliche Grundlage, Gottes Schöpfung als einzigartig darzustellen. Außerdem stellte er die Gottessohnschaft von Jesus Christus infrage und vertrat eine pantheistische Grundhaltung, nach der Gott in allem, in uns, in der Erde, im gesamten Universum steckt. Das war nun Grund genug, ihn vor die **Inquisition** zu zerren. Mit Ketzern ging die Kirche nicht zimperlich um, sondern machte kurzen Prozess. Obwohl: Der Prozess zog sich hin. Es kam zu sieben Verhören. Das bedeutete immer auch Folter und am Ende widerrief er. Das rettete ihn aber nicht.

Giordano Bruno wurde nach Rom überstellt und für sieben Jahre eingekerkert, währenddessen sein zweiter Prozess vorbereitet wurde. Im Februar 1600 wurde er zunächst aus der Kirche ausgestoßen und dann zum Tod auf dem Scheiterhaufen verurteilt. Er kommentierte den Urteilsspruch mit den Worten: »Ihr verkündet das Urteil mit größerer Furcht, als ich es entgegennehme.« An der Stelle, an der er wenige Tage später verbrannt wurde, steht heute sein Denkmal. Auf dem Campo de Fiori in Rom.

Galileo Galilei (1564-1642) war Philosoph, Mathematiker, Physiker und Astronom. Auf ihn gehen viele bahnbrechende Entdeckungen und Erfindungen zurück (siehe auch Kapitel 16). Die ihm zugeschriebene Erfindung des **Fernrohrs** war aber in Wirklichkeit eine Wieder-Erfindung. Denn er hatte von der Erfindung des Jan Lippershey gehört und sich sofort ein Exemplar für den eigenen Gebrauch gebastelt.

Bekannt ist auch die Geschichte mit den **Fallversuchen** am schiefen Turm zu Pisa. Die Historiker zweifeln inzwischen, ob die Versuche stattgefunden haben. Verbürgt sind aber die Gedankenexperimente:

Man denkt ja, leichtere Körper fallen langsamer als schwere. Nehmen wir mal an, das stimmt. Was würde dann aber passieren, wenn man den leichten mit dem schwereren verbindet? Würde der leichtere den schwereren abbremsen? Oder würden sie schneller fallen, da sie ja zusammen noch schwerer sind? Beides ist unwahrscheinlich. Logisch war daher, dass alle Körper gleich schnell fallen, egal wie schwer sie sind. Dass ein Blatt Papier langsamer zu Boden fällt als ein zusammengeknülltes Papierkügelchen liegt nur daran, dass das Blatt vom Luftwiderstand abgebremst wird. Im Vakuum fallen auch eine Feder und eine Bleikugel gleich schnell.

Später hat Galilei das auch experimentell nachgewiesen. Das Beispiel zeigt, wie aus der Theorie eine Schlussfolgerung gezogen werden kann, die eine Aussage über das Verhalten der Natur erlaubt. Ob aber die Theorie und die Schlussfolgerungen tatsächlich stimmen, kann nur das Experiment beweisen.

Zu dem berühmten **Prozess vor der Inquisition** kam es, als Galilei einen Traktat zum Wettstreit zwischen dem ptolemäischen und dem kopernikanischen Weltbild veröffentlichen wollte. Er pflegte gute Kontakte zur Kurie und erwirkte sogar eine päpstliche – vorläufige – Genehmigung. Freilich mit Auflagen. So sollte zum Schluss der Abhandlung ein Plädoyer für das ptolemäische Modell erscheinen.

Galilei erfüllte diese Auflage, legte sie aber in dem in Dialogform abgefassten Werk einem notorischen Schwachkopf in den Mund. Außerdem machte er sich über typische Gegenargumente des Inquisitors lustig. Damit verlor er jeglichen Schutz des Papstes. Er hatte den Bogen überspannt. Es kam zum Prozess.

Galilei musste allem abschwören, um dem Scheiterhaufen zu entgehen. Er wurde zu lebenslanger Kerkerhaft verurteilt, letztlich lief es auf einen Hausarrest hinaus. Beim Hinausgehen soll er die berühmten Worte gemurmelt haben: »Und sie bewegt sich doch!« Historisch ist das nicht belegt, wäre auch sehr unwahrscheinlich, ist aber eine nette Pointe.

Wissen statt Glauben

Gemeinhin bezeichnet man das 17. Jahrhundert als das Jahrhundert der erstarkenden Wissenschaft. Aber wie die Beispiele auf den letzten Seiten zeigen, reichen die Wurzeln bis ins 16., ja bis ins 15. Jahrhundert zurück. Man kann es auf die Formel bringen: Immer mehr Wissen ersetzte den Glauben.

Francis Bacon (1561-1626) hat diese Entwicklung beobachtet, analysiert und visionär begleitet. In seinem Hauptwerk »Novum Organon« rechnet er mit Aristoteles ab und überhaupt mit den Griechen:

- ✔ Ihre Weisheit erschöpft sich im Disputieren.
- ✔ Sie sind fruchtbar gewesen nur in Worten, nicht aber in Taten.
- ✔ Es reicht nicht, Aristoteles zu zitieren, man muss seine Ideen auch umsetzen.
- ✔ Wer sich theoretisch mit der Natur auseinandersetzt, kommt zu Trugbildern und falschen Vorstellungen.
- ✔ Man muss sich mit den Dingen im Einzelnen beschäftigen.
- ✔ Man muss mit der Beobachtung des Einzelfalls beginnen.

Bacon gilt als Wegbereiter des **Empirismus**. Er beschreibt sehr anschaulich, wie sich die wissenschaftliche Methode entwickeln muss. Wie wichtig es ist, den Geist zu reinigen. Sich von vorgegebenen Dogmen zu befreien.

Theorie und Praxis in der Wissenschaft

Francis Bacon unterschied zwischen Empirikern und Dogmatikern und obwohl seine Sympathie den Empirikern galt, warnte er vor einer einseitigen Bevorzugung einer Seite:

Beides gehöre zur Wissenschaft und müsse sich sinnvoll ergänzen. Wer nur empirisch arbeite, gleiche einer Ameise, die emsig, aber unverstanden Dinge sammelt und in den Bau trägt. Wer nur theoretisch arbeite, verstricke sich wie eine Spinne im eigenen Netz. Klug aber sei das Vorgehen der Biene, die schon auf dem Flug die Nahrung vorverdaue, die sie dann zur Fütterung der Brut in den Waben abgebe.

Bacon war der **Philosoph der Wissenschaft**. Selbst trug er kaum etwas zur wissenschaftlichen Erkenntnis bei. Aber er beobachtete genau, was sich in der Wissenschaft tat und wie sie sich weiterentwickelte. Vielleicht war er gerade deswegen ein guter Analytiker, weil er selbst nicht beteiligt war. Sich selbst bezeichnete er als »Wegweiser«.

Erstaunlich sind seine visionären Entwürfe, in denen er ganze Kataloge »zu machender Erfindungen« benennt – die sich wie Modelle aus Science-Fiction-Romanen lesen und eine bemerkenswerte Realitätsnähe aufweisen.

Das Neue Denken: Aufklärung, Neuzeit

4

In diesem Kapitel

- Experimentieren und Messen
- Eine neue Mathematik
- Wer war der Erste?
- Anziehend: Die Gravitation
- Vom Erkennen und Wissen
- Das Licht: Teilchen oder Welle?
- Die Aufklärung
- Revolution der Wissenschaft
- Die Industrialisierung
- Die Moderne
- Explosion der Wissenschaft

In vielen Wissenschaftsdisziplinen gab es im 17. Jahrhundert eine wahre Explosion. Die Aufbruchsstimmung war in ganz Europa zu spüren und beförderte neue Ideen, Entdeckungen und Erfindungen.

Das 17. Jahrhundert: Auf zu neuem Denken

Waren es im 17. Jahrhundert noch die obersten Eliten, die am wissenschaftlichen Erkenntnisprozess teilnahmen, so war es im 18. Jahrhundert schon die gesamte Schicht der Gebildeten. Aber es sollte noch bis zum 19. Jahrhundert dauern, bis wissenschaftliches Denken wirklich die Massen erreichte.

Als wesentliches Element hat sich das **Experiment** etabliert, die »Frage an die Natur«. Die Antwort des Experiments muss zur Theorie passen. Zumeist lässt sich die Theorie in Form einer mathematischen Formel fassen.

Wenn man dann mit Hilfe der Formel für bestimmte Zustände ein Ergebnis berechnet, und das Experiment das gleiche Ergebnis zeigt, dann kann man davon ausgehen, dass die **Theorie** (vorläufig) stimmt.

Im 16. Jahrhundert hatte **Francis Bacon** die **induktive Methode** propagiert und somit dem Experimentieren (sogenannter **Empirismus**) zum Erfolg verholfen.

Im 17. Jahrhundert wurde die Bedeutung der Mathematik für die Wissenschaft eindeutig klar. Die **Mathematik** lieferte die »Sprache« der Wissenschaft. Mathematische Formulierungen machten wissenschaftliche Problemstellungen und Erkenntnisse erst durchsichtig und handhabbar.

Das Rechnen wird endlich unendlich

Aber es zeigte sich, dass viele Fragestellungen der Wissenschaft mit den herkömmlichen Mitteln der Mathematik gar nicht gelöst werden konnten. Die Natur ist eben nicht immer so einfach gestrickt, dass sich die Zusammenhänge mit simpler Algebra beschreiben lassen. Die Zusammenhänge entsprechen oft komplizierten Kurvenverläufen, auf die ganz verschiedene Faktoren einwirken.

Um solche Zusammenhänge mathematisch fassen zu können, musste eine ganz **neue Art der Mathematik** gefunden oder erfunden werden. Und das passierte im 17. Jahrhundert – und es wurde einer der aufregendsten Wissenschaftskrimis daraus, der noch bis heute nachwirkt. Es waren nämlich die größten Geistesgrößen der Zeit daran beteiligt: **Isaac Newton** und **Gottfried Wilhelm Leibniz.**

Gegenüber der bisherigen Mathematik ging es darum, auch geschwungene Kurven mittels mathematischer Gleichungen exakt beschreiben zu können. Keine Angst, ich behellige Sie jetzt nicht mit höherem Mathematikunterricht. Ehrlich, wir kommen ganz ohne Formeln aus. Ich erklär' es mal so:

Wenn man die Fläche eines Rechtecks berechnen will, misst man einfach die Seitenlängen und multipliziert sie miteinander. Die Formel lautet also $a \times b$. Ach, Formeln wollten wir ja weglassen.

Gut. Nehmen wir ein Beispiel: Die Kantenlängen sind drei Meter und vier Meter. Drei mal vier ergibt 12. Das kann man sogar im Kopf rechnen.

Wenn man jetzt ein Rechteck vor sich hat, das unten und an den Seiten gerade, aber oben keine gerade Linie hat, sondern eine Kurve, zum Beispiel die bewegte Wasseroberfläche eines Sees? Tja, dann wird das schwieriger. Newton und Leibniz ersannen nun eine Methode, wie man auch so etwas berechnen kann.

Gedanklich zerlegten sie das Feld mit der Kurve in lauter kleine Rechtecke – und die ließen sich ja, wie wir eben gesehen haben, im Kopf berechnen, ganz einfach. Und ohne Formeln, wohlgemerkt. Wenn ich nun die Werte der Rechtecke zusammenziehe, bekomme ich den Flächeninhalt unter der Kurve. Allerdings nur näherungsweise (siehe Abbildung 4.1).

Jetzt kommt der Trick: Ich lasse die Rechtecke immer schmaler werden. Ich erhöhe ihre Zahl bis ins Unermessliche. Da sie immer schmaler werden, passen ja auch immer mehr hinein. Ja, ich treibe das Ganze bis zur Unendlichkeit. »Infinit« bedeutet ja »ohne Grenzen«. Deswegen nennt sich der ganze Zauber auch »Infinitesimalrechnung«. Und die Kunst besteht nun darin, ein Rechenverfahren zu entwickeln, das mit unendlich vielen Elementen zurechtkommt. Bitte, die beiden haben's geschafft. Wollen Sie es auch mal versuchen?

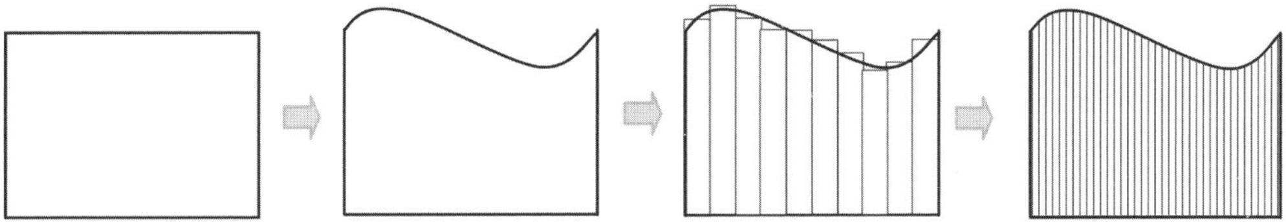

Abbildung 4.1: Die Fläche unter einer Kurve ist gar nicht so leicht zu berechnen. Aber wenn man kleine Rechtecke zu Hilfe nimmt und sie immer schmaler werden lässt, nähert man sich dem exakten Wert immer mehr an.

Herausgekommen ist die **Integral- und Differentialrechnung**, die Sie ja vielleicht noch aus dem Schulunterricht kennen. Newton und Leibniz haben das erreicht. Aber nicht etwa gemeinsam. Nein, jeder für sich. Etwa zur gleichen Zeit. Und Sie können sich vorstellen, was das für ein Theater gab, als jeder für sich beanspruchte, der Erfinder zu sein.

Anfangs hatte noch keiner von beiden so richtig begriffen, welche epochale Erfindung sie gemacht hatten. **Isaac Newton** (1643-1727) hatte wohl als erster die Idee. Er schrieb alles auf und legte es in eine Schublade. Erst nach vierzig (!) Jahren nahm er die Papiere wieder heraus und gab alles zum Drucken und Veröffentlichen.

Nur wenige Jahre nach Newton hatte **Gottfried Wilhelm Leibniz** (1646-1716) die Idee. Er schrieb auch alles auf und zögerte ebenfalls mit der Veröffentlichung. Erst als seine Mitarbeiter ihn drängten, ließ er die Neuigkeiten verbreiten. Und da in der Wissenschaft die gedruckte Veröffentlichung in einer Fachzeitschrift als der entscheidende Augenblick angesehen wird, müsste also Leibniz als der Entdecker und Erfinder gelten.

Lange tobte der Streit. Kaum ein Fall wurde so sauber untersucht und dokumentiert. In der begleitenden Debatte hingegen wurde oft sehr unsauber argumentiert. Da wurde Leibniz vorgeworfen, bei Newton heimlich abgeschrieben zu haben und so weiter.

Es ist ein schönes Beispiel für den immer wieder nach dem gleichen Muster aufflammenden Streit um Geld und Ehre: **Wer war der Erste?** Ich habe ja schon im Anfangsteil (Kapitel 1) zu diesem Thema gesagt: An diesem blödsinnigen Streit beteilige ich mich nicht. Oft lagen Entwicklungen in der Luft. Ob nun der eine schneller war oder der andere, das hing oft von Zufällen ab. Entscheidend ist doch die geistige Leistung. Und wenn die bei allen Beteiligten gegeben war, sollen auch alle gewürdigt werden.

Freilich ist das nicht immer sauber zu ermitteln. Und hinterher sind alle klüger. Aber im Falle Newton versus Leibniz kann man ganz sicher sein: Beide haben unabhängig voneinander, aber zur gleichen Zeit dieselbe Idee gehabt und ähnlich ausgearbeitet. Deswegen gelten sie für mich vollends gleichberechtigt als die Entdecker und Erfinder einer neuen Rechenart, die für die weitere Entwicklung der Wissenschaft von entscheidender Bedeutung sein sollte.

Zweifelhaftes Wissen

René Descartes (1596-1650) war gewissermaßen der Theoretiker der neuen Art, Wissenschaft zu betreiben. Als Philosoph beschäftigte ihn vor allem die Frage, wie der Mensch zu gesicherten Erkenntnissen kommen kann.

Folgende Regeln stellte er auf:

- ✔ Ziehe alles in Zweifel, was nicht eindeutig als wahr angenommen werden kann.
- ✔ Teile jedes Problem in möglichst viele Teilprobleme, die sich leichter bearbeiten lassen.
- ✔ Ordne deine Gedanken. Beginne mit den einfachsten Überlegungen und nähere dich stufenweise der kompliziertesten Erkenntnis.
- ✔ Lege umfassende Übersichten an, um möglichst keinen Einwand zu übersehen.

Als Instrumente wissenschaftlicher Überlegungen hob er das Experiment hervor, vor allem aber die Mathematik, ohne die exakte Aussagen nicht möglich wären.

Descartes selber schuf mit der **analytischen Geometrie** ein wichtiges Instrument für die Lösung wissenschaftlicher Fragestellungen. Dagegen waren seine physikalischen Vorstellungen falsch. Merkwürdigerweise hielten sie sich bis ins folgende Jahrhundert, obwohl Newton mit seiner **Gravitationstheorie** eine viel bessere Deutung angeboten hatte.

Nach Descartes war Materie immer räumlich ausgedehnt und umgekehrt der Raum immer von Materie erfüllt. War keine sichtbare Materie vorhanden, so kam die »primäre Materie« zum Tragen: kleinste Teilchen, die den Raum ausfüllten und überhaupt erst definierten.

Viel Wirbel um nichts

Um die Bewegung der Himmelskörper zu erklären, verfiel Descartes auf eine ebenso anschauliche wie falsche Vorstellung: die **Wirbeltheorie**. Denn die ganze unsichtbare Materie sollte um die Sonne kreisen und wie ein Strudel die sichtbare Materie mit sich reißen. Nahe dem Mittelpunkt dreht der Wirbel am schnellsten, und so war für ihn also auch geklärt, warum die inneren Planeten schneller um die Sonne kreisen, als die äußeren. Damit war die Übereinstimmung mit der Wirklichkeit aber auch schon zu Ende. Keplers Gesetze zur Planetenbewegung ließen sich nicht anwenden, trotzdem hielt sich die Wirbeltheorie – wohl weil sie so hübsch griffig war.

Das Beispiel macht deutlich, wie anfällig auch große Geister für Spekulationen sein können, solange noch keine passenden Experimente zur Verfügung stehen.

Auch das noch: Die Katzenklappe

Die eigentliche Revolution aber kam mit **Isaac Newton**. Viele halten ihn für einen der größten Wissenschaftler aller Zeiten und verknüpfen mit dem Namen Newton den Beginn des wissenschaftlichen Zeitalters.

Was hat Newton geleistet? Er ging in die Geschichte ein als der Erfinder der Katzenklappe. Er war es leid, immer auf das Gejammere der ansonsten ruhigen Hausgenossen reagieren zu müssen und ihnen die Tür zu öffnen.

Kurzerhand erfand er eine Klappe, die die anschmiegsamen Haustiere selbst öffnen konnten. Die Geschichte ist nicht urkundlich verbürgt, wird aber oft erzählt – deswegen steht sie auch hier. Gut, Sie haben recht, da muss noch mehr sein. Da war auch noch mehr, da war der Beginn der modernen Naturwissenschaften. Das mit der Katzenklappe war nur ein kleiner Scherz am Rande.

Isaac Newton
1643-1727

Der Apfel war schuld

Isaac Newton steht für eine der bedeutendsten Leistungen in der Entwicklung der Wissenschaft. Er formulierte in einem genialen Wurf die **Gesetze der modernen Physik** – und ein Apfel spielte dabei die Hauptrolle.

Angeblich lag Newton in seinem Garten und beobachtete, wie ein Apfel zu Boden fiel. Da kam ihm ein Gedanke.

Nebenbei: Da die Geschichte sowieso erfunden ist, hätte man auch gleich sagen können, der Apfel fiel ihm auf den Kopf, ihm wurde schwarz vor Augen – und ihm ging ein Licht auf... Aber man soll ja nicht übertreiben.

Jedenfalls: Newton fing an zu überlegen – ob mit Apfel oder ohne: Was war das für eine Kraft, die den Apfel nach unten zog? Und er entwickelte die Vorstellung von einer Kraft, die in der Materie selbst beheimatet war, einer Kraft, die in der Masse steckte. Je mehr Masse vorhanden war, umso stärker wurde die Kraft und umso weiter reichte sie.

Wie anziehend: Die Gravitation

Denn das war offensichtlich: Die großen Massen zogen die kleinen an. Der Apfel fiel zur Erde. Aber konnte die Erde auch andere Sterne anziehen? Oder andere Sterne die Erde? Es kam auf die Masse an. Und auf die Entfernung.

je größer die Masse, um so größer die Anziehungskraft, je weiter entfernt, um so schwächer die Anziehungskraft.

Newton hatte zweierlei geleistet: Er hatte eines der wichtigsten Naturphänomene entdeckt: die **Gravitation**, die Schwerkraft. Und er hatte entdeckt, dass diese Kraft universal ist. Sie wirkt zwischen zwei Federn (kaum merkbar) wie zwischen Erde und Apfel (schon eher merkbar).

Das war das eine. Darüber hinaus hatte Newton noch etwas geleistet: Er hatte ein Naturgesetz entdeckt, das durch Experimente und Messungen schließlich auch mathematisch formuliert werden konnte.

Meine Formulierungen von oben (je schwerer, desto stärker – und je weiter, desto schwächer) geben ja nur an, dass ein Zusammenhang zwischen zwei Massen und der Kraft besteht. Sie geben nicht an, wie stark dieser Zusammenhang ist.

Newton fand heraus, dass der Zusammenhang sehr stark ist. Die einzelnen Massen wirken direkt aufeinander ein, müssen also miteinander multipliziert werden.

Bei den Entfernungen ist es umgekehrt. Die Kraft wirkt nicht sehr weit. Jedenfalls wird sie mit der Entfernung immer schwächer. Und dieses Schwächerwerden wird immer intensiver. Es wird immer stärker schwächer –Sie verstehen, was ich meine. Mathematisch heißt das: die Massenanziehung nimmt exponentiell ab. Genauer: Sie nimmt mit dem Quadrat der Entfernung ab.

Ich will das an einem Beispiel verdeutlichen. Sie können das ja überspringen, wenn schon alles klar ist. Nehmen wir Folgendes an:

- ✔ Nach einer bestimmten Strecke ist die Kraft nur noch halb so stark.
- ✔ Dann ist sie nach der doppelten Strecke schon nur noch ein Viertel so stark.
- ✔ Und nach der dreifachen Strecke nur noch ein Neuntel.
- ✔ Und nach der vierfachen Strecke schon nur noch ein sechszehntel.

Und damit revolutionierte Isaac Newton so ganz nebenbei unsere Sicht auf Sonne, Mond und Sterne.

Denn die Gravitation herrscht überall. Und mit Newtons Gesetz konnte man nun alle Sternenbewegungen ausrechnen. Man musste nur die genauen Sternenmassen kennen und ihre Entfernung zueinander. Die Massen ließen sich aus dem Umfang der Sterne abschätzen und Umfang und Entfernungen am Himmel konnten die Forscher damals schon erstaunlich genau ausmessen.

Endlich konnte man die uralte Menschheitsfrage beantworten: Wieso bewegen sich die Planeten um die Sonne, warum fliegen sie nicht einfach davon?

Doch wie wirkt die Schwerkraft nun auf die riesigen Himmelskörper?

Das Gleichgewicht der Kräfte

Wenn wir als Kinder einen Stein an einem Seil befestigten und dieses Seil in eine Drehung versetzten, dann konnten wir den Stein über unseren Köpfen in eine stabile Kreisbahn bringen. Und wir spürten an unserer Hand, wie der Stein nach außen zog. Er wäre am liebsten weiter geradeaus geflogen. Aber über das Seil hielten wir mit unserer Hand und den Armmuskeln dagegen. Nur wenn uns das Seil mal aus der Hand rutschte, flog der Stein davon.

Und deswegen sollte man das Experiment auch nicht nachmachen oder den Kindern zur Nachahmung empfehlen. Nun ja, bei uns damals ist alles gut gegangen. Vielleicht nehmen Sie ein Seil und einen Softball. Das geht zwar nicht so schön, aber es geht!

Bei den Leichtathletikmeisterschaften können Sie übrigens die Hammerwerfer beobachten, die eine schwere Eisenkugel in Rotation versetzen, bevor sie das Seil loslassen. Dann fliegt der Hammer dem neuen Rekord entgegen (siehe Abbildung 4.2).

Ganz ähnlich ist es bei den Planeten. Wenn es keine Gravitation gäbe, würden sie alle geradeaus fliegen, irgendwohin. Aber die Schwerkraft gebietet ihnen: Halt! Hier geblieben!

Und so kommt es, dass seit Menschengedenken der Mond um die Erde kreist und die Erde um die Sonne – tja, und dann wird es schon ein wenig schwieriger. Denn die nächsten Sternensysteme sind so weit weg, dass ihr Einfluss kaum noch messbar ist.

Newton formulierte nicht nur seine revolutionären Erkenntnisse, er fasste auch das Wissen zusammen, das er als richtig erkannt hatte und legte damit das Fundament der modernen Physik.

Abbildung 4.2: Der »Hammerwerfer« schleudert die Kugel auf einer Kreisbahn. Lässt er das Seil los, fliegt die Kugel in gerader Linie davon.

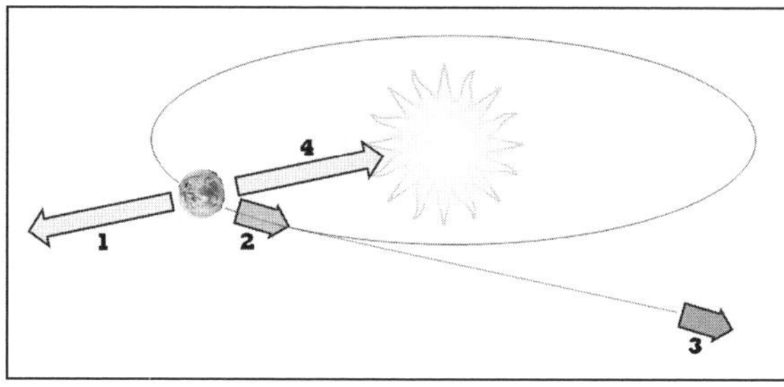

Abbildung 4.3: Die Zentrifugalkraft (1) treibt die Erde nach außen. Sie würde von Position (2) nach außen (3) fliegen, wenn keine anderen Kräfte wirken würden. Nun kommt die Gravitation (4) ins Spiel. Sie zieht die Erde nach innen. Die Gravitationskraft wird stärker, je näher die Erde zur Sonne kommt. Dagegen wirkt die Zentrifugalkraft. Sie wird stärker, je weiter die Erde nach außen kommt. Es kommt zur Balance: Wenn die Massenanziehungskraft (4) genauso stark ist wie die Zentrifugalkraft, bleibt die Erde auf sicherem Kurs.

Dynamisch, die Mechanik

Nur, um es komplett zu haben: Hier die **Lehrsätze der Newtonschen Mechanik** (siehe Kasten), fast so, wie es Newton damals formulierte. Wenn Sie in der Schule gut aufgepasst haben, wird Ihnen manches bekannt vorkommen. Tun Sie mir den Gefallen und springen Sie dann ans Ende der Aufzählung. Wenn nicht, dann prägen Sie sich alles gut ein. So etwas gehört heute einfach zur Allgemeinbildung.

Die Newtonschen Gesetze der Physik

- ✔ Ein Körper verharrt im Zustand der Ruhe oder der gleichförmigen Bewegung, solange er nicht durch andere Kräfte zur Änderung gezwungen wird.
- ✔ Wirkt eine Kraft auf einen Körper ein, dann ändert er seine Bewegung proportional zur einwirkenden Kraft und zwar in der Richtung, in die die äußere Kraft wirkt.
- ✔ Kräfte treten immer paarweise auf. Übt ein Körper A auf einen anderen Körper B eine Kraft aus (actio), so wirkt eine gleich große, aber entgegengerichtete Kraft von Körper B auf Körper A (reactio).
- ✔ Wirken auf einen Körper mehrere Kräfte ein, so addieren sich diese (nach Stärke und Richtung) zu einer resultierenden Kraft.
- ✔ Die Gravitationskraft, mit der ein Körper von einem anderen angezogen wird, ist abhängig von den Massen und ihrem Abstand.

Entscheidend war auch, dass Newton darauf hinwies,

- ✔ dass diese Bewegungsgesetze universell gelten, also im gesamten Universum,
- ✔ dass Kräfte, wie die Gravitation, grundsätzlich wirken, unabhängig vom Material,
- ✔ dass sie grundsätzlich wirken, unabhängig vom Ort. Also auf der Erde genauso wie auf dem Mars oder in einer Galaxie, die mehrere Milliarden Lichtjahre von uns entfernt ist und
- ✔ dass es keinen Unterschied zwischen Himmel und Erde gibt.

Bemüht um Mythen

Um zu ermessen, wie viel Aufklärung Newtons Erkenntnisse brachten, muss man sich klar machen, dass vielfach noch mythische Vorstellungen die Welt prägten.

Otto von Guericke (1602-1686) etwa, der die **Vakuumtechnik** entwickelt hatte, sah in den Kräften, die die Welt bewegten, »Ausflüsse der Weltkörper«. So sprach er beispielsweise von einer »Erhaltungskraft der Erde«, durch die alle irdischen Dinge zusammengehalten würden.

Guericke war im Übrigen ein Vertreter jener Forscher, die sich, anders als Newton oder Leibniz, weniger mit der Theorie als mit der Praxis beschäftigten. Guericke hatte die **Kraft des Luftdrucks** mit seinen berühmten Experimenten nachgewiesen.

Er und seine Kollegen hatten das Vakuum untersucht und zum Beispiel festgestellt, dass das Licht das Vakuum mühelos durchdringen konnte, nicht aber der Schall. Die magnetische Anziehung hingegen wirkte auch im und durch das Vakuum hindurch. Alles musste ausprobiert werden und die unterschiedlichen Ergebnisse bildeten schließlich eine (neue) Theorie. Aber solange keine überzeugende Theorie gefunden war, herrschten wilde Spekulationen.

Was können wir wissen, was erkennen?

So einleuchtend und selbstverständlich, wie uns das Konzept der den Massen innewohnenden Gravitation heute auch erscheinen mag: Eine merkwürdige Sache ist es schon. Massen ziehen sich gegenseitig an. Je größer die Masse, umso stärker. Warum? Gibt es keine einfachere Erklärung?

Schließlich ist es so, dass wir uns an das Konzept gewöhnt haben. Es passt gut zu unserer Sinneserfahrung. Und das gesamte Konzept der Physik, das auf sechs Sorten von Teilchen beruht und vier Kräften, von denen die Gravitation eine ist. Das Konzept strahlt eine gewisse Einfachheit, eine Klarheit, ja auch eine gewisse Schönheit aus, die fasziniert:

Wir können nur erkennen, was wir kennen.

Aber es sind Vorstellungen, Konzepte, Modelle, die unserer Vorstellungswelt entgegenkommen. Was die wirkliche Natur der Dinge ausmacht, ist für uns nur begrenzt erfassbar. Die Welt der Elementarteilchen, der Kräfte, der Atome, das ist nicht unsere Welt. Wir haben keine Sinnesorgane für diese Welt.

Newton selbst war auch nicht davon überzeugt, die letzte Wahrheit »geschaut« zu haben. Um deutlicher zu »sehen«, was die Gravitation nun eigentlich ist, beschäftigte er sich mit den chemischen Bindungskräften. Was treibt bestimmte Atome dazu, sich zu Molekülen zusammenzulagern? Warum kostet es so viel Energie, sie wieder auseinanderzureißen?

Und Leibniz, der kühle Rationalist, fand überhaupt keinen Gefallen an dem Konzept der Gravitation. Er hielt das für ein Hirngespinst, eine »scholastische, okkulte« Vorstellung.

Das Dilemma ist grundsätzlicher Natur: Wir können nur Modelle entwerfen und dann überprüfen, ob sie mit den Ergebnissen unserer Experimente übereinstimmen. So entwickeln wir wenigstens näherungsweise eine Anschauung von der Natur, von der Materie, von Teilchen und von ihnen innewohnenden Kräften.

Das Licht: Teilchen oder Welle?

Besonders verwirrend war die Untersuchung des Lichts. Lange blieb unklar, was eigentlich Licht ist. Manche hielten es für kleine **Teilchen**, die vom oder zum Auge kamen. Andere hielten es für eine **Wellenerscheinung**, ähnlich dem Schall. Beim Schall wusste man, was sich da als Welle bewegte: die Luft. Ganz ähnlich wie ein ins Wasser geworfener Stein eine sich ausbreitende Welle erzeugt, so verursacht ein Paukenschlag zum Beispiel eine Luftschwingung, die sich wellenartig ausbreitet. Ähnlich sollte es beim Licht sein. Wellenartig sollte es sich ausbreiten. Man konnte nur nicht sagen, was sich da bewegte und ausbreitete.

Newton hielt sich lange zurück. Welle oder Teilchen? Er fand für beide Konzepte zu wenig Beweise und hoffte auf ein größeres Modell, das vielleicht die beiden bisherigen enthalten könnte. Zum Beispiel könnten die Teilchen des Lichts den »Äther« zu Schwingungen anregen.

Den »Äther«? Auch so eine Hilfskonstruktion. Weil man sich ein Vakuum nicht vorstellen konnte, erfand man den unsichtbaren Äther, der aus winzigsten Teilchen bestehen sollte und den Raum ausfüllte. Huch, das wäre ein Kapitel für sich, wir wollen das lieber nicht vertiefen.

Newton galt dann später eher als Verfechter der Teilchentheorie, der »Korpuskeltheorie«, obwohl die meisten Experimente besser mit der Wellentheorie zu erklären waren.

Heute hat man sich mit einer pragmatischen Lösung abgefunden und glaubt, dass beide Vorstellungen gleichberechtigt sind. Es gab und gibt Experimente, die nur mit der Welle erklärbar, und es gibt Experimente, die nur mit Teilchen zu deuten sind.

Insofern hat Newton also recht behalten, wenn auch nur zur Hälfte. Und seine Hoffnung auf das größere umfassende Modell können wir nicht erfüllen. Was die wirkliche Natur des Lichts ist, bleibt uns verborgen. Wie ein Vexierbild zeigt es mal das eine, mal das andere Gesicht.

Aber was schwingt beim Licht?

Die Luft spielt offenbar keine Rolle, wie die Experimente im Vakuum zeigten. Auch ein anderer großer Naturwissenschaftler des 17. Jahrhunderts, **Christian Huygens** (1629-1695), arbeitete mit der Hilfskonstruktion »Äther«, setzte aber keine Teilchen mehr voraus, sondern stellte sich vor, dass sich die Lichtwellen direkt im Äther fortbewegen. Huygens beschäftigte sich mit Physik und Mathematik und fand zum Beispiel die Formel für die **Zentrifugalkraft**, aber Formeln wollten wir ja weglassen, versprochen ist versprochen. Sagen wir es also so: Er fand den Zusammenhang zwischen der Geschwindigkeit eines Flugkörpers auf einer Kreisbahn und der entstehenden Fliehkraft bei gegebener Masse und gegebenem Durchmesser der Kreisbahn. Klingt kompliziert, und war auch gar nicht so einfach.

Außerdem erfand er die **Pendeluhr**. Die Pendelbewegung eignete sich als Taktgeber, weil die Schwingungsdauer nicht etwa vom Gewicht des Pendels abhängig war, sondern nur von seiner Länge. Also konnte man die Genauigkeit der Uhr nachregeln, indem man einfach, zum Beispiel mit einem Schraubgewinde, die Länge des Pendels verstellte.

Das neue Denken

Die neuen Denkweisen im wissenschaftlichen Vorgehen lassen sich so zusammenfassen:

- ✔ zerlegen
- ✔ messen und beobachten
- ✔ zusammensetzen nach einem Plan

Huygens, Newton und andere hatten das Licht mit Hilfe eines Prismas in die Farben des Regenbogens zerlegt (Abbildung 4.4).

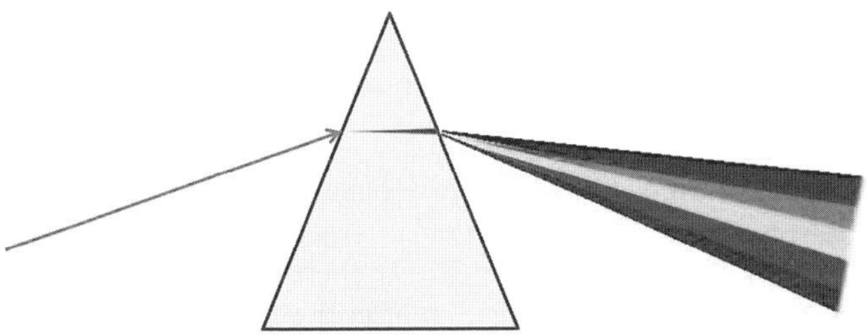

Abbildung 4.4: Ein Prisma (ein dreieckiger Glaskörper) zerlegt das Licht in die Regenbogenfarben. Man kann das Licht also zerlegen. Was lässt sich dadurch erkennen? Ist das Licht aus Teilchen zusammengesetzt oder eine Welle? Und was schwingt da und breitet sich wellenartig aus?

Noch fehlte eine Theorie, nach der sie die Einzelteile messen und erklären konnten. Noch fehlte ein Plan, nach dem sie die Farben wieder zusammensetzen konnten. Aber sie ahnten, dass sie etwas Neuem auf der Spur waren. Die Farben mussten etwas darstellen, das in der Summe weißes Licht ergab.

Überall neue Methoden

In der **Biologie** eröffnete das **Mikroskop** (erfunden 1590, kurz vor Beginn des 17. Jahrhunderts) eine ganz andere Möglichkeit, die Dinge zu zerlegen. Durch reine Beobachtung und Messung erkannte man den Aufbau der Gewebe aus lauter **Zellen**.

In der **Chemie** verabschiedete man sich von den klassischen vier Elementen der Alchemie, indem man sie zerlegte. Luft, Wasser, Erde und Feuer bestanden jeweils aus mehreren Komponenten, konnten also nicht elementar sein. **Elemente** mussten homogene Stoffe sein, die nicht weiter zerlegt werden konnten.

Langsam schälte sich heraus, dass es viele Elemente gab. Stoffe, die kein Gemisch sind, sondern die reinen Ursubstanzen, eben Elemente. Jedes Element besteht nur aus einer Sorte von Atomen. Jedes Atom steht für ein Element: Sauerstoff, Kohlenstoff, Eisen, Kalzium, Uran und so weiter.

Mit diesen Überlegungen näherte man sich den Vorstellungen chemischer Elemente, wie wir sie heute kennen. Und man entsann sich wieder der Idee der alten Griechen, wonach die Welt aus **Atomen** aufgebaut sei: den kleinen, unzerteilbaren Bausteinen der Materie. Diese elementaren Bausteine der Materie, die Elemente, sind nichts anderes als die Atome. Allerdings wissen wir heute, dass Atome (Elemente) durchaus noch teilbar sind – doch das konnte erst im 20. Jahrhundert gemacht werden.

Auch der Mensch wurde zerteilt und seine **Anatomie** studiert. So wurde im 17. Jahrhundert der Blutkreislauf richtig erkannt. Die universitär ausgebildeten Ärzte beschränkten sich (noch) auf das Stellen von Diagnosen und das Verordnen einer passenden Arznei. Die **Chirurgie** wurde den Wundärzten überlassen. Den sogenannten **Badern** blieb als einzige Heilmethode: das Schröpfen und der **Aderlass**.

Große Fortschritte machte man in der **Geografie**. Hier stand die Entdeckung des Südens an, das sagenhafte **Südland**. Man erkannte, dass Atlantik und Pazifik zusammenhängen und entdeckte Neuguinea und Australien – aber die rechten Dimensionen und Umrisse wurden erst im 18. Jahrhundert geklärt.

Auch die **Geisteswissenschaften**, die sich oft an den Methoden der Naturwissenschaften orientieren, interessierten sich für die Nutzung der Mathematik. **Thomas Hobbes** (1588-1679) versuchte sich in einer Vorform der Soziologie, Politischen Theorie und Psychologie. Um anzudeuten, dass er sich an den Naturwissenschaften orientierte, nannte er sein Fachgebiet »soziale Physik«.

Erkenntnisse könne der Mensch hauptsächlich durch **Selbstbeobachtung** gewinnen – wobei Hobbes davon ausging, dass alle Menschen gleich sind, sich also Verhaltensweisen und Denkmuster problemlos von einem Beobachteten auf jeden anderen Menschen übertragen lassen. Die zweite Quelle neuer Erkenntnisse seien die Wahrnehmungen der **Sinnesorgane**.

Hobbes begründete die Idee des **Gesellschaftsvertrages**, eine Idee, die erst im 18. Jahrhundert breit entfaltet wurde. Da seiner Auffassung nach der Mensch von Natur aus ein egoistisches Tier sei, würden ohne Staat Chaos und Anarchie herrschen. Deshalb solle die Macht einem absolutistischen Herrscher übertragen werden, der die notwendige Ordnung durch Gesetz und **Staatsgewalt** garantieren müsse.

Die **Geschichtsschreibung** wurde systematisiert, und neben anderen formulierte auch Leibniz dafür strenge Kriterien. Als Universalgelehrter blieb Leibniz nicht auf Mathematik oder Physik beschränkt. Er selbst war ein leidenschaftlicher **Geschichtsforscher**. Überall, wo er war, besorgte er sich historische Urkunden und sammelte diese Originale, wobei er sehr darauf achtete, sie nicht zu verändern. **Quellengenauigkeit** war eine seiner wichtigsten Forderungen. Diese Urkunden dann zu bewerten und in einen größeren Zusammenhang zu stellen, das war die Aufgabe des Historikers, und diese Festlegung, das war die Leistung von Leibniz.

In der **Rechtslehre** setzte sich das **Naturrecht** durch, das grundsätzlich dem Einzelnen viele Rechte und Freiheiten garantiert. Bemerkenswert waren die Bestrebungen, die Macht nicht Einzelnen (meist den absolutistischen Herrschern) zuzubilligen, sondern dem Volke.

Hugo Grotius (1583-1645) schrieb dazu grundlegende Abhandlungen. Er ging davon aus, dass der Mensch ein vernunftbegabtes, soziales Wesen sei. Kraft seiner Einsicht akzeptiere er das **Naturrecht**, das dem Einzelnen viele Rechte zubilligt, solange diese nicht die Rechte anderer berühren.

Gebote und Verbote seien also nötig und gewollt. Gott habe die Welt so geschaffen, dass allein der Mensch das Recht in Form von Gesetzen gestalten soll. Gott könne sich tatenlos zurückziehen – ein klarer Appell, das Recht frei von religiösen Einflüssen zu halten.

Grotius wandte das Naturrecht nicht nur auf die Gemeinschaft der einzelnen Bürger an, sondern auch auf die **Staatengemeinschaft**. Auch für die Völkergemeinschaft müssten Regeln gelten, die von allen zu akzeptieren wären.

Für die Geisteswissenschaften war das 17. Jahrhundert gewiss von vielen Weiterentwicklungen geprägt. Für die Naturwissenschaft kann man dagegen von einer Revolution sprechen. Hier fanden entscheidende Durchbrüche statt.

Die **Geisteswissenschaften** waren insofern benachteiligt, weil in vielen Fällen keine Experimente möglich waren, die, wie in den Naturwissenschaften, klare Ergebnisse bringen und zur Entscheidung über die Stimmigkeit der Theorie beitragen konnten. Sie hatten es auch schwerer, sich von der Dominanz der Religion zu lösen.

Die **wissenschaftliche Revolution** endete hier nicht, sie weitete sich aus und sie breitete sich aus. Dass sie zunächst vornehmlich in Europa beheimatet war, mag Zufall sein. Die Zentren der geistigen Entwicklung hatten im Laufe der Zeit gewechselt und werden auch in der Zukunft immer wieder wechseln.

Das Zeitalter der Aufklärung – alles klar

Im 18. Jahrhundert setzten sich die geistigen Strömungen des 17. Jahrhunderts fort, verschärften sich und verloren sich zum Teil in den Wirren der Französischen Revolution. Im 17. Jahrhundert war der Neubeginn noch verknüpft mit einem Rückgriff auf die Traditionen der Antike. Die **Aufklärung** versprach, sich auch von diesen Einflüssen zu befreien und völlig unbeeinflusst einen wirklichen Neubeginn zu wagen: Aus eigener Kraft, im vollen Vertrauen auf die »Vernunft«, auf den eigenen Verstand.

Das befreite, freie Denken in den Wissenschaften wurde begleitet von **Religionsfreiheit** und **Toleranz** gegenüber anderen Religionen, insgesamt mit einem Zurücktreten der Religionen aus dem gesellschaftlichen Leben. Langsam verbreiteten sich Wissen und Bildung und langsam verlor der Aberglaube an Bedeutung. Doch Sie und ich, wir wissen, dass diese Prozesse bis heute nicht zu einem Abschluss gekommen sind.

Interessant ist, dass die meisten Wissenschaftler, Naturwissenschaftler ganz besonders, Gott durch ihre Erkenntnisse nicht abgeschafft sahen. Zwar schien es so, als sei die Angst vor einer unverstandenen Natur verflogen. Schließlich waren viele Phänomene der Natur erklärbar und durchschaubar geworden.

Trotzdem blieb das Geheimnis des Ursprungs aller Materie, aller Energie. Woher kam die Materie, wie war der Kosmos entstanden?

Wer mochte, konnte sich das Unverstandene als Schöpfung eines höheren Wesens vorstellen. Wer nicht an ein »höheres Wesen« glauben mochte, konnte sich mit dem System von universal geltenden Naturgesetzen und der Macht des Zufalls so manches erklären. Doch das Geheimnis der tieferen Ursachen blieb.

So lächerlich, wie die »Gottesbeweise« des Mittelalters waren, so harmlos waren die wissenschaftlichen Erkenntnisse, jedenfalls in ihrer befürchteten Auswirkung auf die Gläubigen. Ob es einen Schöpfergott gibt oder nicht, entscheidet sich nicht dadurch, dass ich annehme, alles dreht sich um die Erde oder um die Sonne. Gottesbeweise sind einfach unnötig. Denn wer glaubt, braucht keinen Beweis. Wer Beweise hat, muss nicht glauben.

Kennzeichnend für die Aufklärung ist das zunehmende Reflektieren und kritische Hinterfragen des eigenen Tuns. So wurde beispielsweise der Eurozentrismus problematisiert, namentlich die Barbarei in den neu eroberten Kolonien, die anfangs blindwütig zerstört wurden.

In Spanien setzte zum Beispiel der (aufgeklärte) König durch, dass in den eroberten Gebieten mindestens die Großbauten und religiösen Monumente erhalten blieben und geschützt werden mussten.

Die Aufklärung verlangte von den Menschen, Verantwortung zu übernehmen. **Immanuel Kant** (1720-1804), so etwas wie der Chefideologe der Aufklärung, hatte das in seiner Schrift »Was ist Aufklärung?« in die berühmten Sätze gekleidet:

- ✔ Aufklärung ist der Ausgang des Menschen aus seiner selbst verschuldeten Unmündigkeit.
- ✔ Unmündigkeit ist das Unvermögen, sich seines Verstandes ohne Anleitung eines anderen zu bedienen.

✔ Selbst verschuldet ist diese Unmündigkeit, wenn die Ursache derselben nicht am Mangel des Verstandes, sondern der Entschließung und des Mutes liegt, sich seiner ohne Leitung eines anderen zu bedienen.

✔ »Habe Mut, dich deines eigenen Verstandes zu bedienen« ist also der Wahlspruch der Aufklärung.

Doch Bequemlichkeit und Mutlosigkeit verführen die Menschen oft dazu, in ihrer Unmündigkeit zu verharren, die Verantwortung abzugeben, einem Führer zu folgen. Dagegen, so schreibt Kant weiter, helfe nur Aufklärung und Freiheit.

Freiheit war das große Thema im 18. Jahrhundert. Sie wurde auf vielen Gebieten und von vielen Autoren gefordert.

Die Dogmen der Kirchen und ihr Machtanspruch wurden abgelehnt. Religiosität der Einzelnen aber wurde toleriert. Friedrich der Große, selbst ein großer Aufklärer, setzte durch, dass in Preußen **Religionsfreiheit** herrschte. Alles wurde neu bedacht, alles wurde neu bewertet.

Sogar die Selbstverständlichkeit, Kriege zu führen, wurde nach und nach infrage gestellt.

Immanuel Kant
1720-1804

Der Siegeszug der Vernunft setzte ein: Alles musste nach vernünftigen Regeln ablaufen.

Daraus leitet sich die unmittelbare Verantwortung des Einzelnen für sein Tun ab. Das gilt auch für Wissenschaftler. Sie müssen ethische Regeln entwickeln und durchsetzen.

Doch neben dem Hinterfragen und Reflektieren wurde die Forschung weiter getrieben. Das Eigentümliche an der Wissenschaft ist ja, dass sie niemals zu einem Ende kommt. Immer tun sich neue Fragestellungen auf.

In den **Naturwissenschaften** setzte sich die experimentelle Praxis weiter durch. Alles, was theoretisch abgeleitet wurde, sei durch Experimente zu überprüfen, sagte Newton und fuhr fort: Niemals können die Antworten der Natur durch Hypothesen aus der Theorie widerlegt werden.

In der **Chemie** und der **Biologie** war man noch nicht so weit. Hier herrschte noch das Zeitalter des Beobachtens, des Sammelns und des Kategorisierens. Die Bestimmung und Abgrenzung der Arten war ein großes Thema.

Dabei wurde jetzt erst entdeckt, dass die meisten Pflanzen geschlechtlich, also als weibliche und männliche Exemplare existierten.

Gewissermaßen *das* Symbol der Aufklärung war eine Buchreihe, die das gesamte Wissen der Zeit in verständlicher Form zusammenfasste: die »Enzyklopädie«, die **Denis Diderot** (1713-1784) in einem Zeitraum von 30 Jahren im Auftrag eines französischen Verlags herausbrachte. Als Autoren verpflichtete er so namhafte Geistesgrößen wie Voltaire, Rousseau und Jean Lerond d'Alembert.

1751 erschienen die ersten Bände. Es ist kennzeichnend für die gesellschaftliche Situation, welche **Reaktionen** dieses Ereignis auslöste. Die Kirche setzte durch, dass die erste Auflage beschlagnahmt wurde, ließ Neuauflagen allerdings zu.

Aber die Herausgeber waren gewarnt. Sie gestalteten problematische Artikel sehr vorsichtig, so dass deren Autoren sich beschwerten. **Jean Lerond d'Alembert** musste sein Vorgehen erklären: Man wolle das gesamte Projekt nicht gefährden, habe die Hauptartikel entschärft, aber an versteckten Stellen die wahren Aussagen untergebracht.

Für Angriffe gegen die Kirche war in Frankreich gerade die Todesstrafe eingeführt worden. Es dauerte lange, bis sich die »aufgeklärten« Vorstellungen auch im alltäglichen Leben bemerkbar machten... Auch mit den Folgebänden gab es immer wieder Schwierigkeiten. Die Mächtigen fürchteten die Aufklärung. Und Diderot und seine Kollegen fürchteten die Macht. Fast wäre das gesamte Projekt gescheitert. Doch 1780 wurde das Riesenwerk mit dem 35. Band abgeschlossen.

Trotz dieses Umfangs erreichte die Enzyklopädie weite Verbreitung und wurde von aufgeklärten Monarchen gefördert, so von Friedrich dem Großen und von Katharina von Russland. Schon bald gab es in anderen Staaten Europas komplette Übersetzungen. Die Enzyklopädie war die zentrale Institution der Zeit und verbreitete die Gedanken der Aufklärung in allen Schichten der Bevölkerung.

Dem französischen Beispiel folgten bald andere Verleger in anderen Staaten. So erschien ab 1768 in England die »Encyclopaedia Britannica« und in Deutschland ab 1778 die »Deutsche Encyclopädie«, auch als »Frankfurter Encyclopädie« bezeichnet, sieht man von einem »Lexikon der Künste und der Wissenschaften« ab, das bereits 1721 herausgebracht worden war.

Das 18. Jahrhundert: Revolution der Wissenschaft

Für die jüngsten drei Jahrhunderte gebe ich einen Überblick über wichtige Personen und Ereignisse. Interessante Einzelheiten erzähle ich Ihnen in den Fachkapiteln.

Was tat sich im 18. Jahrhundert?

- Das **metrische System** wurde eingeführt, ein einheitliches Maßsystem für alle physikalischen Größen. Übrigens ein deutliches Zeichen der zunehmenden Internationalisierung der Wissenschaft.
- In der **Mathematik** wurden die Möglichkeiten der Infinitesimalrechnung untersucht und die Integral- und Differentialrechnung bekannt gemacht.

Astronomie, Physik und Technik

✔ Die **Astronomen** hatten festgestellt, dass die **Fixsterne** gar nicht fest am Himmel stehen, sondern sich durchaus bewegen. Sie sind so unvorstellbar weit weg, dass ihre Bewegungen kaum auszumachen sind, aber sie stehen jedenfalls nicht fest am Himmelszelt, wie immer angenommen.

Überhaupt wurde langsam klar, dass die fernen Nebel keine Staubwolken sind, sondern **Galaxien** mit Milliarden von **Sonnensystemen** wie unserem Sonnensystem mit einem strahlenden Stern in der Mitte und Planeten und Monden drum herum. Milliardenfache Sonnensysteme, das sind Galaxien wie unsere Milchstraße. Und noch einmal milliardenfach solche Galaxien, das sind Galaxienhaufen, die wir als Sternenhaufen oder Nebel am Himmel sehen.

✔ In der **Physik** begannen die Wissenschaftler, sich mit dem Begriff der Energie zu beschäftigen. Es wurde klar, dass **Energie** irgendwoher kommen musste. Die französische Akademie der Wissenschaften beschloss 1775, keine Vorschläge für ein **Perpetuum mobile** mehr anzunehmen.

✔ Die ersten brauchbaren **Thermometer** wurden entwickelt – und damit die unterschiedlichen Skalen.

✔ Die **Dampfmaschine** wurde erfunden – obwohl man noch gar nicht verstand, wieso sie eigentlich funktionierte.

✔ Erste Entdeckungen klärten die **Elektrizität**. Die ersten Batterien wurden hergestellt.

Chemie und Biologie

✔ In der **Chemie** näherte man sich dem richtigen Verständnis von **Verbrennungen** an. Bis dahin herrschte die **Phlogistontheorie**. Phlogiston war ein hypothetischer Stoff, der für die Verbrennung verantwortlich war. Nach dieser Vorstellung enthielten gut brennbare Stoffe viel Phlogiston, schlecht brennbare wenig. Bei der Verbrennung entweicht das Phlogiston und die nicht brennbaren Substanzen bleiben übrig. 1785 konnte **Antoine Lavoisier** nachweisen, dass Phlogiston nicht existiert und dass bei der Verbrennung eine **Oxidation** stattfindet, eine Reaktion mit Sauerstoff.

✔ Wie oben schon angedeutet, beschäftigten sich die **Biologen** im 18. Jahrhundert vor allem mit dem Katalogisieren und dem Systematisieren alles Lebendigen. Insbesondere der Begriff der **Arten** wurde schärfer gefasst.

✔ Verschiedentlich gab es erste Ansätze, eine **Entwicklung des Lebens** anzunehmen, erste Hinweise, dass sich die Lebewesen aus Urfamilien oder Urahnen im Laufe der Zeit entwickelt hatten.

Medizin

✔ Die wissenschaftlichen Grundlagen in den einzelnen Fachgebieten der Medizin wurden weiter erkundet: So wurden in der **Pathologischen Anatomie** auch kranke Organe untersucht, um mehr über Ursachen und Folgen krankhafter Prozesse im Körper zu erfahren.

- Ebenso wurden die Voraussetzungen einer modernen experimentellen **Physiologie** geschaffen. Dabei wurden wichtige Einzelerkenntnisse gesammelt und veröffentlicht: Der Mechanismus der **Atmung**, der Automatismus der **Herztätigkeit**, die Funktion der **Galle**, die Rolle der **Nerven** und besondere Eigenschaften des Muskelgewebes wurden analysiert und gedeutet.
- Die erste **Impfung** wurde eingeführt – und es war anfangs etwas schwierig einzusehen, dass man sich künstlich mit einer Erregerlösung erst krank machen lassen muss, um dann gegen eine andere, gefährlichere Krankheit geschützt zu sein. Geimpft wurde gegen die **Pocken**. Es hatte sich herumgesprochen, dass Menschen, die eine eher harmlose Infektion mit Kuh-Pocken durchgestanden hatten, seltener oder nie an echten Pocken erkrankten. **Edward Jenner** machte 1796 zunächst ein Experiment und infizierte absichtlich einen Jugendlichen mit Kuh-Pocken. Nachdem er diese Krankheit überstanden hatte, infizierte er ihn erneut mit gewöhnlichen Pocken – der Junge erwies sich als immun. Jenner nannte seinen Impfstoff »Vaccine« (nach »vacca«, lateinisch für die Kuh), und gilt als Vater der sogenannten »aktiven Impfung«, »Vaccination«. Diese Impfung wurde überall in Europa schnell aufgenommen und trug mit dazu bei, dass die Pocken heute als ausgerottet gelten.
- Durch bessere **Hygiene** und Sauberkeit während und nach der Geburt konnte die **Säuglingssterblichkeit** stark gesenkt werden. Dadurch erhöhte sich die durchschnittliche Lebenserwartung eines Neugeborenen im 17. und 18. Jahrhundert von 10 auf 40 Jahre.
- Vielfach wurden **pseudowissenschaftliche Verfahren** entwickelt und propagiert, zum Beispiel die **Magnettherapie** nach Mesmer. Mesmer hatte in Versuchsreihen herausgefunden, dass der Magnet gar nicht den Kranken berühren muss, ja dass nicht mal ein Magnet vorhanden sein musste. Die bloße Zuwendung des Heilers genügte. Aber er zog daraus den Schluss, dass das magnetische »Fluidum« der Erde entströme und seine heilende Kraft entfalte. Da er etliche Erfolge erzielte, galt die Methode als »bewiesen«, hat sich aber nicht lange halten können.

  Anders die **Homöopathie** nach Hahnemann. Sie findet heute noch häufig Anwendung, obwohl ausgereifte Untersuchungen eine Wirksamkeit nicht beweisen konnten. Hier mag der Placeboeffekt für den Heilerfolg verantwortlich sein, und die intensive Arzt-Patienten-Beziehung scheint ein Übriges zu tun.

Geologie und Geografie

- In der **Geologie** erkannte man, dass die Erde eine Entstehungsgeschichte hat und dass der Vulkanismus etwas damit zu tun haben musste (**James Hutton**).
- Für die **Geografen** blieb der Süden von besonderem Interesse. Australien und die Südseeinseln wurden genauer erforscht.
- Es entstanden **Atlanten** und Bücher mit der physischen Beschreibung der Erde – unter anderem von Immanuel Kant, der sich auch mit geografischen Fragen beschäftigte. Er entwarf eine politische, eine moralische, eine theologische und eine merkantile Geografie. Nebenbei veröffentlichte er noch eine Theorie der Winde.

Geschichtsschreibung

- ✔ Die Geschichtswissenschaft wurde neu reflektiert und entwickelt. **Giambattista Vico** formulierte die »Prinzipien einer neuen Wissenschaft«. Als der eigentliche »Aufklärungshistoriker« trat **Montesquieu** auf. Er ist bekannt geworden wegen seiner Vorschläge zur **Gewaltenteilung**. Aber auch für die Geschichtswissenschaft formulierte er wichtige Grundsätze. Dabei strebte er eigentlich eine präzise Methodik an, sah aber, dass der Gegenstand nicht einheitlich zu fassen war. Dazu waren die Menschen zu verschieden, und bei den Völkern und ihren Staaten herrschten unterschiedliche Sitten und Vorstellungen. Als praktizierender Staatsmann wusste er, dass es folglich keinen »idealen« Staat geben könne, der für alle Völker passt. Recht und Gesetze müssten also an die jeweilige Gesellschaft angepasst werden. Und all diese Einflüsse und Besonderheiten seien in der Geschichtsschreibung zu berücksichtigen.
- ✔ **Voltaire** führte die »Kulturgeschichtsschreibung« ein. Nicht nur die Abfolge von Herrschern und Kriegen sei berichtenswert, sondern auch die Befindlichkeiten der Menschen.
- ✔ Auch **Kant** und **Schiller** äußern sich in theoretischen Schriften zu den Aufgaben der Geschichtsschreibung. Und auch **Friedrich II. von Preußen** betrieb in seinen Memoiren Geschichtsschreibung und befleißigte sich durchaus einer bemerkenswerten Neutralität und Distanz, obwohl er ja an wesentlichen Prozessen beteiligt war.
- ✔ **David Hume** war als Geschichtsschreiber mindestens ebenso bedeutend wie als Philosoph. Auch er beschränkte sich nicht nur auf die »staatliche« Geschichte, sondern erfasste gleichermaßen das bürgerliche Leben, menschliche Schicksale, Kunst und Literatur.
- ✔ Altertumskunde und Kunstgeschichte wurden systematisiert. **Pompei** wurde ausgegraben.

Rechtslehre, Politik, Wirtschaft

- ✔ Das 18. Jahrhundert war eindeutig das Zeitalter des sogenannten **Naturrechts**. Diese Rechtsauffassung geht davon aus, dass jeder Mensch von Natur aus mit Rechten ausgestattet ist. Der Begriff ist mithin Grundlage der Idee von den **Menschenrechten**.
- ✔ **Rousseau** entwickelte daraus seinen »Gesellschaftsvertrag«, dem sich alle freiwillig unterordnen. Allerdings entscheidet nicht die Mehrheit gemäß der Frage: Stimmst Du dem Gesetz zu?, sondern gemäß der Frage: Entspricht das Gesetz dem Gemeinwillen? Und da kann sich der Einzelne viel eher schon mal »irren«.
- ✔ **Nationalökonomie** war ein völlig neues Fachgebiet, das erst noch entwickelt werden musste aus dem bis dahin vorherrschendem Merkantilismus. Damit war ein einfaches Handelssystem gemeint, für das es vor allem darauf ankam, möglichst wenige Einschränkungen durch den Staat hinnehmen zu müssen.

Nationalökonomie

- ✔ Je mehr sich allerdings der **Staat** entwickelte und Aufgaben für das **Allgemeinwohl** übernahm, umso mehr musste er finanziert werden. Dabei schälte sich im 18. Jahrhundert heraus, dass die **Staatsfinanzierung** nicht zufällig erfolgen durfte, sondern an den Erfolg der heimischen Wirtschaft gekoppelt werden musste. Das konnte durch Schutz und Förderung der Wirtschaft und die damit verbundenen Steuer-Mehreinnahmen geschehen oder durch Staatsbeteiligung an wichtigen Industriezweigen.

✔ Die Theoretiker versuchten – ähnlich wie in den Naturwissenschaften – die Gesetzmäßigkeiten im Wirtschaftsgeschehen zu ergründen und mathematisch zu fassen. Bis dahin hatte man im sogenannten **Merkantilismus** lediglich das Handelssystem beschrieben, aber keine Gesetzmäßigkeiten erkannt**. Adam Smith** (1723-1790) interessierte sich vor allem für die Preisbildung. Er untersuchte drei Einflussfaktoren:

- Arbeitslohn
- Kapitalzins
- Grundrente

✔ Und er analysierte in seiner **Theorie des Wirtschaftskreislaufs** drei entscheidende Produktionsfaktoren:

- Arbeit
- Kapital
- Natur (Grund und Boden).

✔ Aufgrund dieser Studien gilt er allgemein als der Begründer der **wissenschaftlichen Nationalökonomie. Thomas Malthus** (1766-1834) interessierte sich mehr für die sozialen Auswirkungen der beginnenden Industriegesellschaft. Das Grundproblem erkannte er im zunehmenden **Bevölkerungswachstum**. Dieses Wachstum war exponentiell, so etwa wie die Zahlen dieser exponentiell wachsenden Reihe: 1 – 2 – 4 – 8 – 16 und so weiter. Das Wachstum selbst wuchs immer schneller, während die Nahrungsmittelerzeugung nur langsam wuchs. Malthus erkannte dieses »Bevölkerungsgesetz«, wusste aber kein überzeugendes Gegenmittel – außer der Rückkehr zu selbsterhaltenden Systemen. **David Ricardo** (1772–1823) erfasste schon etwas schärfer das **Verteilungsproblem**. Er sah in der Gesellschaft vor allem drei unterschiedliche Klassen:

- Grundbesitzer
- Lohnarbeiter
- Kapitalisten

✔ Ricardo suchte nach den Gesetzmäßigkeiten und sah sie im **Marktgeschehen**. Demnach bildet sich der Preis einmal nach dem Seltenheitswert und dann nach den Kosten:

- Arbeitslohn
- Material
- Investitionen (Kapital, Grund und Boden).

✔ **Einfache Gesetzmäßigkeiten** ließen sich nicht finden. Die Erkenntnisse der Wirtschaftswissenschaften eigneten sich nicht, zuverlässige Aussagen über die weitere Entwicklung zu treffen. In ihre Ausgangswerte gingen zu grobe Vereinfachungen ein: drei Einflussfaktoren, drei Klassen. Die gesellschaftliche Wirklichkeit war viel komplizierter. Und das gilt bis heute. Ökonomische **Prognosen** sind bekanntermaßen mit einem hohen **Unsicherheitsfaktor** verbunden.

Das erinnert mich immer an einen Vortrag eines Kollegen aus der Medienökonomie, der über Trends im Mediensystem berichten wollte. Er begann seinen Vortrag mit den Worten: »Prognosen sind schwierig, besonders, wenn sie in die Zukunft gerichtet sind.«

Das 19. Jahrhundert: Die Industrialisierung

Es war das Zeitalter des aufkeimenden **Nationalismus** und **Imperialismus**. Und als vorherrschende geistige Strömung erwies sich die **Romantik**. Ihre Kennzeichen waren: Emotionalität, Empfindsamkeit und Gefühl, sie war die Antwort, ja die **Gegenbewegung zur Rationalität der Aufklärung**.

Dabei ging es nicht um Leugnung einzelner Tatbestände. Gegen die wissenschaftliche Sucht, alles ergründen und alles zerteilen zu wollen, setzte die Romantik die **Sehnsucht nach dem Natürlichen**. Man wollte nicht berechnen, eher empfinden, und das Natürliche intuitiv erfassen.

Was nicht hieß, dass sich Forschung und Wissenschaft nicht weiterentwickelten. Der **methodische Erkenntnisprozess** ließ sich nicht aufhalten. Die menschliche Neugier, das Wissensinteresse war Motor und Triebkraft vieler Entdeckungen und Untersuchungen. Daneben forderte die Gesellschaft Lösungen für ihre Probleme.

Durch verbesserte Lebensbedingungen wuchs die Bevölkerung und produzierte selbst wieder neue Forderungen nach Lebensverbesserungen für die weiter gewachsene Bevölkerung. Die Wissenschaft linderte Probleme und bescherte neue Probleme. Ein Teufelskreis, der bis heute andauert.

Wissenschaft war zum Problemlöser Nummer eins geworden. Die **angewandten Wissenschaften** gewannen an Bedeutung. Technik, Erfindungen und Innovationen wurden schließlich zu wesentlichen Bestimmungsfaktoren für die gesellschaftliche Entwicklung. Wissenschaft war zu einer **Bestimmungsmacht** geworden.

Die **Industrialisierung** begann in England und überzog bald ganz Europa. Es gab zwei Phasen. Die erste Phase bestand vor allem in einer verbesserten Nutzung der Energie und verfeinerten Methoden in der Mechanik. Die zweite war geprägt von den neuen Entwicklungen in der Chemie und vor allem der **Elektrizität**.

In der **Textilindustrie** gab es große Fortschritte in der Spinnerei und Weberei. Die mechanischen Webstühle waren so effizient, dass die Garnproduktion kaum nachkam. Mechanische Spinnmaschinen wurden zunächst von Pferden angetrieben, dann mit Wasserkraft. Dampfmaschinen wurden erst später eingesetzt.

England repräsentierte zu Beginn des 19. Jahrhunderts etwa 2 Prozent der Weltbevölkerung und etwa 10 Prozent der Bevölkerung Europas, stellte aber 50 Prozent der Welt-Eisenproduktion, förderte 50 Prozent der Kohlemengen und verbrauchte 50 Prozent der Baumwolle der Welt.

Die anderen europäischen Staaten holten auf: Deutschland, zum Beispiel, war im späteren 19. Jahrhundert führend in der chemischen und der Stahlindustrie.

Viele **Erfindungen** wurden ohne wissenschaftliche oder theoretische Unterstützung gemacht. So gelangen zum Beispiel **Thomas A. Edison** viele seiner Innovationen aufgrund seiner genialen Einsicht in technische Problemstellungen und seiner speziellen Begabung, seine Ideen praktikabel umzusetzen. Aber die Mehrzahl der technischen und industriellen Neuheiten beruhte auf neuen **Erkenntnissen der Wissenschaft.**

Was waren die wesentlichen Fortschritte in der Wissenschaft im 19. Jahrhundert? Als **Urphänomene** hatte man Folgendes erkannt:

- die Gravitation
- die Wärme
- das Licht
- die Elektrizität
- der Magnetismus

Nun versuchte man, ihr Wesen zu ergründen: Woraus bestand Materie? Wie war die Gravitation in die Materie »eingebaut«? Was war Licht? Bestand alles aus winzigen Teilchen? Spielte Bewegung eine Rolle? Dass Wärme eine Erscheinung war, die sich auf die Bewegung von Teilchen zurückführen ließ, wurde früh vermutet, aber später erst als richtig erkannt.

Faszinierend erschien die Möglichkeit, alles zerteilen und auf Elementarteilchen, auf **Grundbausteine**, zurückführen zu können. In diesen faszinierenden Grundgedanken passten die neuesten Erkenntnisse der Biologie: Alles Leben entstand offenbar aus einem Ei, und Grundbestandteil jeder Pflanze war offenbar die **Zelle**.

Diese Idee passte wiederum zur Geistesströmung der Romantik. Die Vorstellung, dass alles berechenbar sein sollte, dass die Welt, einmal in Gang gesetzt, wie ein Uhrwerk mechanisch ablaufen sollte, war der Romantik zuwider. Natürlich hingegen erschien ihr der Gedanke, dass sich das Leben entwickelte, ja dass sich auch die Arten langsam entwickelt und verändert hatten. Darin traf sich die Romantik mit den naturwissenschaftlichen Erkenntnissen der Zeit.

Durch die vielen Beobachtungen und Entdeckungen wurde allmählich deutlich: Die Welt ist nicht an einem Tag und auch nicht an 7 Tagen erschaffen worden, sie hat sich langsam entwickelt. Und aus dem **Entwicklungsgedanken** formte sich langsam der **Fortschrittsglaube**. Das waren die prägenden Gedanken im neuen Jahrhundert.

Die überragende Neuentdeckung, ja Revolution im wissenschaftlichen Denken war die **Evolutionstheorie** von **Charles Darwin**, die den Entwicklungsgedanken und den Fortschrittsglauben in sich vereinte.

Darwins Theorie gilt in der Wissenschaft als längst bewiesen und wird dort von niemandem mehr angezweifelt. Allerdings gibt es in religiösen Kreisen oft noch erbitterten Widerstand. Unnötigerweise. Denn wenn wir auch heute vieles erklären können und die Natur und den Kosmos besser verstehen, so bleiben doch die wesentlichen Fragen unbeantwortet: Wie ist diese Materie entstanden, die das Leben ermöglicht? Wo kommt die Welt her? Man muss deswegen nicht religiös werden und an einen Gott glauben. Aber man kann – und manch einer findet Halt und Trost darin.

Astronomie, Physik und Technik

- ✔ Immer genauer wurde der Himmel beobachtet, wurde ausgemessen und überprüft, ob alles mit den theoretischen Überlegungen übereinstimmte. Ohne jede weitere Begründung hatte man eine gewisse Regelmäßigkeit im Aufbau unseres Sonnensystems gesehen und meinte zwischen Mars und Jupiter eine »Lücke« erkennen zu müssen. Und siehe da, es fanden sich im 19. Jahrhundert auch einige mehr oder weniger große **Asteroiden**. Sie wurden wegen ihrer Kleinheit nicht als Planeten gezählt, sondern dem **Asteroidengürtel** zugerechnet, der eine Vielzahl von Materiebrocken umfasst und als Rest eines früheren Planeten interpretiert wurde.

- ✔ Schon etwas besser begründet war die Vermutung, dass jenseits von Uranus noch ein Planet existieren musste. Denn die Bahn von Uranus ließ sich nach der herrschenden Gravitation von Sonne und den übrigen Planeten sehr genau berechnen. Aber es gab kleine Abweichungen. Die Beobachtung zeigte: Da zerrt noch was. Da musste noch ein Planet außerhalb seine Kreise ziehen. Und aufgrund dieser theoretischen Vermutung wurde dann tatsächlich noch ein weit entfernter Planet entdeckt: **Neptun**.

- ✔ Genaue Beobachtungen führen oft zu neuen Erkenntnissen. **Joseph von Fraunhofer** entdeckte im Spektrum des Lichts feine **Linien**. Er war Optiker und prüfte, ob es ein Materialfehler im Glas war, dann übergab er die Frage an einen Physiker und einen Chemiker. Sie stellten fest, dass diese Linien charakteristisch waren für das Material, von dem das Licht ausging. Gewissermaßen ein Fingerabdruck. Die Linien entsprechen einer Farbe, die sich meist auch zeigt, wenn der Stoff brennt. Natrium in der Flamme färbt diese zum Beispiel gelb. Durch diese **Spektralanalyse** lassen sich Stoffe eindeutig bestimmen.

  Doch damit nicht genug, die Methode konnte auch auf weit entfernte Sterne angewendet werden, die man nun per Fernerkundung auf ihre **Materialzusammensetzung** hin überprüfen konnte. Jedes Element lässt sich identifizieren, ja sogar die Mengenverhältnisse lassen sich ablesen.

  Die Spektralanalyse zeigte nun zweierlei. Erstens: Überall im Weltraum, selbst auf den entferntesten Galaxien, sind die Sterne aus denselben Elementen zusammengesetzt wie Sonne, Mond und Sterne in unserem Sonnensystem. Und zweitens?

  Zweitens zeigte sich, dass die Spektrallinien etwas verschoben sind. Je weiter weg die Sterne sind, umso mehr verschieben sich die Linien, die doch eigentlich charakteristisch, also unverschiebbar sein sollten, eben weil sie immer die gleiche Farbe darstellen. Erklärt wurde das mit dem **Doppler-Effekt**. Der besagt, dass Wellenlängen sich verändern, wenn die Quelle sich bewegt. Jeder kennt das vom Feuerwehrauto, das vorbeisaust. Kaum überholt es und rast davon, sinkt der Ton der Sirene um etwa einen halben Ton ab. Und so ließ sich beweisen, dass unser Weltall auseinanderstrebt. Alle Sterne bewegen sich nach außen. Jeden Tag wird unser Kosmos immer größer. Die Spektrallinien verschieben sich in Richtung der langen Wellenlängen, zum roten Ende der Spektralfarben, der Regenbogenfarben. Man spricht daher von der »Rotverschiebung«.

- Die **Astrophysik** des 19. Jahrhunderts sah den Kosmos als einheitlichen Raum, in dem im Kleinen wie im Großen dieselben Naturgesetze herrschten. Es entstand der Wunsch, alle Gesetzmäßigkeiten in einer einzigen Formel, der »Weltformel« zusammenzufassen. Sie sollte Gravitation, Elektromagnetismus, Masse und Energie und alle noch unbekannten Kräfte umfassen.
- In der **Physik** mehrten sich die Beweise für den Wellencharakter des Lichts. Die Wellenlänge wurde bestimmt. Es wurde bekannt, dass die Strahlung auch jenseits vom roten bzw. violetten Ende des sichtbaren Bereichs weiterging. Mit jeweils ganz anderen Eigenschaften. Das **Infrarot** erwies sich als Wärmestrahlung, das **Ultraviolett** konnte Silbertafeln schwärzen.
- Der Zusammenhang von Elektrizität und Magnetismus wurde als gesetzmäßig erkannt und **James Clerk Maxwell** schuf eine mathematisch formulierte Theorie der **elektromagnetischen Strahlung**, zu der das Licht einfach dazu gehört – für den Wellenlängenbereich, den wir mit unseren Augen wahrnehmen können.
- In der **Wärmelehre** wurden die grundsätzlichen Gesetzmäßigkeiten gefunden, die **Hauptsätze der Thermodynamik**. Der Erhaltungssatz besagt, dass Energie nie entsteht und nie verloren gehen kann, sie wird nur verwandelt von einer Form in die andere. Es gibt edle Formen wie die Elektrizität und es gibt unedle Formen wie die Wärme. Wärme ist deswegen so unedel, weil sie die Faulpelzform der Energie ist. Wo es nur geht, wandelt sich die Energie in Wärme um und kuschelt sich da so richtig ein. Bei allen Umwandlungsprozessen – beim Autofahren (Umwandlung von chemischer Energie in Bewegungsenergie) oder bei der Stromerzeugung (Umwandlung von chemischer oder atomarer Energie in Elektrizität) – gibt es jede Menge Verluste in Form von Wärmeenergie, Abwärme.
- Der zweite Hauptsatz über die **Entropie** macht deutlich, dass alle Energie vom höheren zum niedrigeren Niveau überführt werden kann, umgekehrt nur mit Verlusten. Bei den Umwandlungsprozessen geht immer ein Teil der Energie in die Abwärme. Mit anderen Worten, die Welt stirbt irgendwann den **Wärmetod**.
- In der **Mathematik** beschäftigte man sich mit der Zahlentheorie. **Gauß** hatte die komplexen Zahlen entdeckt. Erstrecken sich die normalen, die »reellen« Zahlen nur auf einer Linie (von minus Unendlich bis plus Unendlich), so füllen die komplexen Zahlen eine komplette Ebene. Hinzu kommt nämlich als zweite Dimension die Achse der »imaginären« Zahlen. Sie entstehen, wenn man die Wurzel aus minus Eins zieht. Das ist eigentlich verboten, aber was verboten ist, macht ja bekanntlich doppelt Spaß. Und die knochentrockenen Mathematiker nannten das Ergebnis einfach »i«. Und damit waren die »imaginären« Zahlen erfunden und die Mathematiker hatten eine neue Spielwiese: Und wie das oft so ist: Andere Wissenschaftler haben das i entdeckt und genutzt. So spielen die imaginären Zahlen eine große Rolle zum Beispiel in der Elektrotechnik.

- ✔ In der **Technik** setzte sich die **Dampfmaschine** durch. Sie war zuverlässig und klein genug, dass sie auf einen Wagen montiert werden konnte. Damit war der Weg frei für die **Eisenbahn**. Und mit der Eisenbahn stand ein dringend benötigtes Transportmittel bereit, um den gewachsenen Warentransport im Industriezeitalter bewältigen zu können.
- ✔ Daneben deutete sich eine Revolution des Landverkehrs an, der bis dahin durch Pferdekutschen bewerkstelligt wurde. Die Dampfmaschine war zwar kleiner geworden, gerade passend für eine Lokomotive, für schnelle und wendige Kutschen aber zu schwer und zu unhandlich. Da traf es sich gut, dass gerade **Benzin-** und **Dieselmotor** erfunden wurden. Damit war sie möglich, die Erfindung des Jahrhunderts: das **Automobil**. Das »Auto« als Landverkehrsmittel mit Verbrennungsmotor strebte einem nie vermuteten Massenerfolg entgegen.
- ✔ Das bessere Verständnis von Elektrizität und Magnetismus erlaubte (in der zweiten Hälfte des 19. Jahrhunderts) eine Reihe von Erfindungen: der **Dynamo** (Wandlung von Bewegungsenergie in elektrische Energie) und der **Elektromotor** (elektrische in Bewegungsenergie), der **Transformator** (zur Spannungswandlung), der **Lichtbogen** und der **Kohlefaden** (zur Wandlung elektrischer in Lichtenergie), der **Telegraf**, das **Telefon**, die **Funktechnik**.

Chemie und Biologie

- ✔ In der **Chemie** war jetzt allgemein anerkannt, dass die **Elemente** identisch waren mit Atomen. **Atome** unterschieden sich in Gewicht, elektrischer Ladung und Größe. Oft nur winzige Unterschiede im Atomaufbau sind entscheidend für extreme Unterschiede in den Stoffeigenschaften, zum Beispiel metallisch oder gasförmig, kristallartig oder unscheinbar.
- ✔ Schon Anfang des Jahrhunderts erkannte man den Zusammenhang etwa zwischen **Atomgewicht** und bestimmten Stoffeigenschaften. Auch wurde man aufmerksam auf bestimmte Wiederholungen. Nach dem Atomgewicht geordnet gab es nach jeweils acht Atomen gewisse Ähnlichkeiten zur vorhergehenden Gruppe (siehe Abbildung 4.5).
- ✔ Zwei Forscher hatten gleichzeitig und unabhängig voneinander die Idee, die Gruppen tabellenartig untereinander zu schreiben: **Dmitri Mendelejew** (1834–1907) und **Lothar Meyer** (1830–1895). Das berühmte **Periodensystem** der Elemente war erfunden.
- ✔ Das Verständnis der **chemischen Bindung** wurde klarer. Die chemische Formelsprache wurde erfunden und international genutzt in Form der sogenannten **Strukturformeln**. Mit der **organischen Chemie** öffnete sich eine neue Welt.
- ✔ In der **Biologie** wurde die **Embryologie** näher untersucht, das Ei und die Zelle in ihrer Bedeutung erfasst. Darwin veröffentlichte erst spät seine Erkenntnisse, die er auf einer fünfjährigen Forschungsreise gewonnen hatte: Der Mensch, ja das Leben hat sich über Jahrmillionen gemäß den Prinzipien der **Evolution** durch zufällige Veränderungen (Mutationen) und Auswahl (Selektion) der geeignetsten Variationen entwickelt. Die Prinzipien der Vererbung (Genetik) wurden untersucht, aber erst zur Jahrhundertwende weiter verfolgt.

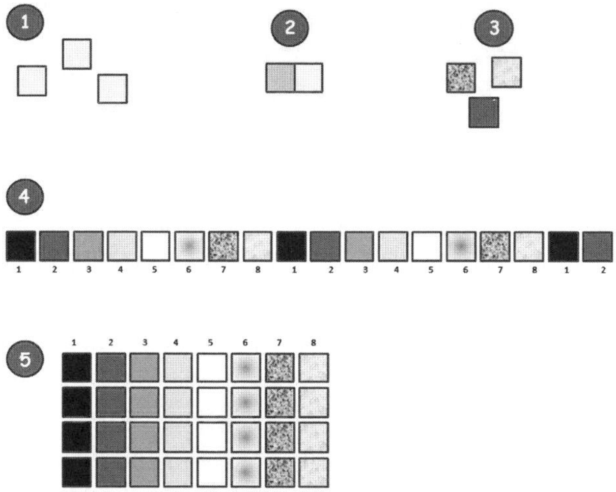

Abbildung 4.5: Ein Element besteht aus Atomen einer einzigen Art (1), im Gegensatz zu chemischen Verbindungen, die aus verschiedenen Atomen bestehen (2) und im Gegensatz zu losen Stoffgemischen, die aus Atomen verschiedener Art bestehen, ohne chemisch verbunden zu sein (3). Wenn man die Atome nach ihrem Atomgewicht ordnet (4), stellt man fest, dass sich jeweils nach 8 Elementen die Eigenschaften wiederholen (zum Beispiel gasförmig, metallisch oder salzbildend). Also liegt es nahe, die Atome mit ähnlichen Stoffeigenschaften untereinander anzuordnen. Nach diesem Prinzip ist das Periodensystem entstanden (5).

Medizin

- Fortschritte in der **Medizin** gab es vor allem durch die Aufklärung vieler Krankheiten und insbesondere durch die Entdeckung krankheitserregender Bakterien (**Bakteriologie**). Milzbrand, Tollwut, Tuberkulose gehörten zu den ersten Krankheiten, deren Erreger man dingfest machen konnte. In etlichen Fällen fand man auch Medikamente zur Behandlung – und vor allem Impfstoffe, um gegen die Krankheit immun zu sein.
- Als bedeutend erwies sich eine kleine Maßnahme mit großer Wirkung: die **Hygiene**, insbesondere beim medizinischen Personal. Gründliches Händewaschen verhinderte die Übertragung der Erreger vom Kranken zum Gesunden.
- Im 19. Jahrhundert gelang auch der Sieg über den Schmerz. Der amerikanische Zahnarzt **Horace Wells** setzte 1844 erstmals eine **Narkose** bei einer schwierigen Zahn-/Kieferoperation ein. Das hierbei benutzte Lachgas wurde später durch Äther ersetzt. Dann kamen das Chloroform und andere Substanzen.
- **Wilhelm Conrad Röntgen** entdeckte die X-Strahlen (Röntgenstrahlung), die einen Blick in den Körper ermöglichen.

Geologie und Geografie

- In der **Geologie** beschäftigte man sich mit dem Erdmagnetismus. Weiterhin ungeklärt blieben Erdbewegungen wie Erdbeben oder Vulkanismus.

- ✔ Aufgrund von Fossilien wurden die Erdzeitalter definiert. Beweise für Eiszeiten wurden systematisch erfasst. **Stoffkreisläufe** wurden beobachtet und beschrieben, zum Beispiel der Wasserkreislauf.
- ✔ Reine Entdeckungsfahrten wurden nicht mehr geplant, da das Bild der Erde schon ziemlich klar war. **Weiße Flecken** gab es nur noch im Innern der großen Kontinente und in den Polarregionen.
- ✔ Wohl aber wurden **Entdeckungsfahrten** mit ganz bestimmten Aufträgen geplant, so zum Beispiel die vierjährige Erkundungsreise nach Südamerika, die **Alexander von Humboldt** unternahm. Er wollte das Flusssystem, die höchsten Berge sowie Flora und Fauna studieren, um anschließend darüber zu berichten und ein Museum für Naturkunde auszustatten.

Geistes- und Sozialwissenschaften

- ✔ Die Geisteswissenschaften, namentlich die entstehenden Sozialwissenschaften, waren die Antwort auf gesellschaftliche Entwicklungen, die unverstanden waren. Wissenschaft, das hieß immer: Antworten finden auf die Frage »Warum ist das so?«
- ✔ Zunächst suchten die Menschen Antworten auf die Fragen: »Woher kommen wir, wie ist das alles entstanden, warum gibt es Himmel und Erde, wohin gehen wir?« Dann kamen die Mythen und der Mensch fragte nach dem Sinn. So entstanden **Philosophie** und **Theologie**. Später aus der Beschäftigung mit der Geschichte die **Geschichtswissenschaft** und die **Archäologie**. Und relativ spät erst die **Sprach- und Kulturwissenschaften** und die Sozialwissenschaften wie **Soziologie**, **Politologie**, **Wirtschaftswissenschaft**, **Kommunikationswissenschaft** und **Psychologie**.
- ✔ Die **Geisteswissenschaften** erlebten Anfang des 19. Jahrhunderts namentlich in Deutschland eine Blütezeit. Es war die Goethe-Zeit, die Zeit der klassischen und romantischen Dichtung und entsprechend der klassischen und romantischen Musik (Beethoven, Schubert, Schumann, Brahms). In der Philosophie herrschte der **Idealismus** (Kant, Fichte, Schelling, Hegel), in den Geisteswissenschaften festigten sich die einzelnen Sparten, zum Beispiel die Geschichtswissenschaft.
- ✔ Wie immer gab es auch eine Gegenbewegung, und deren wichtigster Vertreter war **Karl Marx**. Er übernahm zwar von **Hegel** die **Dialektik**, wandte sich aber entschieden gegen den Idealismus. Es sind die materiellen Dinge, die den Menschen zu schaffen machen. Es sind die Produktionsbedingungen. Marx entwickelte den **dialektischen Materialismus**. Von der französischen Revolution übernahm er die Idee des **Sozialismus** und aus England, dem führenden Industrieland, übernahm er Ansätze zur **Nationalökonomie**.
- ✔ Aber Marx analysierte nicht nur, wie die Ökonomie das Leben bestimmte, sondern prognostizierte, wie sich die Menschen von den ausbeuterischen Produktionsbedingungen würden befreien können. Aus den frühen Stufen der Aufstände leitete er ein Schema für die Entwicklung von Klassenkämpfen ab, nach dem sich die Gesellschaft zwangsläufig und gesetzmäßig werde entwickeln müssen: Von der Feudalgesellschaft über den Kapitalismus zur **Diktatur des Proletariats** hin zur **klassenlosen Gesellschaft**.

Das 20. Jahrhundert: Die Moderne

Das 20. Jahrhundert – das Jahrhundert der beiden Weltkriege, das Atomzeitalter, das Jahrhundert der wissenschaftlich-technischen Revolutionen, das Zeitalter der Verwissenschaftlichung unserer Lebenswelt. Alles in allem das erste Jahrhundert, das ganz wesentlich durch die Wissenschaft und ihre Ergebnisse geprägt wurde – nicht immer zu seinem Besten ...

Astronomie, Physik und Technik

- Seit Ende des 19. Jahrhunderts hatte ein wahrer Wettlauf in der Astronomie eingesetzt: Immer größere **Teleskope** wurden gebaut, meist auf entlegenen Bergspitzen, um frei von Störungen das Sternenlicht zu untersuchen.
- Gerade die hellsten Objekte am Nachthimmel waren nicht unbedingt die nächsten Nachbarn. Oft entpuppten sie sich als weit entfernte Galaxien. Das Weltbild musste wieder einmal korrigiert werden. Der Kosmos konnte nicht mehr als der »Hinterhof« unseres Sonnensystems angesehen werden. Der Kosmos war majestätisch weit und unsere Erde, unsere Sonne spielten eine kleine Nebenrolle auf einem unbedeutenden Seitenarm der Milchstraße.
- Die Spektralanalyse des Lichts der Galaxien hatte jene merkwürdige **Rotverschiebung** gezeigt. Das hatte man mit dem Doppler-Effekt erklärt und daraus geschlossen, dass sich das Weltall ausdehnt. Rechnet man diese Bewegung nun zurück, kommt man zu einem Zeitpunkt, zu dem alle Materie in einem Punkt zusammengepresst und explodiert sein muss, dem **Urknall**. Zumindest konnte man so das Alter der Welt bestimmen!
- Die Urknalltheorie war umstritten, setzte sich aber durch. Unter anderem, weil die sogenannte **Hintergrundstrahlung** entdeckt wurde. Das ist eine Art Echo vom Urknall, die Restwärme, die von der anfänglichen Hitzeexplosion übrig geblieben ist.
- Unser Weltbild ist keineswegs abgeschlossen. Immer wieder tauchen Phänomene auf, die nur mühsam oder gar nicht gedeutet werden können. So hat man festgestellt, dass die Ausdehnung des Universums zunimmt. Um diese Beschleunigung zu erklären, muss man riesige Mengen »dunkler Materie« und »dunkler Energie« annehmen. »Dunkel« heißt in diesen beiden Fällen einfach nur, dass Natur und Ursprung dieser Materie und Energie unbekannt sind. Merkwürdig! Aber Sie sehen, es gibt auch für zukünftige Generationen von Wissenschaftlern noch jede Menge Nobelpreise zu ergattern.
- Unser Weltbild im Großen hat sich verändert, aber auch im Kleinen. Das Atom, das »Unzerteilbare«, wurde nach allen Regeln der Kunst zerteilt. Ein ganzer Zoo an **Elementarteilchen** wurde entdeckt und schließlich in Gruppen aufgeteilt und geordnet. Für das letzte Teilchen, das **Higgs-Teilchen**, fehlte bisher noch der Nachweis und der scheint ja kürzlich gelungen zu sein. Aber glauben Sie ja nicht, dass damit alles geklärt ist!
- Und bei der **Spaltung des Atoms** sind so nebenbei noch die Atombombe und die Atomenergie mit abgefallen. Und auch diese Abfälle werden uns noch eine ganze Weile beschäftigen. Die Neugier treibt die Forschung immer weiter. Doch die Gesellschaft muss entscheiden, wie mit den Ergebnissen umgegangen werden soll. Manchmal ist es besser, wenn nicht alles, was gemacht werden kann, auch gemacht wird.

✔ **Albert Einstein** und die Revolution der Physik: Einstein hat mit seinen Erkenntnissen die Grenzen unseres Erkenntnisvermögens aufgezeigt – und er ist darüber hinausgegangen. Mit seinen Visionen hat er wirklich unser Weltbild revolutioniert. Ein paar Beispiele:

✔ Eine Konsequenz der **speziellen Relativitätstheorie** betrifft die **Lichtgeschwindigkeit**. Sie ist konstant, unabhängig davon, ob ich mich als Beobachter auf die Lichtquelle zu bewege oder nicht.

Normalbedingungen gelten bei normalen Geschwindigkeiten. Kommt irgendwie die Lichtgeschwindigkeit ins Spiel, gelten andere Gesetze.

✔ Die Konstanz der Lichtgeschwindigkeit hat noch eine ganz andere Konsequenz: Die **Zeit** kann sich beschleunigen oder verlangsamen! Für einen Raumfahrer, der an der Erde mit fast Lichtgeschwindigkeit vorbeisaust, vergeht die Zeit schneller als für den Beobachter auf der Erde.

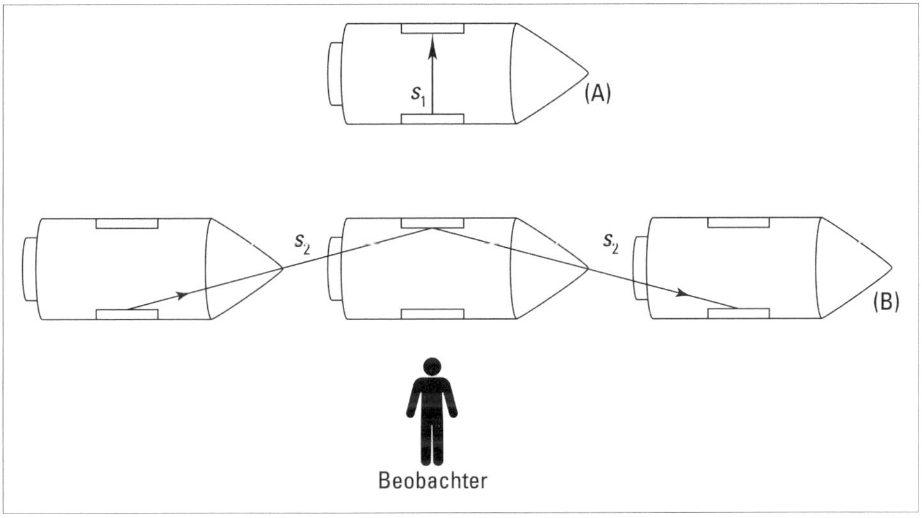

Abbildung 4.6: Eine »Lichtuhr« im Raumschiff. Der Astronaut sieht, wie ein Lichtstrahl von unten nach oben gelangt zu einem Spiegel und wieder zurückgeworfen wird (A). Zweimal durchläuft er die Strecke s1. Eine Registrierelektronik meldet »tick-tack«. Der Erd-Bewohner sieht die Sache so: Der Lichtstrahl muss die viel längere Strecke s2 durchlaufen, weil sich das Schiff ja so schnell vorwärts bewegt (B). Da die Lichtgeschwindigkeit konstant ist, braucht der Lichtstrahl also mehr Zeit, um von unten nach oben und wieder zurück zu gelangen. Für den irdischen Beobachter verginge die Zeit langsamer: »tiiick-taaack«.

✔ Eine andere Konsequenz betrifft die **Masse**. Nehmen wir an, man könnte ein Raumschiff immer schneller beschleunigen – bis an die Lichtgeschwindigkeit heran. Immer mehr Energie steckt man hinein, aber schneller als das Licht kann es ja nicht werden. Einstein berechnete: Dann muss die Masse größer werden.

✔ Durch diese Entdeckung ist Einstein so berühmt geworden: Masse ist eine **Energieform**. Man müsste also aus Masse Energie gewinnen können. Auch das hat Einstein genauer berechnet und kam auf die wohl bekannteste Formel der Welt: $E = mc^2$. **Energie gleich**

Masse mal Lichtgeschwindigkeit zum Quadrat. Die Formel besagt zweierlei: Einmal die Äquivalenz von Masse und Energie. Das eine muss in das andere überführbar sein. Zum Zweiten sagt die Formel: In der Masse steckt unheimlich viel Energie. Denn um Masse in Energie umzuwandeln, muss man die Masse mit der riesigen Lichtgeschwindigkeit multiplizieren, und das im Quadrat, also zweimal hintereinander.

Pardon, nun habe ich Sie doch noch mit einer Formel, mit etwas Mathematik behelligt. Aber geben Sie's zu: Die berühmteste Formel der Welt war es wert, oder nicht?

- ✔ Aber Einstein hat auch unsere Vorstellungen von der **Gravitation** revolutioniert: **Raum und Zeit** – nichts ist mehr wie es war. Früher ging man von einem festen Raum aus mit drei Achsen. Und die Zeit gab's schon immer, oder seit dem Urknall. Und sie schreitet geradlinig fort. Alles ohne unser Zutun.
- ✔ Einstein wies nach: Einen unabhängig existierenden Raum gibt es nicht. **Raum und Zeit entstehen mit der Materie**. Sie sind begrenzt auf die Materie, aber im Prinzip unendlich. Zeit ist dehnbar, je nach Standpunkt des Beobachters.
- ✔ Masse ist gleich Energie. Und der **Raum** ist unter dem Einfluss von Masse **krümmbar**.
- ✔ Große Massen verhalten sich wie eine Eisenkugel auf einer Gummimatratze, sie beulen ein. Genauso verbiegen große Massen den Raum. Vorbeifliegende, kleinere Objekte werden wie vorbeikullernde Murmeln eingefangen und kreisen in dem eingetrichterten Raum um die große Masse herum. Im **gekrümmten Raum** steckt die Gravitation!
- ✔ Masse ist gleich Energie. Das wird auch ausgenutzt in der Realität: Bei der **Kernenergie** wird Energie aus Masse gewonnen: Winzige Materialmengen werden umgesetzt in riesige Energiemengen.
- ✔ Voraussetzung für die Nutzung der Kernenergie war die **Kernspaltung**, die 1938 von **Lise Meitner**, **Otto Hahn** und **Fritz Straßmann** am Berliner Kaiser-Wilhelm-Institut für Chemie realisiert worden war. Damit war das Atomzeitalter eröffnet worden mit seinen Versprechungen und Bedrohungen. Versprochen wurden: Riesige Mengen sauberer Energie. Und die Gefahren: Die auf zigtausend Jahre strahlenden Abfälle und die Bedrohung allen Lebens auf dem Planeten durch die Unmengen von Atomwaffen.
- ✔ Einsteins revolutionäre Denkmodelle wurden von einer »neuen« Physik gestützt, die an den Grenzen der klassischen Physik gültig wurde: die Quantenphysik. **Max Planck** (1858-1947) hatte die kleinste Einheit für die Strahlung gefunden, das sogenannte »Wirkungsquantum h«. **Niels Bohr** (1885-1962) hatte dazu ein Atommodell entworfen, in dem dieses Quantum eine wichtige Rolle spielt. Elektronen in der Atomhülle dürfen nämlich nur ganz bestimmte Bahnen benutzen. Der Sprung von einer Bahn zur anderen entspricht der kleinsten Energiemenge, die abgegeben werden kann: ein Quantum.
- ✔ Die Grenzen der Physik wurden auch von **Werner Heisenberg** (1901–1976) aufgespürt: Bewegte Teilchen lassen sich ab einer gewissen Grenze nicht mehr eindeutig beobachten. Entweder man bestimmt genau den Ort, wo sie sich befinden. Dann kann man nicht den Impuls bestimmen. Unter dem Impuls kann man sich anschaulich auch die Geschwindigkeit vorstellen. Oder man bestimmt den Impuls (sozusagen die Geschwindigkeit) genau. Dann weiß man aber nichts über den Ort: die **Heisenbergsche Unschärferelation**.

✔ Auch die **Technik** hat sich im 20. Jahrhundert rasant entwickelt. Vielfach wurzeln die Ideen in neuen Erkenntnissen der Wissenschaft. Zunächst einmal ging es darum, bestimmte Dinge genauer zu erfassen, zu **messen**. Wie bestimmt man beispielsweise die elektrische Elementarladung? Dazu mussten Messverfahren entwickelt und Messgeräte entworfen und gebaut werden.

✔ Der Zusammenhang zwischen **Licht und Elektrizität** wurde näher untersucht und es wurde geklärt, wie Licht einen elektrischen Strom erzeugen kann – nicht unwichtig für unsere zukünftige Energieerzeugung.

✔ Die **Radar-** und die **Röntgenstrahlung** wurden genutzt. Die elektromagnetischen Wellen wurden zur Funktechnik verwendet. Das Phänomen der **Supraleitung** wurde entdeckt und technologisch eingesetzt.

Chemie und Biologie

✔ Nachdem die geheimnisvollen Röntgenstrahlen entdeckt worden waren, tauchten andere Substanzen auf, die ebenfalls strahlten. Nun begannen die Chemiker, sich dafür zu interessieren und im Laufe der Zeit wurden etliche **radioaktive Elemente** entdeckt, wobei die Erklärung, was »radioaktiv« wirklich bedeutet, erst im Laufe der ersten Jahrzehnte des 20. Jahrhunderts geliefert werden konnte.

✔ Das war alles sehr aufregend, denn man hatte zur Jahrhundertwende den Eindruck, es sei schon alles erforscht, nichts bliebe mehr, in diesem Jahrhundert erlebe man das **Ende der Wissenschaft**.

✔ Die rätselhafte **Strahlung** erwies sich als doppelt nutzbringend. Einmal machte sie klar, dass es vielleicht noch mehr Überraschungen geben würde, von denen man bisher nichts wusste, ja nicht einmal ahnte. Zum zweiten fand man schnell heraus, dass die Strahlung von innen kam und vielleicht der Schlüssel war zu einem tieferen Verständnis vom Aufbau der Atome.

✔ Zunächst wurde die **Strahlung** untersucht und in ihre drei Bestandteile zerlegt: Alpha-, Beta- und Gamma-Strahlung. Dann wurde festgestellt, dass die strahlenden Atome zerfallen. Es etablierte sich ein neuer Zweig der Chemie, die **Radiochemie**, die eng mit Physikern zusammenarbeitete. Denn es war eine regelrechte Detektivarbeit, herauszubekommen, was da eigentlich passierte.

✔ **Zerfallsreihen** wurden aufgeschlüsselt, die allesamt beim stabilen Blei endeten. Viele Zerfallsprodukte waren gar keine eigenen Elemente, sondern Abkömmlinge bereits bekannter Elemente, unterschieden sich aber im Atomgewicht. Später nannte man solche Abkömmlinge »Isotope«.

✔ Auffallend war, dass beim **atomaren Zerfall** sehr viel Energie und viel Wärme frei wurde. Sicher ahnen Sie schon, wo die **Energie** herkommt, Einstein und die berühmte Formel – aber wir wollen nichts verraten!

✔ Stetig wurden die **Technologien** weiter getrieben, so dass wir heute zum großen Teil in einer künstlichen Welt leben, die viele Annehmlichkeiten, aber auch Nachteile und Risiken bereithält: **Satelliten** umkreisen die Erde und gestatten eine Navigation mit Zentimeter-Genauigkeit. Wir sind zum Mond geflogen und bereiten einen Besuch auf dem Mars vor.

Wir können **Materialien** herstellen mit allen möglichen Eigenschaften, unsere **Mobilitätspotentiale** und **Kommunikationsmöglichkeiten** sind scheinbar unbegrenzt. Und doch gelingt es uns nicht, allen Völkern dieser Erde ausreichend **Nahrung** und **Frieden** zu bieten.

Medizin

Die folgende Liste einiger Nobelpreise für Medizin aus dem 20. Jahrhundert spiegelt die Vielfalt der Fortschritte in diesem Jahrhundert wider: Ich habe nur die bedeutsamsten ausgewählt.

1901 **Emil von Behring** erhielt für die Entdeckung des Diphterie-Antitoxins den ersten Nobelpreis für Medizin. Die **Diphtherie** ist eine Kinderkrankheit, an der damals jedes zweite Kind erkrankte und meist auch starb. Behring hatte erkannt, dass es vor allem ein Gewebegift ist, das der Erreger bildet und das die tödliche Wirkung hat. Behring fand ein Gegengift und führte die Impfung gegen die Diphtherie ein. Viele Jahre lang wurde er »Retter der Kinder« genannt.

1902 erhielt **Ronald Ross** den Nobelpreis für seine Arbeiten über **Malaria**. Indem er nachwies, wie die Krankheit in den Organismus gelangt, schuf er die Voraussetzungen für eine erfolgreiche Behandlung. Erreger ist nämlich ein Parasit, der einen komplizierten Übertragungsweg durchmacht, weil er gleich zwei Wirtsorganismen benutzt. Zuerst saugt die Anophelesmücke den Erreger in ihren Körper, wo er sich vermehrt und beim nächsten Stich in das Blut eines (anderen) Menschen gelangt. Hier breitet er sich aus und verursacht hohes Fieber, Krampfanfälle und eine Art Blutvergiftung. Bekämpfungsmöglichkeiten bestehen vor allem in der Vorbeugung (Abwehr der Überträgermücken) und (begrenzt) in der Behandlung der Infektion. Eine Impfung steht immer noch nicht zur Verfügung, obwohl seit Langem daran geforscht wird.

1904 erhielt **Iwan Petrowitsch Pawlow** den Nobelpreis für Medizin für seine Entdeckung des **konditionierten Reflexes**, den er zunächst bei Tieren nachwies und schließlich experimentell auf den Menschen übertragen konnte. Pawlow hatte seinen Hund gefüttert und zuvor immer eine Klingel ertönen lassen. Nach einer gewissen Zeit lief dem Hund schon das Wasser im Mund zusammen, wenn nur die Klingel zu hören war. Der »bedingte« Reflex war entdeckt.

1905 erhielt **Robert Koch** den Nobelpreis für seine Entdeckungen auf dem Gebiet der **Tuberkulose.** Koch wies als erster nach, dass Mikroorganismen die Auslöser bestimmter Krankheiten sind. Er entdeckte die Erreger der Tuberkulose und der **Cholera.** Auch wenn Koch mit einem selbst entwickelten Impfstoff und Medikament gegen die Tuberkulose nichts auszurichten vermochte, trug er viel zum Verständnis und zur Bekämpfung der Infektionskrankheiten bei (siehe Kapitel 5).

1922 Die kanadischen Mediziner **Frederick G. Banting** und **John J. Macleod** isolierten das **Insulin** und fanden damit eine Möglichkeit zur Bekämpfung der Zuckerkrankheit. Die Entdecker wurden 1923 dafür mit dem Nobelpreis ausgezeichnet. Insulin wird in der Bauchspeicheldrüse gebildet und reguliert den Blutzuckerspiegel. Es ist das einzige Hormon, das den Blutzuckerspiegel senken kann. Fällt es aus, kommt es zur Zuckerkrankheit. Ständig erhöhte Zuckerwerte im Blut führen zu massiven Schädigungen. Mit entsprechenden Medikamenten kann der fehlende Anteil an Insulin durch künstliches Insulin ersetzt werden.

1924 erhielt **Willem Einthoven** den Nobelpreis für seine Entwicklung des **Elektrokardiogramms.** Dabei werden die elektrische Erregung des Herzens und die Weiterleitung der Stromimpulse an die Muskeln des Herzens sichtbar gemacht. Die Erregung der regelmäßigen Herzschläge kommt aus dem Herzen selbst und kann, wie die Weiterleitung, gestört sein. Das aufgezeichnete Diagramm erlaubt also einen Einblick in die inneren Vorgänge des Herzens ohne großen Aufwand und ohne Eingriff in den Körper. Das EKG ist eine aussagekräftige Möglichkeit, die Funktion des Herzens schnell zu überprüfen und mögliche Störungen zu erkennen.

1936 erhielten **Henry H. Dale** und **Otto Loewi** den Medizin-Nobelpreis für ihre Entschlüsselung und Erklärung der chemischen Übertragung von **Nervenimpulsen** und die Wirkungsweise sogenannter **Transmitter**. Unser Gehirn wird zwar oft mit einem Computer verglichen, funktioniert aber ganz anders. Unvorstellbar ist die schiere Anzahl der miteinander in Verbindung stehenden Nervenzellen. Man schätzt die Zahl der Nervenzellen, die im Gehirn liegen oder dort enden, auf 100 Milliarden. Jede dieser Nervenzellen kann sich im Prinzip mit jeder anderen verbinden. Das ergibt unvorstellbar viele Kombinationsmöglichkeiten und darin liegt die fantastische Fähigkeit des Gehirns, Informationen, Erinnerungen und Erfahrungen zu speichern. Die Verbindungen sind dabei nicht fest, sondern werden gesteuert durch chemische Botenstoffe, sogenannte Transmitter. Die Reizverarbeitung erfolgt also elektrochemisch. Die Grundlagen der chemischen Übertragung von Nervenimpulsen wurden von den beiden Nobelpreisträgern entdeckt.

1939 erhielt **Gerhard J.P. Domagk** den Nobelpreis für Medizin. Mit seinem Nachweis der bakteriziden Wirkung von **Sulfonamiden** beginnt ein neues Zeitalter in der Bekämpfung bakterieller Infektionskrankheiten. Mit diesem Nachweis stand eine neue Stoffgruppe zur Bekämpfung von bakteriellen Infektionen zur Verfügung. Domagk durfte den Nobelpreis nicht annehmen, weil die Nazis allen Bürgern verboten hatten, Nobelpreise entgegenzunehmen. Zu groß war die Zahl der »Nicht-Arier«, denen der Nobelpreis zuerkannt wurde. Zuletzt war mit **Carl von Ossietzky** gar ein Regimekritiker mit dem Friedensnobelpreis geehrt worden.

1945 erhielten **Alexander Fleming**, **Howard W. Florey** und **Ernst B. Chain** den Nobelpreis für die Entdeckung des **Penizillins** und die Erforschung seiner Heilwirkung bei verschiedenen Infektionskrankheiten. Fleming war der eigentliche Entdecker. Er hat die bakterienschädigende Wirkung auf verschiedene Bakterienstämme auch eingehend untersucht, kam aber nicht auf die Idee, den Stoff als Heilmittel einzusetzen. Das machten erst Florey und Chain. Alle drei wurden dafür mit dem Nobelpreis ausgezeichnet, schließlich handelte es sich um einen der nachhaltigsten Erfolge der modernen Medizin.

1962 **Francis Crick**, **James Watson** und **Maurice Wilkins** erhielten den Nobelpreis für ihre Erkenntnisse über die Molekularstruktur der Nukleinsäuren. Sie entdeckten die **Doppelhelix** als besondere Bauform der **DNS** (das Riesenmolekül in jeder Zelle, das die Erbinformation trägt). Über die merkwürdigen Umstände, unter denen diese Auszeichnung zustande kam, berichte ich in Kapitel 6 ausführlich. Davon abgesehen fragt man sich, worin nun eigentlich der Wert jener Entdeckung besteht. Die Form der Doppelhelix ist sicher interessant. Aber wichtiger ist doch der Inhalt der Doppelhelix: die geheimnisvolle Buchstabenschrift. Und die Entdeckung, dass unser Genom darin versteckt ist. Gefeiert wird aber fast nur die Helixstruktur. Sie ist der Popstar unter den Nobel-Entdeckungen des Jahrhunderts.

1968 **Robert W. Holley, Har G. Khorana** und **Marshall W. Nirenberg** erhielten den Nobelpreis für ihre Interpretation des genetischen Codes und dessen Funktion bei Proteinsynthesen. Das ist die Umsetzung der Erbinformation in die Bausteine des Körpers: Der genetische Code fungiert als »Rezept« und »gebacken« werden Eiweißbausteine, die der Körper zur Erfüllung seiner Aufgaben braucht. Hier haben wir die Forscher, die sich um den Inhalt der DNS gekümmert haben. Sie stehen im Schatten von Watson und Crick und wurden von der Öffentlichkeit kaum beachtet.

1969 **Max Delbrück, Alfred D. Hershey** und **Salvador E. Luria** wurden mit dem Nobelpreis geehrt für ihre Entdeckungen des Vermehrungsmechanismus und der genetischen Struktur von Viren. Neben Bakterien und Parasiten bilden Viren die dritte große Gruppe von Krankheitserregern. Sie sind keine eigenständigen Lebewesen, sie bestehen nur aus ihrer Erbinformation und benötigen unbedingt einen Wirtsorganismus, um sich zu vermehren. Antibiotika oder Sulfonamide sind gegenüber Viren wirkungslos. Heilmittel gegen Virenerkrankungen gibt es bislang nicht.

1971 erhielt **Earl W. Sutherland** den Nobelpreis für seine Forschungen über die Wirkungsweise von **Hormonen**. Diese chemischen Botenstoffe repräsentieren den zweiten Weg der Steuerung und Überwachung des Körpergeschehens: die rein chemische Informationsübermittlung. Hormone werden in speziell dafür eingerichteten Drüsen aufgrund eingehender Signale fabriziert, in der nötigen Zahl ausgeschüttet und über die Blutbahnen verteilt. Sie suchen und finden »Andockstellen«, wo sie nach dem Schlüssel-Schloss-Prinzip eine Reaktion auslösen.

1979 **Allan M. Cormack** und **Godfrey Hounsfield** entwickeln das Verfahren der **Computertomografie**. Dafür erhielten sie 1979 den Nobelpreis. Tomografen sind Durchleuchtungsapparate, die den Menschen »scheibchenweise zerlegen« können. Aufgrund einer raffinierten Anordnung wird ein Bild erzeugt, das wie ein hauchdünner Schnitt quer durch den Körper verläuft. Die modernen Tomografen drehen sich dabei um den Körper und schicken währenddessen einen Messstrahl durch den Körper, der auf der entgegengesetzten Seite aufgefangen und ausgewertet wird. Mit einem komplizierten Rechenverfahren wird dann Punkt für Punkt ein Bild erzeugt, das sehr genaue Einblicke ins Körperinnere erlaubt.

1982 **Sune Bergström, Bengt I. Samuelsson** und **John R. Vane** kamen zu bahnbrechenden Erkenntnissen über die Existenz und Wirkungsweise von **Prostaglandinen**. Dafür erhielten sie 1982 den Nobelpreis für Medizin. Prostaglandine sind eine spezielle Gruppe von Hormonen, die sehr vielfältige Steuerungsfunktionen haben und deshalb auch sehr unterschiedlich als Medikamente eingesetzt werden, zum Beispiel in der Augenheilkunde, der Geburtshilfe oder in der Schmerztherapie.

2003 **Paul C. Lauterbur** und **Peter Mansfield** erhielten den Nobelpreis für ihre Entdeckung der **Magnetresonanz** als bildgebendes Verfahren in der Medizin. Der 1979 nobelierte Computertomograf arbeitet mit Röntgenstrahlen, bildet also harte Substanzen wie Knochen sehr gut ab. Der Magnetresonanztomograf, auch Kernspintomograf genannt, kann hingegen auch Weichteile wie Adern oder Drüsen und Gewebe sehr differenziert darstellen. Er arbeitet mit Magnetfeldern und Radiowellen, die den Menschen nicht belasten.

2005 **Barry Marschall** und **John R. Warren** entdeckten das Magenbakterium Heliobacter pylori und seine Bedeutung bei **Gastritis** und **Magengeschwüren**. Für ihre Forschungen und Erkenntnisse erhielten sie 2005 den Nobelpreis für Medizin. Mit einem spektakulären Selbstversuch hatten sie nachgewiesen, dass die meisten Magenprobleme durch eine Bakterie ausgelöst werden und damit eine Revolution in der Behandlung von Magengeschwüren eingeleitet. Was hatte es nicht an Theorien gegeben? Magengeschwüre seien typisch für gestresste Menschen, es handele sich um die typische Managerkrankheit, eine Magen-Persönlichkeit wurde beschrieben. Eine falsche Ernährung sei schuld, eine allzu häufige Einnahme von Schmerzmitteln oder Rauchen oder Alkohol oder beides gleichzeitig. Die beiden Wissenschaftler waren dem Bakterium auf die Spur gekommen und stellten eine weite Verbreitung des Erregers fest. Bevor sie mit ihren Erkenntnissen an die Öffentlichkeit gingen, machten sie jenen Aufsehen erregenden Selbstversuch. Sie schluckten das Bakterium und als sie wenige Wochen später jeweils ein »prachtvolles« Magengeschwür entwickelt hatten, war der endgültige Beweis erbracht. All die vielen vermuteten Ursachen spielten sicher eine gewisse Rolle, waren aber nicht für die Entzündung verantwortlich. Auslöser war der Bösewicht mit dem harmlosen Namen »Heliobacter pylori«.

2008 **Harald zur Hausen** entdeckte, dass Papillomviren **Gebärmutterhalskrebs** auslösen. 2008 erhielt er für diese Erkenntnis den Nobelpreis für Medizin. Lange war gerätselt worden, ob die kleinen Biester, die Viren, Auslöser der fürchterlichen Krebserkrankungen sein könnten. Von diesem Generalverdacht sind sie schnell befreit worden und lange schien es so, dass Krebs überhaupt nichts mit Viren zu tun hat. Harald zur Hausen, lange Zeit Chef am Deutschen Krebsforschungszentrum in Heidelberg, konnte schließlich nachweisen, dass Gebärmutterhalskrebs häufig doch durch Viren ausgelöst wird und führte eine Impfung ein, die vor der Gefahr schützen kann.

2008 erhielt **Luc Montagnier** gemeinsam mit **Françoise Barré-Sinoussi** den Nobelpreis für die Entdeckung des **AIDS-Virus**. 1984 hatten sie als erste das AIDS-Virus isoliert. 1991 war geklärt worden, dass Robert Gallo den Erreger erst nach seinen Pariser Kollegen entdeckt hat. Der US-amerikanische Forscher hatte sich große Hoffnungen auf den Nobelpreis gemacht und sich nicht immer ganz geradlinig verhalten. Gleichwohl hat er Erhebliches zur (schnellen) Aufklärung der AIDS-Erkrankung und zur Virusforschung beigetragen.

2010 **Robert Edwards** entwickelte das Verfahren der **In-vitro-Fertilisation** und wurde 2010 dafür mit dem Nobelpreis geehrt. Es handelt sich dabei um eine »Befruchtung im Glas«, eine künstliche Befruchtung außerhalb des Mutterleibes. Angewendet wird das Verfahren in der Regel, wenn eine Schwangerschaft trotz aller Bemühungen nicht zustande kommt, oder wenn, zum Beispiel bei Verdacht auf eine schwere Erbkrankheit, eine genetische Untersuchung angezeigt ist. Das männliche Spermium wird mit einer Eizelle im Reagenzglas zusammengebracht, bis eine Befruchtung erfolgt. Die befruchtete Eizelle beginnt sich zu teilen und wächst zum Embryo heran. Gegebenenfalls nach der Untersuchung auf Erbkrankheiten wird der Embryo in die Gebärmutter verpflanzt. Da die Embryos nicht immer einwachsen, setzt man gleich zwei oder drei Embryos ein. Die IVF wirft viele ethische Fragen auf und ist in den verschiedenen Staaten auch sehr unterschiedlich geregelt.

Geologie und Geografie

✔ In der **Geologie** konnte Anfang des 20. Jahrhunderts **Alfred Wegener** mit der **Theorie der Plattentektonik** die Phänomene der Kontinentaldrift, des Vulkanismus und der Erdbeben erklären. Demnach ist die Erdkruste kein festes Gebilde. Die Kontinente liegen auf plattenartigen Krustenstücken, die auf dem zähflüssigen Erdinneren schwimmen, genauso wie Eisschollen auf dem Wasser treiben. Teilweise schieben sich die Platten übereinander und reiben und rutschen gegeneinander. Jeder kleine Ruck löst ein Erbeben aus.

- Die Zeit der großen **Entdeckungsfahrten** ging im 20. Jahrhundert zu Ende. Es gab keine weißen Flecken mehr auf der Landkarte – bis auf die beiden Pole. 1909 erreichte der erste Mensch den Nordpol, 1911 den Südpol. Und 1969 betrat zum ersten Mal ein Mensch den Mond.

Geistes- und Sozialwissenschaften

- Die Geisteswissenschaften waren jetzt so weit entwickelt, dass sie sich profilierten und dabei gegenüber Nachbardisziplinen deutlicher abgrenzen mussten. So teilte sich beispielsweise die Sprachwissenschaft in die **Philologie** und die **Linguistik**, die eigentliche Sprachwissenschaft. Die Philologie untersucht die Sprache als Ausdruck der Kultur eines Volkes. Die Sprachwissenschaft – oder auch Linguistik – beschäftigt sich enger mit der Sprache, ihrem Aufbau und ihrer Entwicklung.

- Es gab auch die umgekehrte Entwicklung, dass sich ein Fach erst richtig entfaltete, wenn es erkannte, welche verschiedenartigen Wurzeln es besaß. So hatte sich die **Psychologie** hauptsächlich aus der Philosophie entwickelt. Doch erwachsen vielerlei Bedingungen aus der Biologie – und gerade neuerdings erleben wir, wie psychologische Erkenntnisse durch die Neurologie gestützt werden. Oder auch widerlegt.

  Noch Anfang des 19. Jahrhunderts lagen die wissenschaftlichen Grundlagen der Psychologie noch sehr im Argen. In einem Lehrbuch, das immerhin den Terminus »Psychologie« im Titel trug, wurde kühn prognostiziert, die Psychologie werde sich wie die physischen Naturwissenschaften zu einer exakten Wissenschaft entwickeln. Denn die Geschehnisse im Seelenleben glichen exakt den Bewegungen am Himmelszelt – und das könne mathematisch nachgewiesen werden.

  Anfang des 21. Jahrhunderts scheinen solch abenteuerliche Ansätze überwunden. Die Psychologie kann großen Nutzen aus ihrer **Interdisziplinarität** ziehen. Denn anders als die anderen Geisteswissenschaften kann sie Experimente heranziehen, die ihre Theorien stützen oder widerlegen:

  Vieles und Genaueres kann zum Beispiel über den Wahrnehmungsprozess gesagt werden, wenn man Beispiele zu optischen Täuschungen **experimentell** überprüft. **Theoretische Vorhersagen** lassen sich testen, wenn man die Bedingungen in einem Experiment nachstellt und einfach beobachtet, wie sich die Menschen in der Situation tatsächlich verhalten.

  Der Psychologie gelang es freilich nicht immer, beide Methoden, die Theorie und das Experiment, zusammenzubringen. Zeitweise spalteten sich die Zweige **Verhaltensforschung** (Behaviorismus) und **Tiefenpsychologie** voneinander ab. Die Verhaltensforscher beobachteten genau und beschrieben nur, was eindeutig feststellbar war. Aus der Tiefenpsychologie entwickelte **Sigmund Freud** seine Methode der Psychoanalyse.

Freud hatte zwar als Arzt Zugang zu Patienten, aber seine Möglichkeiten, experimentell vorzugehen, waren doch sehr begrenzt. So schöpfte er seine Theorien weitgehend aus seinen Beobachtungen und Vorstellungen. An etlichen Stellen sind seine Konzepte inzwischen neu gefasst oder korrigiert worden, doch kann heute noch immer festgestellt werden, wie sehr er **Konzepte und Theorie der Psychologie** geprägt hat.

✔ In den **Sozialwissenschaften** ist **Max Weber** der große Übervater, der zu Beginn des 20. Jahrhunderts eine umfassende Gesellschaftstheorie entwirft. Er war sich klar darüber, dass derartige Theorien nur Entwürfe sein können und dass es schwierig ist, sie experimentell zu überprüfen. Deswegen war eine seiner wichtigsten Forderungen die nach der **Wertfreiheit**. Der Forscher müsse zwar bestimmte Entwicklungen in der Gesellschaft bewerten und beurteilen. Aber beim Entwurf einer Theorie müsse man genau beobachten und die Theorie nach dem bauen, was die Realität vorgibt, nicht was man sich insgeheim wünscht.

✔ Die Theorie, die wohl derzeit den größten Widerhall in der Wissenschaftlergemeinde findet, ist die **Systemtheorie** von **Niklas Luhmann**.

Seine Ausgangsüberlegung folgt der Beobachtung, dass sich entwickelte Gesellschaften immer weiter ausdifferenzieren. In der Gesellschaft bilden sich einzelne Systeme aus, die sich in Subsysteme aufgliedern. Jedes System muss sich gegenüber seinen Nachbarsystemen abgrenzen. Dies geschieht durch **Kommunikation**. Die Systemtheorie ist eigentlich eine Kommunikationstheorie.

Wirtschaftswissenschaften

✔ Die klassische **Wirtschaftstheorie** ging vom **Homo oeconomicus** aus, einer Kunstfigur, die das menschliche Verhalten symbolisieren sollte. Heute würde man »Schnäppchenjäger« dazu sagen. Ein Mensch also, der immer auf seinen Vorteil bedacht ist und sich – nach diesem Grundsatz – rational verhält.

✔ Auch die übrigen Annahmen waren idealisierend, auf jeden Fall zu vereinfachend, denn das klassische Modell konnte zum Beispiel die **Weltwirtschaftskrise** nicht voraussagen – genau wie auch heute die besten Wirtschaftsinstitute bei ihren **Wachstumsprognosen** weit auseinanderliegen.

✔ Die Wirtschaft war nie ein **starres System**, das ablief wie ein Uhrwerk. Viele Entwicklungen hingen davon ab, wie sich gerade die Konsumentenlaune entwickelte, wie sicher sich die Menschen ihres Arbeitsplatzes waren oder ob sie ihr Geld lieber sparen wollten. Für ein realistisches **Wirtschaftsmodell** kommt es offenbar sehr darauf an, wie differenziert die Theorie die Vielfalt der **Einflussfaktoren** abbilden kann.

✔ Genau für diese Einflüsse interessierte sich **John M. Keynes**: Was waren die wirklichen Gründe dafür, dass die Menschen plötzlich bereit waren, mehr Geld auszugeben? Wovon sind »Vertrauen in die Zukunft« oder »Angst vor der nächsten Krise« abhängig? Das waren die unsicheren Ausgangsbedingungen, die es für die theoretischen Modelle so schwierig machten, verlässliche Prognosen zu liefern.

✔ Die **Prognosesicherheit** aber war vielleicht der geringste Aspekt. Viel verlockender war die Möglichkeit, genau an diesen Schrauben zu drehen und der gesamten Wirtschaft einen

Drall zu geben, dass sie sich wieder erholte und in einen stabilen »Normalzustand« geriet. In der Folge versuchten viele **Wirtschaftspolitiker**, durch gezielte Maßnahmen in die Wirtschaftsentwicklung einzugreifen. Mit wechselndem Erfolg –l und der Streit ging los: Stimmte die Theorie nicht? Waren die Maßnahmen zu halbherzig?

Immerhin konnten einige der Thesen Keynes in der Wirklichkeit getestet werden. Wie will man das Ergebnis beurteilen? Die Fachwelt scheint sich vom Keynesianismus abzuwenden, obwohl er ihre **Theoriebildung** enorm bereichert hat.

✔ Die **Methodik der Wissenschaft**. Zur wissenschaftlichen Arbeitsweise legte **Karl Popper** die radikalste Forderung vor. Er bezweifelte die bis dahin vertretene Auffassung, dass eine Theorie durch Experimente bewiesen werden könne. Die Aussage »Alle Schwäne sind weiß« wird nicht wahr, wenn ich ein paar Schwäne beobachte und feststelle, sie sind alle weiß. Vielleicht gibt es doch irgendwo einen Schwan, der nicht weiß ist?

Ich kann nur vermuten, dass alle Schwäne weiß sind und diese Auffassung **vorläufig für wahr** halten, bis es mir gelungen ist, einen nicht-weißen Schwan zu fangen und die Ungültigkeit meiner These zu offenbaren. Meine Theorie kann ich **durch Experimente nie beweisen** (verifizieren). Wohl aber lässt sich eine Theorie zu Fall bringen (falsifizieren).

Teil II

Versuch und Irrtum: Geschichte der Naturwissenschaften

In diesem Teil ...

vertiefe ich die spezielle Entwicklung einzelner Fächer. Dabei konzentriere ich mich zunächst auf die Naturwissenschaften. Denn sie hatten wesentlichen Einfluss auf die Erfindung der wissenschaftlichen Methode.

Es ist eine fragende Methode: Wie funktioniert die Welt? Wie ist der Kosmos aufgebaut? Was war vor der Zeit? Warum dreht sich die Sonne um die Erde? Oder dreht sich die Erde um die Sonne?

Das versuchten unsere Vorfahren zunächst durch Überlegungen und Spekulationen zu ergründen. Plausibilitätsüberlegungen, logische Schlüsse und die Analyse von Beobachtungen waren kennzeichnend für die nächste Stufe. Als die Beobachtungen immer ernster genommen wurden, war der Weg frei für das methodische Vorgehen, das wir heute als »Wissenschaft« bezeichnen: Neben die Theorie trat gleichberechtigt das Experiment. Es sollte eine Unsicherheit in der Theorie klären: Unter welchen Umständen verhält sich ein Gegenstand in der Natur so oder so? Nur wenn das Experiment die Vorhersagen der Theorie bestätigte, konnte die Theorie als brauchbar angesehen werden. Das Experiment wurde zum Stresstest der Theorie.

Ich habe in den meisten Fällen eine zentrale Fragestellung herausgegriffen. Daran lässt sich klarmachen, mit welchen Irrungen und Wirrungen das Fach zu kämpfen hatte. Natürlich gibt es daneben noch viele andere Fragestellungen. Aber die Konzentration auf nur eine zentrale Idee erlaubt eine intensivere Darstellung. Denn das ist ja besonders spannend: wie konnten sich die »großen« Forscher durchsetzen, mit welchen Gegnern hatten sie es zu tun?

Heilsversprechungen – Geschichte der Medizin

5

In diesem Kapitel

- Antike – nicht von gestern
- Medizin im Mittelalter: ein Saftladen
- Aderlass ohne Unterlass
- Anatomie ohne Scheuklappen
- Renaissance paradox
- Die erste Impfung
- Das Erreger-Konzept

Es ist erstaunlich, wie lange es gedauert hat, bis man die Vorgänge im Inneren unseres Körpers so richtig verstanden hat. Denn erst mit diesem richtigen Verständnis, mit einer stimmigen **Theorie** also, wurde eine moderne, wissenschaftliche Medizin möglich.

Vielleicht ist aber die **praktische Medizin** immer viel weiter gewesen. Nach der Methode »Versuch und Irrtum« haben sich schon früh die Methoden durchgesetzt, die sich im praktischen Leben bewährt hatten. »Wer heilt, hat recht« – das ist ein simples, aber scharfes Kriterium, das mehr leistet als alle Theorie.

Es dürfte spannend sein, anhand der wirklichen Entwicklung der Medizin im Laufe der Zeit zu überprüfen, welche der beiden Thesen sich als stichhaltiger erweist.

Medizin der Antike, und nicht von gestern

In der Vorgeschichte und teilweise noch in der Antike waren die **Krankheitsvorstellungen** sehr mythisch und religiös geprägt. Ein plötzlicher Tod durch eine Seuche wurde zum Beispiel als Strafe der Gottheit interpretiert. Entsprechende Sühnehandlungen wurden als Gegenmittel oder zur Vorbeugung anempfohlen. Für die Behandlung innerer Erkrankungen, Siechtum und Tod waren Priester und Schamanen zuständig. Um die körperlichen Gebrechen, Brüche und Wunden durften sich Mediziner und Ärzte kümmern.

Das änderte sich, als im 5. Jahrhundert v. u. Z. die hippokratischen Ärzte erstmals begannen, Krankheiten auf unsichtbare Vorgänge im Körperinneren zurückzuführen. Das waren, wenn man so will, erste **ursächliche Erklärungsmodelle**, die zumindest versucht wurden. Es waren Modelle voller Spekulationen, noch keine wissenschaftlichen Vorstellungen. Dazu fehlten die Instrumentarien. Vor allem diejenigen, die eine genauere Untersuchung der erkrankten Organe ermöglicht hätten.

Die ärztliche Praxis: ein Saftladen

Die hippokratischen Ärzte nutzten die Beobachtung. Hippokrates selbst hatte ja viele Krankheiten in ihrem Verlauf beschrieben. Diese Beobachtungen wurden nun kombiniert mit Vermutungen über die Ursachen.

Im Mittelpunkt dieser Vermutungen standen die **Körpersäfte**, die in einem harmonischen Verhältnis zueinander stehen mussten:

- **Blut**, verantwortlich für die Lebenskraft
- **gelbe Galle**, verantwortlich für die Verdauung
- **Schleim**, um Entzündungen zu kühlen
- **schwarze Galle**, um den Säften Farbe zu verleihen

Warum und wie das harmonische Verhältnis bei einer Krankheit gestört war, wurde mit Hilfe von Analogien erklärt. So konnte der Blutfluss behindert sein wie sich ein Bach aufstaut, wenn das Flussbett verstopft ist. Oder der Verdauungsprozess wurde mit dem Kochen verglichen. Ist der Zufluss der Säfte gestört, kommt es zu Verbrennungen und Verkrustungen.

Daneben gab es einen ausgesprochenen Schamanenkult. Von religiös motivierten **Wunderheilungen** wird berichtet: Blindheit, Lähmungen oder Kinderlosigkeit wurden spontan geheilt. Wobei man davon ausgehen kann, dass vermutlich die Selbstheilungskräfte des körpereigenen Immunsystems und der Placeboeffekt die wirkliche Ursache waren.

Immerhin haben **Hippokrates** und seine Schüler mit ihrem Versuch, ein Erklärungsmodell auf der Basis der Säftelehre zu liefern, einen Anspruch formuliert: Heilung sollte nicht »irgendwie« geschehen, sondern sie sollte vorhersagbar aufgrund einer stimmigen Theorie funktionieren. Damit wurde die Wissenschaftlichkeit als Wesensmerkmal der ärztlichen Heilkunst festgeschrieben. Das führte zum Beispiel dazu, dass Medizin später zu den vier Gründungsfakultäten der Universitäten gehörte.

Während der Zeit des **Hellenismus** waren in Alexandria auch Leichenöffnungen (Sektionen) erlaubt. So wurden grundlegende Erkenntnisse über die Organe und ihre Funktionen möglich. Mehr und mehr eroberte sich die Medizin eine rationale Grundlage.

Letzte Ausfahrt: Rom Ost

Galen (etwa 130-205) brachte die griechische Medizin nach **Rom** und festigte den Ruf der hippokratischen Krankheitsbeschreibungen. Galen selbst vervollständigte seine Lehre von den vier **Körpersäften** (Humoralpathologie). Sie blieb – in ihren letzten Auswirkungen – bis ins 19. Jahrhundert eine der bestimmenden medizinischen Theorien.

Die Römer selbst trugen nicht viel zur Weiterentwicklung der Medizin bei. Die meisten Ärzte kamen aus Griechenland. Auch Galen stand zeitweise in römischen Diensten. Galen war einer der ersten medizinischen Forscher, die sich sehr intensiv mit den Muskelbewegungen und deren Steuerung durch die Nerven und das Rückenmark auseinandersetzten. Als »Sportarzt« untersuchte er die verletzten Gladiatoren und konnte aufgrund seines Wissens viele Verletzungen heilen.

Zur Absicherung seiner Erkenntnisse führte er **Experimente** (Tierversuche) durch, zum Beispiel durchtrennte er bestimmte Nerven und beobachtete, was danach passierte. Er erkannte die richtige Funktion der Harnleiter und deutete schon einiges richtig, was die Funktion des Herzens betraf, zum Beispiel die Funktion der Herzklappen.

Andererseits behauptete er, dass die Herzkammern über eine Öffnung in der Herzwand miteinander verbunden wären. Vermutlich hatte er das bei einem kranken Tier so gesehen und für normal gehalten. Die Funktion des Herzens als Pumpe hatte er nicht erkannt und er beschrieb den Kreislauf völlig falsch. Diese Fehler wurden jahrhundertelang gelehrt, bis William Harvey 1628 den Blutkreislauf und die Funktion des Herzens erkannte und richtig beschrieb (siehe weiter unten).

Für die **Therapie** forderte Galen, dass viel mehr bekannt sein müsste über die normale Funktion der Organe. Nur so könne man erkennen, worin die Störung besteht. Und nur dann könne man die Krankheit ursächlich behandeln. Damit formulierte er das Prinzip der modernen, wissenschaftlichen Medizin. Doch die Wirklichkeit sah anders aus.

Die Wahl der **Medikamente** orientierte sich an der Viersäftelehre. Störungen der Harmonie waren mit Zuständen wie »warm«, »kalt« oder »feucht« und »trocken« verbunden. Grundsatz der Therapie war, ein Mittel zu suchen, dass die gegenteilige Wirkung hatte. Also musste eine »warme« Störung mit einem »kühlenden« Präparat bekämpft werden. Die Therapie war im Grundsatz rational, doch bei der konkreten Auswahl war viel Spekulation im Spiel und die Wirkung beruhte vor allem auf Suggestion.

Über **Byzanz/Konstantinopel** und das oströmische Reich kam das medizinische Wissen der Antike in den Orient. Byzantinische Ärzte entwickelten vor allem die **chirurgischen Methoden** und wagten im 10. Jahrhundert erstmals eine Trennung siamesischer Zwillinge. Zur Behandlung innerer Erkrankungen nutzte man Puls- und Urindiagnostik und setzte **Naturheilmittel** aus dem Tier- und Pflanzenreich ein.

Viele medizinische Schriften wurden übersetzt und blieben in der arabischen Fassung erhalten. Etliche griechische Originale gingen verloren und konnten nur deswegen in der Renaissance zum Neubeginn genutzt werden, weil sie als **arabische Übersetzung** erhalten geblieben waren, darunter auch Schriften Galens.

Medizin im Mittelalter

Die **mittelalterliche Medizin** knüpfte an die antike Medizin an, ohne sie nennenswert weiterzuentwickeln. Überliefert wurde sie vor allem dort, wo man mit schriftlichen Überlieferungen am meisten Erfahrungen hatte, in den Klöstern. Als herausragende Vertreterin wird hier immer **Hildegard von Bingen** (1098-1179) genannt.

Die Benediktinerin war Dichterin, Musikerin und Universalgelehrte. Hauptsächlich trat sie als Seherin und Predigerin auf, aber sie wirkte neben anderen Tätigkeiten auch als Medizinerin und Heilerin.

Typisch für die **Klostermedizin** war die Beschäftigung mit der Wirkung von Heilkräutern, deren Zucht und Zubereitung. Hildegard von Bingen schrieb ein Buch über die Entstehung und Behandlung von Krankheiten und eines über die Heilkraft verschiedener Kreaturen und Pflanzen. Ihre Leistung bestand aber nicht in der Begründung der **Kräutermedizin** oder in der Entwicklung wesentlicher Neuerungen. Insofern wird sie gelegentlich ein wenig überschätzt.

Ihre wirkliche Leistung (im Rahmen ihrer medizinischen Aktivitäten) bestand darin, dass sie das Wissen der Zeit (einschließlich und wesentlich der Antike) mit der **Volksmedizin** zusammenbrachte. Und dass sie in ihren Schriften nicht die lateinischen Namen der Kräuter verwendete, sondern deren **volkstümliche Bezeichnungen**.

Sie bezog auch Edelsteine und okkulte Handlungsempfehlungen in ihre Therapie mit ein und gilt als Vertreterin der **esoterischen Naturheilkunde**. Sie formulierte auch sehr eigene Vorstellungen zur Krankheitsentstehung und geißelte in diesem Zusammenhang sexuelle Handlungen, die nicht dem göttlichen Auftrag zur Erfüllung der Schöpfungsordnung dienten.

Insofern passt Hildegard von Bingen genau in das Bild der mittelalterlichen Medizin, wie es sich insgesamt darstellt: geprägt von religiös-mystischen Vorstellungen von Gesundheit und Krankheit als Wechselspiel von göttlicher Gnade und göttlichem Zorn.

Heilmittel und Kräuter wurden eingesetzt, doch ihre Wirkung trat hinter der Bedeutung begleitender Zaubersprüche und Beschwörungen zurück. Erst in der Renaissance gelangte mit der Rückbesinnung auf Texte der Antike wieder etwas mehr Rationalität in das medizinische Denken.

Das ausgehende Mittelalter

In **Salerno**, Italien, war ein medizinisches Zentrum entstanden, in dem schon ab dem 12. Jahrhundert griechische und arabische Texte ausgewertet wurden und die Ausbildung von Ärzten auf ein höheres Niveau gehoben wurde. Dieses Zentrum beeinflusste auch die neu gegründeten Universitäten in Paris, Bologna, Oxford, Montpellier und Padua.

Die Schule von Salerno

Zu den wichtigsten Disziplinen zählten:

- ✔ die Anatomie (basierend auf Tierzergliederung)
- ✔ die galenische Physiologie (Organfunktionen und Körperkräfte)
- ✔ die Humoralpathologie (fehlerhafte Mischung der Körpersäfte)

Zur Diagnose wandte man an:

- ✔ die Harnschau
- ✔ die Pulsuntersuchung
- ✔ das Betasten des Kranken
- ✔ die Betrachtung der Ausscheidungen

Zur Heilung wurden verordnet:

- ✔ Nahrungs- und Diätempfehlungen
- ✔ Hygienemaßnahmen
- ✔ Purgieren und Klistieren (Abführen übler Körpersäfte)
- ✔ Aderlass und Schröpfen

In Salerno durften auch Frauen studieren, sich aber nur mit Frauen- und Kinderheilkunde befassen.

Ab dem 13. Jahrhundert setzte sich allgemein eine bessere Ausbildung von Ärzten durch, neue Erkenntnisse zu hygienischen Maßnahmen und erste Narkoseverfahren verbesserten die medizinische Praxis.

Im 14. Jahrhundert kam es dann zu einer Krise, als in vielen Gebieten Europas die **Pest** wütete. Da die ärztlichen Bemühungen keinen nennenswerten Erfolg brachten, herrschten wieder religiöse Vorstellungen sowie magische und mystische Beschwörungen.

Neubeginn in der Renaissance

Ab dem 15. Jahrhundert gab es wieder mehr Bemühungen um eine rationale Medizin, es gab neue Erkenntnisse und Verbesserungen in der medizinischen Praxis. **Girolamo Fracastoro** (1478-1553) äußerte als Erster den Gedanken, dass Krankheiten durch Substanzen ausgelöst werden, die von außen weitergegeben werden und in den Körper gelangen, so dass sich jeder bei jedem anstecken könne.

Im 16. Jahrhundert vertraten **Paracelsus** (1493-1541) und Girolamo die Auffassung, dass nicht Störungen im Gleichgewicht der Körpersäfte für die Krankheitsentstehung verantwortlich seien, sondern äußerlich übertragbare **Keime**. Sie können somit als Vorläufer einer modernen **Mikrobiologie** betrachtet werden, doch so weit war die Zeit noch nicht. Paracelsus beispielsweise nennt als weitere Ursachen von Krankheiten:

- Einfluss der Sterne
- aufgenommenes Gift
- körperliche Konstitution
- Einfluss von Geistern
- Strafe Gottes

Paracelsus war sicher ein Wegbereiter der naturwissenschaftlich orientierten neuzeitlichen Heilkunde, dennoch war auch er noch in magisch-astrologischen Vorstellungen befangen.

»Sternstunden« der Medizin

Die **Astrologie** bestimmte schon bei den Babyloniern und Assyrern die medizinischen Vorstellungen und Ideen. Für die Menschen war es nicht anders vorstellbar, als dass zwischen den Göttern und dem Lauf der Gestirne gesetzliche Beziehungen bestehen mussten. In der volkstümlichen **astrologischen Medizin** des späten Mittelalters erlebte der Glaube an die Abhängigkeit des Menschen von der Stellung der Himmelskörper erneut einen Höhepunkt. So meinte Paracelsus: »Ein guter Arzt sollte am ersten ein guter Astronomus sein.«

Der Arzt rät ohne Unterlass – zunächst einmal zum Aderlass

Von der Antike bis ins 17. Jahrhundert hielt sich der **Aderlass** als eine der wichtigsten Therapieformen. Seine Popularität kann vor allem auf zwei Irrtümer zurückgeführt werden:

- Das Blut, so die Grundannahme, werde in der Leber gebildet und versickere in den Geweben. Dabei könnte es sich stauen und verderben. Dieses »böse« Blut müsse durch den Aderlass entfernt werden.
- Krankheiten würden zu einem Ungleichgewicht der Körpersäfte führen. Durch Fieber und Entzündungen komme es zu einem Übergewicht des Blutes, das durch den Aderlass abzuführen sei.

Galen hielt den »Lebenssaft« für eine **Leitsubstanz**, die besonders kontrolliert werden müsse. Er stellte Berechnungen an, die die Menge des abfließenden Blutes je nach Alter des Patienten, seinem körperlichen Zustand und Wetterlage festlegten. Später wurden auch die Zapfstellen nach dem Stand der Sterne festgelegt. Der Aderlass entwickelte sich zu einer Art »Universalbehandlung«.

Nach William Harveys Entdeckung des Blutkreislaufs mit einer begrenzten Menge Blut im Jahre 1628 wurde die Methode angezweifelt, doch dauerte es noch lange, bis der Aderlass aus dem Arsenal ärztlicher Praxis verschwand. In der Tat gibt es nur sehr wenige Leiden, bei denen der Aderlass aus heutiger Sicht als sinnvoll angesehen werden kann. In den meisten Fällen ist er eher schädlich, mitunter tödlich, im besten Falle nutzlos.

Anatomie ohne Scheuklappen

Die Vorstellungen über den inneren **Aufbau des Menschen** waren im Altertum höchst dubios. Aus Scheu vor Konsequenzen im Jenseits wurden Leichen nicht geöffnet. Man wollte die Hoffnungen auf Unsterblichkeit nicht zerstören. Die einzige Quelle zur Anatomie des Menschen war bis ins 16. Jahrhundert das Lehrbuch der Anatomie von Galen. Er hatte das Körperinnere an Affenleichen studiert, diese Befunde aber leichtsinnigerweise auf den Menschen übertragen.

Leonardo da Vinci (1452-1519) wollte wissen, was unter der Haut passierte, um seine Darstellungen des menschlichen Körpers realistischer gestalten zu können. Am florentinischen Hospital Santa Maria Nuova fanden mehrere **Leichenöffnungen** statt, an denen er etwas außerhalb der Legalität teilnehmen durfte oder die er selbst durchführte. Es waren die Leichen von Hingerichteten, denen ein Begräbnis auf dem Gottesacker verweigert worden war. Leonardo fertigte anatomische Studien an, die gleichermaßen künstlerisch wie lehrbuchhaft sind. Er beförderte damit den Realitätsbezug der Medizin und damit einen rationaleren Umgang mit Krankheit und Gesundheit, mit Leben und dem Tod (siehe Kapitel 3).

So sind 800 Studienblätter entstanden mit zahllosen Skizzen von Knochen, Muskeln und Sehnen und der Struktur von Organen. Besonders interessierte ihn die **Embryologie**. Er war vermutlich der Erste, der die genaue Lage der Leibesfrucht im mütterlichen Körper untersuchte und in Zeichnungen dokumentierte.

Nach seinem Tod gelangten die Skizzenblätter nach England, wo sie in einer eisernen Kassette auf Schloss Windsor verschwanden und jahrhundertelang als verschollen galten, bis sie dann 1778 wiederentdeckt wurden. Jetzt erst konnte man die wahre Bedeutung der Blätter einigermaßen einschätzen.

Leonardo war mit seinen realistischen Abbildungen seiner Zeit um gut drei Jahrhunderte voraus. Er war aber auch der Wegbereiter für Andreas Vesalius, der sich vor allem kritisch mit Galen auseinandersetzte.

Renaissance paradox

Andreas Vesalius (1514-1564), ein flämischer Arzt und Anatom, hatte in Paris, Padua und Löwen studiert und wurde Leibarzt von Kaiser Karl V. und Philipp II. von Spanien. Vor allem aber gilt er als Begründer der modernen, an wissenschaftlichen Fakten orientierten Anatomie.

Als typischer Vertreter der Renaissance knüpfte er paradoxerweise nicht an die Ideen der Antike an, sondern setzte sich – im Gegenteil – höchst kritisch mit ihnen auseinander. Vesalius präsentierte eine veritable Abrechnung mit Galens »Affen-Anatomie« und lehnte für die Zukunft jeden Bezug auf Galen rundweg ab.

Allerdings erwies es sich als schwierig, die Scheu vor öffentlichen Leichenöffnungen zu überwinden. Vesalius konnte nicht von heute auf morgen durchsetzen, dass alle Anatomiekurse von Sezierungen begleitet wurden.

Eine Leiche musste her

Aber es musste eine Alternative zu dem **Anatomielehrbuch** von Galen her. Darin musste die wahre Anatomie des Menschen zu sehen sein, in der Beschreibung wie in Abbildungen: in konkreten Darstellungen, wie es im Körper des Menschen aussieht. Vesalius war noch ein Student, als er sich vornahm, ein solches Lehrbuch zu verfassen. Dazu brauchte er Anschauungsmaterial. Er brauchte eine Leiche!

Zwar hatte der Stauferkaiser Friedrich II. (1195-1250) das Sezieren von Leichen erlaubt – allerdings nur von Kriminellen. Aus religiöser Voreingenommenheit wagte jedoch niemand, Leichen in einem Universitätsgebäude öffentlich zu zerschneiden, auch nicht die von Kriminellen.

Andreas Vesalius konnte also nicht so ohne Weiteres zum Henker gehen und sich eine Leiche zu Ausstellungszwecken einpacken lassen. Er war allerdings so besessen von seiner Idee, dass er beschloss, sich ohne offizielle Genehmigung eine Leiche zu besorgen. Nachts schlich er zum Richtplatz vor den Toren der Stadt, kletterte auf den Galgen und schnitt einen Gehängten ab.

Die von Raben schon ziemlich abgenagten Gebeine fielen auseinander, Vesalius sammelte sie alle in einem Sack und schlich nach Hause. Dort wusch er die Knochen und setzte sie wieder zu einem vollständigen Skelett zusammen: das erste präparierte **Menschenskelett** der Medizingeschichte!

Inzwischen hatte Vesalius promoviert und wurde sogleich auf den **Lehrstuhl** für Anatomie und Chirurgie an die Universität in Padua berufen. Dort nahm er die Arbeit an dem neuen Lehrbuch wieder auf. Aber er wusste nicht, wie er die vielen Abbildungen realisieren konnte – und wie es gelingen sollte, dass sie auf dem neuesten Stand sind.

Er nahm Kontakt zur Malschule des **Tizian** auf und traf dort auf den gleichfalls vom Niederrhein stammenden Maler **Jan van Calcar**, der ihn zukünftig bei der bildnerischen Gestaltung seiner Werke unterstützen wollte. Zusammen planten sie öffentliche Sezierungen im eigens errichteten »Anatomischen Theater«, einem speziellen Hörsaal mit steil ansteigenden Rängen, so dass viele Studenten aus nächster Nähe die Demonstrationen verfolgen konnten.

Vesalius entwickelte neue **Seziermethoden**, um die Funktionsweise der inneren Organe genauer untersuchen zu können. Zuerst waren die zuoberst liegenden Schichten von Sehnen und Muskeln zu präparieren, bevor es an die Eröffnung der großen Organe ging. Während Vesalius präparierte und die Funktionen zu ergründen suchte, fertigte Jan van Calcar Skizzen von den wichtigsten Präparaten an.

1543 war das 7-bändige Werk fertig. Es enthielt

- ✔ eine gegen die allgemeine Auffassung gerichtete Erklärung: »Nur über die menschliche Leiche führt ein zuverlässiger Weg zur Erkenntnis des Körperbaus«
- ✔ eine Abstammungslinie des Menschen vom Affen über die Pygmäen – ebenfalls entgegen der allgemeinen Auffassung. Aufgrund der äußerlichen Ähnlichkeiten vermutete Vesalius gemeinsame Vorfahren, eine Theorie, die Darwin 300 Jahre später beweisen würde
- ✔ vehemente Kritik an Galen, dem er über 200 zum Teil gravierende Fehler nachwies und den er der Lüge und Unwissenschaftlichkeit zieh
- ✔ 200 zum Teil ganzseitige Illustrationen.

Vesalius hatte die fertig geschnittenen hölzernen Druckstöcke persönlich zu seinem Verleger nach Basel gebracht und an der dortigen Universität ein Colloquium abgehalten. Mit dabei: das originale Skelett, das als **Vesalsches Skelett** noch heute erhalten ist und als das älteste Stück in der anatomischen Sammlung Basel gilt.

Gesundheit durch Aufklärung

Vernunft gegen Aberglauben. Probieren und experimentieren statt an überkommenem Schrifttum festzuhalten. So könnte man die Tendenzen in der Entwicklung der Medizin in der **Renaissance** zusammenfassen.

In der **Aufklärung** setzte sich dieser Trend fort. Tradition und kirchliches Dogma sollte durch den freien Geist, die Vernunft ersetzt werden. Metaphysik sollte der Physik, den Naturwissenschaften weichen.

Kennzeichnend für das 17. und 18. Jahrhundert war, dass sich die Forschung zunehmend spezialisierte, dass sich die medizinischen Fakultäten weiter ausdifferenzierten und dass sich die Untersuchungsmethoden und -instrumente verfeinerten.

Es kam zu entscheidenden Durchbrüchen, zu grundlegenden Entdeckungen. Diese neuen Erkenntnisse führten zu einer ganz neuen Medizin, einer Medizin, die nach den wahren Gründen einer Erkrankung sucht. Erst, wenn ich die Funktion der erkrankten Organe kenne, kann ich eine Störung dieser Funktion erkennen. Und erst, wenn ich die Störung kenne, kann ich daran gehen, sie zu behandeln. Sie ursächlich zu behandeln, sie zu heilen.

Nachdem schon 1552 der spanische Arzt **Miguel Serveto** den **kleinen Kreislauf** durch die Lunge beschrieben hatte (was vor ihm schon der arabische Arzt **Ibn al Nafis** im 13. Jahrhundert getan hatte) und nachdem der italienische Anatom **Girolamo Fabrizio** die Venenklappen entdeckt, ihre Funktion aber noch nicht richtig gedeutet hatte, kam es zu der ersten richtigen Erklärung des **Blutkreislaufs** durch William Harvey.

William Harvey (1578-1657), englischer Anatom und Wegbereiter der modernen Physiologie, hatte in Padua studiert, der damals berühmtesten medizinischen Fakultät. Bis auf die Anatomie, für die ein neues Lehrbuch von Vesalius vorlag, wurden dort auch immer noch die Vorstellungen von Galen gelehrt, unter anderem die Lehre vom Blut, als einem der vier Körpersäfte.

Nach den alten Vorstellungen wird das Blut in der Leber produziert und versickert dann in den Geweben. Die Organe saugen, je nach Bedarf, Blut aus der Leber an. Das Herz hat die Aufgabe, das Blut aufzufrischen und anzuwärmen. Durch Löcher in der Scheidewand tritt das Blut in die linke Herzkammer, wo ein Feuer brennt, um das Blut auf die richtige Temperatur zu bringen. Seit 1400 Jahren wurde das so gelehrt.

Willkommen im Club der Skeptiker

Harvey war ein skeptischer Mann. An vielen Aussagen hegte er Zweifel. Ihm war klar, dass er Beweise für die Vorstellungen der Antike finden musste – oder er suchte nach stimmigeren Konzepten. Dazu musste er Experimente machen, die das eine oder das andere unterstützten.

Er schnitt Hunden die Brust auf, um das schlagende Herz zu beobachten. Dann piekste er ein kleines Loch in die Schlagader und beobachtete, wie das Blut herausspritzte. Damit war bewiesen: Das **Herz** ist eine **Pumpe**. Es zieht sich zusammen und drückt das Blut in die Arterien. Die Idee des »Saugens« war schlichtweg falsch.

Harvey ging **streng wissenschaftlich** vor. Er räumte alle Vermutungen und Spekulationen beiseite und schaute sich das Experiment an. Und all das, was das Experiment bestätigte, konnte zu den Fakten gezählt werden. Aber dann ging er noch einen überraschenden Schritt weiter und führte die **mathematische Analyse** ein. Er berechnete die Blutmenge, um zu überprüfen, ob so viel Blut in jedem Zyklus des Herzschlags neu gebildet und von den Organen verbraucht werden kann.

Er kannte die Ausmaße der Herzkammer, er kannte die Zahl der Pumpschläge pro Minute und errechnete daraus eine Menge, die unmöglich in so kurzer Zeit erzeugt und vernichtet werden konnte. Der einzige logische Ausweg: Es gibt nur eine begrenzte Menge Blut, und dieses Blut muss offensichtlich zirkulieren. Alles sprach für die Zirkulation in einem geschlossenen System aus Herz, Lunge, Adern und Venen.

Für den geschlossenen Kreislauf fehlte Harvey allerdings noch der Beweis: Wie kam das Blut aus den Adern in die Venen? Die entsprechenden Kapillargefäße konnte erst der italienische Anatom Marcello Malpighi gegen Ende des 17. Jahrhunderts nachweisen – nachdem das Mikroskop erfunden worden war.

Harvey veröffentlichte seine Erkenntnisse 1628 und löste damit eine **Revolution im Weltbild der Medizin** aus. Die neuen Sichtweisen setzten sich schnell durch und erzeugten überall den Wunsch, zu forschen, Theorien aufzustellen und diese dann dem Urteil durch das Experiment zu unterwerfen. Aber es war nicht nur das Experiment, revolutionär war auch, dass Harvey eine **mathematische Kalkulation** zum entscheidenden Argument in einer medizinischen Argumentationskette machte.

Das Zeitalter der Aufklärung brachte auch Klärungen so mancher Fehlinterpretation und falschen Vorstellung in den Naturwissenschaften.

Große Seuchen – kleine Anstecker

Das ausgehende Mittelalter und die frühe Neuzeit waren geprägt von den **großen Seuchen**:

- ✔ Pest: 14. Jahrhundert
- ✔ Syphilis: 15. und 16. Jahrhundert
- ✔ Pocken: 18. Jahrhundert
- ✔ Fleckfieber: 19. Jahrhundert
- ✔ Cholera: 19. Jahrhundert
- ✔ Typhus: 19. und 20. Jahrhundert
- ✔ Gelbfieber: 19. Jahrhundert
- ✔ Tuberkulose: 19. Jahrhundert
- ✔ Spanische Grippe: 20. Jahrhundert
- ✔ AIDS: 20. Jahrhundert

Die Ärzte waren machtlos, es gab keinerlei ursächliche Behandlung. Da die Erreger unbekannt waren, konnten sie auch nicht wirksam bekämpft werden. Die Ratschläge, die gegeben wurden, spiegeln die Verzweiflung und Hilflosigkeit. So empfahl man gegen die Pest Folgendes:

- ✔ kein Geflügel essen, insbesondere keine Wasservögel
- ✔ kein Spanferkel, kein altes Ochsenfleisch
- ✔ nicht bei Tag schlafen
- ✔ des Nachts bis drei Uhr morgens wegen des Taues nicht ausgehen
- ✔ sich nicht von der Sonne bescheinen lassen
- ✔ sich von der Sonne bescheinen lassen
- ✔ sich nicht baden
- ✔ sich vor Durchfällen schützen

Da man die wahre Ursache nicht kannte, hielt man die Seuchen für eine Strafe Gottes. Anstatt den Kranken zu raten, zu Hause zu bleiben, empfahl man Bittprozessionen, die das Gegenteil bewirkten: die Weiterverbreitung der **Erreger**.

Aber es gab auch sinnvolle Ansätze: So wurden die Toten außerhalb der Städte und Dörfer bestattet. Kleidungsstücke von Erkrankten wurden verbrannt. Kranke wurden in speziellen Häusern, gewissermaßen in Quarantäne, gehalten. Und es gab erste **Hygienemaßnahmen** wie zum Beispiel die Bereitstellung sauberen Trinkwassers. Gelegentlich wurde auch schon ein eigenes Abwassersystem eingerichtet.

Der Gestank – macht alle krank

Die Ärzte, die nach neuartigen Krankheitsursachen fahndeten, spalteten sich bald in zwei große Gruppen:

- ✔ die Anhänger der **Miasmentheorie** und
- ✔ die Anhänger der **Kontagientheorie**

Miasmen sind üble Gerüche. Und davon gab es im Mittelalter mehr als genug. Da jeder seinen Abfall (das heißt wirklich alles) auf die Straße kippte, stank es in den meisten Siedlungen bis in die Neuzeit erbärmlich. Dass man die Miasmen für Krankheiten verantwortlich machte, war im Grundsatz schon eine richtige Idee, nur die Begründung war falsch.

Da lagen die Anhänger der Kontagientheorie schon richtiger: Unter **Kontagien** Körperkontakt, über die Luft, Mund und Nase die Seuche weiter verbreiteten. Die Winzlinge waren also die »Anstecker«, die Überträger der Erkrankung.

Leider war die falsche Theorie die populärere. Die Miasmentheorie verhinderte lange Zeit, dass sich die richtigeren Ideen der Kontagientheorie durchsetzen konnten. Dabei war die Theorie winziger Krankheitsüberträger immer wieder geäußert worden.

»Animalculae«, kleine Tierchen, die späteren Bakterien

Schon der altrömische Universalgelehrte **Marcus T. Varro** (116-27 v.u.Z.), ein Zeitgenosse Cäsars, äußerte die Vermutung, dass es lebende Krankheitserreger in Gestalt unsichtbarer Tierchen geben könnte. Diese würden »mit der Atemluft in den Körper gelangen und dort schwere Krankheiten auslösen«. Bis ins 16. Jahrhundert blieb das eine weitgehend unbeachtete These.

Dann aber griff der von fortschrittlichem Renaissancegeist erfüllte italienische Mediziner **Girolamo Fracastoro** (1476-1553) die alte Vermutung auf und ergänzte sie durch seine ärztlichen Erfahrungen. Demnach würden Krankheitserreger nicht nur durch verseuchte Luft, sondern auch durch direkte Berührungen von Mensch zu Mensch übertragen.

Doch noch immer waren es nur Vermutungen. Man ahnte, dass es winzige, lebende »Tierchen« sein müssten. Aber nachweisen konnte das niemand.

Es war der niederländische Laienforscher **Antoni van Leeuwenhoek** (1632-1723), der erstmals lebende Bakterien vor sich sah, als er 1675 den Belag eines kranken Zahnes unter einem Mikroskop observierte.

Leeuwenhoek war eine interessante Figur. Er stellte sehr einfache, aber leistungsstarke **Mikroskope** her und erforschte damit alles, was mikroskopierbar war.

Er war überhaupt der erste, der erkannte, dass es eine Welt unterhalb derjenigen gibt, die wir mit bloßen Augen sehen. Die Welt oberhalb der sichtbaren Welt war mit Teleskopen schnell erobert. Die Welt der Kleinstlebewesen blieb lange eine Welt von wenigen Spezialisten, die das Mikroskop als Forschungsinstrument erkannt hatten.

Leeuwenhoek hatte nie studiert und konnte auch kein Latein, so dass er seine Erkenntnisse auch nicht publizieren konnte. Die Welt nahm erst Notiz von ihm, als 1673 ein Delfter Forscher der Royal Society in London von den hervorragenden Arbeiten erzählte und man seine Berichte anforderte.

Zum Eklat kam es 1675, als Leeuwenhoek behauptete, **Bakterien** (er nannte sie »Animalculae«) im Belag eines Zahnes und im Wasser eines Teiches gefunden zu haben. Man bedachte ihn zunächst nur mit Hohn und Spott. Aber es muss doch einige Befürworter Leeuwenhoeks gegeben haben. Schließlich wurden seine Arbeiten ernsthaft diskutiert und Leeuwenhoek wurde sogar als Mitglied in die Royal Society aufgenommen.

Leeuwenhoek beobachtete die **Wanderung roter Blutkörperchen** durch die feinsten Gewebe und zeigte damit, wie der Blutkreislauf geschlossen wurde. William Harvey hatte ein halbes Jahrhundert früher behauptet, dass es irgendeine Verbindung zwischen Adern und Venen geben müsse. Denn das Herz pumpt das Blut in die Adern und über die Venen kommt es zurück.

Erst nach der Erfindung des Mikroskops konnte der italienische Anatom **Marcello Malpighi** (1628-1694) darauf hinweisen, dass winzige Kapillargefäße die Verbindung sein könnten. Jetzt hatte Leeuwenhoek erneut bewiesen, dass sich der Blutkreislauf über die **Kapillaren** schließt.

Seine vielleicht wichtigste Entdeckung machte Leeuwenhoek 1677, als er sich mit den Spermatozoen, den Samenzellen von Kleinstlebewesen beschäftigte. Er konnte nachweisen, dass sich Insekten, Würmer, Muscheln etc. aus Eizellen entwickeln und nicht durch **Spontanzeugung** oder aus Dreck und Sand entstehen, wie man bis dahin angenommen hatte.

Es ist schon erstaunlich, zu welch fundamentalen Fragen dieser Hobbyforscher Antworten fand. Vielleicht ahnte Leeuwenhoek etwas von der Bedeutung dieser »Kleinsttierchen«, dieser »Animalculae«, die später als Bakterien bezeichnet wurden.

Vielleicht ahnten auch die Forscher der Royal Society etwas. Aber den Beweis, dass es sich hier um **Krankheitserreger** handelte, hätte niemand führen können. Dafür brauchte es noch fast 200 Jahre.

Erst gegen Ende des 19. Jahrhunderts entwickelte die naturwissenschaftliche Medizin in der neu geschaffenen **Mikrobiologie** das »Erregerkonzept«. Demnach sind lebende Keime (Bakterien, Viren etc.) ursächlich verantwortlich für jeweils eine Krankheit. Diese wird meist übertragen durch Berührung oder die Atemluft.

Vorerst aber gab es neben der Miasmentheorie nur die **Kontagientheorie**. Da war zwar die Rede von den Animalculae, aber niemand kam auf die Idee zu rufen: »Da – unter Leeuwenhoeks Mikroskop, das sind sie!« Man wundert sich im Nachhinein, warum es so lange dauerte, bis theoretisches Konzept und experimentelle Beweise zusammentrafen.

Denn im Grunde war man schon dicht dran. Leeuwenhoek hatte die Biester schon unterm Mikroskop und die Theorie lieferte brauchbare Konzepte. Man musste sie vielleicht noch etwas anpassen – aber keiner interessierte sich für die Kontagien, die Mehrheit der Forscher liebte die Miasmen. Es stank zum Himmel!

Den Erregern auf der Spur

In den nächsten 100 Jahren passierte auf diesem Gebiet so gut wie gar nichts. Die **Pocken** waren ausgebrochen – und die Ärzte hatten anderes zu tun, als sich mit theoretischen Studien zu befassen.

Dabei gab es Beobachtungen in der praktischen Heilkunde, die der Kontagientheorie den entscheidenden Ruck hätten geben können, aber niemand sah, was doch offensichtlich war. Man hätte die Beobachtungen nur mutig interpretieren müssen, schon wäre man als nobler Forschergeist in die Geschichte eingegangen.

Ich mach dich krank, das macht dich stark

Die erste Idee kam aus den arabischen Ländern. Die Frau des britischen Botschafters in Konstantinopel brachte sie aus der Türkei mit nach London. Ein persischer Arzt hatte einen Schutz vor den Pocken gefunden, die »Inokulation«. Aber die Methode war zu risikoreich und setzte sich nicht durch.

Erst als der englische Landarzt **Edward Jenner** (1749-1823) ein ähnliches Verfahren »wiederentdeckte«, kam es zu einem großen Durchbruch. Jenner hatte beobachtet, dass Mägde und Knechte, die sich mit Kuhpocken infiziert hatten, nicht mehr an Menschenpocken erkrankten. Sie waren offenbar **immun** gegen die Krankheit, obwohl die **Kuhpocken** eigentlich zu den Tierkrankheiten zählen und beim Menschen recht harmlos verlaufen.

Im Jahr 1796 machte er dann einen ersten Versuch: Er entnahm der Kuhpockenpustel einer Magd etwas Sekret und ritzte es dem 11-jährigen James Phipps unter die Haut. Sechs Wochen später unternahm er dann den eigentlichen Test: Er infizierte den Jungen mit echten Pocken, doch der Junge blieb gesund, er war gegen die Pocken immun.

Jenner nannte sein Verfahren »Vakzination« und das immunisierende Kuhpockensekret »Vakzine« nach dem lateinischen Wort für Kuh »vacca«.

Jenners **Impfung** war auch noch recht risikoreich: In zwei Prozent aller Fälle versagte die Immunisierung oder es kam gar zu **Impfschäden**. Aber verglichen mit dem Risiko, angesteckt zu werden, war die Impfung das geringere Risiko. Etwa 25 Prozent aller Pockenkranken starben an der Seuche.

Jenner machte noch 22 ähnliche Versuche, dann ging er 1798 an die Öffentlichkeit. In der theoretischen Begründung blieb er noch ganz dem alten Denken verhaftet. Pocken würden durch ein besonderes Gift übertragen. Wenn man zuvor ein schwächeres Gift gebe, erkranke der Mensch nicht oder nur harmlos. Aber der Körper werde »abgehärtet«. Er sei an das Gift schon gewöhnt. Wenn er dann mit dem voll wirksamen Gift in Berührung komme, mache ihm das nichts mehr aus.

Eine wirksame Impfung mit einer fast richtigen Theorie: Das war die bedeutendste Innovation in der Medizin der Aufklärung. So paradox das auch erscheinen mag: Das Verfahren basierte auf dem Gedanken: »Erst mache ich dich krank, dadurch mache ich dich stark. Nämlich widerstandsfähig gegen eine noch schlimmere Erkrankung.«

Die neu entwickelte Impfung nahm den Pocken ihren Schrecken. Nachdem in vielen Regionen große Teile der Bevölkerung geimpft worden waren, kam die Epidemie zum Stillstand.

Die neu entstandenen Gesundheitsbehörden führten daraufhin eine **Impfpflicht** ein. Denn nur bei einer nahezu 100-prozentigen Impfrate konnte man sicher sein, dass die Seuche nicht wieder aufflammte.

Das alles geschah in bester Absicht. Die neu entstandenen Gesundheitsbehörden – sie hießen zu allem Unglück auch noch »Gesundheitspolizey« – waren ein typisches Kind der Aufklärung. Alles war rational begründet und Experten hatten alles berechnet und überprüft.

Protest gegen die »Pflicht-Medizin«

Aber es regte sich **Widerspruch**, insbesondere gegen die **Pflicht zur Impfung**. Vereinigungen wurden gegründet, eigene Zeitschriften kamen heraus. Auf die Statistiken der Behörden reagierten sie mit eigenen **Statistiken**.

Wenn man so will, entstanden damals die Vorläufer der späteren **Protestbewegungen**. Schon damals reichten die Proteste bis zur **Fundamentalopposition**: Statt zwangsweise zu impfen, statt überhaupt zu impfen, sollten die Lebensbedingungen verbessert werden, dann hätten Seuchen wie Pest und Pocken gar keine Chance mehr, sich zu verbreiten.

Vergiftete Hände

Noch einmal 50 Jahre später gab es eine weitere Entdeckung, die abermals in die richtige Richtung wies. Aber auch hier blieben die alten Vorstellungen dominant.

Ignaz Semmelweis (1818-1865), ungarischer Arzt im damaligen Österreich-Ungarn, war als Gynäkologe und Geburtshelfer an einer Wiener Klinik tätig, die als Besonderheit zwei Wöchnerinnen-Stationen aufwies, die ganz ähnlich strukturiert waren.

Der einzige Unterschied: Zu der einen Station hatten nur Hebammen und Pflegerinnen Zutritt, zu der anderen auch Medizinstudenten, die zum Zwecke der Ausbildung die Wöchnerinnen vor und nach der Geburt zu untersuchen hatten.

Semmelweis war um 1845 aufgefallen, dass in der Hebammen-Station die **Sterblichkeit** sehr viel **niedriger** war als auf der Studenten-Station. Das ließ ihm keine Ruhe. Es musste eine Ursache geben, die mit den Studenten zusammenhing.

Also schaute er sich an, was die Studenten eigentlich machten. Aber er konnte keine Unregelmäßigkeiten feststellen. Sie führten die Untersuchungen ganz genau so durch, wie sie es gelernt hatten.

Semmelweis gab sich damit nicht zufrieden. Es musste etwas sein, das nur Studenten hier hineinbrachten, nicht aber die Hebammen, die auch Untersuchungen machten. Semmelweis schaute sich den täglichen Stundenplan der Studierenden an und es packte ihn ein fürchterlicher Verdacht: Unmittelbar zuvor hatten die Studenten Unterricht in der **Pathologie**, wo sie Leichen sezierten. Sie hatten womöglich noch Leichenteile an ihren Händen – oder ein **Leichengift**, das in die Körper der Wöchnerinnen eingebracht, dort sein zerstörerisches Werk fortsetzte. Das würde auch erklären, warum die Wöchnerinnen mit dem sogenannten **Kindbettfieber** reagierten.

Semmelweis handelte sofort und ordnete an, dass alle Mediziner, Ärzte wie Medizinstudenten, sich die Hände gründlich waschen und mit Chlorkalk desinfizieren mussten, bevor sie weitere Patienten untersuchten. Aus einer 1848 veröffentlichten Statistik geht hervor, dass es Semmelweis mit dieser Maßnahme gelang, die **Sterblichkeitsrate** auf der betreffenden Station von vormals 12 auf 2 Prozent zu senken.

Die Reaktionen der Kollegen und Studenten waren höchst unterschiedlich. Etliche sahen die Fakten und reagierten mit gleichen Anweisungen an das Personal. Ein Arzt aus Semmelweis' eigener Abteilung nahm sich das Leben, weil er die Schuld nicht ertragen konnte: Mit seinen eigenen Händen, die doch eigentlich heilende Hände sein sollten, hatte er den Frauen den Tod gebracht.

Vergiftete Atmosphäre

Doch die Mehrheit reagierte mit Ablehnung, ja mit Feindschaft. Alles, was Semmelweis angeführt hatte, widersprach dem eigenen Selbstbild – und der eigenen **Bequemlichkeit**: Sich nach jedem Patientenkontakt die Hände zu waschen, ja zu desinfizieren, wo käme man da hin? Und die ganze Theorie wurde als **Hirngespinst** abgetan.

Die meisten Ärzte waren Anhänger der **Miasmentheorie** und glaubten, dass das (oft tödliche) Kindbettfieber auf schlechte Luft, eine ausgebliebene Menstruation oder einen Milchstau zurückzuführen sei.

Semmelweis konnte dem allerdings nichts Überzeugendes entgegenhalten, einfach weil er es nicht besser wusste. Das Erregerkonzept mit den lebenden Bakterien als Keime, war noch nicht entdeckt. Aber er hatte genau beobachtet und seine Schlüsse daraus gezogen. Ein zersetzender Stoff wanderte über die Hände der Studenten zu den Wöchnerinnen, ein Leichengift, wie er zunächst vermutete.

Doch eines Tages kam es zu 12 Todesfällen, trotz der Waschungen und Desinfektionen. Eine der Wöchnerinnen war schon erkrankt. Und von ihr musste die Infektion weitergegeben worden sein. Leichengift schied demnach aus. Semmelweis war ratlos.

Erst später konnte mit dem **Erregerkonzept** eine passende Theorie zu den Experimenten von Semmelweis gefunden werden.

Semmelweis' Verdienst bleibt seine genaue Beobachtung: Er hatte richtigerweise die mangelhafte Desinfektion der Hände als Ursache festgestellt. Die Maßnahmen, die er zur Abhilfe vorschlug, erwiesen sich als erfolgreich. Die Begründung zielte zwar in die richtige Richtung, war aber fehlerhaft. Und sie kratzte am selbstgefälligen Ego der Ärzte. Das alles machte ihn zur tragischen Figur.

Besonders die **Klinikleitung** stellte sich nicht etwa hinter ihn, sondern zeigte unverhohlen ihre Missbilligung und Feindschaft. Schon gar nicht mochte sie eine eigene Schuld zugeben und vor allem nicht öffentlich eingestehen. Semmelweis wurde »degradiert« zum Privatdozenten für theoretische Geburtshilfe mit Übungen am Phantom, also an Puppen. Er fühlte sich so gekränkt, dass er innerhalb weniger Tage seine Stelle in Wien kündigte und nach Ungarn zurückkehrte.

Im englischsprachigen Raum existiert der Begriff »Semmelweisreflex«. Damit beschreibt man die Situation, dass eine revolutionäre Innovation oft dem Urheber statt Ruhm und Ehre nur Hass und Feindschaft einbringt, weil festverankerte Traditionen dem Neuen entgegenstehen.

Semmelweis wurde Professor für Geburtshilfe an der Universität in Pest. Aber auch in Ungarn machte er sich keine Freunde. Ärzte, die seine Richtlinien nicht beachteten, nannte er öffentlich »Mörder«. Vermutlich aufgrund einer Intrige wurde er in die Irrenanstalt eingeliefert. Zwei Wochen nach seiner Einweisung zog er sich eine Verletzung zu und starb an Blutvergiftung. Die Verletzung stammte von einem Kampf mit dem Anstaltspersonal. Gerüchte sprechen gar davon, Semmelweis sei auf dem Anstaltshof erschlagen worden.

Lange wurde die Bedeutung von Semmelweis nicht gewürdigt. Erst eine Ärztegeneration später wurden Hygienemaßnahmen bei Wöchnerinnen zur Selbstverständlichkeit, erst gegen Ende des Jahrhunderts wurde die Leistung von Semmelweis anerkannt.

Das Erregerkonzept

Den Beginn der naturwissenschaftlichen Medizin kann man ungefähr in der Mitte des 19. Jahrhunderts festmachen, vielleicht im Jahr 1858, als **Rudolf Virchow** (1821-1902) das Konzept der Zellularpathologie veröffentlichte. Darin erläuterte er die Bedeutung der Zelle als Grundbaustein des Lebens. In der **Zelle und im Zellverband** finden chemische und physikalische Prozesse statt, die allesamt beobachtbar und vorhersehbar sind. Konzepte wie die »Lebenskraft«, werden verworfen, jeder Prozess folgt einer klaren Theorie, die durch Experimente bestätigt wird.

Virchow war die überragende, international anerkannte Gestalt der modernen, wissenschaftlich geprägten Medizin.

Louis Pasteur (1822-1895) war ein französischer Chemiker und Mikrobiologe, der entscheidende Entdeckungen zur Krankheitsentstehung und -bekämpfung gemacht hatte. Um 1860 untersuchte er, was bei Gärung, Fäulnis und Verwesung eigentlich ablief. Er fand heraus, dass **Mikroorganismen** eine entscheidende Rolle spielten.

Damit beantwortete er die Frage, die Antoni van Leeuwenhoek aufgeworfen hatte, als er 1675 **Bakterien** unter seinem Mikroskop entdeckte, ohne zu wissen, dass es Bakterien waren, und ohne zu wissen, was Bakterien sind.

Nun, fast 200 Jahre später, war es Louis Pasteur, der durch verschiedene Tests herausfand, dass die bei der Gärung entscheidenden Bestandteile lebendig waren. Es waren Kleinstlebewesen, **Mikroorganismen**. An diesen Entdeckungen waren mehrere Forscher beteiligt, so dass man nicht von dem einen Entdecker der Mikroorganismen als Verursacher von Infektionskrankheiten sprechen kann. Aber Pasteur hatte wesentlichen Anteil daran.

Interessanterweise führte er zur Frage, ob das »Lebendige« für die Gärung entscheidend war, einen erbitterten Streit mit **Justus Liebig** (siehe Kapitel 7). Pasteur vertrat die »Lebenskraft«, Liebig beharrte auf »reiner« Chemie. Hätten die beiden nicht gestritten, sondern zusammengearbeitet, hätten sie vielleicht gesehen, dass beide recht hatten. Entscheidend ist ein Enzym, das wie ein Katalysator wirkt, also reine Chemie. Aber dieses Enzym wird von Mikroorganismen produziert. Also ist auch das »Lebendige« vonnöten.

Für den Fortschritt der Medizin war es ganz entscheidend wichtig, dass Pasteur diese **Mikroorganismen** entdeckt hatte. Denn so bereitete er das Erregerkonzept vor. **Krankheitserreger** sind nämlich deshalb so gefährlich, weil sie sich massenhaft **vermehren** können, sobald sie einen passenden Wirtsorganismus befallen haben. Nur weil sie lebende Keime sind, sind sie überhaupt in der Lage, eine Krankheit zu erregen.

Forschung mit praktischen Folgen

Auf Pasteur gehen die Antisepsis und das Pasteurisieren zurück.

Sepsis (»Blutvergiftung«) ist eine umfassende und bedrohliche Entzündungsreaktion des ganzen Körpers nach einer Infektion. Unter **Antisepsis** versteht man alle Maßnahmen zur Verhinderung einer solchen Reaktion oder überhaupt der Infektion. Erreicht wird das durch Desinfektion von Geräten und Oberflächen, aber auch durch eine desinfizierende Behandlung der Wunde selbst. Davon zu unterscheiden wäre die »Asepsis«, die totale Keimfreiheit, die aber praktisch nie zu erreichen ist.

Das **Pasteurisieren** ist das Abtöten weitgehend aller Keime in flüssigen Lebensmitteln durch kurzfristiges Erhitzen auf etwa 60 Grad. Die Speisen und Getränke verlieren dadurch kaum an Gehalt und Geschmack, bleiben aber viel länger frisch und unverdorben.

Vielleicht die größte Bedeutung erzielte Pasteur durch seine Weiterentwicklung verschiedener **Impfmethoden**. Bis dahin war ja nur die Pockenimpfung bekannt, eine Zufallsentdeckung ohne theoretischen Hintergrund. Durch die neuen Entdeckungen und die passenden theoretischen Vorstellungen von Pasteur in Frankreich, Koch in Deutschland und anderen Forschern hauptsächlich in Europa konnte nun systematischer nach Impfstoffen gesucht werden. Wichtigste Voraussetzung war jeweils die Isolierung des Erregers. Erst wenn man den hatte, konnte man ihn **vervielfältigen** und **abschwächen** oder **abtöten**, um ihn (oder Teile von ihm) als Impfstoff zu benutzen.

Pasteur hatte noch keine richtige Vorstellung davon, wie die **Schutzwirkung der Impfung** eigentlich funktioniert. Er glaubte, der befallene Organismus sei eine Art »Nährmedium« für den Parasiten. Er enthalte für den Erreger brauchbare Nahrungsstoffe, die aber begrenzt seien. Die abgetöteten Erreger seien zu schwach, um die Krankheit zu erregen, würden aber dem Nährmedium sämtliche Nahrungsstoffe entnehmen, so dass der eigentliche Krankheitskeim sich weder festsetzen noch vermehren kann, wenn er dann später den Wirtsorganismus erreicht.

Pasteur fand **Impfstoffe** gegen die **Geflügel-Cholera**, den **Milzbrand** und gegen **Tollwut**. Teilweise wurde darauf hingewiesen, dass frühere Arbeiten von Kollegen bereits ähnliche Ergebnisse erzielt hatten. **Plagiatsvorwürfe** wurden erhoben. Sogar von Wissenschaftsbetrug war die Rede. Die Aufzeichnungen in den Labortagebüchern gaben oft nicht das wieder, was in den Veröffentlichungen behauptet wurde. Andererseits: Ein wirklicher Betrüger hätte ja wohl die Labortagebücher als Beweisstücke verschwinden lassen.

Die Wahrheit ist schwierig zu ermitteln, zumal die Spitzenforschung inzwischen zum **Prestigeobjekt der Nationalstaaten** geworden war und die Kollegen sich als Todfeinde betrachteten.

Die Forschung war teilweise parallel erfolgt. In Deutschland war es vor allem **Robert Koch** (1843–1910), der das Erregerprinzip entwickelt hatte. Bereits 1876 gelang es ihm, den **Milzbranderreger** zu isolieren, also außerhalb des Körpers zu züchten, seinen Lebenszyklus zu dokumentieren und zu beschreiben, wie der Erreger das Gewebe schädigt und die eigentliche Krankheit auslöst.

Folgendes fand er heraus:

- ✔ Für jede Krankheit war im Prinzip *ein* Erreger zuständig.
- ✔ Auf die gleichen Erreger reagierten unterschiedliche Tierarten höchst unterschiedlich.
- ✔ Bakterien bildeten im Blut des Wirtskörpers Sporen, aus denen wieder Bakterien wurden.
- ✔ Die eigentlich transparenten Sporen konnte man anfärben und so unter dem Mikroskop sichtbar machen.
- ✔ Gezüchtete Bakterienkolonien ließen sich am besten beobachten, wenn man rechteckige Glasschalen benutzte, in denen ein durchsichtiger Nährboden die Betrachtung im Durchlicht ermöglichte.

Mit seinen Beiträgen zur Verbesserung und Standardisierung von Methoden und Gerätschaften schuf Robert Koch die Voraussetzungen für eine systematische Mikrobiologie.

Seinen größten Erfolg feierte er aber mit der Entdeckung des Tuberkuloseerregers. Darüber berichtete er in einem mit Spannung erwarteten Vortrag am 24. März 1882. In Deutschland grassierte damals eine regelrechte Tuberkuloseepidemie, jeder Siebte starb daran!

Bislang war man der Auffassung, die »Schwindsucht« werde durch chronisch falsche Ernährung ausgelöst oder sei eine Erbkrankheit. Dies alles erklärte Koch an diesem Abend kategorisch für falsch. Als Beweis brachte er Glasschalen mit, in denen er die von ihm gefundenen Tuberkelbakterien angezüchtet hatte. Die Zuschauer wurden eingeladen, sich die stäbchenförmigen Übeltäter durchs Mikroskop anzuschauen.

Das war die Nachricht, auf die alle gewartet hatten. Die Schwindsucht war eine Infektionskrankheit, und er nannte sie **Tuberkulose**. Und Robert Koch hatte den Erreger gefunden: die **Tuberkelbakterien**. Entsprechend groß waren die Hoffnungen, dass jetzt eine Behandlungsmöglichkeit oder eine Impfung gefunden würde.

Doch der **Fortschrittsglaube** war verfrüht. Das Erregerkonzept mit seinen logischen Stufen

- ✔ Isolierung des Erregers
- ✔ Züchten des Erregers außerhalb des Körpers
- ✔ Entwicklung von Bekämpfungsmitteln und
- ✔ Herstellung eines Impfstoffs

war keine Maschine, die immer und überall funktionierte.

Einer macht krank, vieles macht gesund

Vielleicht wurde die moderne, **naturwissenschaftliche Medizin** auch überschätzt, weil alle Fortschritte und Erfolge automatisch ihr zugeschrieben wurden: Seit die moderne Medizin eingeführt worden war, hatten die großen Seuchen ihre Schrecken verloren und rafften nicht mehr so viele Menschen dahin, die Lebenserwartung war allgemein angestiegen.

Das alles hatte seine Ursachen sicher zu einem Teil in der modernen Medizin mit ihren klaren **Konzepten**: Isolierung, Züchtung, Ansteckungsweg. Und mit ihren neuartigen Geräten und **Methoden**: Mikroskop, Labor, Tierversuch, klinischer Test, Arzneimittel, Impfstoff.

Die Erfolge hatten ihre Ursache aber zu einem guten Teil auch in der **Verbesserung der allgemeinen Lebensumstände**. Die Menschen ernährten sich gesünder, die ersten **Hygienemaßnahmen** griffen, Wasser und Abwasser wurden getrennt. Das Wissen um die Ansteckungswege führte zu verstärkter Sauberkeit und Vorsicht im tagtäglichen Umgang miteinander.

Und dann kam noch ein unverstandenes Phänomen hinzu. Schon immer war beobachtet worden, dass Krankheiten kamen und gingen. Die großen Pestepidemien tobten oft Jahre um Jahre und dann plötzlich, wie auf ein geheimes Zeichen, zogen sich die Erreger zurück, die Seuche erstarb. Die Pest blieb Europa schon lange fern, dafür tauchte AIDS auf.

Die meisten Krankheiten kennen nur einen Erreger, aber es gibt vieles, was uns gesund macht.

Die Tuberkulin-Pleite

Nach einer Reihe von erfolglosen Versuchen kam das Gerücht auf, Robert Koch habe einen **Impfstoff gegen Tuberkulose** entwickelt. Davon erfuhr der preußische Kultusminister Gustav von Goßler, der Koch drängte, die Neuigkeit auf dem 10. Internationalen Medizinischen Kongress zu präsentieren, der 1890 in Berlin abgehalten wurde. Goßler hielt die Eröffnungsrede und pries den erhofften Wirkstoff wie ein fertiges Präparat an, das in jeder Apotheke zu haben sei. Koch musste die unhaltbaren Versprechungen zurücknehmen und hielt sich insgesamt sehr bedeckt: Sein Wirkstoff sei noch in der Erprobung. Auch sagte er nichts zur Zusammensetzung oder Herstellung des Mittels.

Mit dem »Tuberkulin« genannten Impfstoff wurden daraufhin Versuche gemacht, die anfangs erfolgreich gewesen sein sollen. Doch schon bald produzierte man so viele **Impfschäden** und Misserfolge, dass alle Versuche abgebrochen wurden.

Wirkung: wirkungslos

Daraufhin versuchte Koch, seinen Wirkstoff als **Medikament** zur Behandlung der Krankheit einzusetzen, wieder ohne Erfolg. Viele Patienten starben unter der Behandlung. Rudolf Virchow untersuchte einige der Leichen und stellte fest, dass Tuberkulin die Tuberkelbakterien nicht abgetötet, sondern in manchen Fällen die Bakterien überhaupt erst aktiviert hatte.

Das ganze Dilemma offenbarte, dass Medikamente sehr viel sorgfältiger geprüft und erprobt werden mussten, bevor sie zur Behandlung zugelassen werden durften. Ohne es zu wollen, hatte Robert Koch dazu beigetragen, dass schon bald Vorschriften für eine klinische **Arzneimittelprüfung** erlassen wurden.

Noch mehr litt das Ansehen von Robert Koch als bekannt wurde, dass er den finanziellen Gewinn für sich beanspruchte, den er sich aus der **Vermarktung** des Tuberkulins versprach. Das wurde als unangemessen empfunden, denn schließlich führte er seine Arbeiten in staatlichem Auftrag an einem staatlichen Institut durch. Zudem konnte der Eindruck entstehen, Koch habe aus Geldgier die notwendigen Tests übersprungen. Koch ließ sich beurlauben und brach zu einer längeren Auslandsreise auf.

Die historische Forschung geht heute davon aus, dass Koch nicht bewusst alle Vorsicht habe fahren lassen oder gar aus Geldgier gehandelt hat. Denn er experimentierte unermüdlich weiter. 1897 präsentierte er einen verbesserten Wirkstoff, der abermals versagte. Trotz allem war Robert Koch offenbar vom Wert des Tuberkulins so überzeugt, dass er weiterforschte, wobei er auf jegliche Beteiligung an eventuellen finanziellen Gewinnen verzichtete.

Trotz des Fehlschlags mit dem Tuberkulin bleiben die Verdienste Robert Kochs um die Bakteriologie, die Hygiene und die strikten Verfahren der Mikrobiologie unbestritten. Für seine Entdeckungen erhielt er 1905 den **Nobelpreis** für Medizin.

Auch zwei seiner Schüler erhielten den Nobelpreis für Medizin: **Paul Ehrlich** im Jahr 1908 für seine Entwicklung der **Chemotherapie** (zur Bekämpfung des Krebs und der Syphilis) und **Emil von Behring** für seine Entwicklung des Diphterie-Antitoxins. Das ist eine »passive Impfung«, bei der Antikörper gespritzt werden, die die Krankheitserreger direkt angreifen. Es war der erste Nobelpreis für Medizin überhaupt, der im Jahr 1901 erstmals verliehen wurde, vier Jahre vor Koch. Es heißt, Robert Koch habe sehr ungehalten reagiert, weil einer seiner Schüler den Nobelpreis vor ihm erhielt.

Strahlende Blicke durchleuchten den Menschen

Der medizinische Fortschritt folgte einer theoretischen Grundlage, die aber immer auch von Experimenten und Beobachtungen in der Natur gestützt werden musste. Und diese Beobachtungen waren in erheblichem Maße abhängig von den **Instrumenten**, die zur Verfügung standen.

Gerade für die medizinische Entwicklung galt: Erhebliche Fortschritte wurden möglich durch neue Instrumente, mit denen man in den Menschen **hineinsehen** konnte – möglichst ohne ihn dabei zu verletzen.

1895	**Röntgenbilder**: Conrad Röntgen entdeckte die Röntgenstrahlen.
1955	**Sonografie**: Die **Ultraschalluntersuchung** wurde eingeführt.
1971	**Computertomografie**: Dabei dreht sich der ganze Röntgenapparat um den Menschen herum und liefert Querschnittsbilder. Der Körper scheibchenweise, sozusagen.
1982	**Kernspintomografie** (Magnet-Resonanz-Tomografie): Liefert auch Querschnittsbilder, nutzt aber Magnetfelder und Radiowellen, die, wenn nicht harmlos, so doch wesentlich nebenwirkungsärmer als Röntgenstrahlen sind.

Das sind nur die wichtigsten »bildgebenden Verfahren«, wie es in der Fachwelt heißt. Daneben gibt es noch viele Spezialverfahren, die andere Methoden nutzen:

- ✔ Eine regelrechte Generationenfolge von neuartigen **Mikroskopen** wurde entwickelt.
- ✔ **Glasfaseroptiken** gleiten durch sämtliche Körperöffnungen und liefern gestochen scharfe Ansichten aus allen möglichen Körperhöhlen.
- ✔ Oder ganz eigenartige Bild-Verfahren wie etwa die »Szintigrafie«, die radioaktiv strahlende Elemente registriert. Wenn die sich bevorzugt in einem Organ wie zum Beispiel der Schilddrüse ansammeln, dann erhält man ein Bild der Drüse, das Rückschlüsse auf Knotenbildungen zulässt.

Was die Vorstellungen von Krankheit und Krankheitsursachen betrifft, so sind aus der Fülle von Neuentwicklungen vielleicht noch diese Meilensteine zu nennen:

um 1900	Begründung der **Psychoanalyse** durch Sigmund Freud. Freud eröffnet einen ganzen Kosmos von Einflüssen auf unsere Gesundheit, die zunehmend beachtet werden.
1922	Erster Einsatz von **Insulin**. Ein Beispiel für chemische Regulationskreise und die Bedeutung von Botenstoffen
1928	Entdeckung des **Penizillins**

1934 Entdeckung der **Sulfonamide** als eine weitere Möglichkeit, bakterielle Infektionen zu behandeln
1942 Erster klinischer Einsatz von Penizillin als Beispiel für **Antibiotika**
1983 Entdeckung des **AIDS-Erregers**
1991 Entdeckung der **Prionen** als Erreger von BSE und der Creutzfeld-Jakob-Krankheit
2001 Entschlüsselung des **menschlichen Erbguts** als Beispiel für den Beginn der genetischen Medizin

Durchbrüche und Brüche

Die Meilensteine in der Entwicklung der wissenschaftsbasierten Medizin sind wahrhaft bedeutende Durchbrüche. Gerade am Beispiel der Medizin zeigt sich, wie sehr unser Leben, unsere Zivilisation verändert wurde durch wissenschaftliche Erkenntnisse. Wissenschaftliche Forschung ist die menschliche Kulturleistung, die unser Dasein am meisten prägt.

Und doch muss man feststellen, dass gerade die wissenschaftlich basierte Medizin zunehmend Schwierigkeiten hat, in der Bevölkerung Akzeptanz zu finden. Man sollte doch annehmen, dass die Menschen dankbar und bewundernd die Segnungen der medizinischen Forschung begrüßen. Das tun auch viele, viele aber auch nicht.

Seit Beginn der naturwissenschaftlichen Medizin geht ein Riss durch die Gesellschaft und lässt einen Teil der Bevölkerung von der Wissenschaft abrücken. Dieser Teil ist gekennzeichnet durch eine breite Protestbewegung und Alternativszene, die der **Fortschrittshybris** entgegentritt.

Vieles hat dazu beigetragen, dass diese Distanz entstanden ist:

- ✔ Das elitäre Gebaren der Ärzte und Wissenschaftler
- ✔ Versäumnisse bei der Erklärung neuartiger Entwicklungen
- ✔ Übergewicht der Apparatemedizin
- ✔ Technisierung des Arzt-Patienten-Verhältnisses
- ✔ Quantifizierung des Befindens durch Statistiken und Laborwerte
- ✔ Durchsetzung schwer vermittelbarer Standards

Der letzte Punkt ist vielleicht der wichtigste und gleichzeitig der schwierigste. Denn er bedeutet, dass die medizinische Forschung auf bestimmte Verfahren verzichten muss, obwohl sie diese als bedeutsam und hilfreich ansieht. Nicht alles Machbare sollte auch gemacht werden. Dazu zwei Beispiele:

Die »Gesundheitspolizey« des 19. Jahrhunderts war zum Beispiel so überzeugt von den Segnungen der Impfung, dass sie die **Impfpflicht** einführte – gegen den Willen von Teilen der Bevölkerung, die Angst vor Impfschäden hatte. Vermutlich kann man hier den Beginn der Protest- und Widerstandsbewegungen ansetzen.

Die Pockenschutzimpfungen wurden radikal durchgesetzt und das erklärte Ziel wurde erreicht: Die **Pocken** konnten tatsächlich **ausgerottet** werden.

1979 erklärte die Weltgesundheitsorganisation (WHO) die Welt für **pockenfrei**. Es war die erste große Seuche, die beseitigt werden konnte. Und es sollte bis heute die einzige bleiben.

Alle neuen Versuche, auch andere Seuchen zu eliminieren, waren nicht durchsetzbar. Ein großer Teil der Bevölkerung lehnt inzwischen alle Impfungen kategorisch ab. Obwohl alle Statistiken beweisen, dass die betreffenden Infektionskrankheiten, auch wenn sie nur noch selten auftreten, insgesamt mehr Schäden und Todesfälle verursachen als die Impfungen, die in seltenen Fällen Impfschäden hervorrufen.

Wer sich von den **Statistiken** nicht beeindrucken lassen möchte, wer mehr Angst vor der Impfung hat als vor einer eventuellen Erkrankung, muss auch das Recht haben, die Impfung abzulehnen. Das scheinen die Behörden und die Ärzte/Wissenschaftler inzwischen eingesehen zu haben.

Wohin treibt die Medizin?

Das zweite Beispiel betrifft das **Hirntod-Kriterium**. Im Rahmen der Organverpflanzungen tritt das Problem auf, dass Unfallopfer als Organspender gewonnen werden müssen. Meist müssen die näheren Angehörigen dies entscheiden – zu einem Zeitpunkt, da sie ganz andere Schocks zu bewältigen haben.

Dabei taucht die Frage auf: Wann ist der Mensch tot? Die internationale Gemeinschaft hat sich auf das Hirntod-Kriterium festgelegt, das besagt, wenn die **Hirnaktivität** für eine bestimmte Zeit zum Erliegen gekommen ist, ist kein »Erwachen« mehr möglich. Der Mensch liegt auch nicht etwa im Koma – da wäre das Hirn noch aktiv. Hirntod bedeutet zum Beispiel, dass die Herz-Kreislauf-Funktion nicht mehr gesteuert werden kann, der Mensch ist unwiederbringlich tot.

Man kann aber von außen den Blutkreislauf antreiben durch eine Herz-Lungen-Maschine, um die Organe frisch zu halten. Das sieht für den Laien so aus, als lebte der Mensch noch. Er kann ihn anfassen, seine Körperwärme spüren. Er atmet.

Der Arzt, der diesen Menschen für tot erklärt, wird als ein kalt berechnender Technokrat empfunden, ignorant, arrogant und fremd. Es scheint unmöglich zu sein, in einem solchen Szenario die Zustimmung zur **Organentnahme** zu erhalten.

Ich werte das Beispiel nicht, jeder muss für sich eine Position finden. Aber das Beispiel zeigt, wie weit die gesellschaftlichen Positionen auseinanderliegen. Die **Gen-Medizin**, die erheblich in unser Wertesystem eingreifen wird, wird ähnliche Konfliktfelder heraufbeschwören. Wir müssen aufpassen, dass die Brüche nicht unüberwindbar werden.

Brüche tun sich auch an anderen Grenzzonen auf. Beispielsweise im achtlosen Einsatz von **Antibiotika**. In den Kliniken sammeln sich schon die Keime, die restlos, wirklich restlos gegen alle verfügbaren Antibiotika **resistent** sind. Schon fragt nicht nur die Sensationspresse, sondern seriöse Forscher: »Kommen die Seuchen wieder?«

Verunreinigtes Blutplasma, unausgereifte Präparate, unnötige Operationen, das pharmazeutisch-medizinische **Versorgungssystem** ist zu einem undurchsichtigen Moloch geworden, ein Wirtschaftskomplex mit vielfältigen Möglichkeiten zu betrügen oder zu manipulieren.

Da mag es verständlich erscheinen, wenn sich viele von diesem System abwenden und nach »Alternativen« suchen. Eine frühe Alternative war die **Homöopathie**, begründet von **Samuel Hahnemann** (1755-1843). Seine Konzepte sind mit der wissenschaftlichen Medizin absolut nicht verträglich. Aber im Licht der historischen Bedingungen erfüllten sie einen segensreichen Zweck, indem sie den Brachialgewalten der damaligen Medizin eine sanfte Alternative boten.

Wer sich der Homöopathie verschrieb, kam jedenfalls um den schwächenden Aderlass herum und wurde auch von »Erbrechen«, »Abführen« und allerlei obskurer »Kräuterdestillate« verschont.

Dagegen setzte Hahnemann auf verdünnte und abermals verdünnte Präparate, in denen der eigentliche Wirkstoff gar nicht mehr vorkommt. Hahnemann wusste um die Kraft der Illusion und nannte das Verdünnen »Potenzieren«. Und das konnte er sogar plausibel erklären: Der Wirkstoff teile seine Zusammensetzung nämlich dem Lösungsmittel mit, und die übertragene **Heilkraft** steigere sich, je weniger von der Ursprungssubstanz vorhanden sei.

Wir können davon halten, was wir wollen. Trotz aller Fortschritte in der Medizin, trotz aller Erfolge der wissenschaftlich begründeten Medizin: Die Homöopathie hat sich bis heute erhalten und scheint auch weiterhin zu gedeihen und zu blühen. Andere Alternativen kamen sogar noch hinzu: die **anthroposophische** Medizin, die **traditionelle chinesische Medizin**, insbesondere die **Akupunktur**, die traditionelle indische Medizin **Ayurveda**, sogenannte **Naturheilverfahren**, **Wunderheilungen**, schließlich wieder der Glaube, der bekanntlich Berge versetzt.

Der Kreis schließt sich. Die Geschichte kommt wieder zu ihren Anfängen zurück. Das klingt nun sehr pathetisch. Aber es mag daran erinnern, dass die Wissenschaft sich nicht zu schnell und nicht zu weit von den Menschen entfernen darf.

Wie sieht nun unsere Schlussbilanz aus? Ist die theoretische Erkenntnis die Mutter des Fortschritts? Viele Beispiele haben gezeigt: Man muss den Erreger kennen, muss wissen, wie der Infektionsweg funktioniert, um den Erreger bekämpfen zu können. Andererseits ist längst nicht alles erklärbar. So bekommen praktische Erfahrungen ihre Chance. Beides ist wichtig. Denn im Wechsel zwischen **praktischer Erprobung** und **theoretischer Begründung** vollzog sich und vollzieht sich immer noch der **medizinische Fortschritt**.

Das Geheimnis des Lebens – Geschichte der Biologie

6

In diesem Kapitel

- Auf der Suche nach dem Ursprung des Lebens
- Evolution der Evolution
- Wo war der Urknall des Lebens?
- Die Embryonalentwicklung
- Leben in der Zelle
- Erb-Streitigkeiten
- Genetik

Als eigenständige Disziplin ist die Biologie erst spät in Erscheinung getreten. Dabei gehörte die Auseinandersetzung mit dem **Leben** zu den frühesten Erkundungen des Menschen.

- ✔ Wo kommt das Leben her?
- ✔ Wie lässt sich das Leben weiter entwickeln und erhalten?
- ✔ Wie funktioniert das Leben?

Als die Menschen sesshaft wurden, als sie Ackerbau und Viehzucht betrieben, mussten sie Kenntnisse zum Beispiel in Botanik haben, sie mussten wissen, wie Samen ausgebracht werden, wie Früchte gelagert und konserviert werden, wie Setzlinge gezogen werden. Das sind Kenntnisse, die durch Beobachtungen und Erfahrungen gesammelt wurden. **Beobachtung** ist der Beginn jeder wissenschaftlichen Tätigkeit.

Die alten Griechen haben sehr viel durch pures Nachdenken herausgefunden und dabei richtige und falsche Vorstellungen entwickelt. Es war ihnen durchaus bewusst, dass das vorhandene Wissen unzureichend war und genauere Kenntnisse nötig waren. Dazu fehlten aber vielfach die heute selbstverständlichen Instrumente wie Mikroskop, Fernglas oder Messgeräte aller Art.

Leben aus dem Nichts?

Wie entstand das Leben? Das ist eine der ältesten Menschheitsfragen. Bis ins 19. Jahrhundert ging man davon aus, dass das Leben durch die sogenannte **Urzeugung** entstand: Leben entstand aus dem Nichts. Und weil **Aristoteles** es so aufgeschrieben hatte, wurde die Urzeugung lange als erwiesene Tatsache angesehen.

Einer der Ersten, der die Urzeugung anzweifelte, war **William Harvey** (1578-1657). Dank des Mikroskops konnte er 1651 zeigen, dass die meisten Lebewesen sich nicht aus Dreck und Schlamm, sondern aus einem **Ei** entwickeln. Und auch die Eier waren nicht durch Urzeugung entstanden, sondern zum Beispiel von Insekten abgelegt worden, damit aus ihnen ihre Nachkommen schlüpfen konnten.

Schließlich wies **Louis Pasteur** (1822-1895) durch entsprechende Experimente nach, dass alles »Lebende aus Lebendem entstand«, dass es eine Urzeugung also schlicht nicht geben konnte. Damit war die Theorie der **Urzeugung am Ende**. Doch die Frage blieb: Wie war das Leben entstanden, wenn nicht durch Urzeugung? Dazu konnte Pasteur nichts beisteuern. Und auch Charles Darwin äußerte sich nicht dazu.

Die große Frage der Biologie ist bis heute nicht beantwortet:

- ✔ Wo kommt das Leben her?
- ✔ Wie ist es entstanden?

Wir sind schon ein wenig tiefer in das Geheimnis vorgedrungen. Doch endgültig geklärt wurde bisher noch nichts. Denn mit jedem Schritt, der unternommen wurde, taten sich tausend neue Geheimnisse auf. Das Leben ist so komplex, dass simple Formeln und schlichte Modelle nicht zu erwarten sind.

Natürlich ist die Natur natürlich

Das Modell der Urzeugung war mythisch geprägt. Es passte zu den Schöpfungsberichten, die in vielen Religionen gefunden werden können. Mit zunehmender Emanzipation der Wissenschaften etwa in Renaissance und Aufklärung setzte sich langsam der Grundsatz durch, dass das Leben etwas Natürliches sei und auch auf natürliche Weise entstanden sein müsse.

Im 17. und 18. Jahrhundert wurde auch klar, dass ausgebildete Lebewesen schwerlich aus dem Nichts entstehen können. So wurde langsam der Weg frei für die Idee, dass sich das Leben aus **Urformen** langsam und **Schritt für Schritt** entwickelt haben könnte.

Die chemische Evolution

In ausgebildeten Organismen liegt in jeder Zelle die Erbinformation vor, und zwar in einem längeren Molekül, das DNS heißt. Es ist gewissermaßen das »Kochbuch des Lebens«, denn es enthält die Rezepte zum Bau von Proteinen (Eiweißkörper).

Kochbuch – Rezept – Kuchen

Die Kuchenrezepte müssen abgeschrieben werden. Das machen die in den 1980-er Jahren entdeckten RNS-Moleküle. Die RNS-Moleküle sind den DNS-Molekülen ganz ähnlich. Sie enthalten ein Stückchen Erbinformation, das dem Rezept für ein bestimmtes Protein entspricht.

RNS = Rezept und Kuchen in einem

Die RNS-Moleküle sind das Rezept für einen Kuchen und sie sind gleichzeitig der Kuchen. Als die Erbinformation größer und die Aufgaben der Proteine vielfältiger wurden, musste sich das System der Informationsverarbeitung weiter differenzieren.

Evolution vor der Evolution

Auch für die Vorstufen des Lebens muss es eine Entwicklung gegeben haben. Weil es sich dabei um chemische Bausteine handelt, spricht man von einer »chemischen Evolution«. Für die Entwicklung solcher Bausteine galten dieselben Gesetze, wie sie von Darwin für die höheren Lebewesen formuliert worden waren: Zufällige Veränderungen wurden unter den Bedingungen des täglichen Lebens auf ihre Leistungsfähigkeit »geprüft«, und die tauglichsten wurden dadurch »ausgewählt«, dass sie nicht ausstarben, sondern sich weiter vermehrten. Das waren die Grundsätze der **Evolution**.

Im Allgemeinen gilt Darwin als Vater dieses Gedankens. Er hat die **Evolutionstheorie** ausgearbeitet und auf Beobachtungen abgestützt. Aber dass es eine Entwicklung gegeben haben könnte, diese Idee wurde vorher schon gedacht und auch veröffentlicht.

So zum Beispiel von **Jean-Baptiste Lamarck** (1744-1829), und zwar 1809, genau 50 Jahre vor Darwin. Lamarck konnte allerdings diese Entwicklung noch nicht überzeugend erklären, er hatte keine passende Theorie entwickelt. Lamarck ging davon aus, dass die Lebewesen ihre Lebenserfahrungen vererben. Dieser sogenannte **Lamarckismus** wurde sehr kontrovers aufgenommen. Lamarck gilt als einer der ersten Evolutionstheoretiker.

Sehr viel früher wurde zumindest eine Verwandtschaft und gemeinsame Abstammung der Lebewesen vermutet. Jedenfalls veröffentlichte der flämische Arzt und Anatom **Andreas Vesalius** (1514-1564) solche Gedanken. Er war Leibarzt von Karl V. und Philipp II. von Spanien und gilt als Begründer der modernen, an wissenschaftlichen Fakten orientierten Anatomie (siehe Kapitel 5). Er stellte 1543 eine Abstammungslinie des Menschen vom Affen über die Pygmäen zur Diskussion. Aber außer einigen Hinweisen auf gewisse äußerliche Ähnlichkeiten gab es damals keine Beweise, so dass diese Mutmaßungen keinen großen Nachhall fanden.

Revolution in der Schublade

Charles Darwin (1809-1882) war ein wissenschaftlicher Revolutionär, dabei aber ein sehr vorsichtiger Taktiker. Er hatte seine Arbeit längst fertig, zögerte aber mit der Veröffentlichung, weil er scharfe Reaktionen befürchtete. Deshalb kam ihm beinahe noch ein junger Forscher zuvor, der exakt zu den gleichen Ergebnissen gekommen war: **Alfred Russel Wallace** (1823-1913) hatte seine Arbeit an Darwin geschickt, mit der Bitte um Durchsicht und Empfehlung an eine Zeitschrift. Darwin ging zu recht davon aus, dass er der erste war, der eine komplette Theorie vorlegen konnte, und beeilte sich nun mit der Veröffentlichung. Am 24. November 1859 erschien die Arbeit unter dem Titel »On the Origin of Species«, zu Deutsch: »Über den Ursprung der Arten«.

Das Buch gilt als eine der wichtigsten Veröffentlichungen der Wissenschaftsgeschichte. Wie Darwin vermutet hatte, löste es eine der erbittertsten Kontroversen aus. Denn es stieß den Menschen vom Thron der Schöpfung und reduzierte ihn auf ein zufälliges Zwischenergebnis der Evolution.

Darwins Arbeit steuerte zu der Frage: »Wie ist das Leben entstanden?«, so gut wie nichts bei. Aber zu der Frage: »Wie funktioniert das Leben?« brachte sie überaus wichtige Erkenntnisse.

Im Jahre 1831 nutzte Darwin die Möglichkeit, auf der »HMS Beagle« mitzufahren. Dieses Vermessungsschiff hatte eine komplette Weltumsegelung vor sich. Darwin untersuchte dabei vor allem geologische Phänomene und die tropische Pflanzenwelt.

Er begann mit systematischen Sammlungen, wobei er ein besonderes Augenmerk auf Fossilien richtete. Mehr und mehr konzentrierte er sich auf die stammesgeschichtliche Entwicklung (»Phylogenese«) und die Entstehung der **Arten**.

1832 erreichten sie die **Galapagos-Inseln**, wo Darwin die Galapagos-Finken untersuchte. Sie heißen heute »Darwin-Finken«. Die Finken sind nämlich ein interessantes Beispiel für Darwins Beobachtungen.

Ursprünglich hatten die Finken nur eine der Inseln bewohnt. Sie hatten dort keine nennenswerten Feinde und keine Konkurrenz. So konnten sie sich ungehindert vermehren. Es kam zur Übervölkerung und zu einem gewissen »Selektionsdruck«. Daraufhin besiedelten einige der Finken die entfernteren Nachbarinseln. Dort herrschten etwas andere Lebensbedingungen, an die sich die Finken im Laufe der Zeit anpassten.

Nach einiger Zeit hatten sich die Finken so unterschiedlich entwickelt, dass sie schließlich eigene Arten bildeten, erkennbar an unterschiedlichen Verhaltens- und Ernährungsweisen. Sie waren eng verwandt und ähnelten einander. Aber es gab auch äußerliche Kennzeichen, an denen sie als Vertreter unterschiedlicher Arten erkennbar waren.

Zum Beispiel hatten diejenigen, die sich aufs Knacken harter Nussschalen spezialisiert hatten, kurze, kräftige Schnäbel entwickelt. Während jene, die sich aufs Würmerpicken aus engen Ritzen verlegt hatten, schmale, spitze Schnäbel ausgebildet hatten.

Darwin zog folgende Schlussfolgerungen aus all seinen Beobachtungen:

1. Die Arten sind nicht unveränderlich. Sie entstehen und vergehen.
2. Alle Lebewesen haben eine gemeinsame Abstammung.
3. Die Evolution vollzieht sich in kleinen Schritten.
4. Artbildung in Populationen führt zur Vermehrung der Arten.
5. Natürliche Selektion ist nur *ein* Mechanismus der Evolution.

Weil Darwins Erkenntnisse so revolutionär waren, will ich hier die wichtigsten Entwicklungen skizzieren, die Darwin angestoßen hat, dafür muss ich aber erst einmal etwas weiter ausholen.

Art und Weise

Der Schlüsselbegriff in Darwins **Evolutionstheorie** war die »Art«. Innerhalb der hierarchischen Einteilung aller Lebewesen bis hinunter zum einzelnen Individuum ist die »Art« die zentrale Kategorie in der Systematik des Lebens.

An der **Zahl der Arten** bemisst sich die **Vielfalt des Lebens** auf unserem Planeten. Rund 1,5 Millionen Arten sind bekannt, die tatsächliche Zahl schätzt man auf das Zehnfache. Das Leben auf der Erde besteht seit etwa 4 Milliarden Jahren. In dieser Zeit sind viele Arten untergegangen und haben Platz gemacht für neue. Insgesamt schätzt man, dass das Leben in rund **einer Milliarde Arten** eine Form gefunden hat. Ein Zeichen dafür, wie viele unterschiedliche Wege das Leben nehmen kann.

Für Biologen ist die Art die wichtigste Kategorie. **Kategorien** zu bilden und den Forschungsgegenstand systematisch in ein Ordnungsschema einzuordnen, ist typischerweise eine der ersten Aufgaben jeder beginnenden Wissenschaft. Entscheidend sind die **Definitionen**:

✔ Was sind die typischen **Gemeinsamkeiten** der Mitglieder einer Kategorie?

✔ Aufgrund welcher **Merkmale** grenzen sie sich von Nachbargruppen ab?

Diese Unterteilungen sind oft schon äußerlich offensichtlich, basieren manchmal aber auch auf versteckten Merkmalen und sind schwierig zu realisieren. Sie erfüllen einen doppelten Zweck:

✔ Sie erlauben die eindeutige **Bestimmung** individueller Exemplare.

✔ Sie machen die **natürliche Ordnung** sichtbar.

Der letzte Punkt war, wie Sie sich vorstellen können, sehr umstritten: Gab es eine natürliche Ordnung? War die Systematik nicht willkürlich ausgedacht?

Auf logische Art

Die erste Systematik der Biologie wurde von **Aristoteles** (384-322 v.u.Z) vorgeschlagen. Er entwarf ein streng logisches Verfahren:

Man geht von der größten Gemeinsamkeit aus, zum Beispiel: Alle gehören zu den Pflanzen. Dann sucht man nach einem **Kriterium**, nach dem sich die Gruppe teilen lässt. Die beiden Teilgruppen werden dann einzeln betrachtet. Immer wieder nach dem gleichen Schema: Man sucht nach einem Kriterium, nach dem sich die Gruppe teilen lässt. Das Ganze wiederholt man, bis es keine Teilungsmöglichkeit mehr gibt.

Bei den Tieren beispielsweise kam er zu folgenden **Unterteilungskriterien**:

✔ Tiere ohne/mit rotem Blut

✔ Tiere mit/ohne Haare

✔ Kaltblütige/warmblütige Tiere

- Eierlegende/nicht eierlegende Tiere
- Mit Federn/ohne Federn
- Mit Schuppen/ohne Schuppen

Im Mittelalter spielte die Systematik eine untergeordnete Rolle, zumal sich die einzige Anwendung in der Kräutermedizin und in den Fastenregeln fand. Dabei waren aber höchstens 400 verschiedene Arten zu bestimmen, was keine wissenschaftliche Herausforderung bedeutete.

Der schwedische Botaniker **Carl von Linné**, latinisiert: **Linnaeus** (1707-1778) war schließlich der Erste, der eine **wissenschaftliche Systematik** nach strengen Kriterien entwickelte. Er ging von einem Wildwuchs an beliebigen, ungenauen und sich widersprechenden Bezeichnungen aus und entwarf eine genaue Vorschrift zur **Nomenklatur und Begriffsbildung**.

Er schlug auch eine passende Grundstruktur vor, die sowohl für das Pflanzen- als auch das Tierreich gelten sollte:

- Klasse
- Ordnung
- Gattung
- Art

Später kamen noch weitere Kategorien hinzu, wie zum Beispiel die »Familie«.

Linnaeus war es auch, der den hübschen Einfall hatte, allen Lebewesen einen »Vor- und Nachnamen« zuzuordnen, nämlich Gattung und Art, zum Beispiel »Homo erectus« oder »Populus tremula« (Espe).

Ordnung auf verschiedene Arten

Viele Anwender der Unterteilung von Linnaeus glaubten, dieses System spiegele die **natürliche Ordnung** wieder. Doch es mehrten sich die Zweifel, ob nicht doch in vielen Fällen die Einteilung willkürlich war.

Auf der anderen Seite stand die große Frage: Was ist das natürliche System, wie kann man es erkennen?

Der Genfer Zoologe **Charles Bonnet** (1720-1793) schlug eine hierarchische **Stufenleiter** vor, die alles Existierende vom weniger Vollkommenen zum Vollkommenen einordnete. **Lamarck** griff diese Idee auf. Die Rangfolge in der Vollkommenheit entspreche der **zeitlichen Abfolge** in der Evolution, die vom Einfachen zum Komplizierteren fortschreite.

Gruppenbildung

Wieder wurde gestritten, ob nicht auch dieses System wieder Willkürlichkeiten enthalte. Kritisiert wurde vor allem, dass immer nur ein einziges Kriterium ausschlaggebend sein sollte. So suchte man nach **Gruppen von Kriterien**, die zusammen entscheidend für die Zugehörigkeit zu einer bestimmten Gruppe sind. Die Willkürlichkeit konnte so zumindest reduziert werden.

Ähnliche Art

Darüber hinaus drehte man die Vorgehensweise um und suchte sozusagen von unten nach oben. Statt systemorientiert von oben nach unten aufzuteilen, suchte man zunächst ganz unten nach **Ähnlichkeiten** unter den Lebewesen. Diese vorgefundenen Merkmale erlaubten es nun zum Beispiel, ähnliche Individuen zu einer Art zusammenzufassen. Diese, und nur diese, gehörten dann zu dieser einen Art.

Natürliche Art

Das war das sogenannte **Abstammungsprinzip** das auch Darwin später favorisieren sollte: Nur Abkömmlinge eines gemeinsamen Vorfahren konnten eine Art bilden. Eine gewisse Willkür war aber immer noch gegeben. Denn welches war der letzte »gemeinsame« Vorfahr und weshalb nicht dessen Vater oder Großvater? Irgendwo fing eine neue Art an zu existieren. Doch wann genau? Die Grenzziehung war nicht in allen Fällen offensichtlich. Dennoch war damit ein »natürliches« Klassifikationssystem gefunden, das viele Nachteile bisheriger Systematiken vermied.

Paarungs-Art

Der französische Biologe **Georges Buffon** (1707-1788) schlug ein Kriterium für die Zugehörigkeit zu einer Art vor, das vielleicht das eindeutigste war, zumindest das einfachste: die **gemeinsame Fortpflanzung**.

Nur Lebewesen ein und derselben Art verpaaren sich und pflanzen sich dabei fort. Exemplare, die keine fortpflanzungsfähigen Nachkommen produzieren können, gehören zu unterschiedlichen Arten.

Vielleicht war das Kriterium zu einfach, denn es dauerte noch gut 100 Jahre, bevor es allgemein anerkannt wurde. Heute wendet man genetische Untersuchungen an, um anstelle des weichen Kriteriums »Ähnlichkeit« das wirklich eindeutige Merkmal »genetische Verwandtschaft« zu nutzen.

Biologie vergleichsweise

Georges Buffon war ein ideenreicher und fleißiger Naturforscher. Er hinterließ eine 50-bändige »Naturgeschichte«, in der er nahezu alle bekannten Arten beschrieb und verglich. Der systematische Vergleich war für ihn eine besondere, wissenschaftliche Methode:

Der Vergleich erlaubt die kriteriengestützte Einordnung eines Individuums in ein Kategorienschema, aber er ist mehr als die simple Aufzählung von Gemeinsamkeiten. Er geht darüber hinaus und etabliert sich als weitere **wissenschaftliche Methode** neben Experiment oder Beschreibung und Beobachtung.

Erst der Vergleich offenbart einige Merkwürdigkeiten – und damit ein paar **Geheimnisse** des Lebens, die die Biologen noch lange beschäftigen werden.

Buffon hatte gerade das Kapitel über das Pferd beendet. Als Nächstes wäre der Esel an der Reihe gewesen. Da zögerte er. Ganze Passagen aus dem Pferde-Abschnitt hätte er glatt kopieren können, so ähnlich waren sich die beiden, die doch getrennten Arten angehörten.

Sieht ihnen ähnlich

Das schien ihm recht langweilig zu werden, für ihn, den Autor – wie für den Leser. Stattdessen nahm er sich etwas viel Interessanteres vor, nämlich über diese **Ähnlichkeit** zu spekulieren: Wie kam es zu dieser Ähnlichkeit? Gab es doch einen Schöpfer, der nach einem Masterplan vorging?

Denn Ähnlichkeiten ließen sich nicht nur zwischen Pferd und Esel feststellen, sondern auch zwischen Pferd und Mensch. Vielleicht nicht auf den ersten Blick, aber mittels einer Durchleuchtung und durch bloßes Abzählen lässt sich nachweisen: Die Hand des Menschen ist aus denselben Knochen zusammengesetzt wie der Fuß eines Pferdes. Sie sind nur etwas anders geformt. Vor allem ist die Hand beim Pferd nicht so breit aufgefächert wie beim Menschen. Aber man kann genau nachverfolgen, welche der Zehen sich beim Pferd zurückgebildet haben und dass nur der Mittelfinger erhalten geblieben ist. Mit dem läuft das Pferd auf der Zehenspitze. Die Hornschicht des Zehennagels ist der Huf.

Für Buffon deutete das offensichtlich darauf hin, dass alle Lebewesen von einem **Urtier** abstammten und sich im Laufe der Evolution auseinanderentwickelt hatten.

In der Folge gab es zwei konkurrierende »Ideologien«:

- die **idealistische**, die den Schöpfergott mit einem einheitlichen Bauplan voraussetzte und
- die **evolutionistische**, die eine gemeinsame Abstammung und eine machtvolle, natürliche Veränderungskraft annahm.

Buffons Kollege **Georges Cuvier** (1769-1832) wollte diese Streitfrage klären und analysierte die Baupläne unterschiedlicher Arten – immer mit Blick auf eventuelle Ähnlichkeiten, die auf einen gemeinsamen Bauplan hindeuten konnten.

... des Pudels Kern

Johann Wolfgang von Goethe (1749-1832) wird oft als »Dichterfürst« tituliert und gern als einer der größten deutschen Dichter angesehen. Er selbst hat sich zeitlebens in erster Linie als **Forscher** und Wissenschaftler gefühlt und beispielsweise in der Biologie die Debatte über die Entdeckungen Cuviers maßgeblich beeinflusst.

Als Erstes hat er den Begriff der »vergleichenden Anatomie« ersetzt durch »Morphologie«, die Wissenschaft von der »äußeren Gestalt«. Als Zweites hat er sich zur »idealistischen« Sichtweise bekannt. Verständlich, denn Goethe war als Philosoph der Begründer einer besonderen Richtung, nämlich des »Idealismus«.

Der Idealismus sucht nach den Zusammenhängen von Form und Inhalt, von äußerer Gestalt und innerer Bedeutung: Welche Idee liegt dem Ganzen zugrunde?

Die **idealistische Morphologie** fragt: Welcher **Bauplan** ist all den Lebewesen einer Art gemeinsam? Gibt es einen bestimmten **Typus**, ein **Idealbild**? Goethe sagte: »Ich suche die ›Idee‹ Tier«. Mit anderen Worten: Er suchte nach des Pudels Kern.

Als Cuvier Wirbeltiere mit Wirbellosen verglich, gab es eine Überraschung: Ihm fiel auf, dass nicht nur der äußere Aufbau verschieden war, sondern auch der innere. Es gab auch nicht die geringste Ähnlichkeit. Es gab also nicht den einen, gemeinsamen Bauplan, es gab **mehrere Ur-Pläne**.

Aufgrund seiner Analysen nahm Cuvier an, dass das Tierreich aus vier großen Familien mit jeweils einem gemeinsamen Bauplan besteht:

- ✔ Wirbeltiere (Säugetiere, Vögel)
- ✔ Weichtiere (Schnecken, Muscheln etc.)
- ✔ Gliedertiere (Insekten, Krebse etc.)
- ✔ Strahltiere (Quallen, Korallen)

Aber was war mit dieser Erkenntnis gewonnen? Offenbar hat es verschiedene Pläne gegeben – zu einem bestimmten Zeitpunkt. Wir können das mit Bestimmtheit nur für einen bestimmten Zeitpunkt sagen. Nämlich für den Zeitpunkt, an dem wir die ältesten Fossilien gefunden haben.

Das war aber ein Zeitpunkt, zu dem die Evolution schon relativ weit fortgeschritten war. Die vier Ur-Pläne hätten sich durchaus bis dahin aus einem sehr einfachen, gemeinsamen Ur-Plan entwickeln können.

Und die eigentliche Frage: Hat ein **Schöpfer** seinen Plan umgesetzt oder hat die Natur durch Variation und Auswahl, durch die Prinzipien der **Evolution** optimale Lösungen gefunden und ist nur scheinbar einem Plan gefolgt – diese Frage ist durch Cuviers Analysen auch nicht geklärt worden.

Kein Zeugnis vom »Urknall des Lebens«

Zwar lassen sich Spuren des Lebens bis zur Anfangszeit zurückverfolgen, aber nicht ganz bis zum Anfang. Vom »Urknall« der Lebensentstehung haben wir keinerlei Spuren gefunden. In dieser Frühzeit waren die Lebewesen so klein und so schwach ausgeprägt, dass sie keinen Abdruck hinterließen.

Man kann die Entwicklung gewissermaßen nur zurück verlängern und aufgrund von Plausibilitätsüberlegungen annehmen, wie das Leben entstanden sein mag. Letztlich sind das Spekulationen.

Die empirische Forschung hat keine Zeugnisse erbracht, wie das Leben zweifelsfrei entstanden ist. Aber sie hat unser Wissen über die Prinzipien des Lebens stark erweitert.

Fazit: Evolution des Lebens

So hat die Evolutionstheorie einige begründete Vermutungen zur Entstehung des Lebens erbracht:

- ✔ Das Leben ist aller Wahrscheinlichkeit nach **auf der Erde** entstanden.
- ✔ Die ungeheure Vielfalt lässt sich auf einige wenige, **gemeinsame Baupläne**, vielleicht auf eine einzige gemeinsame Urform des Lebens zurückführen.
- ✔ Schon in der Frühzeit des Lebens sind die **Vererbungsmechanismen** mit der DNS entstanden. Sie sind bei allen Lebewesen auf der Erde gleich.
- ✔ Es hat eine Evolution vor der Evolution stattgefunden, die »chemische Evolution«. Dabei sind die »Bausteine« des Lebens entstanden.
- ✔ Aufgrund von **Fossilien** und einer zuverlässigen **Altersbestimmung** lässt sich ein »Stammbaum« des Lebens aufzeichnen.
- ✔ Es gibt keinen »Plan«, **kein Entwicklungsziel**. Allein durch Naturkatastrophen, äußere Umstände wie Klima oder Vegetation sowie durch simple Zufälle haben sich die »höheren« Lebewesen herausgebildet.

Die Debatte um Darwins Evolutionstheorie geht weiter. Ich meine damit nicht den ideologisch gefärbten Streit zwischen **Kreationisten** und Menschen, die die Evolution als Tatsache akzeptieren – völlig unabhängig davon, ob sie religiös sind oder nicht. Denn auch die Evolution des Lebens ist Teil einer Schöpfung, die nur nicht so wörtlich zu nehmen ist.

Was aber auch weiter geht, ist die **Debatte um die Deutung der Evolution**. Kann man mit ihren Prinzipien (Variation und Auslese) alle Entwicklungen des Lebens erklären? Gibt es nicht doch eine Strategie, zum Beispiel hin zu komplexeren Bauformen?

Zeug zum Leben

Die Frage, wie das Leben auf die Erde kam, wie das Leben überhaupt entstanden ist, bleibt ein großes Geheimnis. Aber auch die Frage, wie das Leben weitergegeben wird, bleibt geheimnisvoll: Bei jeder Zeugung, jeder Befruchtung einer Eizelle entsteht (potentiell) ein neues Lebewesen. Nicht durch Zellteilung, sondern aufgrund eines molekularbiologischen Prozesses, den man lange nicht verstand. Mit diesen Fragen beschäftigt sich die Embryologie.

Aristoteles war der Begründer der **Embryologie**. Seine Vorstellungen beherrschten dieses Teilgebiet der Biologie bis ins 19. Jahrhundert. Er hatte sich mit der Herkunft von Ei und Samen beschäftigt, mit ihren Eigenschaften und Funktionen, und er hatte Schriften verfasst, in denen er beschrieb, wie der Embryo entstand und wie er sich formte und entwickelte bis zur Geburt.

Aristoteles unterschied zwei grundsätzlich verschiedene Möglichkeiten der **Embryonalentwicklung** und er sah voraus, dass es heftige Debatten um diese unterschiedlichen Auffassungen geben würde – und die gab es dann auch. Die Frage war: Entwickelt sich der Embryo gemäß der Epigenese oder der Präformation

Die Anhänger der **Epigenese** waren der Meinung, dass sich erst nach und nach alle Organe und Strukturen ausbilden würden. Die Vertreter der **Präformation** dagegen behaupteten, alles sei bereits so weit entwickelt und so angeordnet wie im vollendeten Zustand. Als – Jahrhunderte später – das Mikroskop erfunden war, glaubten die Anhänger der Präformation schon in den Spermien kleine menschenähnliche Gestalten zu erkennen, die sie **homunculi** nannten.

Aristoteles selbst bekannte sich zur Epigenese, die er mit beachtlichen Kenntnissen der pathologischen Verhältnisse zu untermauern suchte.

Den **Bauplan**, so Aristoteles, bringe der Embryo selbst in seiner Seele mit. Heute würde man den Begriff »Seele« durch »DNS« ersetzen und Aristoteles davon in Kenntnis setzen, dass nicht nur der männliche Samen jene Seele oder diese DNS mitbrächte, sondern zu gleichen Teilen auch das weibliche Ei.

Die Präformationsthese

In der **neuzeitlichen Embryologie** herrschte zunächst die Präformationsthese vor: Einzig der Samen enthalte ein »Abbild« des zukünftigen Lebewesens, das Ei diene nur der Ernährung. Zweifel bereitete die Tatsache, dass die Kinder in der Regel Ähnlichkeiten zu Vater und Mutter aufwiesen. Außerdem offenbarte die Präformationsthese ein logisches Problem:

Wenn die Abbilder der Nachkommen schon fertig vorliegen, dann müssten bereits in den ersten Exemplaren der jeweiligen Art alle zukünftigen Nachfahren angelegt sein. Das Menschengeschlecht wäre nicht lebensfähig und müsste aussterben, denn unendlich viele Nachkommen ließen sich schwerlich speichern. Arten würden sich nie ändern. Neue Arten würden nie entstehen können.

Die Epigenese

Mitte des 18. Jahrhunderts mehrten sich die Zweifel an der Präformationsthese. Immer häufiger wurden Beobachtungen gemacht, die eindeutig für eine **Epigenese** sprachen. **Caspar Friedrich Wolff** (1734-1794) beschrieb als Erster, dass sich aus demselben embryonalen Gewebe genauso Blüten wie Blätter entwickelten. Alle Tiere, so sehr sie sich in ihrer endgültigen Form auch unterscheiden mögen, entwickeln sich als Embryos für längere Zeit so ähnlich, dass sie nicht voneinander unterscheidbar sind. Dabei werden die einzelnen Organe nach und nach aus embryonalem Gewebe gebildet.

Wie in der Anatomie so hat sich auch in der Embryologie eine besondere Methodik durchgesetzt, die namensprägend für die ganze Richtung wurde: die Vergleichende Embryologie.

Vergleichende Embryologie

Ernst von Baer (1792-1876) verglich viele Arten in ihrer Embryonalentwicklung und glaubte, vier größere Gruppen mit jeweils unterschiedlichem Organisationsschema unterscheiden zu können. **Martin Heinrich Rathke** (1793-1860) machte eine spektakuläre Entdeckung. Er hatte Reptilien, Vögel und Säugetiere untersucht und festgestellt, dass überraschenderweise bei allen in einer bestimmten Phase der Embryonalentwicklung Kiemenspalten angelegt werden, die sich dann aber bei den meisten Arten nicht weiter ausbilden. Es schien so, als wären Phasen der Entwicklung zu durchlaufen, die längst vergangen waren.

Nun ging eine große Debatte los. Das 19. Jahrhundert war geprägt von den Auseinandersetzungen zwischen zwei großen Richtungen:

Es ging um den Zusammenhang zwischen der

- ✔ **Ontogenese**, der individuellen Entwicklungsgeschichte – und der
- ✔ **Phylogenese**, der stammesgeschichtlichen Entwicklung.

Die große Frage war: Wenn sich ein höheres Tier entwickelt, muss es sich durch sämtliche Entwicklungsschritte seiner Vorfahren quälen? Ist die Embryonalentwicklung eine Wiederholung der Evolution?

Wie sich herausstellte, enthielt die Embryonalentwicklung Teile phylogenetischer Etappen, die aber langsam (über Generationen und Aber-Generationen) verschwanden, so dass ein direkterer Weg zum fertigen Tier eingeschlagen werden konnte.

Der Jenaer Zoologe **Ernst Haeckel** (1834-1919) glaubte, eine **Urform** im Bauplan aller Tiere gefunden zu haben, aus der sich die verschiedenen Tierarten entwickelt haben könnten. Diese Form lässt sich nicht paläontologisch nachweisen, wohl aber als Stadium in der Embryonalentwicklung mit einem rohrförmigen **Urdarm** und einem doppelwandigen Becher als **Urmund**.

Natürlich stellten sich die Biologen die Frage: Wenn keine Präformation angenommen werden kann, wenn gemäß der Epigenese die Gewebe sich sowohl in die eine als auch die andere Richtung entwickeln können: Woher wissen sie, was zu tun ist? Und sie ahnten wohl, dass sie tiefer in die Gewebe würden eindringen müssen, dass sie das Kleinteilige genauer unter die Lupe würden nehmen müssen – und das wortwörtlich.

Mikroskope unter der Lupe

Die Teleskope waren damals von den Astronomen begeistert aufgenommen worden. Sie öffneten gewissermaßen den freien Blick in den Weltraum. Das war Anfang des 17. Jahrhunderts.

Das **Mikroskop** war gegen Ende des 17. Jahrhunderts erfunden worden. Aber es dauerte noch mehr als ein Jahrhundert, bis es von den Biologen als wertvolles Instrument der Forschung erkannt und akzeptiert wurde. Vielleicht hatte man nicht den Eindruck, der Blick weite sich, sondern argwöhnte gar, man werde eingeengt, käme nur näher an die Erde heran, an Schmutz, womöglich Fäkalien?

Aber um die Mitte des 19. Jahrhunderts ging es los: Die Gewebeschnitte wurden feiner, die Strukturen ließen sich unterschiedlich anfärben und wurden so überhaupt erst sichtbar, und schließlich wurden – mit den gestiegenen Ansprüchen – auch die Mikroskope besser.

Leben in der Zelle

Als die Biologen erst einmal in die Welt der kleinsten Strukturen abgetaucht waren, da war es, als entdeckten sie eine neue Welt: die Welt der Mikroorganismen. Eine der vielleicht spektakulärsten Entdeckungen war die der **Zelle**.

Der Jenaer Botaniker **Matthias Jacob Schleiden** (1804-1881) entdeckte 1838, dass alle Pflanzen aus Zellen bestehen und dass der **Zellkern** bei der Neubildung von Zellen mitwirkt.

Zusammen mit Schleiden entwickelte **Theodor Schwann** (1810-1882) die **Zellentheorie**, die die Funktion der Zellen im Organismus beschrieb. Sie stellten fest, dass es einzellige und mehrzellige Organismen gab. Schwann beobachtete und beschrieb außerdem, wie sich aus einer einzigen Zelle, der **Eizelle,** ein ganzer Organismus entwickelt.

Damit stellte sich die nächste Frage: Wie können aus einer einzelnen Zelle durch **Zellteilung** neue Zellen entstehen, die sich zu hochspezialisierten Arbeitsmaschinen entwickeln?

Diese Frage allerdings war erst ein halbes Jahrhundert später mit den Mitteln der **Molekularbiologie** zu beantworten. Zuvor aber gab es noch eine ganze Reihe von Entdeckungen zu machen, wie die Zelle aufgebaut ist, welche Bestandteile sie hat, wie sie als Einzelzelle und wie sie im Zellverband, zum Beispiel als Teil eines Organs, funktioniert.

Die Zellentheorie (1839) ermöglichte eine völlig neue Sichtweise auf die Prinzipien des Lebens. Denn es kam auf das Zusammenwirken vieler, einzelner Zellen an, die sich freiwillig miteinander verbunden hatten. Handelten sie egoistisch oder sozial? Wie schlug sich das »Gesamtwohl« auf das individuelle Wohl der einzelnen Zelle nieder? Wie wirkte sich das Verhalten einer einzelnen Zelle auf das Funktionieren des gesamten Verbands aus? Die **Zellentheorie** ist neben der **Evolutionstheorie** und der **Theorie vom Erbgut** (DNS) eine der drei großen, bahnbrechenden Theorien in der Biologie.

Erb-Streitigkeiten

Darwin war davon ausgegangen, dass sich zufällige Veränderungen im Erbgut (Mutationen), wenn sie positiv für das Überleben waren, »automatisch« fortpflanzen würden. Was er dabei nicht bedacht hatte, waren die **Vererbungsregeln**. Das führte zu einer Menge Streitigkeiten. Aber Streitigkeiten über das Erbgut kommen ja in den besten Familien vor...

Doch der Reihe nach. Matthias Jacob Schleiden hatte ja entdeckt, dass alle Pflanzen aus Zellen bestehen und dass der Zellkern bei der Neubildung von Zellen irgendeine besondere Rolle spielt. Unter dem Mikroskop waren die Zellen größtenteils strukturlos und durchsichtig. Aber mit den neuen Industriefarben war es möglich, unterschiedliche Bereiche anzufärben und die Strukturen sichtbar zu machen, was Untersuchungen zu ihrer Funktion sehr erleichterte. Der Kieler Zytologe **Walther Flemming** (1843-1905) hatte beim Anfärben des Zellkerns gemerkt, dass dort bestimmte Strukturen die Farben sehr stark annahmen, die er deswegen »Chromatin« beziehungsweise **Chromosomen** nannte (1879). Er beobachtete auch, dass die Chromosomen sich bei der Zellteilung ebenfalls teilten – und prägte dafür den Begriff **Mitose**. Dass sich in den Chromosomen die Erbsubstanz befinden könnte, ahnte er nicht.

Dieser Beweis, dass die **Erbsubstanz** in der **DNS** der Chromosomen steckt, wurde erst ein halbes Jahrhundert später erbracht (1943). Und die Grundgesetze der Vererbung wurden erst jetzt (um die Jahrhundertwende) bekannt. Dabei wurden sie rund 40 Jahre zuvor (1866) durch Experimente erarbeitet – und von niemandem beachtet: die Erbgesetze von Gregor Mendel.

Erben und Erbsen

Der böhmisch-österreichische Mönch und Botaniker **Gregor Johann Mendel** (1822-1884) war gleichermaßen an der Botanik wie an der Mathematik interessiert. Er wollte die Erbgesetze experimentell untersuchen und säte jahrelang Erbsen aus, um dann die Ergebnisse auszuzählen. Ziel waren statistische Aussagen über die Vererbung bestimmter Merkmale über viele Generationen hinweg.

So stellte er beispielsweise fest, dass **rezessive Merkmale** (die in der Regel von dominanten Merkmalen überdeckt werden) nicht verloren gehen, sondern ab der zweiten Tochtergeneration im Verhältnis 1 zu 3 wieder auftreten. Unter vier Pflanzen dieser Generation zeigen also drei das dominante Merkmal, eine aber das rezessive.

Für die Diskussion um die Evolutionstheorie war besonders das letztgenannte Ergebnis der **Mendelschen Experimente** wichtig. Mendel hatte untersucht, ob sich extreme Ausprägungen eines Merkmals gegenseitig ausglichen. Es zeigte sich aber, dass auch extreme Merkmale in reiner Form im Erbgut erhalten blieben. Verschwanden sie in der einen Generation, so zeigten sie sich in der nächsten wieder.

Schnelle Ergebnisse waren also durch die Evolution nicht zu erwarten. Nach einer positiven Mutation musste man davon ausgehen, dass weniger gut angepasste Ausprägungen bald aus dem Erbgut verschwanden. Der natürliche Ausleseprozess funktionierte sehr, sehr langfristig.

Es brauchte viele Generationen, bis bestimmte Merkmale nicht mehr im Erbgut auftauchten. Aber Zeit war ja im Überfluss vorrätig …

Mendels **Erbsenzählerei** hat der Forschung Anfang des 20. Jahrhunderts enorme Impulse gegeben. So wurde deutlich, dass es bei der Befruchtung zu einer Verschmelzung der Kerne von Ei- und Samenzelle kam, dass also die Erbinformation im Zellkern beheimatet war.

Man entdeckte, dass jedes Merkmal zweimal vertreten war, einmal vom Vater und einmal von der Mutter. Bei der Mischung werden die Merkmalsträger rein zufällig einmal vom Vater, einmal von der Mutter übernommen. Damit konnte man erklären, warum die Nachkommen den Eltern ähneln, und zwar beiden; dass aber die Ähnlichkeiten auch nicht zu groß sind.

Die einzelnen **Gene** sind die Merkmalsspeicher, die **Träger der eigentlichen Erbinformation**. Sie müssen eng an die Chromosomen gebunden sein, wobei jedes Chromosom für einen bestimmten Teil der Erbmerkmale zuständig ist. So liegen beispielsweise alle Merkmale, die für das männliche Geschlecht typisch sind, auf dem Y-Chromosom, dem Chromosom, das das männliche Geschlecht bestimmt. Diese Merkmale treten nur bei männlichen Nachkommen auf, nie bei Frauen.

Es zeigte sich, dass die Gene auf den Chromosomen **linear** angebracht sind und dass manche Merkmale von nur einem Gen, andere hingegen von mehreren Genen bestimmt werden.

Von der Erblehre zur Genetik

Die Forscher erkannten, dass die wahren Zusammenhänge nur entdeckt werden konnten, wenn man noch tiefer in die Strukturen der Chromosomen eindringen würde. Doch dafür waren die klassischen Instrumente wie das Mikroskop nicht geeignet. Um in die **molekularen** Dimensionen vordringen zu können, waren neue Methoden erforderlich wie das **Elektronenmikroskop**, die **Ultrazentrifuge** oder die **Röntgenspektralanalyse**.

Die Nutzung dieser neuen Instrumente war wie der Eintritt in eine neue Welt. Als wesentliche Bestandteile fand man in der Zelle **Proteine** und man fand sehr spezielle Moleküle, die wie ein Wollknäuel zusammengerollt waren: **Nukleinsäuren**. Zunächst konnte man mit diesen Nukleinsäuren überhaupt nichts anfangen. Dagegen waren Proteine sehr viel vertrauter: Eiweißbausteine, die für viele Prozesse im Körper verantwortlich waren.

Folgerichtig nahm man an, dass die Proteine in irgendeiner Weise die Erbinformationen enthalten müssten. Sie waren sehr komplex aufgebaut, jedenfalls komplexer als die Nukleinsäuren. Bei dieser Auffassung blieb man auch, als sich herausstellte, dass die Nukleinsäuren in Sachen Komplexität nicht nur mithalten konnten, sondern sehr viel komplizierter waren. Es waren eben sehr spezielle, sehr geheimnisvolle Moleküle. Und schließlich wurde es zur Gewissheit, dass die Nukleinsäuren Träger der Erbinformation waren (1943).

Das war eine Sensation. Jeder ahnte, dass man kurz vor einer großen Entdeckung war. Man war dicht dran: In der komplexen Struktur von Nukleinsäuren war das Geheimnis des Lebens verborgen. Informationen über den Bau des Organismus, Informationen, wie das spezielle Leben dieses Lebewesens funktionieren sollte. Alle Informationen steckten in den Nukleinsäuren. Aber wo? Und wie?

Die große Frage war:

- Wie konnte in dem Molekülwirrwarr eine sinnvolle Information versteckt sein?
- War diese Botschaft chemisch codiert?
- War sie in der räumlichen Struktur verborgen?
- Oder war sie in der Abfolge bestimmter Sequenzen in den Erbmolekülen versteckt?

Den nächsten, entscheidenden Schritt machte der österreichisch-amerikanische Chemiker **Erwin Chargaff** (1905-2002). Er hatte um 1948 herum die Bestandteile im Kern der Zellen untersucht und festgestellt, dass neben Proteinen und Aminosäuren (das sind die Bausteine der Proteine) diese geheimnisvollen Nukleinsäuren vorhanden waren.

Verkettungen

Nukleinsäuren sind lange Kettenmoleküle, die immer wiederkehrende Molekülbausteine, Zucker und Phosphate, hintereinanderhängen. Sie bilden die Schnur der Perlenkette. Und gewissermaßen als Perle hängt an jedem Zuckermolekül noch eine **Base** – so heißen diese Bausteine eben. Und auf die kommt es an.

Es gibt nämlich vier verschiedene Basen, die da dranhängen können. Wie bei einer Perlenkette, die vier verschiedenfarbige Perlen hat. Diese vier Basen haben komplizierte chemische Namen – ich schlage vor, wir begnügen uns mit den Anfangsbuchstaben: A, T, C, G. Jetzt stellen Sie sich das **Kettenmolekül** der Nukleinsäure vor, wie eine Perlenkette mit den Perlen A, T, C und G.

Dieses ellenlange Kettenmolekül ist wie eine Geheimschrift aufgebaut: Die Nukleinsäure, genauer **Desoxyribonukleinsäure**, ist der Träger unseres gesamten Erbguts. Und die Information steckt in der Molekülstruktur. Die Information steckt in der Abfolge der vier Basen. Das ist wie ein geheimer **Code**, wie eine Schrift aus vier Buchstaben.

Das Ganze sieht aus wie eine zufällige Folge von Zahlen oder Buchstaben, aber wenn man die Sprache kennt, ist alles ganz einfach.

Ja, ich weiß, ganz so einfach ist es nun auch wieder nicht. Ich hatte eigentlich vor, den Namen des Moleküls Desoxyribonukleinsäure nicht voll auszuschreiben, sondern nur die Abkürzung DNS zu verwenden. Jetzt ist mir der volle Name schon zweimal durchgerutscht. Und wissen Sie warum? Weil ich denke, wir sollten ihn kennen. Schließlich steckt zu einem Gutteil unsere Persönlichkeit darin, unsere Anlagen, unsere Begabungen, unser Aussehen. Also, der Name ist genannt worden, aber jetzt bleiben wir bei der Abkürzung **DNS**.

Immer häufiger wird übrigens die Abkürzung DNA verwendet, eigentlich die Abkürzung der englischen Bezeichnung: hinten »Acid« statt »Säure«. Aber die Abkürzungen verselbständigen sich und kaum jemand fragt noch nach dem Ursprungswort. Also benutzen wir DNS genauso wie DNA. Gemeint ist dasselbe.

Die Code-Knacker

Doch ehe wir jetzt zu den Code-Knackern kommen, muss ich Ihnen erst erzählen, welchen Beitrag Chargaff zu jener Wissenschaft lieferte, die er später in geschliffen formulierten Essays kritisierte. Er warnte zum Beispiel davor, die Erkenntnisse der genetischen Forschung allzu schnell anzuwenden, weil man unwiderruflich in die Natur eingreife. Er warnte vor unangemessenen Hoffnungen auf eine Gentherapie. Man solle nicht Gott spielen wollen. Eingriffe in das Genom des Menschen hielt er für unverantwortlich. Chargaff war eine interessante Persönlichkeit, über die man viel erzählen könnte ... aber das ist eine andere Geschichte. Bleiben wir bei dem, was Chargaff zur Erkenntnis des Erb-Geheimnisses beigetragen hat. Er konnte nämlich nachweisen, dass die Basen A und T sowie C und G jeweils im Verhältnis eins zu eins vorlagen. »Ja, und?«, werden Sie fragen.

Zweierlei konnte man daraus schließen:

- ✔ Wenn bei dem ganzen Molekül die räumliche Struktur eine Rolle spielt, dann könnte das Verhältnis eins zu eins auf eine parallele Anordnung hindeuten. A und T sowie C und G müssten dann jeweils paarweise auftreten.
- ✔ Die vier Basen konnten sich beliebig an jedes Zuckermolekül anhängen. Wenn nun die Reihenfolge gesteuert werden könnte, dann wäre das wie bei einer Schrift ... Auf die Reihenfolge kommt es an!

Tatsächlich hatte Chargaff damit Hinweise zur Lösung der beiden großen Rätsel gegeben, die jetzt vordringlich von den Forschern überall auf der Welt angegangen wurden:

- ✔ Welche **räumliche Struktur** hat das DNS-Molekül, das den Bauplan des Lebens in sich trägt?
- ✔ Enthält die Reihenfolge der angehängten Basen einen geheimen Code, der verrät, wie Leben funktioniert?

Forschung mit dem Röntgenblick

Mit der räumlichen Struktur beschäftigte sich auch die englische Biochemikerin **Rosalind Franklin** (1920-1958). Sie war eine Expertin für **Röntgenstrukturanalysen** von großen, organischen Molekülen. Das ist ein eher schwieriges Unterfangen, denn man schießt Röntgenstrahlen auf ein Molekül und schaut sich an, was hinten dabei herauskommt.

Die Röntgenstrahlen werden an den Molekülen aus der Bahn geworfen und hinterlassen auf dem Röntgenschirm ein diffuses Muster. Die Kunst besteht nun darin, aus dem Muster auf die räumliche Struktur des Moleküls zu schließen. Nun, »Kunst« ist das nur zum Teil. Denn es gibt jede Menge Regeln, nach denen die Röntgenstrahlen »gebeugt« werden.

Zusammen mit ihrem Kollegen **Maurice Wilkins** (1916-2004) hatte sie einige Röntgenaufnahmen der DNS gemacht und war dabei, aus den Mustern die Struktur des Riesenmoleküls zu berechnen – da passierte etwas, das nahe an einen Wissenschaftskrimi herankommt.

DNS – Next Top-Modell

1952 hatten in Cambridge, England, zwei junge Chemiker begonnen, das Molekül der DNS näher zu untersuchen: der Amerikaner **James Watson** (*1928) und der Engländer **Francis Crick** (1916-2004). In Amerika hatte **Linus Pauling** (1901-1994) bereits die Vermutung geäußert, es könnte sich bei dem Erbgutträger, der DNS, um ein spiralförmiges Molekül handeln. Überall auf der Welt versuchte man dieses geheimnisvolle Molekül zu analysieren. Watson und Crick erkannten die Chance, mit einem schnellen Erfolg in dieser Frage Weltruhm zu erlangen. Crick hatte zu diesem Zeitpunkt nicht einmal seine Doktorarbeit beendet.

Spion im Röntgenlabor

Watson und Crick hatten Kontakt zu ihren Kollegen am King's College in London aufgenommen. Rosalind Franklin hielt nicht viel von ihren Kollegen und lehnte eine Zusammenarbeit ab. Sie hielt es für verfrüht, ein **Modell der DNS** zu entwerfen. Aber Wilkins, der Kollege von Rosalind Franklin am King's College in London, pflegte den Kontakt nach Cambridge und erzählte von Franklins gelungenen Röntgenaufnahmen des Moleküls.

Ohne die Erlaubnis dazu zu haben, zeigte Wilkins den Cambridger Kollegen einige von Franklins Aufnahmen, ja beschaffte ihnen sogar heimlich Kopien. Watson und Crick sahen in den Aufnahmen den Beweis für die **Helix-Struktur** der DNS. Außerdem wurde ihnen ein Forschungsbericht von Rosalind Franklin zugespielt, in dem sie die Doppelstruktur der DNS erläuterte. Dieser Bericht lag nur wenigen Kollegen zur Begutachtung vor und sollte erst noch veröffentlicht werden. Keinesfalls war er zur Weitergabe an Dritte vorgesehen.

Watson und Crick hatten eine grobe Vorstellung, wie die Doppelhelix aussehen könnte, kriegten aber den molekularen Aufbau noch nicht hin.

Da hatte schließlich James Watson die richtige Idee und die beiden bastelten ein passendes Modell. Diese Struktur veröffentlichten sie im April 1953 in der renommierten Fachzeitschrift »Nature«.

Ihre Leistung bestand in der Präsentation der richtigen **Form des Moleküls** und seiner chemischen Verbindung aller Bestandteile sowie in der richtigen und vollständigen Erklärung der Aufnahmen von Rosalind Franklin.

Es folgten unmittelbar weitere Veröffentlichungen, auch von Rosalind Franklin und Maurice Wilkins, worin diese ihre experimentellen Untersuchungen präsentierten und das **Doppelhelix-Modell** bestätigten.

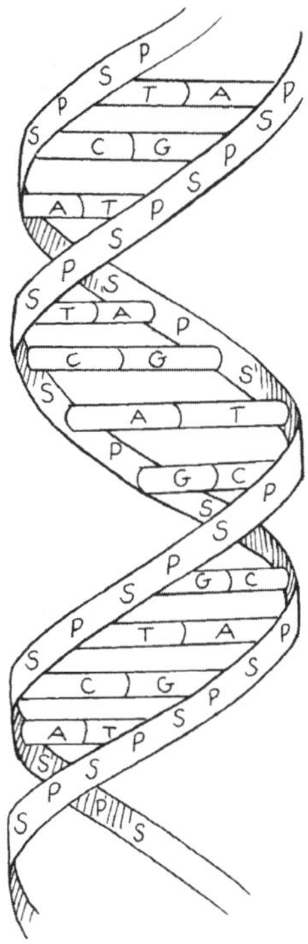

P = Phosphat
S = Zucker

A = Adenin
T = Thymin
C = Cytosin
G = Guanin

Abbildung 6.1: Das Strukturmodell der DNS, die berühmte Doppelhelix. Außen liegen die Zucker- und Phosphatgruppen, die eine sehr lange Kette bilden. Nach innen können sich vier verschiedene Basen einklinken: A, T, C und G. Diese Basen werden paarweise ergänzt, so dass sich vier verschiedene »Sprossen« ergeben: A-T und T-A sowie C-G und G-C. Diese »Konstruktion« entfaltet eine gewisse Spannung, die dazu führt, dass sich das Molekül in sich eindreht zu einer Spirale, einer Helix. In der Reihenfolge der vier »Buchstaben« steckt die Erbinformation – wie in einer Schrift.

Nobels Dilemma

Watson und Crick erhielten für diese Arbeiten zusammen mit Maurice Wilkins den Nobelpreis. Die Tatsache, dass Wilkins gleichermaßen bedacht wurde, legt den Schluss nahe, dass auch Rosalind Franklin mit dem Nobelpreis ausgezeichnet worden wäre, wenn sie nicht zwischenzeitlich gestorben wäre. Der Nobelpreis geht immer nur an lebende Kandidaten. Es war also keine Diskriminierung weiblicher Forscherinnen, wie gelegentlich vermutet wurde.

Dennoch hat Rosalind Franklin viel Feindschaft zu spüren bekommen und musste sich in der männlich dominierten Wissenschaft mit viel Kraft durchsetzen.

Speziell der Umgang von Watson und Crick mit Franklins Arbeit gilt eher als ein Musterbeispiel unehrenhaften Verhaltens in der Wissenschaft. In ihrer »Nature«-Veröffentlichung erwähnten sie die Vorarbeiten Franklins, aufgrund derer sie die Doppelhelix überhaupt erst gefunden hatten, mit keinem Wort. Lediglich in einer Fußnote hieß es: »Wir wurden angeregt durch die Kenntnis der ungefähren Aussagen nicht publizierter experimenteller Studien von Dr. Wilkins, Dr. Franklin und ihren Mitarbeitern am King's College, London«.

Das ist eine augenzwinkernd-zynische Umschreibung von »uns wurden Publikationsentwürfe und Kopien der Röntgenbilder zugespielt, aufgrund derer wir zu unseren Ergebnissen kommen konnten«. Auch in der Folgezeit stritten sie die Kenntnis von Franklins Aufnahmen rundweg ab. Erst später, in seinen Erinnerungen, erklärte Watson, er habe die Ergebnisse von Franklin in Händen gehabt, ohne dass sie davon etwas ahnte, und auch Crick gestand später, dass ohne diese Kenntnisse ihr Durchbruch nicht gelungen wäre.

Watson und Crick, weniger Wilkins, konzentrierten den meisten Ruhm auf sich und gelten bis heute als die wesentlichen Entdecker der räumlichen Struktur und der Bedeutung der vier Basen als Träger der Erbinformation. Nicht gewürdigt wurde auch die erhebliche Vorarbeit von Chargaff – und vieler anderer Forscher.

Der Nobelpreis für die DNS-Entdeckung macht deutlich, wie schwierig es geworden ist, der **Intention Alfred Nobels** noch nachzukommen und für eine gerechte Verteilung der ehrenhaften und lukrativen Auszeichnung zu sorgen. Mehr und mehr ist Wissenschaft heutzutage Teamarbeit.

Das **Nobelkomitee** hat bisher diese Schwierigkeit zu umspielen versucht. Doch die Kritiken häufen sich. Irgendwann wird man um eine Reform der Statuten nicht umhin kommen.

Wie dem auch sei, Watson und Crick haben den Ruhm abgeschöpft, für die übrigen bleibt die Ehre, dabei gewesen zu sein. Das Spiel geht weiter.

Was nun noch anstand, war die **Entzifferung des Codes**. Wer schaffte es als Erster, die Geheimschrift zu lesen? Kurze Zeit später gab es einen weiteren Nobelpreis im Zusammenhang mit der DNS.

Der Code ist geknackt

Gobind Khorana erhielt 1968 den Nobelpreis für Physiologie oder Medizin zusammen mit **Marshall Warren Nirenberg** und **Robert W. Holley** für die Aufklärung des genetischen Codes und seiner Funktion bei der Proteinsynthese. Die Forscher sind weit weniger bekannt als Watson und Crick. Aber sie und viele andere Forscher haben eine Menge geleistet, nachdem die Prinzipien der »Erbschrift« klar waren. Denn im Detail war er noch gar nicht geknackt. Es waren noch viele Fragen offen:

- ✔ Wo fängt ein »Wort« der DNS-Schrift an?
- ✔ Wo hört es auf?

- ✔ Wie lang ist ein Wort?
- ✔ Was steht überhaupt drin?
- ✔ Wie werden die Informationen abgelesen?
- ✔ Gibt es »Tippfehler«? Und lassen sie sich korrigieren?

Der Basiscode

Die Schrift, in der unser Erbgut niedergelegt ist, besteht aus vier Buchstaben. Eigentlich sind es nur zwei, denn die Basen sind immer gepaart: T passt nur zu A, und C passt nur zu G. Aber es gibt zwei verschiedene Richtungen: nach oben und nach unten, also TA und AT, sowie CG und GC.

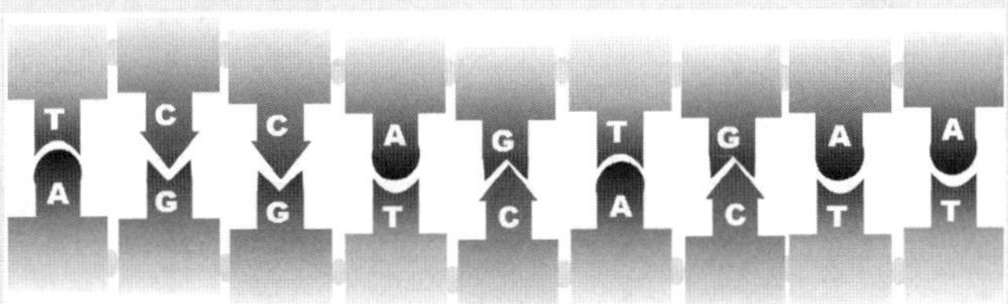

Abbildung 6.2: Die DNS ist wie ein Reißverschluss aufgebaut. In der Mitte greifen die »Zähne« ineinander, die vier Basen. T passt zu A und C zu G. So entstehen vier unterschiedliche Kombinationen: TA, AT, CG und GC. Das sind die vier Buchstaben der »Geheimschrift« DNS.

Das doppelsträngige Kettenmolekül der menschlichen DNS ist etwa einen Meter lang und enthält rund 3 Milliarden »Buchstaben«. Darauf befinden sich rund 20 000 Gene.

Teilt man die 3 Milliarden durch jene 20 000, so erhält man 150 000 Buchstaben pro Gen – im Durchschnitt. In Abbildung 6.2 sehen Sie gerade mal neun von diesen 150 000. So können Sie sich eine Vorstellung davon machen, wie lang und kompliziert die genetische Information ist.

Die Rechnung ist aber nur eine Überschlagsrechnung, um die Größenordnungen abschätzen zu können. In Wirklichkeit sind Gene ungefähr ein Zehntel so lang, also vielleicht 15 000 Buchstaben pro Gen. Die 20 000 Gene belegen dann zusammen nur 300 Millionen von 3 Milliarden Buchstaben.

Was ist mit dem Rest?

Anfangs rechnete man tatsächlich in solchen Größenordnungen. Man ging von 10 bis 20 Prozent genetischer Information aus und von 80 bis 90 Prozent nutzloser **Schrottinformation.**

Heute ist von diesem Schrott kaum noch etwas übrig geblieben.

Ein Großteil der DNS ist zur **Überwachung** und **Steuerung** eingeteilt und wird nur selten aktiv. Aber diese gelegentliche Aktivität ist sehr wichtig. Zum Beispiel muss festgelegt werden, welcher Abschnitt der DNS momentan überhaupt abgelesen werden darf. Die Wachstumsphase muss begrenzt werden, sonst entsteht vielleicht Krebs.

Nur auf Rezept

Die DNS liegt zwar in jeder Zelle vor, aber nur einmal. Das **Kochbuch** ist gewissermaßen das Original. Wir haben es von unserer Mutter, die es von ihrer Mutter hat und so weiter. Also heißt es, vorsichtig damit umzugehen. Hier wird nichts entnommen oder gar rausgerissen. Jedes **Rezept**, das gebraucht wird, muss sauber abgeschrieben werden. Wie macht die Zelle das?

Abbildung 6.3: Genau so, wie der Schieber den Reißverschluss öffnet, so wird der Doppelstrang der DNS an der richtigen Stelle geöffnet. Die »Zähne« präsentieren offen ihre »Passstellen«.

Abbildung 6.4: In jeder Zelle schwimmen freie Basen herum, die sich auf die passenden Passstellen setzen.

Abbildung 6.5: Die aufgesetzten Basen bilden einen Strang mit einer Kopie des »Rezepts«. Wenn alle Positionen besetzt sind, wird die Kopie entnommen, das Kettenmolekül wird wieder geschlossen.

Wo stehen wir heute?

Wir wissen heute ziemlich genau, wo einzelne Gene liegen, wie sie aufgebaut sind und wie sie funktionieren. Wir können auch in vielen Fällen nachvollziehen, wie die »Rezepte« aussehen und wie sie umgesetzt werden: Schritt für Schritt werden Aminosäuren in der vom Rezept vorgegebenen Reihenfolge zu einem größeren Protein zusammengesetzt. Aber wir haben noch lange nicht alles verstanden.

Nachdem klar geworden ist, dass die **Proteinsynthese** nur ein Mechanismus unter vielen anderen ist, wissen wir erst, wie viel wir nicht wissen. Der ganze Steuerungs- und Überwachungsapparat, die komplexe Kommunikation der Zellen untereinander und der Zusammenhang mit den **Steuerungsanweisungen** im Erbgut liegen noch ziemlich im Dunkeln.

Wohin treibt die Biologie?

Zweifellos bietet die Biologie unter all den Wissenschaften das wohl größte **Entwicklungspotential**. Schließlich beansprucht die Biologie, das umfassendste Menschheitsrätsel zu lösen:

- ✔ Wo kommen wir her?
- ✔ Wo und wie ist das Leben entstanden?
- ✔ Warum existieren wir?

Philosophie, Physik, Chemie, Anthropologie, viele andere Disziplinen arbeiten der Biologie zu. Es ist ein interdisziplinäres Unterfangen, eine Aufgabe, die die ganze Menschheit fordert.

Es war das symbolträchtige Jahr 2000, als zwei große Staatsmänner in einer gemeinsamen Zeremonie ein Großereignis der Forschung, einen gigantischen Triumph menschlichen Forschergeists feierten: Der amerikanische Präsident **Bill Clinton** und der englische Premierminister **Tony Blair** präsentierten den genetischen Code des Menschen.

Das gesamte **Genom** des Menschen war entziffert. Es wurde in den beiden Spitzenfachzeitschriften der Wissenschaften veröffentlicht: gleichzeitig in »Science« und »Nature«. Und es wurde mit-präsentiert von Craig Venter, einem Forschungsunternehmer und seiner Firma sowie von Vertretern vieler staatlicher Forschungsinstitute, die die Ergebnisse ihrer **Sequenzierung** als »Allgemeingut« vorlegten – alles in der großen Hoffnung, dass nun Krankheiten schneller analysiert und geheilt werden könnten.

Und in der kleinen, aber nicht unwichtigen Nebenhoffnung, dass das Wissen um das menschliche Genom allen frei zur Verfügung steht. Dass also Craig Venter nicht **Patente auf einzelne Gene** erwerben kann.

Heute, gut 10 Jahre später, sind die Hoffnungen zusammengeschmolzen, der Enthusiasmus ist Ernüchterung gewichen, die Ansprüche sind bescheidener geworden.

Das »Großereignis« aus dem Jahre 2000 war eine Show, eine Ersatzhandlung, die mehr guten Willen als Realität widerspiegelte. Das fing schon an mit dem Anlass, der sich als geplatzte Seifenblase entpuppte: Das gesamte Genom war noch gar nicht vollständig entziffert. Das war erst 2003 der Fall. Und es endete bei den übertriebenen Hoffnungen.

Zwar sind gentechnische Fortschritte erzielt worden. Aber im Bereich der »grünen« Gentechnik, auf dem Gebiet **gentechnisch veränderter Pflanzen** also, ist erheblicher Widerstand in der Bevölkerung zu spüren. Im Bereich der »roten« Gentechnik (Medizin) ist die Akzeptanz hoch, aber die Erfolge sind mager, und die erfolgreichen Versuche zur effektiveren Produktion von Arzneimitteln sind zwar gentechnisch erzielt worden, doch war dazu in den meisten Fällen die Kenntnis des menschlichen Genoms nicht erforderlich.

Bleibt der Nebenaspekt der **Patentierbarkeit** bestimmter Gene. Denkbar ist: Man findet ein Gen für die Herstellung eines wichtigen Hormons. Der genetische Weg ist sehr viel effizienter als der herkömmliche, technische Weg. Kann eine Firma dieses Wissen einsetzen, um billiger zu produzieren, und kann sie darauf ein Patent erheben oder steht dieses Wissen allen zur Verfügung?

In der damaligen Deklaration wird der Grundsatz beschworen, dass die Ergebnisse der Entschlüsselung des menschlichen Erbguts allen Forschern frei zur Verfügung stehen sollen, dass aber die Anwendung bestimmter Mechanismen, die auf Kenntnissen des menschlichen Genoms beruhen, patentierbar bleiben. Ob aus dem bisschen »guten Willen«, das hier zu erkennen ist, wirklich harte Wirklichkeit wird, die auch tatsächlich die Freiheit der Forschung garantiert, muss erst noch politisch – und dann vielleicht noch juristisch geklärt werden.

Immerhin zeigt das gigantische **wirtschaftliche Interesse** an der Gentechnik, dass man der biologischen Forschung noch sehr viel zutraut.

Bilanz

Die Frage nach der Herkunft, nach den **Anfängen des Lebens** bleibt nach wie vor ungeklärt. Aber die Wissenschaft vom Leben, die Biologie, wurde weiter getrieben und zu einer mächtigen Säule der Wissenschaften entwickelt.

2000 Jahre herrschte die antike **Naturphilosophie**, bis es in der Renaissance zu einem Neubeginn kam. Insbesondere die **empirischen Methoden** wurden entwickelt: Beobachten, Sammeln, Systematisieren. Die Erfindung des Mikroskops (Ende des 17. Jahrhunderts) hat viele Erkenntnissprünge ermöglicht, auch wenn die anfängliche Akzeptanz recht zögerlich war.

Die **Embryologie** (18. Jahrhundert) brachte neue Erkenntnisse und läutete das Ende der »Urzeugung« ein. Mit der »vergleichenden« Embryologie wurde das Prinzip des Vergleichs in das Arsenal biologischer Methoden aufgenommen (19. Jahrhundert). Es half bei der (verbesserten) Systematisierung der Lebewesen und beförderte Erkenntnisse der **Evolution** und der gemeinsamen **Abstammung** aller Lebewesen. 1859 veröffentlich Charles Darwin sein Buch über die Entstehung der Arten.

Zu Beginn des 20. Jahrhunderts erinnert man sich der Versuche Gregor Mendels, die die Evolutionstheorie sinnvoll ergänzen. Die **Zellen** werden entdeckt und ihre Bestandteile und Funktionen erforscht. Die **Chromosomen**, später die **DNS**, werden als Erbträger identifiziert. Gegen Ende des 20. Jahrhunderts und zu Beginn des 21. Jahrhunderts wird das **menschliche Erbgut** entschlüsselt. Die Potentiale von Genetik und Gentechnik werden überaus hoch eingeschätzt.

Und es hat Boom gemacht ... – Geschichte der Chemie

7

In diesem Kapitel

- Das Geheimnis des Katalysators
- Meilensteine in der Geschichte der Chemie
- Der Geist des Lebendigen
- Wie ein Katalysator funktioniert – im Comicstrip
- Gärprozesse und Brauverfahren
- Enzyme sind auch nur Katalysatoren
- Wissenschaftler: Schlag auf Schlag
- Und alles ist nur Chemie, Enzym-Chemie

Bitte nachmachen: Zucker lässt sich anzünden, Zucker brennt. Auch in unserem Körper wird Zucker »verbrannt« – allerdings ohne Flammen. So stellen wir unsere Körperwärme her: Zucker verbindet sich mit Sauerstoff und dabei wird Wärme frei. Zucker brennt! Probieren Sie's aus ... in Ihrem Küchenlabor.

Aber, aber – leider, leider ... Sooo einfach ist es auch wieder nicht. Sie halten also die Flamme eines Feuerzeugs an das Stückchen Würfelzucker, und ... ja und? Es schmilzt vielleicht ein bisschen, aber brennen wird es nicht!

Und jetzt kommt Ihre große Chance. Jetzt kommt die Chemie ins Spiel. Jetzt werden Sie zaubern, dass die anderen sich wundern werden. Sie nehmen eine Zigarette (Raucher werden zwar weniger, aber es gibt sie immer noch), Sie nehmen also eine Zigarette und rauchen drei, vier Züge (bitte nicht inhalieren, das wäre übertrieben). Dann streifen Sie die Asche ab in einen Aschenbecher (oder eine Untertasse) und warten, bis die Asche ausgeglüht ist.

Machen Sie nun Ihren Zeigefinger nass und tupfen Sie die Asche mit dem nassen Finger auf. Streichen Sie nun die Asche an der Seite des Würfelzuckers ab. Und jetzt wiederholen Sie den Versuch mit dem Zucker. Sie halten also die Flamme eines Feuerzeugs an das Stückchen Würfelzucker, und ... ja und?

Es brennt, es brennt!

Sehen Sie, Zucker brennt. Und wenn Sie nun auf die Frage: »Wie kommt denn das?« antworten: »Das ist die magische Kraft der Asche«, dann liegen Sie gar nicht so falsch.

Jedenfalls war das jahrhundertelang, ja, jahrtausendelang die einzige Antwort, die Menschen auf diese oder ähnliche Fragen geben konnten. Denn unsere Vorfahren haben zwar viel Chemie betrieben, aber verstanden haben sie das meiste nicht. Es war eben Magie!

Richtigerweise hätten Sie sagen müssen: »Die Asche wirkt als Katalysator und erleichtert die Verbrennung«, aber dann hätte keiner Sie verstanden. Und Sie? Sie haben auch nichts verstanden? Warten Sie. Sie werden alles verstehen, gleich!

Die Geschichte der Chemie hat also einen langen Vorlauf in praktischer, aber unverstandener Anwendung der Chemie und eine relativ kurze Zeitspanne der wissenschaftlichen Chemie. Das ist die Zeit der Analyse und der theoretischen Erklärung der chemischen Reaktionen, wie zum Beispiel bei der Verbrennung.

Magie des Katalysators

Die »magische Kraft« der Asche ist, chemisch gesprochen, die Wirkung eines Katalysators. Und ein **Katalysator** ist etwas höchst Merkwürdiges. Katalysatoren müssen nur anwesend sein, schon laufen bestimmte chemische Reaktionen schneller ab und kommen leichter in Gang als ohne die Anwesenheit dieses magischen Stoffs. Sie nutzen sich nicht ab, sie verbrauchen sich nicht und bleiben in gleicher Menge, im gleichen Zustand zurück, als ginge sie das alles nichts an.

Lange hat man gerätselt, was da eigentlich passiert: Wie machen die das? Und als Eduard Buchner schließlich das entscheidende Experiment machte, bekam er prompt den Nobelpreis für Chemie. 1907 war das. Aber davor gab es viel Streit. Große Wissenschaftler waren rechthaberisch wie kleine Kinder und beharrten auf Ansichten, die längst überholt waren. Wissenschaftler sind eben auch nur Menschen.

Die spannende Frage, wie das möglich ist mit den unheimlichen, magischen Katalysatoren, diese Frage klären wir gleich. Zuvor muss ich noch etwas anderes loswerden. Immer wieder überraschen mich die alten Griechen, die über so vieles nachgedacht haben und viele kluge Ideen entwickelten. Und manchmal waren sie so visionär, dass einem ganz unheimlich wird. So sagte beispielsweise **Demokrit** (etwa 460-400 v. u. Z.):

> *»Wir glauben, es gäbe vier Elemente: Feuer, Wasser, Luft und Erde. Wir glauben, die Dinge seien süß oder bitter, heiß oder kalt. Wir glauben, es gäbe eine natürliche Harmonie im Kosmos. In Wahrheit gibt es nur Atome und leeren Raum. Alles andere ist Meinung.«*

Es verschlägt einem regelrecht den Atem, wenn man das liest. Denn der gute, alte Demokrit hatte noch kein Mikroskop, keinen Massenspektrografen, keinen Teilchenbeschleuniger. Aber er hatte eine nüchterne und präzise Vorstellung vom Aufbau der Materie, die unserer heutigen Sichtweise sehr nahekommt.

Dabei ist die alte Sichtweise so schön anschaulich. Und ich wette mit Ihnen, dass es auch heute noch viele Zeitgenossen gibt, die sich mit jenen vier Elementen begnügen und sich von der wirklichen Struktur unserer materiellen Welt keine Vorstellung machen. Auch nicht machen wollen. Ihnen kann ich das so unverblümt sagen, denn Sie sind ja eine positive Ausnahme. Respekt!

Probieren kam vor studieren

Unsere Vorfahren wussten es nicht besser (außer Demokrit und dessen Schüler). Sie hatten kein gesichertes Wissen über die Natur, nur Spekulationen und Visionen.

Aber sie wussten schon sehr gut mit praktischer Chemie umzugehen: Sie brannten Ton bei hohen Temperaturen, schmolzen Glas und Metalle und stellten Legierungen mit spezifischen Eigenschaften her. Dann kamen Farben hinzu, Kosmetika und Heilmittel, Papier und Leder und Konservierungsmittel für Lebensmittel.

Schon im 3. Jahrtausend vor unserer Zeitrechnung beherrschten die Sumerer und die Ägypter die Glasherstellung und im 6. Jahrhundert v.u.Z. erfanden die Chinesen die Herstellung von Porzellan.

Interessant ist, dass **Vergärungsmethoden** schon vor mehreren tausend Jahren bekannt waren. Viele unterschiedliche Volksstämme haben zu unterschiedlichen Zeiten sehr unterschiedliche Verfahren entwickelt, alkoholische Getränke zu produzieren. Das muss eine ganz besondere Faszination gewesen sein, die von der Beschäftigung mit dieser Art von Chemie ausgegangen ist …

Da braut sich was zusammen

Irgendwo waren Körner gelagert worden und hatten zu keimen begonnen. Dabei verwandelt sich die Stärke der Getreidekörner in Zucker. Es hatte reingeregnet und die Brühe begann zu gären. Dabei wurde der Zucker aufgespalten in Alkohol und Kohlendioxid. Ersteres machte Stimmung und Letzteres erfrischte. Das war eine interessante Mischung, die auch heute noch zu überzeugen vermag – das erste Bier war gebraut.

Dass dabei ein Katalysator eine ganz entscheidende Rolle spielte, war den Menschen gar nicht bewusst. Es hätte ihnen auch gar nichts genutzt: Sie hätten ja nicht einmal gewusst, was ein Katalysator ist!

Ähnliche Erfahrungen machten unsere Vorfahren mit liegen gebliebenen Trauben. Der süße Traubensaft vergor zu Wein beziehungsweise zu Perlwein. Das, was daran Chemie war, lief weitgehend selbstständig ab. Und das Endprodukt hatte einen gewissen Kick. So wollten die alten Ahnen mehr davon und vor allem häufiger. Doch die meisten Versuche schlugen fehl, weil die ersten Braumeister nicht genügend Kenntnisse hatten. Die mussten sie erst erwerben: durch Ausprobieren. Denn dass sie einen Katalysator einsetzten und nutzten, war dem Zufall zu verdanken und der Unsauberkeit in der Braustube. Als Katalysator fungierten nämlich winzige Spuren von Hefepilzen.

Dann begann das Zeitalter der **Alchemie**, die mit viel Hokuspokus arbeitete, aber auch ganz wichtige Grundlagen für die wissenschaftliche Chemie legte. Vor allem das Arbeiten im Labor, um unter kontrollierten Bedingungen Reaktionsabläufe analysieren zu können, war eine entscheidende Voraussetzung für die Entwicklung der späteren Chemie.

Der Unterschied zwischen Alchemie und Chemie ist ganz einfach. In der Alchemie wurde munter drauflos experimentiert. Man hatte ja keine Vorstellung von dem, was man da tat. Man hatte kein Wissen. In der Chemie konnte man auf das Erfahrungswissen der Alchemisten zurückgreifen. Langsam wuchsen die Vorstellungen vom Aufbau der Atome, von den elektrischen Bindungskräften, von den Atomen, die sich zu Molekülen zusammenlagerten und so weiter. Aufgrund dieser theoriegeleiteten Vorstellungen wurde planvoll experimentiert. Und immer wieder musste das Experiment beweisen, ob die Theorie auch stimmt.

Denn das macht das wissenschaftliche Arbeiten aus: Das **Experiment** führt zur Theorie oder überprüft die **Theorie**. Die Theorie liefert die Erklärung für Phänomene der Natur und macht Voraussagen, die wiederum durch das Experiment überprüft werden können.

Die Alchemisten hatten noch keine wissenschaftliche Theorie. Sie entwickelten Phantasie-Theorien, Hypothesen und Träume zwischen Wahn und Wirklichkeit. Sie wollten Gold herstellen, das Elixier des Lebens, den Menschen und den Übermenschen, den Stein der Weisen und den Jungbrunnen. Sie stellten Legierungen her, die wie Gold glänzten, aber billiger herzustellen waren. Sie suggerierten mit Puppen den Homunkulus, und sie brauten allerlei Säfte, Arzneien und Heilmittel, die sich mitunter als potente Stärkungsmittel erwiesen und manchmal mit der Nebenwirkung Tod daherkamen.

Die **wissenschaftliche Chemie** begann später. Der Übergang kündigte sich schon längerfristig an, kam dann jedoch ziemlich abrupt zur Jahrhundertwende um 1800.

Meilensteine in der Geschichte der Chemie

um 3000 v. u. Z.	Sumerer/Ägypter: Glasherstellung, Brauverfahren, Metalllegierungen
um 500 v. u. Z.	China: Porzellanherstellung
um 400 v. u. Z.	Demokrit: Atome als Bausteine der Materie
um 1000	China: Schießpulver
1771	Scheele/Priestley: Entdeckung des Sauerstoffs
1774	Lavoisier: Erhaltung der Masse bei chemischen Reaktionen
1781	Cavendish: Wasser = Verbindung von Wasserstoff und Sauerstoff
1802	Gay-Lussac: Wärmeausdehnung von Gasen
1814	Berzelius: Formelsprache der Chemie
1824	Liebig: Entwicklung einer systematischen Chemieausbildung
1828	Wöhler: Harnstoffsynthese; organischer Stoff aus anorganischen Substanzen
1840	Liebig: Theorie der Pflanzenernährung
1844	Pasteur: Bedeutung der räumlichen Struktur für Reaktivität von Molekülen

1855	Liebig: der geringste verfügbare Nährstoff bestimmt den Ernteertrag
1865	Kekulé: Struktur des Benzolmoleküls
1870	Meyer/Mendelejew: Periodensystem der Elemente
1898	Curie: Entdeckung von Radium und Polonium
1907	Buchner: Erklärung der zellfreien Gärung
1909	Ostwald: Theorie der Katalyse
1913	Bohr: quantenmechanisches Atommodell
1918	Haber: Ammoniaksynthese
1929	Fleming: Entdeckung des Penizillins
1930	Pauling: Theorie der chemischen Bindung
1944	Hahn: Kernspaltung
1960	Libby: Verwendung von Kohlenstoff 14 zur Altersbestimmung
1961	Calvin: Erklärung der Fotosynthese
1962	Crick/Watson: Struktur der DNS
1980	Berg/Gilbert/Sanger: Bestimmung von Basissequenzen der DNS
1989	Altman/Cech: katalytische Eigenschaften der RNS
1991	Ernst: hochauflösende Kernresonanzspektroskopie
1993	Mullis: Polymerase-Chain-Reaction (PCR)
1995	Crutzen/Rowland: Reaktionen bei der Zerstörung der Ozonschicht
2007	Ertl: Oberflächenprozesse in der Katalyse

Lag der Beginn der wissenschaftlichen Chemie schon recht spät, so überrascht, dass der Begriff der Katalyse noch viel später auftaucht. Lange blieb unklar, was Katalyse eigentlich bedeutet und wie ein Katalysator eigentlich funktioniert.

Der Katalysator

Denn dass er bloß dumm rumsteht und völlig unbeteiligt ist, das schien den meisten Chemikern, wie sie sich seit etwa 1800 nannten, doch etwas zu bescheiden. Der Katalysator hatte mit der Reaktion zu tun, er war irgendwie beteiligt, ohne selbst beteiligt zu sein. Das klingt verrückt, aber so verrückt war es eben.

Der Geist des Lebendigen

Nichts Genaues weiß man nicht – eine solche Situation ist für die Wissenschaft ganz schwierig, aber auch hoch spannend. Denn jetzt geht der Wettlauf los. Jeder will der Erste sein, der das Geheimnis löst, jeder will den Ruhm für sich allein. Jeder sucht den genialen Streich.

Das ist die Zeit der Hypothesen, der »spinnerten Ideen« – und der gewissenhaften Überprüfung – vor allem der Vorschläge, die die Kollegen machen. Denn die Konkurrenz schläft nicht – oder? Hat sie die besseren Ideen? Wo lassen sich Fehler nachweisen? Die **kritische Auseinandersetzung** um neue Theorien ist ein Wesensmerkmal der modernen Wissenschaft. Die kritische Konkurrenz hilft mit, Irrtümer zu vermeiden.

Manche Forscher allerdings lehnen Neuentwicklungen rundweg ab und bleiben bei bewährten Konzepten aus der Vergangenheit. Sie entwickeln allenthalben diese Ideen sanft weiter. So besann man sich beispielsweise der Vorstellung der »Lebenskraft«.

Vivat, vivat, vis vitalis – es lebe die »Lebenskraft«!

Durch die **Lebenskraft**, diese allem Lebendigen innewohnende, geheimnisvolle Kraft, unterscheidet sich lebendige Materie von toter Materie. Das Konzept stammt von Aristoteles und hat während der mehrere Jahrhunderte andauernden Aristoteles-Begeisterung im Laufe des Mittelalters weite Verbreitung gefunden. Letztlich geht auch die Unterscheidung zwischen organischer und anorganischer Chemie auf das Konzept von Aristoteles zurück.

Das klassische Konzept der vier Elemente hatte Aristoteles um ein fünftes (daher »quint«) Element ergänzt: die Quintessenz, den Äther, ein zentrales, geistiges Ordnungsprinzip, das auch die Lebenskraft einschließt.

Leben heißt Veränderung. Die Lebenskraft treibt das Lebendige einem Ziel zu. Das ist der Reifeprozess oder die Alterung. Wenn das Ziel erreicht ist, beginnt der Sterbeprozess. Der Tod kommt, wenn die Lebenskraft erloschen ist.

Ziel des Traubensafts ist es, zu Wein zu werden. Ist die Reifezeit vorbei, verändert sich der Wein zu Essig, er stirbt.

Das Konzept wird auch als »Vitalismus« bezeichnet und lebt in Begriffen wie »Gedankenkraft« oder »Vorstellungskraft« weiter.

Die Vorstellung eines besonderen »Geistes«, der allem Lebendigen innewohnt, hat oft neue Konzepte blockiert und beispielsweise lange verhindert, dass sich die Biochemie als neue Disziplin etablieren konnte. Und auch die Erkenntnisse über die Rolle der Katalysatoren wurden lange durch den Vitalismus ausgebremst.

Und jetzt wende ich einen Trick an, den Sie vom Krimi her kennen. Ich verrate ihnen, wer der Mörder ist. Das heißt: Sie sehen die Schlüsselszene und wissen Bescheid. Sie wissen mehr als der Kommissar und alle Ermittler zusammen. Und Sie können sich köstlich dabei amüsieren, wie alle rumstümpern und das Rätsel nicht lösen können, wie sie lange einfach nicht sehen, was der Katalysator macht und wie er das macht.

Also ich verrate Ihnen nun, wie ein Katalysator funktioniert und welche Tricks er so darauf hat. Hm … gar nicht so einfach. Wie fange ich am besten an? Vielleicht so:

Wie kommt eine chemische Reaktion in Gang?

Jede chemische Reaktion braucht einen **Anfangsstups**. Holz zum Beispiel verbrennt mit heller Flamme und strahlt eine Menge Energie ab. Aber ehe es brennt, liegt es dumm rum und nichts passiert. Das Holz ist schön trocken, Luft ist auch genügend da, genauer der Sauerstoff, der sich ja mit dem Kohlenstoff im Holz zu Kohlendioxid verbinden will, aber nichts passiert.

Um die Reaktion in Gang zu setzen, muss erst eine gewisse **Anfangsenergie** zugeführt werden, Sie kennen das ja: ein Streichholz, der Anzünder, Papier, dünne Hölzchen, irgendwas, was schnell brennt. Und dann, wenn die Flämmchen ordentlich gezüngelt haben, fängt plötzlich auch das dicke Holzscheit an, lodernd zu brennen.

Jetzt kommt's: Diesen Anfangs-Hemmschuh macht der Katalysator klitzeklein. Ein Katalysator ist eine Art **Starthilfe**. Wie ein Schuhlöffel den Fuß sanft in den Schuh gleiten lässt, so hilft der Katalysator der chemischen Reaktion auf die Sprünge.

Und was heißt das eigentlich: eine chemische Reaktion?

Die Natur ist schon recht merkwürdig eingerichtet. Wenn sich Atome miteinander verbinden – das ist eine »chemische« Reaktion –, dann hat das Produkt ganz andere Eigenschaften als die Ausgangsstoffe. Aber total! Zum Beispiel: Wasserstoff und Sauerstoff. Die sind normalerweise gasförmig. Und wenn sie sich verbinden, werden sie zu Wasser. Nasser geht's nicht!

Also, schon toll. Denn die Vielfalt in unserer Umgebung entsteht doch erst dadurch, dass all die verschiedenen Stoffe so unterschiedliche Eigenschaften haben: Minerale, Pflanzen, Haare, Gummi, Klebstoff – überhaupt die vielen Kunststoffe und sonstige Chemikalien. Sie alle entstehen, wenn sich bestimmte Verbindungen auflösen und sich zu anderen Verbindungen wieder zusammenlagern.

Die Verbindungen sind also das Entscheidende. Und es wäre doch fatal, wenn die sich andauernd wieder auflösen würden. Darum halten sie zusammen wie Pech und Schwefel, die meisten jedenfalls. Um sie aufzubrechen, braucht man eine **Anfangsenergie** wie das Holz zum Brennen. Und um sich neu zu verbinden – auch dazu ist ein **Anfangsstups** nötig.

Viele Stoffe sind sehr, sehr haltbar und brauchen eine gehörige Anfangsenergie, um neue Verbindungen einzugehen. Und auch dafür sind mitunter recht kräftige Stupser notwendig. Und Sie ahnen es schon: Katalysatoren erleichtern das Aufknacken alter Verbindungen und helfen bei neuen Verbindungen über die Anfangshürden hinüber. Katalysatoren sind die Schmierstoffe im chemischen Getriebe.

Chemie mit Strategie

Die Katalysatoren sind dabei sehr vielseitig und wenden unterschiedliche Strategien an. Die meisten Katalysatoren lockern ganz einfach die alte Verbindung und knipsen die neue Verbindung wie einen Druckknopf kräftig zusammen. Manchmal wirken die Katalysatoren rein mechanisch, aufgrund ihrer räumlichen Struktur. Wie ein Stemmeisen hebeln sie die alten Verbindungen auseinander und quetschen die neuen Partner im Klammergriff zusammen.

Manchmal bieten sie auch eine chemische Kurzzeitverbindung an – als Zwischenstation, von der das Endprodukt sehr viel leichter zu realisieren ist. Auch wenn sie hinterher so unbeteiligt aussehen, sie haben sich in das chemische Bindungsgeschäft ganz schön eingemischt.

Die Abbildungen 7.1 bis 7.3 zeigen, wie sich Wasserstoff- und Sauerstoffmoleküle an einer Katalysatorenoberfläche in einzelne Atome aufspalten, die anschließend zu Wassermolekülen reagieren (was sie ohne die Gegenwart des Herrn Katalysator so nie tun würden).

Wasserstoff und Sauerstoff haben die Angewohnheit, immer als zweiatomige Moleküle, also händchenhaltend, durch die Gegend zu sausen. Gleich und Gleich gesellt sich gern, Sie wissen schon. Sauerstoff und Wasserstoff sind nur paarweise, im Doppelpack erhältlich. Man kriegt sie so einfach nicht auseinander.

Chemie im Comicstrip

Doch was so ein richtiger Katalysator ist… Zum Beispiel reines Platin: Das hat so einladende Polster, da lassen selbst Gasmoleküle sich mal trennen und als einzelne Atome in die Polster fallen… Das ist natürlich bildhaft gemeint. In Wirklichkeit sind es die elektrischen Bindungskräfte zwischen den Atomen, die der Katalysator lockert. Aber mehr ins Detail brauchen wir gar nicht zu gehen. Schauen Sie einfach, was passiert:

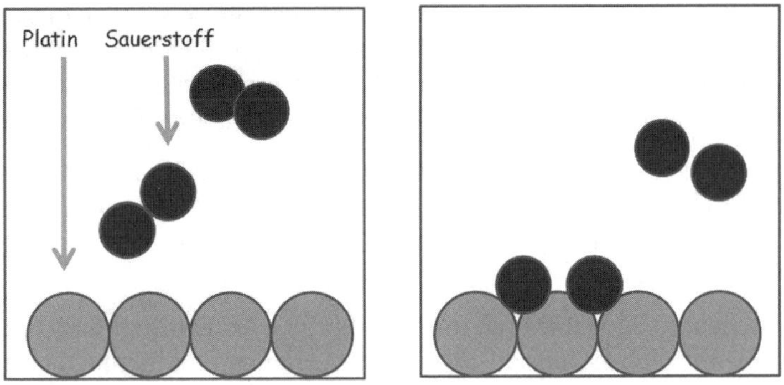

Abbildung 7.1: Sauerstoff kommt nur als zweiatomiges Molekül vor. Doch an der Oberfläche eines geeigneten Katalysators wird die Bindung gelockert und die Moleküle haften an der Oberfläche des Katalysators (hier Platin).

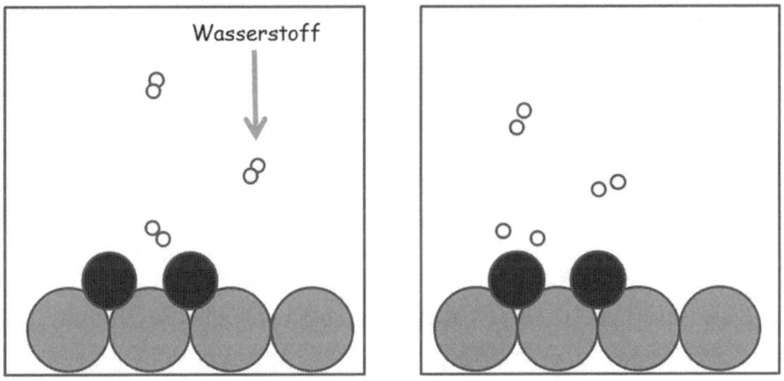

Abbildung 7.2: Dem Wasserstoff geht es ähnlich. Auch ihn gibt's nur in Form zweiatomiger Moleküle. Aber in der Nähe des Katalysators werden sie in einzelne Atome gespalten, die nun mit den Sauerstoffmolekülen reagieren können.

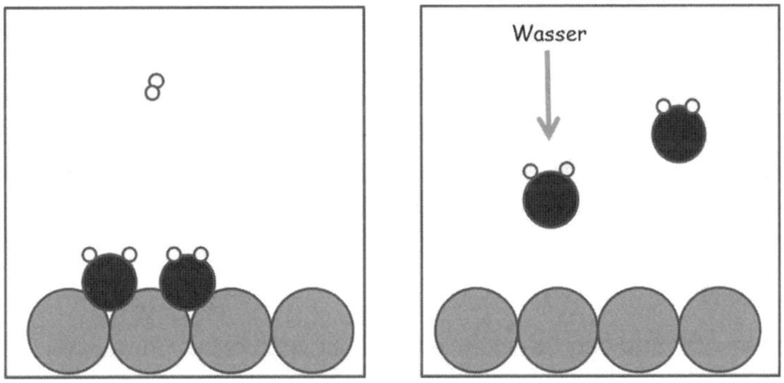

Abbildung 7.3: Die sehr reaktiven Wasserstoffatome schnappen sich die Sauerstoffatome und reagieren mit diesen zu Wassermolekülen. In dieser Formation sind sie sehr stabil und können sich leicht vom Katalysator lösen.

Der Katalysator wird zwar »benutzt«, bleibt aber unversehrt zurück. Durch seine geeignete Oberfläche hilft er, die Bindungen zu lockern und schließlich zu lösen. Den einzelnen Bausteinen ermöglicht er dann neue Verbindungen. In diesem Fall wurde aus gasförmigem Wasserstoff und Sauerstoff flüssiges Wasser.

Bravo, jetzt haben Sie den Grundkurs »Labor« des Chemiestudiums zumindest theoretisch schon absolviert. Gehen wir gemeinsam nach drüben zur Vorlesung »Geschichte der Chemie« und sehen mal, wie weit die historischen Forscher jetzt sind und was sie inzwischen über die Geheimnisse des Gärprozesses herausgefunden haben.

Wir sind inzwischen im 12. Jahrhundert angelangt. Die Alchemisten hatten die Destillation erfunden und alle möglichen Substanzen erhitzt, bis Rauch und Dampf aufstiegen. Auf diese Weise, so dachten sie, werden die Substanzen von dem »Geist der Quintessenz« befreit.

Wie dem auch sei, als sie Wein destillierten, fanden sie im aufsteigenden Dampf eine neue Substanz, die wir heute als **Alkohol** bezeichnen. Wenn man Traubensaft destillierte, fand man keine solche Substanz. Erkenntnis: Die neue Substanz ist offenbar während der Reifezeit des Traubensaftes entstanden. Bei der Gärung entsteht offenbar etwas Neues.

Sprung ins 18. Jahrhundert

Das war aber so ziemlich die einzige Erkenntnis, die das Mittelalter hervorbrachte. Springen wir ins 18. Jahrhundert. **Antoine Lavoisier** (1734-1794) gilt als einer der Begründer der wissenschaftlichen Chemie. Er setzte analytische Methoden ein und stellte beispielsweise fest, dass die **Gesamtmasse der Stoffe** bei chemischen Reaktionen immer gleich blieb. Die Reaktionspartner wogen zusammen vor der Reaktion genauso viel wie die Produkte nach der Reaktion.

Dieses Gesetz der **Massenerhaltung** kann man auch schön ablesen an der Formelsprache der Chemie, die allerdings erst im 19. Jahrhundert entwickelt wurde. Aber sei's drum: Das ist der gesamte Comicstrip in einer Zeile:

$$\mathbf{2\,H_2 + O_2 \rightarrow 2\,H_2O}$$

Die tiefer gestellte 2 bedeutet, dass sich zwei Atome als zweiatomiges Molekül zusammengetan und eine gesetzlich geschützte Lebenszeitpartnerschaft beantragt und auch bekommen haben. Die 2 vorneweg bedeutet, dass jeweils zwei solcher Pärchen beteiligt waren, also insgesamt 4 H-Atome (Wasserstoff) und 2 O-Atome (Sauerstoff). Und rechts, nach der Reaktion haben sich Wassermoleküle gebildet: je zwei Wasserstoffatome mit einem (einzelnen) Sauerstoffatom, und davon zwei Stück macht wieder 4 H-Atome und 2 O-Atome. Die Masse ist tatsächlich gleich geblieben.

Lavoisier stellte fest:

- ✔ Sind die Stoffe vor und nach einer Reaktion auch anders zusammengesetzt, so bleibt ihre Masse doch erhalten.
- ✔ Bei jeder chemischen Reaktion kann das Endprodukt wieder in die Ausgangsstoffe zerlegt werden.

All das bestärkte ihn in der Auffassung, dass es in der Chemie sehr rational zuging. Dass nichts Geheimnisvolles oder gar Magie am Werke war. Auch vom Vitalismus, von jener geheimnisvollen »Lebenskraft« blieb nicht viel übrig.

Die Anfangsbestandteile waren nicht »gereift« oder »gealtert«. Es waren dieselben Atome wie vorher, nur anders zusammengesetzt. So war ein neuer Stoff entstanden. Lavoisier ahnte schon die atomaren Zusammenhänge. Aber für einen Beweis fehlten noch die wissenschaftlichen Gerätschaften.

Lavoisier machte reinen Tisch und räumte ziemlich auf mit dem ganzen Hexenbrimborium der Alchemie. Mit Lavoisier hatte endgültig die wissenschaftliche Chemie begonnen.

Die Frage war nun, ob das Gesetz der **Massenerhaltung**, das Lavoisier gefunden hatte, auch für die **organische Chemie** galt. Bei der organischen Chemie geht es ja um Stoffe, die auf Kohlenstoff basieren. Es sind natürliche Substanzen, die häufig von lebenden Organismen erzeugt werden. Die **Vitalisten** nahmen an, dass diesen Stoffen ein besonderer Geist, eine Lebenskraft innewohne.

Wie war das nun mit dem Traubensaft, der zu Wein reift?

Lavoisier hatte erkannt, dass es der im Traubensaft befindliche Zucker war, der zu Alkohol umgewandelt wurde. Beides, Zucker und Alkohol, waren brennbare Substanzen. Deshalb richtete Lavoisier seine Aufmerksamkeit auf den Kohlenstoff, der für die Brennbarkeit verantwortlich war. Wie viel Kohlenstoff war im Zucker, wie viel im Alkohol?

Lavoisier und Joseph Gay-Lussac, der Analytiker, bestimmten den Kohlenstoffgehalt von Zucker und von Alkohol und kamen auf fast die gleiche Masse. Fast. Wo blieb der Rest? Natürlich: im aufsteigenden Dampf, im Kohlendioxid. Und wenn man alle Werte addierte, zeigte sich: Die Masse war gleich geblieben. Auch im organischen Material. Es schien keinen Unterschied zwischen organischer und anorganischer Chemie zu geben.

Lavoisiers Gesetz von der Massenerhaltung galt in der organischen Chemie ebenso wie in der anorganischen. Damit war also klar: Die Gärung war eine chemische Reaktion, die ohne eine geheimnisvolle »Lebenskraft« auskommen konnte. Aber leider reichte dieser Beweis nicht aus. Denn leider, leider hatten die beiden eine Kleinigkeit übersehen.

Das Problem mit dem Stupser

Es hatte sich als schwierig erwiesen, den Gärprozess künstlich in Gang zu setzen. Die Reaktion, ob nun organisch oder anorganisch, brauchte irgendeinen Anfangsstupser. Um ein großes Feuer zu entfachen, musste man erst einmal ein kleines Feuer als Starhilfe entzünden. Hitze half in vielen Fällen, bei der Gärung aber nicht.

Bei der Weinherstellung fand sich sozusagen von selbst eine Lösung, weil die **Starthilfe** bei der Traubenernte gleich mitgeliefert wurde: **Hefepilze** besiedelten oft die Beeren und wurden gleich mit in den Traubensaft gepresst. Das war den Menschen in der Regel gar nicht bewusst. Es war ihnen auch nicht klar, dass da überhaupt ein Problem gewesen wäre, wenn es die Hefe *nicht* gegeben hätte.

Bei der Bierherstellung bestand das Problem ebenso – bis zum Mittelalter. Die Gärung des Gerstenbreis kam oft nicht zustande. Merkwürdigerweise hatten die Bäcker mehr Glück, wenn sie – sozusagen hinter der Backstube – noch eine kleine Brauerei mitlaufen ließen. Weil sie zuverlässiger als alle anderen Bier liefern konnten, wurden Brauereilizenzen bevorzugt an Bäcker vergeben.

Denn in den Bäckereien schwirren genug Hefepilze umher, die als Treibmittel dem Teig zugesetzt werden. Und so langsam wurde klar: **Hefe** ist notwendig, um den Gärprozess anzutreiben. Aber warum? Das Prinzip des Katalysators war ja noch nicht bekannt. Nur Ihnen hab ich es schon verraten, aber bitte: Stillschweigen. Muss ja nicht unbedingt jeder alles wissen.

Das Geheimnis der Hefe

Wieder hatte man so eine unbestimmte Situation, in der die Spekulationen blühten. **Justus Liebig** (1803-1873) zum Beispiel sah die Hefe als sich zersetzenden Stoff an und behauptete, solche Stoffe sendeten Schwingungen aus. Wie ein Presslufthammer würde die Hefe den Zucker so sehr durcheinanderrütteln, dass die Atome sich lockerten und neu anordneten, eben als Alkoholmolekül.

Theodor Schwann (1810-1882) und **Charles Cagniard-Latour** (1777-1859) hatten unabhängig voneinander neue Beobachtungen zu berichten, die in die gleiche Richtung wiesen: Hefe sei ein lebendiger Stoff, der Kügelchen bildete und dadurch wuchs. Die Wachstumskräfte würden den Alkohol aus dem Zucker herauspressen.

Aber es fehlte ein beweisendes Experiment. Und überhaupt: Der Einfluss der Biologen, die die Vitalisten langsam ablösten, war den Chemikern aufs höchste unangenehm. Liebig lehnte es rundweg ab, Hefe als etwas Lebendiges zu betrachten. Das Ganze sei eine chemische Reaktion, und damit rein chemisch!

Dann mischte sich **Louis Pasteur** (1822-1895) ein: Er konnte 1857 nachweisen, dass die Hefe sehr wohl ein lebendiger Stoff war und aus kleinen Pilzen bestand. Und da war sie wieder: die Lebenskraft. Sie sollte der Antrieb des Gärprozesses sein!

Die Chemiker waren entsetzt. Die Vitalisten schienen wiederzukommen. Die Zeit schien rückwärts zu laufen.

Aber Pasteur war nicht irgendwer und schon gar nicht von gestern. Er stand am Beginn einer großen Karriere.

Pasteur experimentiert

Als Franzose war Louis Pasteur sehr am Gärprozess interessiert und wollte genauer wissen, was da eigentlich passierte.

Die Weinproduktion war inzwischen zu einem wichtigen Industriezweig geworden. Aber noch immer gab es kein gesichertes Wissen über eine zuverlässige Gärung. Erneut wurde Pasteur gebeten, in einem Weingut zu untersuchen, warum in einem Fall die Gärung (meist) funktionierte, im anderen Fall so gut wie nie. Man erzielte allenfalls Milchsäure.

Pasteur untersuchte die Hefe, die sich am Boden der Fässer abgesetzt hatte, und fand zwei unterschiedliche Hefen: Die eine Hefe produzierte große Pilze und war für die Alkoholgärung verantwortlich, die zweite produzierte nur kleine Mikroben, und das Ergebnis war Milchsäure.

Pasteur gab die unterschiedlichen Hefen jeweils in einen Kolben, Wasser und Zucker hinzu und erzielte im ersten Fall eine alkoholische Gärung, im zweiten Fall die Milchsäuregärung. Er konnte die Summenformel noch nicht so schreiben, wie wir heute. Aber eine gewisse Vorstellung von der Zusammensetzung und der Stoffumwandlung muss er schon gehabt haben. Und Pasteur vermutete, dass die Neuanordnung der Atome nicht alles war: Ein Zuckermolekül wird bei der Gärung aufgespalten in zwei Alkoholmoleküle und zwei Kohlendioxidmoleküle.

$$\mathbf{C_6H_{12}O_6 \rightarrow 2\ C_2H_5OH + 2\ CO_2}$$

Der Beitrag der Hefe kommt da gar nicht vor. Außerdem hatte er beobachtet, dass auch noch andere Substanzen beteiligt waren, wenn auch nur in geringsten Mengen: Glycerin, Bernsteinsäure und andere organische Stoffe. Pasteur schloss daraus, dass **lebende Zellen** die Eigenschaft haben, bestimmte Reaktionen ablaufen zu lassen und den Stoffwechsel in der Zelle zu steuern. Er vermied zwar das Wort »Lebenskraft«, folgte aber offensichtlich den Konzepten des Vitalismus. Und er gab zu: Das widerspreche total der Auffassung Liebigs.

Damit bezog er die führende Position in einem erbitterten Streit auf der Seite derer, die dem Prinzip des Lebendigen einen bedeutenden Beitrag in der Chemie zubilligten. Auf der anderen Seite stand Justus Liebig, der das »Prinzip des Lebendigen« nicht anerkannte und das Prinzip der reinen Chemie vertrat.

Tragisch an dem ganzen Streit war, dass beide zum Teil recht hatten – aber nur zum Teil, dass sie gemeinsam schneller die Wahrheit gefunden hätten und dass falsche Vorstellungen für Jahrzehnte die Forschung behinderten. Bis zum Schluss hielten beide eisern an ihren Standpunkten fest.

(© Foto Nickolae/Fotolia)

Justus Liebig (1803-1873)

Pasteur contra Liebig: Schlag auf Schlag

Zunächst präsentierte Pasteur seine Beweise über die Natur der Hefe und nötigte seinem Konkurrenten Liebig das Zugeständnis ab, dass Hefe ein lebender Organismus sei. Liebig gestand dies zu, blieb aber bei seiner Erklärung mit den Schwingungen einer verwesenden Substanz.

Pasteur konterte: Dann soll Liebig doch mal erklären, wieso die Hefe während des Gärprozesses (in Maßen) zunimmt. Das sei doch bei verwesenden Substanzen recht ungewöhnlich?

Dem widersprach Liebig. Er habe den Versuch mehrfach wiederholt, es sei kein Wachstum der Hefe feststellbar.

Darauf bot Pasteur an, einen Versuch vor den Augen einer unabhängigen Kommission der Pariser Akademie der Wissenschaften stattfinden zu lassen. Über die Zutaten sei man sich ja einig. Die zugesetzten Mengen könne Liebig bestimmen. Und nachher würden beide die Menge der Hefe bestimmen, die sich am Boden abgesetzt haben würde.

Auf dieses Angebot antwortete Liebig nicht mehr. Bis zu seinem Tod, einige Monate später, äußerte sich Liebig auch nicht mehr zu diesem Thema.

Es war ein unnötiger und unerfreulicher Streit. Es konnten vielleicht einige unwesentliche Details geklärt werden. Aber der Antwort auf die ursprüngliche Frage kamen beide Seiten nicht näher: Was bewirkt die Hefe tatsächlich? Und wie macht sie das?

Liebig hatte bereits die Lösung geahnt. In einem Artikel diskutierte er die Möglichkeit, dass gar nicht die lebendige Hefe auf den Gärprozess einwirke, sondern dass die Hefe einen Stoff produziere, der den Zucker leichter zerfallen lasse.

Mit der Zeit mehrten sich auch Beobachtungen anderer Prozesse, die durch organische Substanzen beschleunigt wurden, nicht durch lebende Zellen. Stärke wurde in Zucker umgewandelt durch einen Stoff, der **Diastase** genannt wurde. Im Magen fand man eine Substanz, die die Verdauung auslöst, sie wurde **Pepsin** genannt.

Es war **Moritz Traube** (1836-1894), der die passende Theorie formulierte: Es gibt Substanzen, die bestimmte chemische Reaktionen beschleunigen. Sie funktionieren im Inneren von Zellen, aber auch außerhalb. Ihr Funktionieren ist nicht an die Anwesenheit lebendiger Zellen gebunden.

Sollte also Liebig posthum noch recht behalten? Pasteur war gefordert: Wie würde er reagieren? Traubes Theorie widersprach diametral seiner Position.

Aber Pasteur war verhärtet. Er versuchte sich mit fadenscheinigen Unterscheidungen zu retten. Die wirkliche Gärung sei an die Anwesenheit des Lebendigen gebunden. Daneben mochte es gärungsähnliche Prozesse geben, die auch ohne lebende Zellen auskommen könnten ...

Pasteur hatte sich in eine Sackgasse argumentiert, aus der er nur hätte herauskommen können, wenn er die Beweise gesehen hätte, die erst nach seinem Tod gemacht wurden. Das war die Entdeckung der Katalyse.

Das Konzept der Katalyse

Der Treppenwitz dieser ganzen, tragischen Geschichte: Die reaktionsbeschleunigenden Substanzen, die später Katalysatoren genannt wurden, haben mit der »Lebenskraft« lebender Zellen nichts zu tun. Im Gegenteil. Da sie für das Funktionieren so vieler Reaktionen in der Zelle verantwortlich sind, bewirken sie überhaupt erst den Nimbus, den eine lebendige Zelle umgibt.

Und die wichtigste Frage der wissenschaftlichen Chemie war immer noch nicht beantwortet: Wie kommt es zu den chemischen und biochemischen Reaktionen?

Jöns Jakob Berzelius (1779-1848) entwickelte die Formelsprache der Chemie, wie sie bis heute gültig ist und international anerkannt wurde. Er beschäftigte sich mit der Frage, wie Stoffumwandlungen in lebenden Systemen in Gang kommen und ablaufen könnten. Berzelius formulierte schließlich das Prinzip der **Katalyse**: Katalysatoren sind Substanzen, die durch ihre bloße Anwesenheit chemische Reaktionen auslösen oder überhaupt ablaufen lassen oder schneller als gewöhnlich ablaufen lassen, ohne selbst daran beteiligt zu sein.

Berzelius hatte das Konzept der Katalyse bereits auf dem Höhepunkt des Streits zwischen Liebig und Pasteur veröffentlicht, war aber nicht beachtet worden. Er war offenbar seiner Zeit voraus.

Die Debatte um die Gärung ruhte eine Weile, bis sie durch einen Zufall wieder aufflammte. Ein **Experiment**, das eigentlich einem ganz anderen Zweck diente, brachte ein zufälliges Nebenresultat, das sich als zentral für die Biochemie herausstellen sollte.

Hans Buchner (1850-1902) und sein Helfer Martin Hahn experimentierten mit Hefeextrakten, denen sie Zucker zum Zwecke der Konservierung zugesetzt hatten. So wie man beim Einmachen auch Zucker zusetzt, damit das Eingemachte nicht so schnell verdirbt. Die beiden hatten ein Glas mit dem Zucker-Hefe-Gemisch auf der Fensterbank stehen gelassen, als Buchners

Bruder Eduard zu Besuch kam. **Eduard Buchner** (1860-1917) war Chemiker und er schaute sich das stehen gebliebene Glas an, weil es darin blubberte. Schnell erkannte er, dass irgendeine Substanz den Zucker zu Alkohol und CO_2 verarbeitete. Weil die beiden aber nur **Hefeextrakt** benutzt hatten, nicht die eigentlichen Hefezellen, konnte keine »Lebenskraft« am Werk gewesen sein.

Das war nun eine Sensation, denn dieses Experiment war der schlagende Beweis, dass Gärung auch ohne den Einfluss von »Lebendigem« in Gang gesetzt werden kann. Die verantwortliche Substanz wurde **Zymase** genannt. Eduard Buchner erhielt 1907 den Nobelpreis für Chemie »für seine Entdeckung der zellfreien Gärung«. Sein Bruder konnte nicht mehr bedacht werden, da er bereits 1902 gestorben war und der Nobelpreis nur lebenden Personen zuerkannt werden kann.

Das Ende des Vitalismus

Damit war eine neue Zeit angebrochen. Man hatte mit der Zymase eine neue Stoffgruppe entdeckt, die katalytische Eigenschaften hatte und offenbar alle Stoffwechselvorgänge in Organismen steuerten. Man nannte diese Stoffe Enzyme. **Enzyme** sind die Katalysatoren im Bereich der organischen Chemie. Auch die früher schon entdeckten Substanzen Pepsin und Diastase gehörten dazu.

Damit war auch das Schicksal des Vitalismus besiegelt. Das Lebendige wird nicht durch »Lebenskräfte« und geheime Prinzipien geregelt, sondern ist schlicht Chemie.

Damit war auch der Unterschied zwischen organischer und anorganischer Chemie hinfällig geworden. Jedenfalls gab es keinen grundsätzlichen Unterschied mehr.

Es herrschen dieselben Gesetze bei den chemischen Reaktionen. Unterschiede bestehen höchstens darin, dass die meisten Stoffe der anorganischen Chemie weniger komplex als die der organischen Chemie sind. Und dass in der organischen Chemie die Katalysatoren »Enzyme« genannt werden. Aber das kann man sich ja merken.

Die Enzym-Chemie

Nachdem nun klar war, dass die Enzyme für die Steuerung der Zellen verantwortlich waren, ging die Jagd los. Enzyme steuerten nicht nur die Gärung, sondern vermutlich alle biologischen Vorgänge, das heißt: alle für den Stoffwechsel wichtigen chemischen Reaktionen. Und es wurden **Hunderte von Enzymen** entdeckt. Manchmal verging nicht mal ein Monat und wieder wurde ein weiteres Enzym isoliert und untersucht.

Dann stellte man fest, dass es nicht immer nur ein Enzym für eine Reaktion gibt, sondern dass es regelrechte **Reaktionskaskaden** gibt. Dass der Gärprozess beim Alkohol endet, mag für manchen eine wünschenswerte Zielführung sein. Für die Natur ist es vielleicht nur ein Zwischenschritt in einer ganz anderen Kaskade, die zu anderen Zielen führt.

Gerade der **Gärprozess** schien so einfach zu sein. Doch die weiteren Untersuchungen zeigten, dass es sich um einen **mehrstufigen Prozess** handelt. Jede Stufe wird durch ein eigenes Enzym geregelt. Dabei wird mal hier ein Atom angelagert oder entfernt, mal wird eine Atomgruppe angehängt oder aufgebrochen. Und jedes Mal wird ein anderes Enzym gebraucht. Es dauerte noch etliche Jahre, bis alle Einzelschritte auf dem Weg vom Zucker bis zum Alkohol lückenlos geklärt waren.

In der Mitte des 20. Jahrhunderts hatte man geglaubt, alle Stoffwechselschritte in den Organismen des Lebens zu kennen und auch alle Enzyme, die notwendig waren, um die entsprechenden Reaktionen auszulösen oder zu beschleunigen. Und doch werden immer wieder neue Enzyme entdeckt. Heute kennt man einige Tausend und in den meisten Fällen auch die Wirkmechanismen.

Für entsprechende Forschungsleistungen gab es Nobelpreise 1909, 1989 und 2007. Forschungsthemen gibt es offenbar genug.

Und immer wieder gibt es neue Erkenntnisse und neue Meinungsverschiedenheiten. Sie müssen ja nicht unbedingt so erbittert ausgetragen werden wie ausgerechnet im Falle der Alkoholgärung.

Die Kernbeißer – Geschichte der Physik

8

In diesem Kapitel

- Ende der klassischen Physik
- Die Quantentheorie
- Die Radioaktivität
- Die Relativität
- Die Raumzeit
- Die »neue« Gravitation

Rund 100 **Elemente** haben wir auf der Erde. Und aus diesen unterschiedlichen Elementen bestehen die Millionen und Abermillionen unterschiedlicher Stoffe und Materialien: Kristalle, organische Substanzen, Metalle, Flüssigkeiten, Mineralien, Gase und so weiter und so weiter.

Die Chemie beschäftigt sich damit, welche Verbindungen die Elemente untereinander eingehen, wie sie das machen und welche Eigenschaften dann diese Verbindungen haben.

Die Physik setzt dann ein, wenn gewissermaßen die Arbeit der Chemiker gemacht ist. Ob elementare Stoffe oder chemische Verbindungen, die Physik fragt: Wie verhält sich die Materie? Welche Gesetze bestimmen die Bewegungen der Körper, das Verhalten von Flüssigkeiten und Gasen?

Doch die beiden »Reiche« sind nicht strikt getrennt. Chemie und Physik überlagern sich. Und im Laufe der neueren Geschichte drang die Physik immer mehr ins Innerste der Chemie ein. Physiker wollen wissen: Wie ist das **Atom** aufgebaut, welche Gesetze bestimmen das Verhalten der **Elementarteilchen**? Wie reagiert das Atom nach außen?

Umsturz im Weltbild der Physik

Damit haben die Physiker einen völlig neuen Kosmos der Wissenschaft betreten. Sie haben Konzepte entwickelt, die unser bisheriges Weltbild total veränderten. Und das in einer Situation, wo viele Zeitgenossen die Physik, ja, die gesamte Naturwissenschaft bereits am Ende sahen. Alles schien so weit klar, hier und da waren vielleicht noch ein paar Details nachzubessern, aber an und für sich schien die Welt bestens ausgeforscht.

Aber mit Beginn des 20. Jahrhunderts setzte ein neues Zeitalter der Wissenschaft ein: Die moderne Physik bescherte uns ein völlig neues Verständnis unserer Welt. Dieser Umbruch ist nur in Teilen abgeschlossen, viele Fragen sind noch offen, viele Rätsel noch lange nicht geklärt.

Deswegen möchte ich in diesem Kapitel die »klassische« Physik nur noch einmal »überfliegen« und mich den revolutionären Neuentwicklungen widmen und mit den Spekulationen enden, wie unsere Welt wohl entstanden ist und wie sie enden könnte.

Vieles haben wir erforscht, enorm haben wir unser Wissen erweitert. Und noch immer können wir die uralten Fragen nicht beantworten:

- ✔ Woher kommen wir?
- ✔ Wohin gehen wir?
- ✔ Wie ist die Welt entstanden?
- ✔ Wann und wie endet alles?

Es sind mehr philosophische Fragen. Aber die Physik hat für sich schon immer beansprucht, **weltanschauliche Fragen** zu behandeln. Von vielen wird sie deshalb auch als die »Königsdisziplin« der Naturwissenschaften bezeichnet.

Die folgende Auflistung zeigt die Arbeitsgebiete, wo es in der Physik am meisten brodelt, wo es in jüngster Zeit die größten Umstürze gegeben hat.

- ✔ Ein Quantum – warum Strahlung nur portionsweise »wirkt«
- ✔ Alles strahlt – warum Atome zerfallen und Träume zerplatzen
- ✔ Gekrümmter Raum, gedehnte Zeit – nichts ist mehr, wie es mal war
- ✔ Krumm gelegt – die Kraft, die aus der Kurve kommt

Diese Themen geben Ihnen Rätsel auf? Warten Sie's nur ab. Das sind die größten Geheimnisse, denen wir da auf der Spur sind. Das könnte noch spannend werden ...

Die klassische Physik – am Ende

Die Physik als eigenständige Disziplin entstand überhaupt erst mit Galilei oder Newton, also im 16. oder 17. Jahrhundert. Bis dahin war sie ein Anhängsel der Philosophie und wurde im Wesentlichen durch **Aristoteles** (384-322 v. u. Z.) geprägt.

Die alten Griechen kannten vier Elemente: Erde, Wasser, Luft und Feuer. Bewegungen wurden von einem »Beweger« gesteuert. Ein geworfener Stein wurde durch die Luft weitergetragen. **Archimedes** (287-212 v. u. Z.) nutzte physikalische Prinzipien für praktische Anwendungen, zum Beispiel Hebelwirkungen, den Flaschenzug oder die archimedische Schraube. Das praktische Experiment als Mittel zum theoretischen Erkenntnisgewinn spielte noch keine Rolle.

In der **Renaissance** (im 15. und 16. Jahrhundert) öffnete sich der Horizont und wissenschaftliche Beweisführungen markierten den Entstehungsprozess der Physik. Beobachtungen, Messungen der Natur und die Formulierung einer passenden Theorie waren fortan Quell neuer »Weltanschauungen«. Markantester Wendepunkt: Die Erde war nicht mehr Mittelpunkt der Welt, stattdessen rückte die Sonne ins Zentrum. Isaac Newton formulierte ein geschlossenes System der klassischen Mechanik (1686), Galilei steuerte das Fallgesetz bei und klärte die Kinematik der Fall- und Wurfbewegung (1604).

Physik im Zwielicht

Fortschritte brachte die Beschäftigung mit der Optik: Wie kam es zur Lichtbrechung und wie entstanden die Farben? Schließlich stellte sich die Frage nach der **Natur des Lichts**. Im 18. Jahrhundert kam es zu einem erbitterten Streit zwischen jenen, die das Licht als **Teilchenstrom** begriffen, und jenen, die darin eine **Wellenerscheinung** sahen. Aber das Entscheidende war: Jede Seite konnte Experimente anführen, die die jeweilige Natur des Lichts eindeutig bewiesen. Die gerade entwickelte Systematik in der Naturwissenschaft wurde kläglich ausgebremst.

Normalerweise war die Basis aller Forschungsarbeit eine **Theorie**, die alles erklären konnte. Diese Theorie wurde dann als stimmig betrachtet, wenn ihre Voraussagen sich experimentell beweisen ließen.

Jetzt aber hatte man zwei höchst unterschiedliche Theorien, und beide ließen sich durch Experimente beweisen. Die »wissenschaftliche Methodik« schien gescheitert.

Dennoch kam es zu einer stürmischen Weiterentwicklung der Naturwissenschaften im Allgemeinen und der Physik im Besonderen, seit neu entdeckte Phänomene des **Magnetismus** und der **Elektrizität** systematisch untersucht wurden. Diese Phänomene erlaubten eine Vielzahl von Untersuchungen und führten zu einer Blütezeit der experimentellen Forschung.

Eine wiederum ganz andere Richtung eröffnete sich durch die Entdeckung des **Elektromagnetismus**, also durch die Erkenntnis, dass Magnetismus und Elektrizität irgendwie zusammengehörten.

- ✔ **Hans Christian Ørsted** (1777-1851) machte die ersten Versuche hierzu.
- ✔ **André-Marie Ampère** (1775-1836) formulierte eine erste mathematische Beschreibung des Elektromagnetismus.
- ✔ **Michael Faraday** (1791-1867) schuf ein anschauliches Modell der sich gegenseitig beeinflussenden elektrischen und magnetischen Felder.

Faraday entdeckte darüber hinaus die Induktion, die Elektrolyse und die Polarisierung des Lichts durch Magnetfelder. Schließlich gelang es **James Clerk Maxwell** (1831-1879) die elektromagnetischen Feldgleichungen herzuleiten, mit denen alle Phänomene erklärbar waren. Die Gleichungen zeigten auch, dass es elektromagnetische Wellen geben musste, die sich mit Lichtgeschwindigkeit fortpflanzen.

Damit war der Bogen zu den Phänomenen des Lichts geschlossen und eine weitere Vereinheitlichung physikalischer Theorien war möglich geworden. Licht war als Teilchen zu deuten – oder als Welle, und als Welle gehörte es zu den elektromagnetischen Wellen.

Der Nachweis **elektromagnetischer Wellen** gelang **Heinrich Hertz** (1857-1894) im Jahre 1884. Man gewöhnte sich an die Doppelnatur des Lichts, aber man verstand sie nicht. Erst die Quantenphysik lieferte zumindest ein mathematisches Gebäude zur Beschreibung der Quantenwelt. Die Anschauung aber ging dabei verloren.

Erwärmen für Energie

Auch die **Wärmelehre** wurde erst spät entwickelt, obwohl die Wärme schon sehr viel früher »entdeckt« worden war. Aber sie wurde lange nicht als physikalisches Objekt gesehen. Das fing erst an, als man die notwendigen Untersuchungsinstrumente und -methoden erfunden hatte.

Das **Thermometer** ermöglichte erstmals im 17. Jahrhundert, die Wärme messen zu können. Im 18. Jahrhundert ergründete man den Prozess des **Wärmeaustauschs** und die Unterscheidung von **Wärmemenge** und **Temperatur**. Auch musste erst die **Phlogistontheorie** überwunden werden, nach der ein besonderer Stoff zugegen sein musste, nämlich dieses Phlogiston, das den **Verbrennungsprozess** ermöglichen sollte. Stattdessen wurde die Verbrennung als »Oxidation« erkannt, als eine chemische Reaktion mit Sauerstoff.

Es war schlicht die **Dampfmaschine**, die nach klaren Berechnungsmöglichkeiten von Dampfdruck, Temperatur und Wirkungsgrad verlangte. **Nicolas Carnot** (1796-1832) schaffte es, die Wärmeprozesse als vollständige Kreisprozesse zu beschreiben. Außerdem konnte er berechnen, welche Wärme welche Bewegungsarbeit leisten konnte. Er bereitete so das Prinzip des Energiebegriffs vor, nach dem eine Form der Energie in die andere grundsätzlich überführbar sein musste.

Julius Robert von Mayer (1814-1878) formulierte 1842 den **Energieerhaltungssatz** (erster Hauptsatz der Thermodynamik). Weitgehend unabhängig voneinander entwickelten Mayer, Joule und Helmholtz entsprechende Äquivalenzberechnungen und ermittelten Formeln zur Umrechnung der verschiedenen Energieformen. 1850 formulierte dann **Rudolf Clausius** (1822-1888) den zweiten Hauptsatz.

Die drei **Hauptsätze der Thermodynamik** lauten:

1. **Energie** kann weder erzeugt noch vernichtet werden, nur Formänderungen sind möglich (zum Beispiel die Umwandlung von Wärme in elektrische Energie).
2. Umwandlungsprozesse erzeugen **Entropie**. Sie lässt sich nicht zurückwandeln. (Entropie bedeutet etwa: Die »niederen« Energieformen nehmen zu, die edleren ab. Schließlich endet alles in Wärme.)
3. Der **absolute Temperatur-Nullpunkt** kann nur in unendlich vielen Schritten erreicht werden. Mit jedem Schritt steigt der Aufwand. (Nernst 1905)

Das **Energiekonzept** setzte sich in der Wissenschaftlergemeinschaft nur langsam durch, wurde dann aber zu einem zentralen Prinzip der modernen Naturwissenschaft.

Euphorie machte sich breit. Zu allen Teilgebieten lagen befriedigende Theorien vor, die empirisch abgesichert waren. Es schien möglich, eine **einheitliche mathematische Beschreibung** der Welt zu formulieren, entweder ausgehend von den Gesetzen der Mechanik oder aus Sicht der elektromagnetischen Wellen oder aus den Prinzipien des Energetismus heraus.

Doch dann brachte eine kleine Konstante das gesamte Gebäude der Wissenschaft zum Einsturz.

Ein Quantum Energie

Das ist die merkwürdigste Forschergeschichte, die es gibt. Eigentlich ganz unspektakulär. Kein Abenteurer, der sich vom Gletscher abseilt, spielt dabei eine Rolle, kein Heiler, der im Selbstversuch eine neue Heilsmethode an sich selbst ausprobiert. Nein, ein theoretischer Physiker tritt auf die Bühne, der eine Formel sucht, um zu beschreiben, wie ein Festkörper, zum Beispiel eine schwarze Herdplatte, Wärme abstrahlt.

Die abgestrahlte Wärmemenge ist sicher abhängig von der Temperatur: je heißer, desto mehr wird abgestrahlt. Das sieht man an der Farbe der Strahlung, also ob die Platte schon rot oder gar gelb, ja, weißglühend ist.

So weit ist alles noch ganz einfach. Komplizierter wird es, wenn man beschreiben will, wie genau diese Zusammenhänge sind. Da kommt es dann auf die Feinstruktur der mathematischen Formel an. Und an einer bestimmten Stelle musste der Forscher eine feste Zahl einsetzen, eine sogenannte **Konstante**.

Der Forscher, um den es sich hier dreht, ist **Max Planck** (1858-1947), damals Professor für theoretische Physik an der Friedrich-Wilhelm-Universität zu Berlin. Die Formel für die Wärmestrahlung, die er schließlich fand, stimmte nur dann mit den gemessenen Werten überein, wenn er an einer bestimmten Stelle diese Konstante einsetzte.

Revolution im Stolperschritt

Na gut, sagte er sich, setzen wir hier also eine Konstante ein. Er nannte sie »h« und mehr dachte er sich nicht dabei. Schließlich kommen in vielen physikalischen Formeln Konstanten vor. Berechnet man den Kreisumfang, so muss man die Zahl Pi einsetzen. Will man die Gravitation berechnen, so muss man die Konstante für die Erdanziehung einsetzen. In die Berechnung der Wärmestrahlung ging eben die Konstante h ein.

Die geheimnisvolle Konstante hat die Dimension einer »Wirkung«, worunter man das Produkt aus Energie und Zeit versteht. Heute wird sie das **Planck'sche Wirkungsquantum** genannt. »h« ist der kleinste Wert, den die Wirkung haben kann. »Wirkung« kann man sich immer klarmachen als Produkt aus Energie mal Zeit. Also erreicht man denselben Wert, wenn eine kleine Energie lange abgestrahlt wird oder wenn eine hohe Energie nur kurz »wirkt«.

In der Formel zur Wärmestrahlung legt »h« also fest, in welchen **Portionen** die Strahlung abgegeben wird. Aber Planck war gar nicht klar, dass er mit Festlegung dieser Konstanten eine »Quantelung« der Strahlung beschrieben hatte. Welche epochale Bedeutung »seine« Konstante hatte, wurde erst im Laufe der nächsten zehn Jahre deutlich. Wobei Planck sehr von den Beiträgen anderer Forscher profitierte.

Aber Schwamm drüber. Auch wenn Planck gewissermaßen in die **Quantentheorie** »hineingestolpert« ist, mit dieser Theorie eröffnete er eine **neue Epoche** in der Physik. Man kann gewissermaßen den Beginn der »modernen Physik« genau datieren. Es war der 14. Dezember 1900, als Max Planck vor der Deutschen Physikalischen Gesellschaft seine neue **Strahlungsformel** vorstellte – und mit ihr die Konstante »h«, das **Wirkungsquantum**.

Genauso wie Planck selbst war auch seinen Kollegen nicht klar, wie revolutionär diese ominöse Quantelung war. Fünf Jahre blieb die gesamte Szene wie erstarrt. Dann, im Jahr 1905, meldete sich **Albert Einstein** (1879-1955), der gleich einen Schritt weiterging. Er verallgemeinerte das Prinzip der Quanten und dehnte es auf das Licht aus mit seiner »Lichtquantenhypothese«. Danach setzte so langsam eine breitere Diskussion ein und etwa ab 1910 wurden immer mehr »Quantenphänomene« entdeckt. Den großen Durchbruch des neuartigen Prinzips schaffte dann Niels Bohr mit seinem Atommodell.

Ein Quantensprung

Niels Bohr (1885-1962), ein dänischer Physiker, entwickelte ein Atommodell, das wesentliche Elemente der **Quantentheorie** enthielt. Denn nach der klassischen Physik konnten die bisherigen **Atommodelle** allesamt nicht funktionieren.

Die negativ geladenen **Elektronen** umkreisen den positiv geladenen Atomkern. Elektrisch gesehen ist das gesamte Atom neutral. Aber nach der klassischen Physik wirkt das kreisende Elektron wie ein Sender. Wenn man von der Seite schaut, bewegt sich da eine Ladung hin und her. Diese bewegte Ladung erzeugt ein Magnetfeld, das Magnetfeld bewegt wieder Ladungen und erzeugt ein elektrisches Feld – und so weiter und so weiter. Eine elektromagnetische Welle wird abgestrahlt.

Die **Energie** dafür wird dem kreisenden Elektron entnommen. Das wird immer langsamer und stürzt schließlich in den Kern. Nach der klassischen Physik können die Atommodelle nicht funktionieren.

Niels Bohr stellte ein **Modell** vor, das für die kreisenden Elektronen eine **Ausnahmeregelung** vorsieht: Da gelten die Gesetze der klassischen Physik einfach nicht!

Die Elektronen haben freie Fahrt, ohne Energieverlust. Nur beim Springen von einer Bahn auf eine andere wird Energie frei bzw. von außen aufgenommen. Das ist der berühmte **Quantensprung**.

Übrigens ist im alltäglichen Sprachgebrauch mit einem »Quantensprung« meist ein **riesiger Schritt** gemeint. Sie wissen es jetzt besser: Ein Quantensprung ist der **kleinstmögliche Sprung**, noch kleiner geht einfach nicht. Merkwürdig, wie es zu dieser Sinnverschiebung gekommen ist.

Die Elektronen haben für ihre Karussellfahrt rund um den Atomkern eine Freikarte erhalten. Sie dürfen Karussell fahren, ohne zu bezahlen, ohne Energie abzugeben. Aber: Sie müssen vorgegebene Bahnen benutzen. Es ist, als wären unsichtbare Gleise verlegt und nur auf diesen Gleisen ist das Fahren erlaubt.

Jetzt kommt noch das Zusatzprogramm: Die Elektronen dürfen springen, von einem Gleis auf ein anderes Gleis. Nach außen geht's gewissermaßen den Berg rauf, da brauchen die Elektronen einen kleinen Stups, nach innen geht's bergab. Da geben die Elektronen einen kleinen »Energiejuchzer« ab, einen kleinen Lichtblitz.

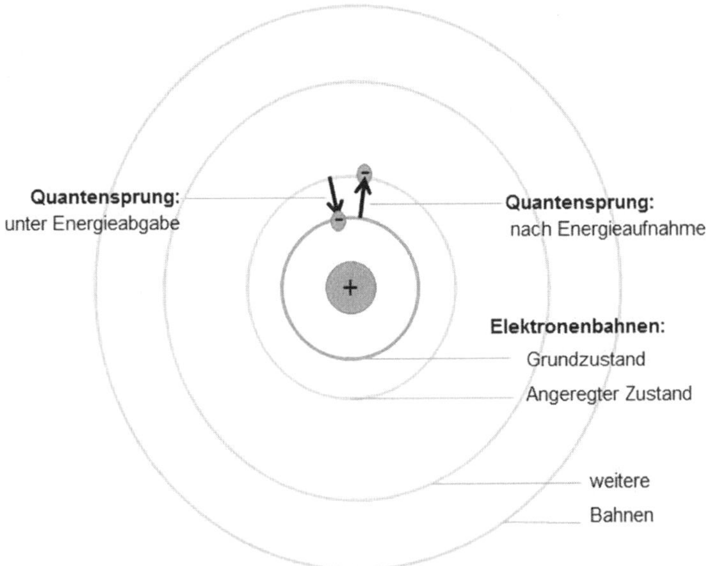

Abbildung 8.1: Das Bohr'sche Atommodell erlaubt nur bestimmte Bahnen für die Elektronen. Dort kreisen sie ohne an Energie zu verlieren. Dennoch ist ein Wechsel zu anderen Bahnen möglich. Mit einem Quantensprung. Wird die passende Energie eingestrahlt, springt das Elektron eine Bahn nach oben. Fällt es wieder zurück, wird genau dieselbe Energie wieder abgegeben. Diese Energiemengen sind charakteristisch für dieses Atom.

Jetzt wird deutlich, warum die **Strahlung** eines erhitzten Körpers, wie von Planck formuliert, nur in einzelnen **Portionen** abgegeben wird. Im erwärmten Zustand geraten die Elektronen in Bewegung und werden auf höhere Bahnen gestupst. Dort bleiben sie nicht lange und streben wieder auf die Grundpositionen zurück. Dabei geben sie genau die Energie wieder ab, die sie zum Heraufspringen gebraucht hatten. Die Strahlung ist **gequantelt**.

Jetzt habe ich immer von der »Energiemenge« gesprochen, die für den Sprung von der einen Bahn zur anderen gebraucht wird, weil das anschaulicher ist. Aber Sie wissen ja, gemeint ist die »Wirkung«. Ich kann eine bestimmte Wirkung erzielen mit einer geringen Energie über eine längere Zeit oder mit einer hohen Energie für nur kurze Zeit. Und »h« ist die kleinste Einheit, in der die Wirkung auftritt.

Jetzt wird auch deutlich, was die Ursache der **Fraunhofer'schen Linien** ist. Diese Linien erscheinen im Licht eines erhitzten Körpers oder Gases und sind je nach Atom (Element) unterschiedlich. Einzelheiten dazu, auch zur Person Fraunhofers, erfahren Sie in Kapitel 10 – Geschichte der Astronomie. Hier nur soviel:

Die Atome unterscheiden sich durch die Zahl der Elektronen. Und je nachdem, wie viele Elektronen in der Atomhülle kreisen, gibt es unterschiedliche Möglichkeiten, zu springen. Bei jedem Sprung nach innen gibt's dann einen Lichtblitz, je nach Atom in unterschiedlichen Farben. Die erscheinen dann als diese dünnen, einfarbigen Linien.

Sie sind also wie ein **Barcode** auf den Verpackungen, sie sind wie ein **Fingerabdruck**, sie sind typisch für jedes Atom. Die **Spektralanalyse** erlaubt dadurch die Untersuchung der chemischen Zusammensetzung beispielsweise von weit entfernten Sternen. Aus den einzelnen Linien im Licht der Sterne kann man genauestens ablesen, welche Atome (oder Elemente) auf diesem Himmelskörper vorhanden sind.

Planck und Bohr erhielten für ihre bahnbrechenden Leistungen den Nobelpreis für Physik: Max Planck 1918 und Niels Bohr 1922. Insgesamt gab es neun Nobelpreise im Zusammenhang mit der Quantenphysik (neben Planck und Bohr noch Born, de Broglie, Einstein, Heisenberg, Pauli, Schrödinger und von Laue), ein Beweis für die Bedeutung dieser neuen Physik.

Das sind die wesentlichen Unterschiede zur klassischen Physik:

- Bestimmte Dinge (zum Beispiel »Wirkung«) können nicht jeden beliebigen Wert annehmen, sie sind gequantelt. In den Größenordnungen der »normalen« Welt, spielt das keine Rolle. Die Quantelung ist so fein, dass man sie gar nicht wahrnimmt. Aber in Mikrostrukturen ist sie sehr deutlich zu spüren.
- Quantenobjekte zeigen sich als **Teilchen** oder als **Welle**, sind aber weder das eine noch das andere. Was sie wirklich sind, entzieht sich unseren Wahrnehmungsmöglichkeiten.
- Experimente der Quantenphysik können nicht eindeutig sein, sondern liefern nur **Wahrscheinlichkeiten**. Ort und Geschwindigkeit eines Teilchens können nicht gleichzeitig festgestellt werden, die Quantenphysik ist **nicht deterministisch.**
- Durch die **Beobachtung** werden die Eigenschaften von Quantenobjekten nicht festgestellt, sondern festgelegt. Die Beobachtung verändert das Ergebnis der Beobachtung.

Man darf sich eben Teilchen nicht wie kleine Kügelchen vorstellen. Für die würden ja die Gesetze der klassischen Physik gelten. Die klassischen Bewegungsgleichungen würden genau beschreiben, an welchem Ort die Teilchen welche Geschwindigkeit haben. Alles wäre determiniert.

Aber Quantenteilchen sind keine Kügelchen. Wenn ich sie mit klassischen Mitteln beobachten will, zeigen sie nur eine Seite und nur Wahrscheinlichkeiten. Die Beobachtung greift irgendwie in die Natur der Teilchen ein. Aber wir kennen die wahre Natur der Teilchen nicht. Deswegen bleiben sie so rätselhaft.

Für viele ist die moderne Physik verwirrend. Woher nimmt zum Beispiel ein Herr Bohr die Gewissheit, dass sich die Elektronen mit den von ihm zugewiesenen Bahnen zufrieden geben?

Nun: Die vom Menschen formulierten »Naturgesetze« sind nie die Gesetze der Natur, sondern nur Beschreibungen dessen, was wir beobachten. Wir müssen akzeptieren, dass die Dinge so sind wie sie sind, auch wenn wir es nicht verstehen.

Deswegen hat es auch wenig Zweck nach dem »Warum« dieser Formeln zu fragen. Warum, zum Beispiel, hat Niels Bohr den Quantensprung erlaubt? Weil er damit das beschrieb, was er in Experimenten vorfand.

Ist die Quantentheorie unvollständig?

Selbst Einstein hatte seine Schwierigkeiten mit der Quantentheorie. Er geriet in einen Streit mit Niels Bohr über das Quantenkonzept. Es schien ihm nicht falsch, aber unvollständig zu sein. Er führte Experimente an, deren Erklärung durch die Quantentheorie er nicht für optimal erachtete. Das Experiment geht so: Man schießt Teilchen auf eine Wand, die zwei Öffnungen hat. Ganz ähnlich wie bei der Torwand im Sportstudio. Nur sind die Löcher nicht rund, sondern rechteckig nebeneinander. Zwei Spalten eben. Schießt man auf die Spalten, fliegen die Teilchen weiter und knallen auf eine zweite Wand. Da hinterlassen sie eine kleine Delle. Und es ist klar, dass alle Teilchen, die durch die Spalten hindurchgeschossen wurden, auf der hinteren Wand Dellen hinterlassen, die mehr oder weniger das vordere Tor abbilden.

Das tun sie aber in der Quantenwelt nicht. Sie hinterlassen ein Punktmuster, das üblicherweise von Wellen stammt. Dabei erscheinen die meisten Dellen an Stellen, die von den Teilchen gar nicht erreicht werden dürften, nämlich hinter dem Balken zwischen den Toren.

Die Quantentheorie erklärt das mit dem **Doppelcharakter** der Teilchen, die sich auch als Welle zeigen können. Ja mehr noch: Wenn sie sich als Welle zeigen, dann gibt diese Welle nur eine Wahrscheinlichkeit an, mit der die Welle beziehungsweise die Teilchen an einem bestimmten Ort eintreffen. Niemand weiß, wo das nächste Teilchen landen wird. Aber gemäß der Wahrscheinlichkeit kann man statistische Vorhersagen machen, die mit erstaunlicher Sicherheit zutreffen, etwa 12 Prozent landen in diesem Bereich, 23 Prozent in jenem und so weiter. Man kann keine Aussage über das einzelne Teilchen machen. Die Teilchen sind nicht determiniert.

Ein **statistisches** Ergebnis hielt Einstein für unbefriedigend. »Gott würfelt nicht«, soll er gesagt haben. Damit meinte er, die Physik müsse präzise für jeden Augenblick sagen können: »Dieses Elektron trifft in wenigen Sekunden hier ein.« Und nicht: »Wahrscheinlich kommt dieses Elektron hier an, vielleicht aber auch da oder dort.«

Die größten Vorbehalte hatte Einstein gegenüber der Behauptung, erst im **Moment der Beobachtung** würden die Eigenschaften des beobachteten Teilchens festgelegt. Er wollte beweisen, dass die Teilchen auch unabhängig vom Beobachter eine eigene Realität haben. »Der Mond ist doch da, auch wenn ich nicht hinschaue«, sagte er.

Einstein erdachte dazu ein Experiment, das mit »verschränkten Teilchen« arbeitet, auf die ich hier nicht weiter eingehen will. Für das Experiment ist nur wichtig, dass solche Teilchen bei bestimmten Prozessen entstehen können und dass sich ihre Verschränkung zum Beispiel darin zeigt, dass sie bestimmte Eigenschaften spiegelverkehrt aufweisen. Hat das eine einen »Impuls« der Richtung »up«, dann hat das andere einen mit der Richtung »down« und umgekehrt.

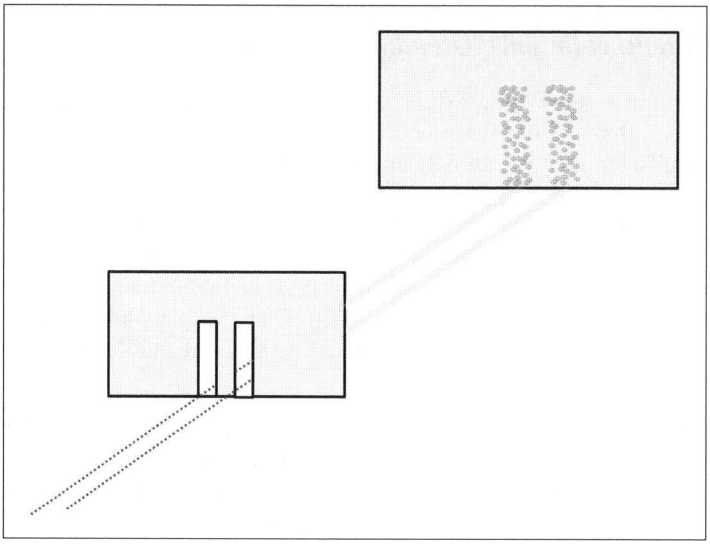

Abbildung 8.2: Klassisch wie die Torwand im Sportstudio. Kugeln werden auf die Wand geschossen und prallen ab oder fliegen durch die Spalten. Dann treffen sie auf die zweite Wand und hinterlassen ein Abbild der beiden Spalten. Zwischen den Spalten gibt es kein Durchkommen, also sollte der mittlere Teil unberührt bleiben.

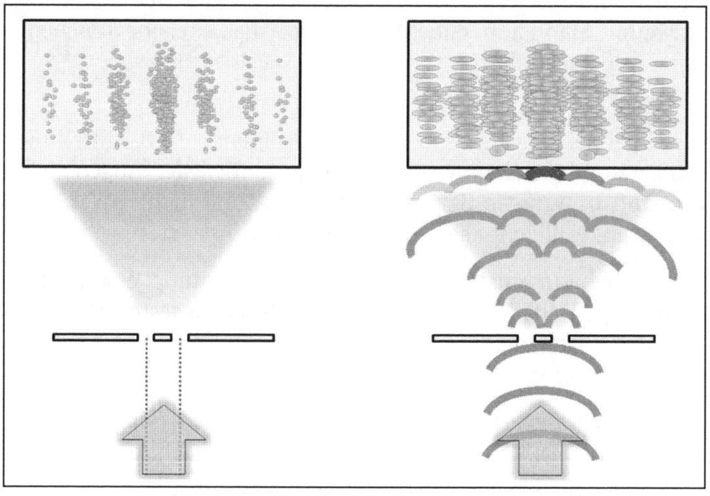

Abbildung 8.3: Obwohl die Wand zwischen den Spalten verhindern müsste, dass die Teilchen in der Mitte landen, treffen gerade dort die meisten ein (links). Das Streifenmuster ähnelt dem Muster, das bei Wellen erscheint (rechts). Am Doppelspalt werden aus einer Welle zwei, die sich gegenseitig auslöschen oder verstärken. Durch diese »Interferenzen« bilden sich Streifenmuster.

Spukhafte Fernwirkung

Das Experiment geht so: Zwei verschränkte Teilchen werden hergestellt und fliegen in entgegengesetzter Richtung davon. Dann wird ein Teilchen angehalten und untersucht. Die Quantentheorie sagt nun, die Richtung des »Impulses« werde erst festgelegt, wenn das Teilchen beobachtet wird. Das kann per Zufall »up« oder »down« sein.

Im gleichen Augenblick ist dann auch der Impuls des anderen Teilchens festgelegt. Das Partnerteilchen weist sofort den entgegengesetzten Impuls auf, egal, wie weit es von seinem Partner entfernt ist. Es muss die Information also mit **Überlichtgeschwindigkeit** erhalten haben.

Das widerspreche der Relativitätstheorie, die höhere Geschwindigkeiten als die Lichtgeschwindigkeit nicht zulasse. Einstein spottete: Die Quantenphysik arbeite mit einer »spukhaften Fernwirkung«.

Einstein beharrte darauf, dass die Teilchen festgelegte Eigenschaften haben müssten. Sie seien vielleicht nicht gleich sichtbar. Man könne sich leicht vorstellen, die Partnerteilchen seien als Päckchen verpackt auf die Reise gegangen und nun werde bei einem Teilchen nachgeschaut und der Impuls »up« festgestellt, dann wüsste ich doch sofort, dass er beim anderen Teilchen »down« sein müsse. Man brauche das Päckchen gar nicht zu öffnen.

Die Widersprüche konnten zu Einsteins Zeit nicht geklärt werden. Aber inzwischen wurde das Experiment tatsächlich durchgeführt und man steht vor einem Rätsel. Der französische Physiker **Alain Aspect** konnte 1982 nachweisen, dass der Zustand der Photonen, mit denen er arbeitete, vor der Messung nicht festgelegt war.

Aber im Augenblick der Messung war bei beiden Teilchen die entsprechende Festlegung erfolgt. Damit wäre eine Informationsübertragung mit **Überlichtgeschwindigkeit** empirisch bestätigt. Einsteins Aussagen wären widerlegt.

Es sei denn, es gibt eine irgendwie geartete »spukhafte Fernwirkung«. Die Quantentheorie wäre dann tatsächlich noch nicht vollständig, wie Einstein immer vermutet hatte.

Alles strahlt: der Atomzerfall

Hatte man bisher vor allem das äußere Atom untersucht, so war es nun an der Zeit, den **Kern** näher zu betrachten. Das sollte die Gruppe um Lise Meitner und Otto Hahn sein.

Lise Meitner (1878-1968) kam 1907 nach Berlin, um bei Max Planck an radioaktiven Atomen zu forschen. Zusammen mit **Otto Hahn** (1879-1968) entdeckte sie mehrere radioaktive Elemente. Lise Meitner wurde Leiterin der physikalisch-radioaktiven Abteilung des Kaiser-Wilhelm-Instituts für Chemie in Berlin. 1926 wurde sie Professorin für experimentelle Kernphysik an der Berliner Universität, die erste Frau auf einer Physikprofessur in Deutschland.

Überall in Europa war man der **Radioaktivität** auf der Spur. Sie trat vor allem bei schweren Atomen auf, wie Thorium oder Uran. **Irène** und **Frédéric Joliot-Curie** in Frankreich untersuchten die radioaktive Strahlung, die sie auf die Kerne von Beryllium gerichtet hatten. **Enrico Fermi** in Italien beschäftigte sich mit Kernumwandlungsprozessen.

James Chadwick in England machte ähnliche Versuche, benutzte aber Alphateilchen. Das sind Teilchen, die beim radioaktiven Zerfall entstehen und positiv geladen sind. Chadwick entdeckte 1932, dass der Atomkern noch andere Teilchen als Protonen enthalten musste. Diese Teilchen waren ungefähr so schwer wie Protonen, hatten aber keine elektrische Ladung, daher nannte er sie »Neutronen«. Für diese Entdeckung erhielt er 1935 den Physiknobelpreis.

Lise Meitner und Otto Hahn untersuchten die Kerne der schweren Atome, insbesondere den **Urankern**. Da fiel der Schatten der **Naziherrschaft** auf die deutsche Wissenschaft. Die Mehrheit der Forscher, die sich mit der modernen Physik beschäftigten, wurde aus dem Lande getrieben oder verfolgt und ermordet. Stattdessen wurde versucht, eine »deutsche« Physik zu etablieren. Erreicht wurde nur, dass fortan Fortschritte und Erfolge in den Wissenschaften nicht mehr in Deutschland, sondern überall sonst, vor allem aber in den USA stattfanden, wohin viele deutsche Wissenschaftler geflohen waren.

Wegen ihrer jüdischen Abstammung wurde Lise Meitner 1933 die Lehrerlaubnis entzogen, 1938 gelang ihr die Flucht über die Niederlande nach Schweden. Sie blieb in engem Briefkontakt mit Otto Hahn und tauschte sich mit ihm über den Fortgang der Arbeiten aus.

Otto Hahn hatte mit seinem Assistenten **Fritz Straßmann** den Urankern mit Neutronen beschossen und »so etwas wie das Zerplatzen« des Urankerns festgestellt. Erwartet hatten sie, dass der Atomkern durch das eingeschossene Neutron schwerer werden und ein größeres Element als Uran entstehen würde. Stattdessen fanden sie Barium, ein Element, dessen Atomkern halb so schwer wie der Urankern war. Er schrieb: »Wäre es möglich, dass Uran zerplatzt? Es würde mich sehr interessieren, dein Urteil zu hören. Eventuell könntest du etwas ausrechnen und publizieren.«

Lise Meitner traf sich mit ihrem ebenfalls emigrierten Neffen, dem Kernphysiker **Otto Frisch,** in Schweden und diskutierte mit ihm die experimentellen Ergebnisse aus Berlin. Frisch wies auf die ungeheure Energie hin, die zum Zertrennen zweier Hälften eines Atomkerns nötig wäre, ungefähr 200 Millionen Elektronenvolt, wo solle diese Energie herkommen?

Lise Meitner hatte die geniale Idee, das Gewicht der Bruchstücke mit dem Gewicht des Urankerns zu vergleichen. Und siehe da, sie errechnete, dass die Bruchstücke um ein Fünftel der Masse eines Protons leichter waren. Das ist nicht viel, aber trotzdem stellte sich die Frage: Wo war diese Masse geblieben? Da fiel es ihnen wie Schuppen von den Augen. Einsteins Formel $\mathbf{E = mc^2}$.

Aus Masse war Energie geworden, die den Kern auseinanderriss. Eine winzige Masse ergab eine riesige Menge an Energie. Und als Lise Meitner das ausrechnete, kamen genau die erforderlichen 200 Millionen Elektronenvolt heraus.

Hahn und Straßmann veröffentlichten ihre Messergebnisse im Januar 1939, Meitner und Frisch ihre theoretischen Überlegungen dazu nur einen Monat später im Februar. Hahn galt als der Entdecker der Atomspaltung und erhielt dafür 1945 den Nobelpreis für Chemie. Lise Meitner ging leer aus, obwohl sie die richtige theoretische Deutung des Vorgangs geliefert hatte.

Kettenreaktionen

Wenn der Urankern durch Neutronen gespalten wird, entstehen zwei etwa gleich große Bruchstücke. Zusätzlich werden zwei oder drei Neutronen frei. Diese frei werdenden Neutronen können nun ihrerseits weitere Urankerne spalten. Dann werden wieder zwei oder drei Neutronen frei, die wiederum … und so weiter. Das ist die berühmte **Kettenreaktion**.

Da bei jeder Spaltung Energie freigesetzt wird, kommt es zu einer gewaltigen Explosion. Das ist das Prinzip der **Atombombe**. Zur Nutzung als Energiequelle in einem **Kernkraftwerk** muss die Kettenreaktion abgebremst werden. Dazu schiebt man Kadmiumstäbe in den »Uranofen«. Kadmium bindet die Neutronen, so dass sie keine Kerne mehr spalten können. Die Kadmiumstäbe sind so eingeregelt, dass immer gerade so viele Neutronen übrig bleiben, dass das atomare »Feuer« nicht ausgeht.

Die erste gelungene Atomspaltung wurde genau zu dem Zeitpunkt bekannt, als Hitler den Zweiten Weltkrieg begann. Je länger der Krieg dauerte, umso mehr wuchs die Angst, die Deutschen könnten eine Atombombe bauen und einsetzen. Einstein schrieb seinen berühmten Brief an Präsident Roosevelt, und die US-Regierung startete das »Manhattan-Projekt«. Unter Beteiligung vieler Physiker aus aller Welt wurde die Atombombe entwickelt. Im August 1945 kam es zum ersten Einsatz von Atombomben über **Hiroshima** und **Nagasaki**.

Die meisten Wissenschaftler erschraken und lehnten eine weitere Mitarbeit in derartigen Projekten ab. Die Atombombe wurde zum Symbol des Missbrauchs wissenschaftlicher Erkenntnisse. Wissenschaftler wurden sich ihrer Verantwortung bewusst.

Gekrümmter Raum, gedehnte Zeit

Einstein hat mit der **speziellen Relativitätstheorie** unsere Vorstellungen von Raum und Zeit revolutioniert. Überprüfen Sie doch mal, welche Vorstellungen Sie vom Raum haben. Wir werden das gleich auch mit der Zeit machen. Aber zunächst der Raum.

Der Raum – in 3D

Viele denken an die Zimmer der Wohnung. Die dreidimensionalen, rechtwinkligen Zimmer entsprechen exakt dem, was wir im Geometrieunterricht aufs Papier gemalt haben.

Das Besondere an unserer Vorstellung vom Raum wird klar, wenn wir versuchen, uns alles wegzudenken. Nichts wäre mehr da. Keine Möbel, keine Häuser, kein Wald, keine Wiesen, zum Schluss blieben nur noch Sie und ich, und uns denken wir dann auch noch weg. Was bliebe?

Richtig, der Raum. Der Raum wäre immer da, sonst könnte ja nichts darin sein. Potentiell jedenfalls, wenn wir uns nicht alles weggedacht hätten. Ohne Raum gäbe es überhaupt nichts. Das ist der Raum der Newton'schen Physik. Fest, ruhig, sicher, ewig.

Einstein betrachtet den Raum anders. Er fragt: Wie bewegt sich das **Licht** durch den Raum? Über die Bewegung, über die Geschwindigkeit sind Raum und Zeit miteinander verknüpft. Geschwindigkeit ist Entfernung pro Zeiteinheit, ist Raum durch Zeit.

Wenn das jetzt so ein nebeliges Unwohlsein bei Ihnen auslöst, seien Sie unbesorgt. Sie müssen diese mathematischen Formeln nicht nachvollziehen. Es kommt nur auf die Hauptaussage an: Raum, Zeit und Geschwindigkeit hängen irgendwie zusammen.

Dabei spielt *eine* Geschwindigkeit eine besondere Rolle. Die Geschwindigkeit des Lichts nämlich, die **Lichtgeschwindigkeit**. Die Lichtgeschwindigkeit ist irgendwie anders als andere Geschwindigkeiten.

Geschwind wie das Licht

Licht kann sich nicht bewegen, wie es will. Licht hat eine feste Geschwindigkeit: rund 300 000 Kilometer pro Sekunde. Für die rund 150 Millionen Kilometer von der Sonne zur Erde braucht das Licht 8 Minuten und 20 Sekunden. Die Lichtgeschwindigkeit ist zwar riesig groß, aber sie ist endlich. Sie ist nicht unendlich, wie man vorher angenommen hatte. Denn sonst könnte man ja die Zeit überholen und Dinge sehen, die noch gar nicht da sind. Wir könnten in die Zukunft schauen.

Dabei ist es genau umgekehrt. Jeder Lichtstrahl, der in unser Auge fällt, ist schon eine gewisse Weile unterwegs. Wenn er uns erreicht, sind die Dinge längst geschehen. Wir schauen grundsätzlich in die Vergangenheit.

Licht soll ein **Teilchenstrom** sein, meinen die einen, und es gab Experimente, die das bewiesen. Licht sei eine **Wellenerscheinung**, meinen die anderen, und es gab Experimente, die das bewiesen.

Eine Welle pflanzt sich im Allgemeinen über ein **Medium** fort. Über Wasser im Falle der Wasserwellen. Über Luft im Falle der Schallwellen. Im Falle des Lichts sei es der »Äther«, doch es gab keinen einzigen Beweis für seine Existenz. Dabei sollte er den gesamten Raum ausfüllen. Und die Zeit.

Moment. Über die Zeit wollten wir noch sprechen. Denn auch die Zeit wurde von Einstein neu konzipiert. Überprüfen Sie doch mal, welche Vorstellungen Sie von der Zeit haben.

»Gefühlte« Zeit

Geht es Ihnen auch so, dass manchmal die Zeit rast. Kaum, dass man zwei Dinge erledigt hat, schon ist der halbe Tag herum. Und dann gibt es Tage, da schaut man nach einer halben Stunde auf die Uhr und es sind gerade mal fünf Minuten vergangen. Das sind subjektive Empfindungen und sie hängen sehr davon ab, wie wir bei der Sache sind, ob uns eine Tätigkeit interessiert oder langweilt. Das ist die **subjektive Zeitempfindung**. Die hat aber mit Physik nichts zu tun.

Jenseits dieser »gefühlten Zeit« haben wir eine Vorstellung von der »objektiven Zeit«. Und da denken wir schnell an die »Normaluhr« am Bahnhofsgebäude. Die Zeit fließt dahin wie ein träger Fluss und die Uhr tickt ihren regelmäßigen Takt dazu.

Um die Zeit zu messen, muss immer etwas regelmäßig Wiederkehrendes registriert werden. Die genauesten Atomuhren messen die **Eigenschwingung** eines Atoms und haben eine Ganggenauigkeit von einer Milliardstel Sekunde am Tag.

Die **Regelmäßigkeit** ist von der Natur vorgegeben: Die Erde dreht sich um sich selbst und gibt Tag und Nacht vor. 12 Stunden für den Tag, 12 für die Nacht. Die magische Zahl 12 ergibt sich auch aus den 12 Mondmonaten, die das Jahr ausmachen, wenn die Sonne einmal umrundet wurde. Dabei wurden 12 Tierkreiszeichen durchschritten.

Das Zusammenspiel von Naturgegebenheiten und der immer wiederkehrenden Zahl 12 unterstreicht nur das Mysterium der Zeit.

Raum, Zeit und Lichtgeschwindigkeit waren die zentralen Begriffe, die in den ersten Jahrzehnten des 20. Jahrhunderts die Physiker beschäftigten. In ihren bisherigen Definitionen waren diese Begriffe aber nicht mehr ausreichend.

Die Gesetze der klassischen Physik waren nicht mehr geeignet, die neu entdeckte Welt der kleinsten Teilchen und der größten Dimensionen im Kosmos zu erklären. Die Welt musste neu gedacht werden. Vor allem war es Albert Einstein, der mit seiner Relativitätstheorie die Physik revolutionierte und unser naturwissenschaftlich geprägtes Weltbild kräftig durcheinanderwirbelte.

Die spezielle Relativitätstheorie

Der deutsch-amerikanische Physiker **Albert Michelson** und der amerikanische Chemiker **Edward Morley** hatten 1887 in verschiedenen Messungen festgestellt, dass Licht sich *immer* mit einer konstanten Geschwindigkeit ausbreitet, unabhängig von sonstigen Bedingungen, etwa ob der Beobachter sich bewegt oder die Lichtquelle oder beide.

Ein Schnellzug rast durch die Nacht. Der Fahrer schaltet die Scheinwerfer ein. Dann müsste doch zur Lichtgeschwindigkeit noch die Fahrgeschwindigkeit des Zuges hinzukommen?

Das **Additionsgesetz**, nach dem die Geschwindigkeit des Zuges zur Lichtgeschwindigkeit hinzugezählt werden müsste, hatte für Licht offenbar keine Gültigkeit. Die Lichtgeschwindigkeit bleibt immer gleich. Wie soll das gehen?

Die Wissenschaftler haderten, aber sie stellten die bisherigen Gesetze nicht infrage. Es war wie ein Denkverbot. Und das machte den Genius von Einstein aus, dass er es wagte, das Undenkbare zu denken. Dass er bereit war, die klassische Physik zu überwinden. Dass er sich eine radikal andere Welt vorstellen konnte.

Einstein nahm die Messungen ernst und formulierte ein neues Gesetz: Die Lichtgeschwindigkeit ist eine Konstante. Dafür verloren Raum und Zeit ihren Status der Unantastbarkeit und wurden flexibel.

- ✔ Die Einführung der **Raumzeit** ist die erste wesentliche Aussage der speziellen Relativitätstheorie.
- ✔ Raum und Zeit werden zur Raumzeit zusammengefasst.
- ✔ Zu den drei Dimensionen des Raums kommt die Zeit als 4. Dimension hinzu.
- ✔ Es gibt keinen »Äther«. Das Licht breitet sich ohne Medium aus.

Eine gleichmäßig verrinnende Zeit gibt es nicht mehr. Jeder hat eine eigene Zeit. Und die ist abhängig davon, ob und wie man sich bewegt. Ich kann mich mehr in der Zeit bewegen, dann bewege ich mich weniger im Raum. Oder ich bewege mich mehr im Raum und weniger in der Zeit.

Das Neue ist die Bewegung in der Zeit. Einsteins Überlegung: Wenn ich stehen bleibe, bewege ich mich dennoch. Denn die Zeit vergeht. Ich bewege mich in der Zeit.

- ✔ Raum und Zeit sind keine festen Größen mehr, sie sind veränderlich.
- ✔ Raum und Zeit werden gestaucht, gedehnt, verkürzt oder auseinandergezogen.
- ✔ Die Lichtgeschwindigkeit ist konstant.
- ✔ Droht ihr Wert abzuweichen, verbiegt sich der Raum und dehnt sich die Zeit.
- ✔ Die Raumzeit verändert sich so, dass die Lichtgeschwindigkeit immer gleich bleibt.

Im Jahr 1905, im Alter von 26 Jahren, legte Einstein seine bedeutsamsten Veröffentlichungen vor. Die wichtigste Abhandlung trug den Titel »Zur Elektrodynamik bewegter Körper« und erschien am 26. September 1905. Bereits am folgenden Tag reichte Einstein einen »Nachtrag« ein, der die wohl berühmteste Formel der Welt enthielt: $\mathbf{E = mc^2}$ und die Äquivalenz von Energie und Masse beschrieb. Beide Veröffentlichungen zusammen geben etwa das wieder, was wir heute als **spezielle Relativitätstheorie** bezeichnen.

- ✔ Die Formel $E = mc^2$ ist die zweite wesentliche Aussage der speziellen Relativitätstheorie.
- ✔ Energie und Masse sind äquivalent, sind in einander umwandelbar.
- ✔ Der gigantische Umrechnungsfaktor (Lichtgeschwindigkeit im Quadrat) macht deutlich, wie viel Energie in der Masse steckt.

Gedehnte Zeit – Die »Zeitdilatation«

Amerikanische Astronauten hinterließen auf dem Mond spezielle Spiegel, die das Licht immer dahin reflektieren, wo es hergekommen ist. Diese Spiegel benutzt man, um regelmäßig die Entfernung Erde-Mond zu bestimmen. Dazu schickt man einen Lichtstrahl zum Spiegel und misst die Zeit, bis der Strahl wieder zurückkommt.

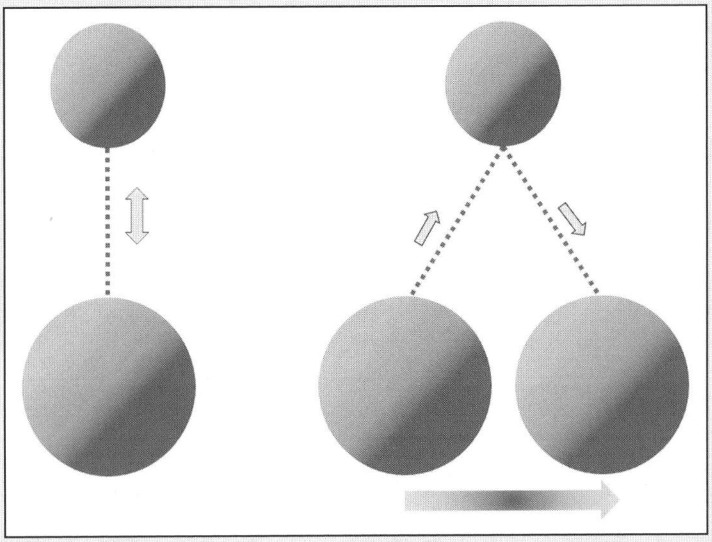

Abbildung 8.4: ***Links:*** *Von der Erde kommt ein Lichtstrahl zum Mond und wieder zurück.* ***Rechts:*** *Für einen vorbeifliegenden Astronauten, der die Szene beobachtet, macht das Licht einen Zickzackweg, der länger ist. Wenn die Lichtgeschwindigkeit immer gleich bleiben soll, muss sich die Zeit dehnen: die Zeitdilatation.*

Wenn ein vorbeifliegender Astronaut das beobachtet, zieht sich die Szene auseinander. Der Weg für den Lichtstrahl wird länger. Damit die Lichtgeschwindigkeit gleich bleibt, muss die Zeit sich verlangsamen. Es kommt zur Dehnung der Zeit, zur **Zeitdilatation**.

Machen wir ein Gedankenexperiment: Wenn ich in einem Zug, der mit 50 Prozent der Lichtgeschwindigkeit dahinrast, die Scheinwerfer einschalte, dann bewegt sich das Licht nicht mit dem eineinhalbfachen der Lichtgeschwindigkeit – was die klassische Physik sagen würde –, sondern immer nur mit Lichtgeschwindigkeit. Wenn ich jetzt aus dem Fenster schaue, dann sehe ich, wie sich der Raum verbiegt, wie sich die Häuser mir entgegenwinden und ich alles in Zeitlupe erlebe.

- ✔ Der Raum verbiegt sich und die Zeit dehnt sich.
- ✔ Bewegte Uhren gehen langsamer als in ihrem Ruhesystem (»Zeitdilatation«).

Das widerspricht allen Erfahrungen und es spricht für Einsteins Genie, sich das überhaupt vorstellen zu können und daraus eine Gesetzmäßigkeit herzuleiten.

Doch warum merken wir von alledem so wenig?

Weil die Effekte der **Zeitdehnung** und andere Veränderungen sich erst bemerkbar machen, wenn wir es mit Geschwindigkeiten von mindestens 10 Prozent der Lichtgeschwindigkeit zu tun haben. Und wann erreichen wir schon mal 30 000 Kilometer in der Sekunde?

- ✔ Die Zeitdehnung, die »Zeitdilatation«, ist die dritte wesentliche Aussage der speziellen Relativitätstheorie.
- ✔ Je mehr sich ein Reisender der Lichtgeschwindigkeit annähert, umso langsamer vergeht die Zeit.
- ✔ Würde er die Lichtgeschwindigkeit erreichen, bliebe die Zeit stehen.

Zur **Raumschrumpfung** machen wir ein weiteres Gedankenexperiment:

Die Raumschrumpfung

Wir schauen uns vier Lichtstrahlen an, wie sie die Sonne verlassen und an der Erdbahn zurückgespiegelt werden. Von der Sonne aus betrachtet kehren alle Strahlen zur selben Zeit zurück.

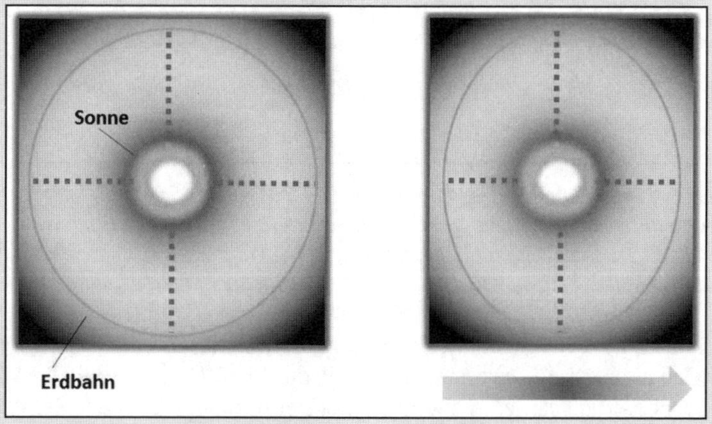

Abbildung 8.5: ***Links:*** *Vier Lichtstrahlen kehren zur selben Zeit zur Sonne zurück.* ***Rechts:*** *Für einen Beobachter außerhalb des Sonnensystems schrumpft der Raum in Bewegungsrichtung.*

Nun betrachten wir die Szene von außerhalb des Sonnensystems. Es rast mit 900 000 Kilometern pro Stunde durchs All. Für die Lichtstrahlen, die senkrecht zur Bewegungsrichtung fliegen, ändert sich nichts. Aber für die, die sich in der Bewegungsrichtung des Sonnensystems bewegen, ändert sich sehr viel. Einmal kommt ihnen das Sonnensystem rasant entgegen und dann schnaufen sie dem wegfliegenden Sonnensystem mühsam hinterher.

Die Wege sind noch länger geworden. Also kämen die Lichtstrahlen in der Waagerechten später als die aus der Senkrechten zur Sonne zurück. Das widerspräche dem Eindruck, den ein Beobachter auf der Sonne hätte. Aber ein und dasselbe Ereignis kann nicht zwei unterschiedliche Ergebnisse haben. Es gibt nur eine Lösung: Der Raum muss die Differenz ausgleichen, der Raum schrumpft.

Die **Raumschrumpfung** ist die vierte wesentliche Aussage der **speziellen Relativitätstheorie**:

- ✔ Bewegte Objekte schrumpfen.
- ✔ Sie verkürzen sich in Bewegungsrichtung.
- ✔ Je mehr sich die Geschwindigkeit an die Lichtgeschwindigkeit annähert, umso deutlicher wird die Schrumpfung.
- ✔ Statt Raumschrumpfung sagt man auch »Längenkontraktion«.
- ✔ Längenkontraktion und Zeitdilatation treten stets gemeinsam auf.

Bleibt noch das Prinzip der **Relativität**. Die Beispiele haben es eigentlich schon deutlich werden lassen. Es kommt immer auf den Standpunkt des Beobachters an. Bei jeder Bewegungsangabe muss ich angeben, wer sich gegenüber wem bewegt. Relativ zu welchem Bezugssystem?

Am folgenden Gedankenexperiment hat Einstein erläutert, worin die Schwierigkeiten bestehen, sich über einen Moment der **Gleichzeitigkeit** zu verständigen.

Das Prinzip der Relativität

Ein Zug mit 60-prozentiger Lichtgeschwindigkeit rast am Bahnsteig vorbei. Vorne und hinten am Zug zündet ein Blitzlicht. Für den Beobachter B1 in der Mitte des Zuges geschieht das »gleichzeitig«.

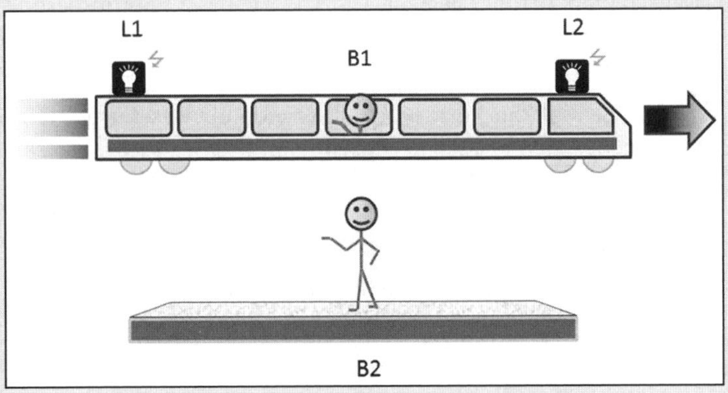

Abbildung 8.6: Der Beobachter in der Mitte des Zuges sieht beide Blitzlichter gleichzeitig aufblitzen. Für den Beobachter am Bahnsteig rast das vordere Licht schon davon, das hintere kommt auf ihn zu.

Für den Beobachter B2 am Bahnsteig bewegt sich der Zug in der Zeit, bis die Lichtblitze ihn erreichen, ein Stückchen weiter. Der Lichtblitz L1 kommt auf ihn zu, während Lichtblitz L2 sich bereits entfernt. L1 erscheint ihm früher als L2. Für B2 leuchten die Blitzlichter nicht gleichzeitig auf.

Das **Relativitätsprinzip** ist die fünfte wesentliche Aussage der **speziellen Relativitätstheorie**:

- ✔ Die Gleichzeitigkeit ist relativ.
- ✔ Es gibt keinen Augenblick, der überall »jetzt« genannt werden könnte.
- ✔ Bewegungen sind immer relativ zueinander.
- ✔ Es ist nicht unterscheidbar, ob der eine fährt und der andere ruht oder umgekehrt.
- ✔ Relativitätsbeziehungen sind immer symmetrisch.

Dazu passt die folgende Anekdote: Einstein, so wird erzählt, wollte die relativistische Begabung des Bahnschaffners austesten und fragte ihn: »Sagen Sie, wann hält der nächste Bahnhof an diesem Zug?«

Die allgemeine Relativitätstheorie

Die **spezielle Relativitätstheorie** befasst sich mit dem Verhalten von Raum, Zeit und Massen bei hohen Geschwindigkeiten und wurde 1905 von Einstein veröffentlicht. Beschrieben werden Phänomene wie Zeitdilatation, Längenkontraktion, Äquivalenz von Masse und Energie, Konstanz der Lichtgeschwindigkeit und Relativität von Bewegungen.

Die **allgemeine Relativitätstheorie** befasst sich mit der Struktur von Raum und Zeit und wurde erstmals in einem Vortrag vor der Preußischen Akademie der Wissenschaften 1915 vorgestellt. Die Theorie beschreibt insbesondere die Wechselwirkung zwischen Materie und Raumzeit. So wird die **Gravitation** als eine Eigenschaft der gekrümmten, vierdimensionalen Raumzeit aufgefasst.

Dabei war es doch gerade mal 250 Jahre her, seit Newton die **Gesetze der Gravitation** gefunden hatte: Demnach ziehen sich Massen gegenseitig an. Die Kraft ist umso stärker, je größer die Massen sind. Und die Kraft ist umso schwächer, je weiter die Massen voneinander entfernt sind.

Aber die Newton'schen Gesetze beschreiben die Schwerkraft nur, sie erklären sie nicht. Die Frage nach dem »Warum« bleibt: Warum ziehen sich die beiden Massen an?

Wieder stellte Einstein klassische Konzepte total infrage und überraschte mit neuen Modellvorstellungen:

- ✔ Es gibt keine Gravitation im Sinne einer Kraft.
- ✔ Es gibt nicht die klassische Schwerkraft.
- ✔ Diese Effekte gehen auf die **Krümmung der Raumzeit** zurück.

✔ Die Krümmung wird unter anderem durch anwesende Massen verursacht.

✔ Gravitation ist eine geometrische Eigenschaft der gekrümmten Raumzeit.

Ähnlich wie bei einem **Gummituch** verbeult sich der Raum durch die anwesenden Massen. Körper, die sich vorbeibewegen, werden durch diese Verbiegungen der Raumzeit gelenkt – und manchmal eingefangen. So dreht sich der Mond um die Erde und die Erde um die Sonne. Solange sie nicht abgebremst werden, verbleiben sie auf dieser Bahn.

Damit fand Einstein eine völlig andere Beschreibung der Gesetzmäßigkeiten, wie Gravitation wirkt. Die Darstellung der mathematischen Formulierungen ist sehr komplex. Aber das Modell liefert auch eine anschauliche Erklärung für die Gravitation.

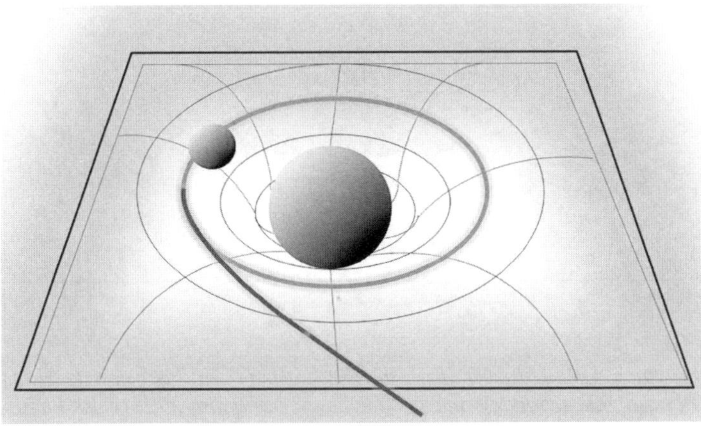

Abbildung 8.7: Die große Masse in der Mitte dellt die Raumzeit mächtig ein. Durch die Wölbung des Raums wird die kreisende Kugel auf einer bestimmten Umlaufbahn gehalten. Wenn sie beschleunigt würde, könnte sie vielleicht entfliehen. Wenn sie abgebremst würde, müsste sie ins Innere stürzen. Da sie sich im luftleeren All bewegt, kann die Karussellfahrt ewig so weitergehen.

Jede Masse im Raum zerrt und zieht am dreidimensionalen Gitter, so dass unsere schöne geradlinige Welt der rechtwinkligen Zimmer ersetzt werden muss durch einen gewölbten Maschendrahtzaun, der lose in seinen ehemals straffen Spanndrähten hängt.

Gravitation = krummer Raum

Die Kompliziertheit der allgemeinen Relativitätstheorie ist darauf zurückzuführen, dass sie für alle möglichen Phänomene der Physik und alle möglichen Randbedingungen gelten muss. Das gilt zumindest für die mathematische Formulierung, die der viel beschworenen »Weltformel« schon ein Stück näher gekommen wäre. Einstein wollte eine solche Weltformel noch finden, ist aber letztlich an dieser Aufgabe gescheitert. Das schmälert aber nicht die kühnen Geniestreiche, mit denen er so manchen gordischen Knoten der Physik löste. Aber wie stets in der Wissenschaft musste die Theorie erst noch durch Experimente bestätigt werden.

Popstar der Wissenschaft

Schon 1919 brach eine Gruppe englischer Astronomen zur Südhalbkugel auf, um während einer totalen Sonnenfinsternis sonnennahe Sterne zu vermessen, wenn das Licht nahe an der Sonne vorbeistrich. Das Licht werde durch die Krümmung des Raums so geführt, dass eine **Lichtablenkung** um 1,74 Winkelsekunden zu erwarten wäre, hatte Einstein ausgerechnet. Am 6. November 1919 verkündete das Team der Royal Astronomical Society, dass sie genau den von Einsteins Theorie vorausgesagten Wert gemessen hätten.

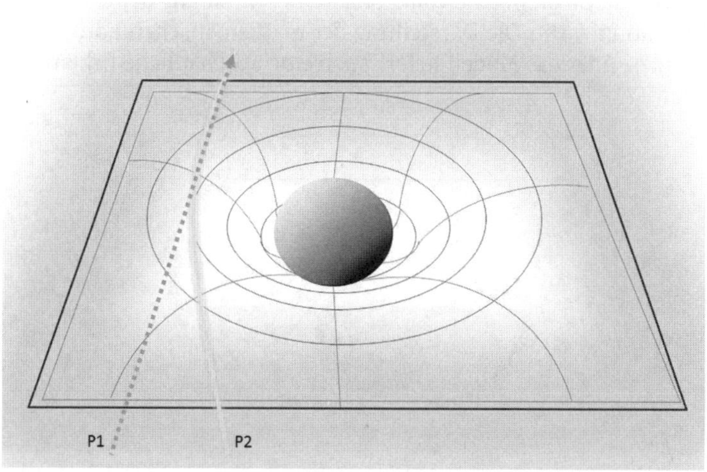

Abbildung 8.8: Auch das Licht wird durch die Gravitation beeinflusst und der Effekt ist durch die Raumkrümmung anschaulich nachzuvollziehen: Der Raum »führt« das Licht. Durch die Schwere-Delle legt es sich »in die Kurve« und ändert seine Richtung. Von der Erde aus wird ein Winkel gemessen, der die Bahnänderung angibt. Verglichen mit seiner sonstigen Position P2 scheint das Licht des Sterns jetzt von einer veränderten Position P1 herzukommen.

Das Ergebnis galt als Sensation und machte Einstein über Nacht weltberühmt. Er war der erste Popstar der Naturwissenschaft. Fortan gehörte es zum guten Ton, über relativistische Effekte, Lichtgeschwindigkeit und Raumkrümmung in besseren Gesellschaften zu plaudern, auch wenn man von der Relativitätstheorie herzlich wenig verstand.

36 Millionstel Sekunden, na und?

Eine zweite Bestätigung erfährt Einsteins Theorie durch ihre Berücksichtigung in modernster Technologie, auch wenn ihr Beitrag extrem gering ist. Aber es läppert sich.

Beim **GPS-System**, der Basis aller Navigationsgeräte, also beim Global Positioning System, wird die globale Position aus der Entfernung zu mehreren Satelliten berechnet. Die Entfernung zum jeweiligen Satelliten wird aus der Laufzeit von Funksignalen berechnet, die der Satellit ausstrahlt. Und jetzt kommt's: Gleichzeitig meldet der Satellit seine durch eine Atomuhr gemessene Bordzeit.

Als das System entwickelt wurde, fragten die Techniker, ob man denn auch die **Relativitäts- und Gravitationseffekte** berücksichtigen solle. Großes Gelächter soll die Antwort gewesen sein.

Die Atomuhren an Bord haben eine **Ganggenauigkeit** von einer Milliardstel Sekunde am Tag. Das ist eine Nanosekunde pro Tag. Nun gibt es zwei Effekte, die man berücksichtigen sollte. Das eine ist der **Relativitätseffekt** aufgrund der Geschwindigkeit, mit der der Satellit um die Erde fliegt. Durch den Relativitätseffekt dehnt sich die Zeit pro Tag um 7200 Nanosekunden.

Das zweite ist die Höhe der Bahn: Die Satelliten fliegen rund 20 200 Kilometer über der Erdoberfläche. Dadurch vermindert sich die **Schwerkraft** und die Zeit läuft am Tag um 43 200 Nanosekunden schneller. Die Uhr geht also zusammengenommen am Tag 36 000 Nanosekunden zu schnell, das sind 36 Millionstel Sekunden. Na und?

Nach wenigen Minuten war das gesamte System so ungenau, dass es unbrauchbar wurde. Das Gelächter verstummte und fortan wurden Relativitäts- und Gravitationseffekte berücksichtigt. Wieder einmal hatte sich Einstein durchgesetzt.

Wie geht es weiter in der Physik?

Die aufregendsten Entwicklungen passieren in der **Astrophysik**. »Schwarze Löcher«, »Dunkle Materie« oder »das Multiversum« sind nur einige der Stichwörter. Ständig neu entdeckte Zustandsformen der Materie fordern die Physiker nach Deutungen heraus. Was passierte beim **Urknall**, wo war die Materie, sagen wir, drei Sekunden vor dem Urknall?

Ein weites Feld verspricht auch die **Teilchenphysik** zu sein. Gerade wurde bestätigt, man habe endlich ein wichtiges Elementarteilchen entdeckt, auf das man schon lange gewartet hatte: das **Higgs-Teilchen**. Es wurde theoretisch vorhergesagt und soll die Gravitation »vermitteln«. Erst wenn dieses Teilchen zweifelsfrei festgestellt wurde, wäre das theoretische Modell der jetzigen Vorstellungen vom Aufbau der Materie abgeschlossen. Aber Sie wissen ja, was offenbar zwangsläufig folgt, wenn eine Wissenschaft für »abgeschlossen« erklärt wird.

Die Elementarteilchen sollen sich aus anderen Phänomenen zusammensetzen. Die Materie soll neun bis elf Dimensionen besitzen. Neben unserem Universum sollen unendlich viele Universen existieren, das Ganze sei ein Multiversum.

Der Trost dabei ist: In der Wissenschaft ist alles nur vorläufig. Auch Einstein wird eines Tages »erweitert« werden. Es bleibt spannend.

Reise zum Mittelpunkt der Erde – Geschichte der Geowissenschaften

9

In diesem Kapitel

- Die Entdeckung der (Neuen) Welt
- Das Kartenproblem
- Das Längenproblem
- Ruhelose Erde
- Vulkanismus
- Erdbeben und Tsunamis
- Plattenverschiebung

So steht es in der Bibel geschrieben:

»Und siehe, der Vorhang im Tempel zerriss von oben bis unten in zwei Stücke, und die Erde erbebte, und die Felsen rissen und die Grüfte taten sich auf.«

»Und die Wasser nahmen überhand und wuchsen so auf Erden, dass alle Berge unter ihnen bedeckt wurden.«

»Und es geschah am hellen Tag, da brachen Donner und Blitze los, und eine schwere Wolke lagerte auf dem Berg, und ein Hörnerschall ertönte.«

Drei Beispiele, die zeigen, wie **Naturkatastrophen** die Menschen trafen. Ein Erdbeben, ein Tsunami und ein Vulkanausbruch. Die erschütterte Erde galt lange Zeit als Sinnbild von Gottes Herrschaft, Zorn und Gewalt. Da hatte es die Geologie schwer, rationale Erklärungsmuster zu entwickeln.

Die Geografie hatte es leichter. Ihr Wissen hatte unmittelbaren Nutzen. Der geistige Horizont wuchs mit dem tatsächlich eroberten Terrain. Die jeweiligen Vorstellungen vom Aussehen der Welt entsprachen den praktischen Erfahrungen der Welteroberer, ob zu Fuß, zu Ross oder per Schiff.

Geologen? Geografen?

Anaximander von Milet (etwa 610-547 v. u. Z.) gilt als der Erste, der um 550 v. u. Z. eine **Karte von der Erde** zeichnete. Der Mittelpunkt der Welt war das Mittelmeer, die Erde war eine Scheibe, immerhin schon kreisförmig. Die **Kugelgestalt der Erde** war übrigens recht früh vermutet worden und war etwa ab dem 3. Jahrhundert vor unserer Zeitrechnung allgemein anerkannt. In Europa ging dieses Wissen während des Mittelalters aber wieder verloren.

Erste geologische Kenntnisse erwarben die Menschen durch den Erzabbau, die Tongewinnung, die Salzgewinnung, die Nutzung von Mineralsteinen, speziell Feuersteinen und geeigneten Steinen für das Schlagen von Faustkeilen. Das waren zumindest Vorstufen der Geologie.

- ✔ **Geologen** beschäftigen sich mit der Erde in senkrechter Richtung. Sie wollen wissen, woraus sie besteht, sie wollen ihren Aufbau erkunden. Außerdem wollen sie die **Geschichte** dieses Aufbaus erfahren. Welche Prozesse haben die Erde so geformt, wie sie jetzt ist. Wie mag es weitergehen?
- ✔ **Geografen** dagegen beschreiben die Erde an ihrer Oberfläche, bewegen sich also bevorzugt in der **Waagerechten**. Von Nutzen waren hier vor allem genaue **Karten**, die zu Lande wie zur See die Wege zu Freund und Feind wiesen und die Ausdehnung der eroberten Gebiete verzeichnen mussten.

Griechen und Römer pflegten den praktischen Gebrauch solcher Karten, entwickelten aber keine große Kunst daraus. Im Mittelalter ging die Kenntnis des **Kartenzeichnens** nahezu völlig verloren, kehrte über die Araber, Inder und Chinesen aber wieder nach Europa zurück, wo sie ab der **Renaissance** begierig aufgenommen wurde.

Die Geschichte der Geografie als Wissenschaft begann etwa um die Jahrhundertwende vom 15. zum 16. Jahrhundert. Und zwar begann sie mit der Fähigkeit zur Vermessung und Kartierung.

Die Entdeckung der Welt.

Martin Waldseemüller zeichnete 1507 die erste Karte mit den neu entdeckten Gebieten weit im Westen vor Europa. Als Bezeichnung findet sich zum ersten Mal der Name »America« nach **Amerigo Vespucci** (um 1453-1512), der auch als Entdecker Amerikas gilt. Zumindest erforschte er die amerikanische Ostküste mehrmals und vertrat als erster die Auffassung, dass dieses neue Land ein eigener Kontinent sei.

Üblicherweise wird **Christoph Kolumbus** (um 1451-1506) als Entdecker Amerikas gefeiert, obwohl er 1492 »nur« die Karibik erreichte. Aber diese Entdeckung eröffnete den Reigen all jener Eroberungsfahrten, die danach folgten. Es war die Entdeckung einer »neuen Welt«. Es war der Beginn einer »neuen Epoche«.

Heute vermutet man, dass **Giovanni Caboto** (um 1450-1498) der erste Europäer war, der das amerikanische Festland erreichte. In der Neuzeit, muss man hinzufügen. Denn schon die **Wikinger** haben um das Jahr 1000 herum amerikanischen Boden betreten. Nicht zu vergessen die Ureinwohner des amerikanischen Kontinents. Sie kamen über die Beringstraße und besiedelten das Land – vermutlich schon vor 12000 Jahren.

Die großen **Entdeckerfahrten** dienten vor allem dazu, neue **Handelswege** zu den reichen Ländern Ostasiens zu finden. Der klassische Handelsweg über arabische und osmanische Gebiete verteuerte die Waren, weil viele Zwischenhändler den Handel kontrollierten. Wegen möglicher religiöser Streitigkeiten galt der Handelsweg zudem als unsicher. Die europäischen Handels- und Schifffahrtsnationen suchten daher nach Schifffahrtsverbindungen über den Atlantik. Im Wesentlichen machten das die damals vorherrschenden Seefahrernationen Portugal und Spanien unter sich aus.

Nach Osten über Westen

Die **Portugiesen** orientierten sich nach Süden und wollten Afrika umschiffen. 1497 umsegelte **Vasco da Gama** (um 1469-1524) das »Cap der guten Hoffnung« und erreichte 1498 Südindien.

Die **Spanier** orientierten sich nach Westen, um das östlich gelegene Indien zu erreichen. Paradoxerweise ging es also nach Westen, um den Fernen Osten zu erreichen. Wobei die möglichen Geldgeber erst überzeugt werden mussten, dass die Erde eine Kugel sei und ein Schiff sie umrunden könne. 1492 stach Christoph Kolumbus mit drei Schiffen in See und erreichte nach 70 Tagen eine Insel, die er »San Salvador« taufte.

Kolumbus war übrigens bis zu seinem Tod 1506 der Meinung, er habe China oder Indien erreicht. Aber die Geschichte machte schnell klar, dass Kolumbus die dem amerikanischen Kontinent vorgelagerten karibischen Inseln betreten hatte.

An sich war die Navigation für Kolumbus recht einfach. Er brauchte ja nur auf demselben **Breitengrad** zu bleiben, auf dem er den spanischen Heimathafen verließ, und dann immer nur westwärts zu segeln. Die Richtung gab also der **Kompass** vor und den gab es schon seit etlichen Jahrzehnten. Wenn man stur nach Kompass immer nur westwärts fuhr, brauchte man die geografische Breite gar nicht mehr zu ermitteln.

Einmal die Breite, bitte

Aber auch die Ermittlung der Breite war längst geübte Praxis und recht unkompliziert. Zumal auf der Nordhalbkugel. Man musste nur wissen, wo der **Nordpolarstern** am Abendhimmel zu finden war. Aber das weiß ja jedes Kind. Und wer es nicht weiß, kann es in unserem Buch »Allgemeinbildung für Dummies« nachlesen, da ist alles genau beschrieben.

Der Polarstern steht genau über dem **Nordpol**. Genau senkrecht über dem Betrachter, der am Nordpol steht, und das sind 90 Grad. Und das ist dann auch schon die geografische Breite: 90 Grad. Am **Äquator** ist der Nordpolarstern kaum noch zu sehen, so tief steht er über dem Horizont. Geografische Breite 0 Grad. In Deutschland steht der Polarstern dazwischen, geografische Breite circa 50 Grad.

Um einen Ort auf der Landkarte oder einen Punkt auf hoher See genau zu bezeichnen, muss man einmal die **Breite** wissen: Wie viel Grad befinde ich mich über dem Äquator. Und man muss die geografische **Länge** kennen.

Einmal die Länge, bitte

Dazu läuft man auf dem Äquator irgendwo los und umrundet den gesamten Erdball. Einmal im Kreis herum, das sind 360 Grad. Die Länge wird wie die Breite in Winkelgraden angegeben.

Orte gleicher Länge liegen auf einem Kreis, der senkrecht auf dem Äquator steht und durch beide Pole geht. Am besten machen Sie sich das an einer Apfelsine klar. Die Längenkreise entsprechen den Apfelsinenscheiben. Sie reichen von Pol zu Pol. Und wenn Sie irgendwo anfangen zu zählen, dann sind Sie, sagen wir: nach 6 Apfelsinenscheiben bei 90 Grad – und das ist Ihre geografische Länge. So weit sind Sie vom Anfang entfernt.

Aber wo anfangen?

Das ist völlig beliebig – und gerade deswegen gab es erbitterten Streit. Die Seefahrernation England schlug London vor, die Franzosen Paris und die Portugiesen Lissabon.

Erst 1884 setzten sich die Engländer durch. Der »nullte« Längengrad sollte genau durch **Greenwich** laufen, jenen Vorort von London, der auch das königliche Sternenobservatorium beherbergt. Übrigens: Längenkreise werden auch **Meridiane** genannt. Der nullte Längenkreis ist also der **Nullmeridian.**

Das Längenproblem

Doch wie ließ sich die Länge bestimmen?

Das erwies sich als außerordentlich schwierig und machte vor allem die Seefahrt zu einem Risiko, das vielen Seeleuten das Leben kostete und viele Schiffslenker in die Irre führte, darunter auch Christoph Kolumbus. Als er die karibischen Inseln erreichte, hatte er einfach keine Ahnung, wo er sich befand.

Weil er den von Ptolemäus falsch berechneten Erdumfang im Kopf hatte, glaubte er sich in Indien. Amerika war ihm einfach dazwischengekommen.

Das Jahr 1492 sollte ebenso in die Reihe historischer Wendemarken eingehen wie die Reformation Martin Luthers (1517) oder die Erfindung des Buchdrucks mit beweglichen Lettern durch Johannes Gutenberg (1455).

Ich kann mir vorstellen, dass viele Menschen damals den Aufbruch spürten. Und ich möchte wetten, dass viele dachten: Da ist ein neuer Kontinent entdeckt worden, die Seefahrt wird zunehmen, und wir stochern immer noch auf hoher See herum wie ein ruderloses Boot im Nebel, nur weil wir die geografische Länge nicht berechnen können?

Sicher, aus dem Abstand Mond-Sonne konnte man mit komplizierten Formeln die geografische Länge bestimmen, aber es war ungenau, zumal unter schwankenden Umständen. Und bei schlechtem Wetter konnte man den Mond und die Sonne gar nicht sehen, geschweige denn ihren Abstand messen.

Trotzdem hatte es etwas für sich, sich bei der Bestimmung der geografischen Länge an den Sternen zu orientieren. Da aber einfache Verfahren ausblieben, wurden schließlich Alternativen ins Spiel gebracht, wie zum Beispiel

- ✔ Reaktionen von sensiblen Tieren an Bord, die beim Überqueren bestimmter Längengrade verhaltensauffällig werden sollten oder
- ✔ Positionierung von »Feuerschiffen«, die in regelmäßigen Abständen Böllerschüsse abgeben sollten oder
- ✔ die Beachtung der Zeitverschiebung zum Heimatort, die proportional zur geografischen Länge sein sollte.

Der letztgenannte Vorschlag klang nur auf den ersten Blick etwas weit hergeholt. Denn tatsächlich ließ sich das Längenproblem als ein Zeitproblem umdeuten.

Noch einmal die Länge, bitte

Dazu stellen Sie sich bitte noch einmal die Erde als Apfelsine vor. Die Apfelsinenscheiben entsprechen den Längengraden von Pol zu Pol. Wenn Sie irgendwo anfangen, die Apfelsinenscheiben zu zählen, dann sind Sie nach 360 Grad wieder am Anfang, an Ihrem »Nullmeridian«.

Jetzt überlegen Sie mal: Die Erde dreht sich einmal um sich selbst in 24 Stunden. Damit haben Sie die Entsprechung von Länge und Zeit: 360 Grad entsprechen 24 Stunden. 360 Grad geteilt durch 24 macht 15 Grad pro Stunde.

Das ist ganz praktisch: Eine große Apfelsine hat vielleicht 12 Scheiben. Je Scheibe also 30 Grad. Jeder Winkel entspricht einem bestimmten Zeitabschnitt. Aus dem Zeitunterschied können Sie die Entfernung berechnen, die **geografische Länge**. Allerdings: Je genauer Sie die Länge bestimmen wollen, umso genauer muss Ihre Uhr gehen – und da fangen die Probleme an.

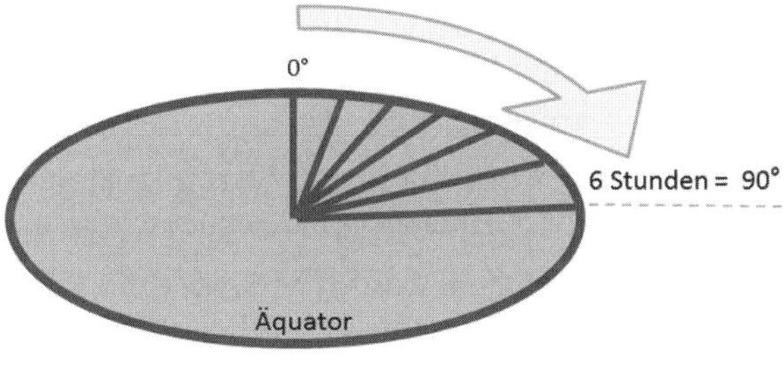

Abbildung 9.1: Wenn Sie auf hoher See die Ortszeit kennen (zum Beispiel 12 Uhr mittags, wenn die Sonne am höchsten steht) und diese mit der momentanen Zeit im Heimathafen vergleichen, dann entspricht der Zeitunterschied einem Winkel, der exakt Ihre geografische Länge angibt. Sie brauchen also nur eine gut gehende Uhr an Bord mit der Zeit Ihres Heimathafens, die Sie nicht verstellen dürfen. Die Idee war gut, die Uhren leider nicht.

Sie kennen das als moderner Mensch ja auch von den Fernreisen. In Ost-Westrichtung kann da ganz schön was zusammenkommen. Berlin – Hongkong, da sagt die Stewardess: Bitte stellen Sie Ihre Uhren um 8 Stunden vor. Aus dieser Zeitdifferenz können Sie unmittelbar auf die geografische Länge schließen. Ganz einfach. Das Längenproblem ist gelöst.

Aber es war *nicht* gelöst. Denn so einfach war es nur in der Theorie. Und es ist eine abenteuerliche Geschichte, wie man dieses praktische Problem anging und wie bürokratische Intrigen einen bescheidenen, aber genialen Uhrmacher fertigmachen konnten.

Doch so weit sind wir noch nicht. Es sollte noch gut 200 Jahre dauern, bis das Längenproblem zufriedenstellend gelöst wurde.

Ich mache jetzt erst einmal in der Chronologie weiter, verspreche aber, dass ich auf diesen Uhrmacher noch zurückkommen werde.

Eroberung statt Erkundung

Ende des 15. Jahrhunderts, Anfang des 16. Jahrhunderts bauten die Türken ihre Vorherrschaft im Nahen Osten aus. Für die Handelsnationen Europas wurde es immer wichtiger, unkontrollierte Zugänge zu den Gewürzinseln und anderen Handelspartnern im asiatischen Osten zu erlangen.

Die **Süd-Ost-Passage** musste wegen der dort üblichen Stürme weit um das Kap der Guten Hoffnung herumführen und erwies sich als ein sehr weiter Weg. Die **Ost-West-Passage**, die Kolumbus glaubte gefunden zu haben, war erst einmal am amerikanischen Kontinent hängengeblieben.

Wie es schien, hatte dieser neue Kontinent auf der gesamten Nord-Süd-Ausdehnung keinen einzigen Ost-West-Durchgang. Mehrere Expeditionen wurden ausgeschickt, das zu überprüfen. darunter auch weitere Reisen Kolumbus'.

Nachdem Kolumbus auf den karibischen Inseln gelandet war, erreichte er noch Kuba und Haiti, das er Hispaniola (Kleinspanien) nannte. Zurück nahm er der besseren Winde wegen eine nördlichere Route und erreichte 1493 Spanien, wo seine Reiseschilderungen »Auf nach Indien« große Begeisterung auslösten.

Die Ureinwohner des neuen Kontinents wurden aufgrund des Irrtums von Kolumbus als »Indios« oder »Indianer« bezeichnet.

Die Gebiete des neuen Erdteils wurden noch vor ihrer Eroberung aufgeteilt. Alles was westlich einer Trennungslinie lag, fiel den Spaniern zu, nur der äußerste Osten kam zu Portugal: das heutige Brasilien.

1493 brach Kolumbus zu seiner zweiten Reise mit 17 Schiffen und 1500 Mann auf, landete auf den Antillen, kam über Jamaika und Kuba nach Hispaniola. Die erhofften Goldfunde und sonstige Reichtümer wurden nicht gefunden, so dass die enttäuschten Siedler 1496 nach Spanien zurückkehrten.

1498 startete Kolumbus zu seiner dritten Reise, die ihn nach Trinidad und zur Mündung des Orinoko führten. 1502 schließlich brach er zu seiner vierten Reise auf, um im mittelamerikanischen Gebiet nach einer Ost-West-Passage zu suchen. Ergebnislos, krank und verbittert kehrte er 1504 nach Spanien zurück.

Nicht nur Kolumbus reiste mehrfach in die neue Welt. Viele Schiffe kamen und brachten Siedler und Soldaten in die neu eroberten Gebiete. 1519 kam es zur Zerschlagung des Aztekenreichs und der **Eroberung Mexikos** durch die Spanier. Nach dem Raub von Gold- und Silberschätzen wuchs die Gier der europäischen Eindringlinge, und weitere **Hochkulturen wurden zerstört**, wie zum Beispiel das Reich der Inka bei der Unterwerfung Perus.

Der erste Weltumsegler

Der portugiesische Seefahrer **Ferdinand Magellan** (1480-1521) reiste 1519 im Auftrag der spanischen Krone nach Südamerika, um nach einer Ost-West-Passage zu suchen. Aber die meeresähnliche Mündung des Rio de la Plata erwies sich als Flussmündung und er musste mit seinen 5 Schiffen überwintern. Es kam zur Meuterei. Die Mannschaften litten sehr unter Skorbut wegen des Mangels an frischer Nahrung, insbesondere weil zu wenig Vitamin C zur Verfügung stand.

Im Frühjahr 1520 fand Magellan schließlich tief im Süden den offenen Durchgang zwischen Feuerland und Südamerika, die »Meeresstraße«, die später nach ihm benannt wurde.

Wieder kam es zur Meuterei, als Magellan den unbekannten Weg »immer nach Westen« fortsetzen wollte. Zwei Schiffe setzten sich ab und segelten auf gleichem Wege zurück. Mit dem Rest der Mannschaft setzte Magellan seinen Weg nach Westen fort.

Den Ozean, durch den er segelte, nannte er den »Stillen Ozean«, wir kennen ihn als Pazifik, weil er keinen einzigen Sturm erlebte und die Gegend generell recht windstill war, was die Segelei erschwerte. Als er schließlich die Philippinen erreichte, eine spanische Kolonie, da hatte er endgültig bewiesen, dass die **Erde eine Kugel** ist, dass man wieder dorthin zurückkommt, wo man gestartet ist, wenn man immer nur in einer Richtung segelt.

Trotz dieser Erfolge endete die abenteuerliche Fahrt tragisch. Bei einem Kampf mit Eingeborenen wurde Magellan im April 1521 erschlagen. Da er aber vor seiner Weltumsegelung schon einmal in Ostasien gewesen war, konnte er trotzdem für sich in Anspruch nehmen, der erste Mensch gewesen zu sein, der einmal die Welt umrundet hatte. Zwei weitere Schiffe gingen verloren, nur ein Schiff erreichte im September 1521 Spanien. Von 237 Seeleuten kehrten nur 18 heim.

Anfang des 16. Jahrhunderts gab es noch Erkundungsfahrten, die aber mehr und mehr von invasionsähnlichen Eroberungszügen abgelöst wurden. Danach setzte eine rege Handelsschifffahrt ein. Gelegentlich kam es auch wieder zu wissenschaftlich motivierten Reisen. Forscher waren Gäste auf Passagier- und Handelsschiffen wie **Alexander von Humboldt** oder

Charles Darwin, der 1831 auf der »Beagle« mitfuhr, einem Vermessungsschiff, das die Aufgabe hatte, unbekannte oder wenig erschlossene Küstenregionen genauer zu erfassen.

Das Runde muss ins Eckige

Zwei geografische Großrätsel muss ich aber noch erklären. Eins wurde im 16. Jahrhundert gelöst, das andere im 18. Jahrhundert.

Das erste ist ein kartografisches Problem und hat mit der **Kugelgestalt** der Erde zu tun. Die spielt aber bei den meisten Anwendungen keine Rolle. Die Erde hat nämlich einen so großen Durchmesser, dass wir in den meisten Karten keinen Unterschied sehen. Ob wir nun eine gekrümmte Oberfläche annehmen oder eine Fläche, glatt wie ein Brett. Der Kugelcharakter bleibt ohne Einfluss bei Stadtplänen, Wanderkarten, ja, Straßenkarten für Deutschland oder Europa. Na ja, bei ganz Europa fangen die Schwierigkeiten schon an.

Bei Darstellungen von ganzen Erdteilen oder globalen Betrachtungen ergibt sich ein Problem. Das machen Sie sich am besten am Beispiel einer Apfelsine klar (schon wieder!): Wenn Sie das nächste Mal eine Apfelsine schälen, versuchen Sie doch, ein möglichst großes, zusammenhängendes Stück von der Schale übrig zu lassen. Legen Sie dieses Stück mit der Öffnung nach unten auf den Tisch und pressen Sie es mit der Hand auf die Tischplatte, so dass es flach anliegt. Es reißt an zwei, drei Stellen auseinander und sieht aus wie ein missglückter Stern.

Genau das passiert, wenn wir einen **Globus zum Atlas** machen wollen. Das Runde passt nicht zum Eckigen. Es zerrt an allen Ecken und Kanten. Schauen Sie sich am besten wieder die Apfelsinenscheiben an, und zwar den Rücken, der an der Schale anliegt. In der Mitte ist er schön breit, nach oben und unten läuft er spitz aus. Klar, nach oben wird's immer enger und alle wollen unterkommen.

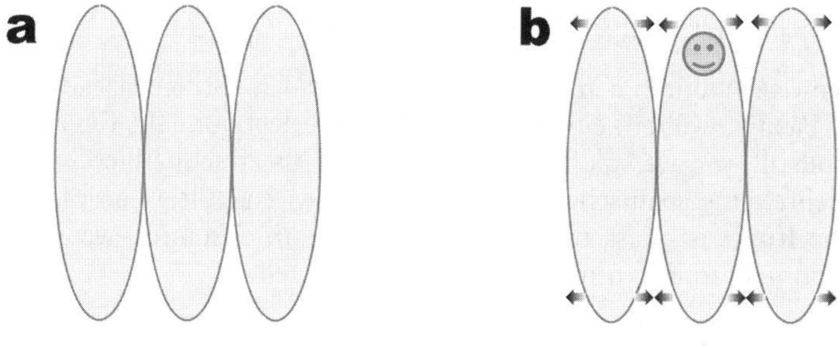

Abbildung 9.2: Vom Globus zum Atlas: Um die Spitzen aneinander zu kriegen, muss ich sie dehnen (a). Dadurch verzerre ich die Abbildung in der Breite (b).

Wenn ich diesen Rücken nun auf ein Papier klebe – und dann das nächste Stück daneben, entsteht oben und unten eine Lücke. Die gibt es in der Natur aber nicht. Also dehne ich den Rückenzipfel wie ein Gummituch auseinander, bis alles wieder lückenlos aneinander passt (siehe Abbildung 9.4).

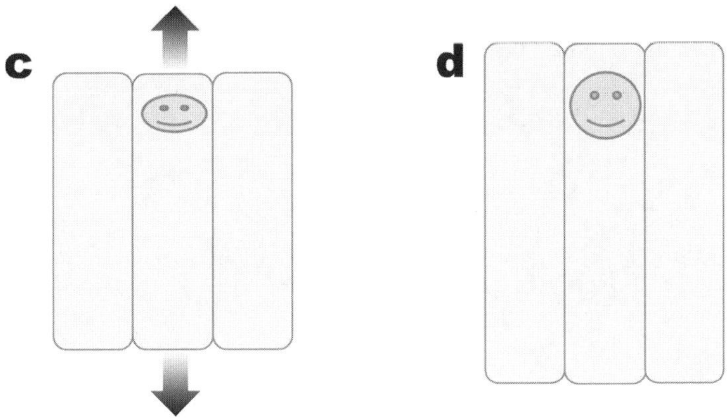

Abbildung 9.3: Um die Verzerrung in der Breite auszugleichen (c), muss ich die Abbildung nach oben und unten dehnen bis die Proportionen wieder stimmen (d).

Alles paletti, nur sieht alles so breit aus wie manchmal bei schlecht eingestellten Breitwand-Fernsehern. Also ziehe ich die Gummitücher zusätzlich nach oben und unten, um die Verzerrungen auszugleichen. Einziger Nachteil: Die oben und unten dargestellten Gegenstände erscheinen etwas vergrößert. Der große Vorteil aber ist: Die **Proportionen** bleiben erhalten. Was ich in der Natur sehe, stimmt mit dem überein, was ich maßstabsgerecht zeichne (siehe Abbildung 9.3)

Die Kartografen haben das Problem analysiert. Es gibt verschiedene Kriterien, die je nach Anwendungszweck unterschiedlich zu gewichten sind, zum Beispiel:

- ✔ **Winkeltreue**: Alles bleibt proportional, alles sieht in der Natur so aus wie es abgebildet ist. Für die Schiffsnavigation gilt: Ich kann dieselben Winkel ansteuern.
- ✔ **Flächentreue**: Zwar stimmen die Formen nicht, aber die Größenverhältnisse stimmen. Ein größeres Land sieht auch größer aus als ein kleineres.
- ✔ **Achsentreue**: Markante Achsen, zum Beispiel die Nordrichtung, bleiben erhalten. Das erleichtert das Lesen und Vergleichen mehrerer Karten.

Die meistbenutzte Projektion ist die von **Gerhard Mercator** (1512-1594). Mercator war ein vielseitig gebildeter Mann, Mathematiker, Geograf, Philosoph, Theologe und Kartograf. Er fertigte Karten und Globen und schrieb theoretische Abhandlungen, insbesondere über die Problemlösungen der Kugelprojektion.

Berühmt wurden die ersten Weltkarten, die die größte Realitätsnähe versprachen und in denen er zum ersten Mal »seine« Projektion, die bis heute meist verwandte »Mercator-Projektion«, einsetzte (Abbildung 9.4).

Wegen der **Winkeltreue** garantierte die Karte **Anschaulichkeit** und **Navigationseignung**. Sie war achsentreu – das garantierte Übereinstimmung mit den meisten anderen Karten, die der Konvention angehörten, die Nordrichtung »senkrecht nach oben« einzuhalten. Aber sie war nicht flächentreu.

Alle Kriterien einzuhalten, war grundsätzlich nicht möglich. Aber Mercator hatte einen Kompromiss gefunden, der offenbar bis heute allgemeine Anerkennung findet.

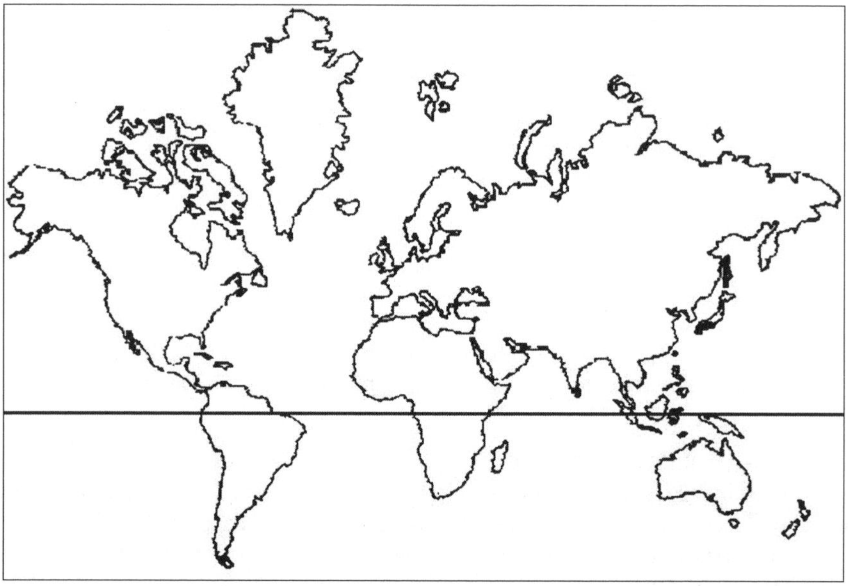

Abbildung 9.4: Typische Weltkarte in der Mercator-Projektion.
Die nördlichen Länder erscheinen größer als die im Süden. Der Äquator wurde abgesenkt.
Europa ist zweifellos der Mittelpunkt der Welt.

Freilich findet er Anerkennung auch deswegen, weil wir über Generationen an dieses Bild gewöhnt sind. Wir sind gewissermaßen auf diese Sichtweise geprägt worden. Und im Übrigen ist es natürlich eine für uns Europäer schmeichelhafte Darstellung.

Europa liegt in Wirklichkeit viel höher im Norden und müsste flächenmäßig viel kleiner sein. Das ließ sich aber schlecht mit der damaligen Herrscherstruktur vereinbaren. Die Zentrale der Macht musste wenigstens einigermaßen erkennbar sein.

So transportiert die Mercator-Projektion bis heute **politische Ideologien,** indem sie Herrschaftsverhältnisse behauptet, die nicht der Realität entsprechen. Afrika, Südamerika, Indien und China werden im Verhältnis viel zu klein dargestellt.

An zwei Beispielen will ich das verdeutlichen (siehe Abbildung 9.5 und Abbildung 9.6).

Obwohl schon mehrfach heftige Kritik geübt wurde, hat sich nichts daran geändert. Denn eine wirklich überzeugende Alternative hat sich bisher nicht gefunden. Jede andere Projektion ist auch wieder nur ein Kompromiss, zum Beispiel die Peters-Projektion (Abbildung 9.7).

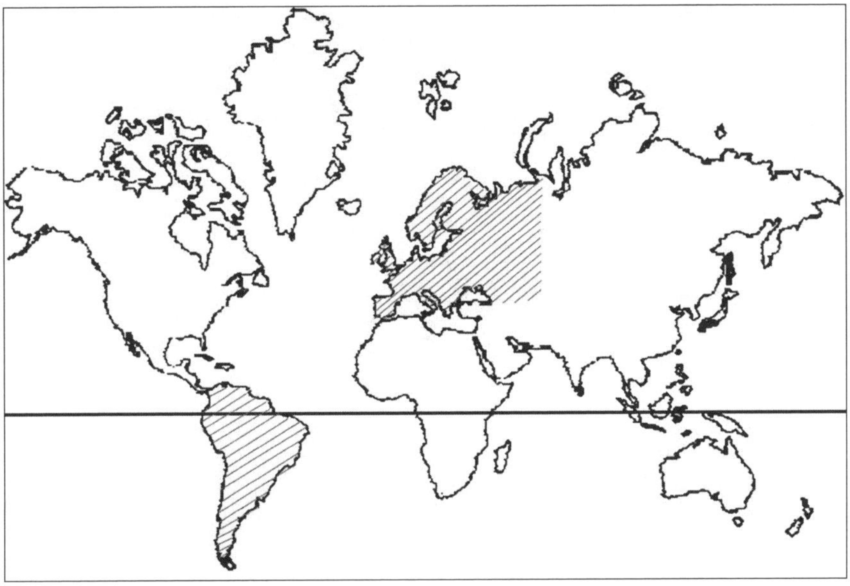

Abbildung 9.5: Europa erscheint gewichtiger als Südamerika. Europa ist aber mit seinen 9,7 Millionen Quadratkilometern eher klein. Südamerika ist in der Realität fast doppelt so groß wie Europa.

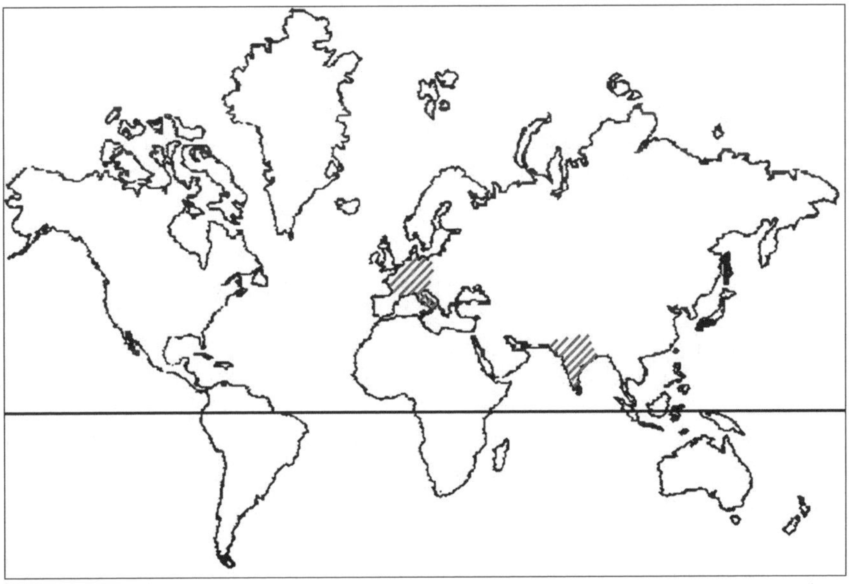

Abbildung 9.6: Frankreich, Deutschland und Italien zusammen scheinen größer als Indien, dabei ist der Subkontinent fast dreimal so groß wie die drei Länder.

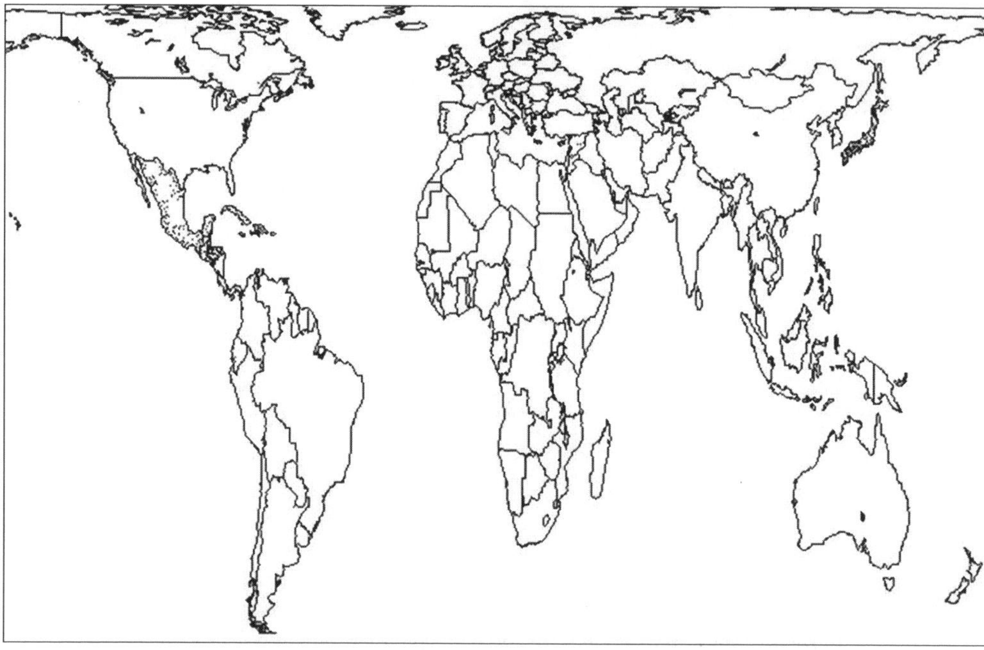

Abbildung 9.7: Die flächentreue Peters-Projektion stellt zwar die Größenverhältnisse korrekt dar, aber die Umrisse stimmen nicht mit der Realität überein. Immerhin wird an Größe und Lage Europas nichts beschönigt.

Die Erde ist nun einmal eine Kugel. Die einzig realistische Abbildung ist der Globus. Keine Weltkarte kann die Wirklichkeit der Kugel adäquat umsetzen. Das ist grundsätzlich so, weil der Abbildungsprozess hin zur glatten Karte die **Dreidimensionalität der Kugel** verlässt und mit einer Dimension weniger auskommen muss. Deswegen konnte die zweidimensionale Lösung immer nur ein Kompromiss sein, mit jeweils anderen Vor- und Nachteilen. Ideal konnte keine dieser Karten sein.

Diese Probleme beschäftigten die Geografen im 16. Jahrhundert. Es war damals auch höchste Zeit, kartografische Grundsatzprobleme zu lösen. Denn das 16. Jahrhundert war das Jahrhundert der **Entdeckung der Welt**. Der Menschheit wurde bewusst, wo und wie sie lebte. Sie wollte wissen, wie die Erde aussah, wie weit die Meere reichten, wie die Landmassen verteilt waren. Und all das möglichst genau und unverzerrt. Weltkarten wurden zu einem wichtigen **Instrument der Bildung** und der Volksaufklärung.

Mit der Erkundung und Darstellung der »Neuen Welt« begann im 16. Jahrhundert eine **Sternstunde der Geografie**. Ein neuer Erdteil mit anderen Vegetationsbedingungen, mit anderen Arten, mit fremdartigen Entwicklungsbedingungen wurde erobert und beschrieben.

Dazu wurden **Regionalkarten** gezeichnet.

Auffällig sind die starken Ost-West-Verzerrungen. Das **Längenproblem** war eben noch lange nicht gelöst. Noch immer war keine einfache Methode entwickelt worden, mit der man auf hoher See die geografische Länge genau ermitteln konnte. Entsprechend ungenau waren die Karten.

Die Zeichner konnten die Dimensionen in der geografischen Länge nur schätzen. In der geografischen Breite waren die Karten dagegen schon sehr akkurat.

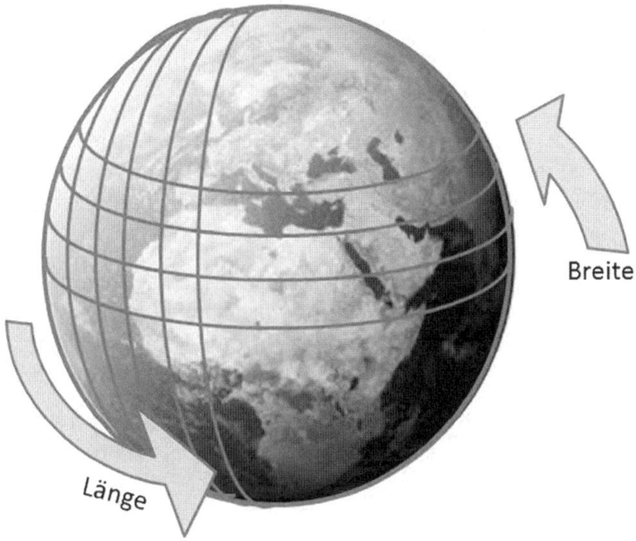

Abbildung 9.8: Jede Position auf dem Globus lässt sich mit zwei Werten eindeutig bestimmen: der geografischen Länge und Breite. Die Längenkreise sind alle gleich groß und laufen durch Nord- und Südpol. Die Breitenkreise liegen parallel zueinander und werden zum Pol hin immer kleiner.

Schon im 3. Jahrhundert v. u. Z. legten die alten Griechen ein **Gitternetz** über den Globus. Das griff Ptolemäus etwa 150 u. Z. auf und legte auch fest, dass der Äquator die geografische Breite »null Grad« hat. Den **Nullmeridian**, also den Längenkreis, von dem ausgehend man die geografische Länge bestimmen will, legte er nicht fest. Das tat jeder Seefahrer, wenn er seinen Heimathafen verließ. Dort war für diese Reise der Nullmeridian.

Zur eindeutigen **Positionsbestimmung** braucht man auf einer Ebene ebenso wie auf der Kugeloberfläche 2 Dimensionen. Die Breite gibt an, wie hoch ich mich über dem Äquator befinde. Und die Länge gibt an, wie weit ich mich vom Nullmeridian entfernt habe. Beide Größen werden als **Winkel** angegeben.

Jetzt komme ich auf den grandiosen Uhrmacher zurück und die Lösung des zweiten großen Problems der Geografie – wie ich es einige Seiten zuvor versprochen hatte.

Der Mann mit dem Uhr-Vertrauen

John Harrison (1693-1776) hatte von der **Längenverordnung** gehört, jenem **Longitude Act**, den das englische Parlament 1714 beschlossen hatte. Darin wurden demjenigen rund 20000 Pfund (rund eine Million Pfund nach heutigem Geldwert) versprochen, der für das Längenproblem eine einfache Lösung finden würde. Harrison sah seine Lebensbestimmung vor sich: Eine Uhr würde er bauen, robust wie ein Eichbaum und präzise wie der Sternenhimmel. Und das Verblüffendste daran: Harrison war gar kein Uhrmacher! Beste Voraussetzungen also, dass man ihn unterschätzte.

Die **Seefahrt** hatte sich zu einer **respektablen Unternehmung** entwickelt, hatte aber Probleme mit der Navigation. Es kam zu etlichen tragischen **Unglücken**, wobei große Handelsschiffe wertvolle Fracht verloren oder Passagierschiffe mit Hunderten von Passagieren untergingen.

Da sich alle Schiffe auf bekannten und »sicheren« Routen drängelten, konnten Piraten schnelle Beute machen. Oft kam es zu regelrechten **Seeschlachten**. Das waren keine guten Voraussetzungen für eine gesunde Entwicklung von Handel und Schifffahrt – und es wird klar, warum es zur Auslobung einer derart hohen Summe kam. Und die lockte viele Erfinder, Astronomen und Navigatoren, aber auch Scharlatane, Trittbrettfahrer und Neider.

1736 hatte Harrison seine erste Uhr fertig und schiffte sich zu einer **Testfahrt** nach Lissabon ein. Die Uhr hatte eine deutlich bessere Ganggenauigkeit, als sie für das Preisgeld gefordert wurde. Aber er bekam das Geld nicht, weil die erforderliche Reisedauer nicht erreicht worden war.

Harrison war in einer aussichtslosen Position. Aber das musste er erst über viele Jahre langsam erfahren und begreifen: Er stand als kleiner Handwerker aus der Provinz einem Gremium gelehrter Leute gegenüber, unter denen die Astronomen in der Mehrzahl waren. Als Vorsitzender fungierte qua Amt der jeweilige königliche Astronom.

Sie alle, oder doch die Mehrzahl, waren überzeugt, dass für die Längenbestimmung nur eine **astronomische Lösung** infrage käme – wie bei der Bestimmung der Breite auch. Die Schiffsnavigation sollte ausschließlich anhand der Sterne erfolgen.

Auf der anderen Seite versammelten sich Bastler und Aufschneider, Leute, die auch das Perpetuum mobile gebaut hätten, wenn es dafür einen Preis gegeben hätte. Insgeheim rümpfte jedes Kommissionsmitglied über die Fraktion der »Uhrmacher« die Nase, auch über Harrison.

Und doch war Harrison anders. Er war ein Genie. Er war ein Besessener. Er wusste, dass er diese Uhr bauen würde. Das war *seine* Uhr. Das war sein Meisterwerk, zu dem er ein »Uhr-Vertrauen« hatte. Ihm war klar, dass er technologisch einige Grundprobleme lösen musste.

Uhr-Kunde

Uhren hatten zu jener Zeit üblicherweise **Ungenauigkeiten** von einigen Minuten pro Tag. Aber auch diese Ungenauigkeiten schwankten. Die Mechanik reagierte auf jede Veränderung äußerer Bedingungen. Die Kunst des Präzisions-Uhrmachers bestand darin, alle diese Reize zu neutralisieren und die Genauigkeit des Uhrwerks auch in Extremsituationen auf gleichem Niveau zu halten:

✔ **Temperatureinfluss**: Üblicherweise dehnen sich Metalle aus, wenn sie erwärmt werden. Damit verändert sich die gesamte Konstruktion, manche Bauteile werden langsamer, andere schneller. Durch die Bimetall-Technik werden die Temperatureinflüsse neutralisiert.

✔ **Kraftübertragung**: Je strammer eine Spiralfeder aufgezogen wird, desto stärker wirkt ihre Kraft auf das Laufwerk. Für einen gleichmäßigen Lauf muss die Kraftübertragung verstetigt werden.

✔ **Bewegliche Teile**: Bewegungen müssen in jeder Lage möglich sein, und wenn die Uhr auf dem Kopf steht. Hängegewichte und Pendel müssen durch Spiralfedern oder Schwinganker ersetzt werden.

✔ **Wartungsfreiheit**: Normale Uhren müssen regelmäßig geölt werden. Aber die Ölreste verharzen und beeinträchtigen die Präzision des Laufwerks. Kugellager und spezialgeschliffene Edelsteinlager müssen nicht geölt werden. Das ganze Laufwerk funktioniert reibungsfrei und ist über Jahre wartungsfrei.

Uhr-Sachenforschung

Harrison war kein Uhrmacher, sondern Tischler. Aber er ging vor wie ein Physiker. Er untersuchte systematisch die Ursachen für die typischen Ungenauigkeiten und suchte nach konstruktiven Lösungen. Dabei machte er zum Teil bahnbrechende **Erfindungen**:

✔ Die **Grashopper-Hemmung**: Jede Uhr muss die Federkraft in winzige Bewegungsschritte übersetzen, die sich regelmäßig wiederholen. Die Drehbewegung muss deshalb immer wieder angehalten und wieder freigegeben werden. Daher das berühmte Tick-tack. Die Konstruktion, die Harrison fand, gilt als besonders reibungsarm und extrem wartungsarm. Den Namen bekam sie wegen ihrer eigenartigen Bewegung, die an eine Heuschrecke erinnert.

✔ Der **Remontoir**: Ein Zusatzmechanismus, der dafür sorgt, dass die Kraft der Hauptfeder gleichmäßig an das Uhrwerk weitergegeben wird, egal, ob die Uhr gerade aufgezogen wurde oder nicht.

✔ Die **Bimetall-Technik**: Bei der zwei (oder mehrere) Metalle zusammengenietet werden und Ausdehnungseffekte bei Wärme sich gegenseitig aufheben.

Harrison verfügte nicht über hinreichende Mittel, seine Erfindungen zum **Patent** anzumelden. Er vertrat auch die Auffassung, dass seine Ideen der Allgemeinheit zustehen sollten, wenn er das Preisgeld erhalten würde – wovon er sein ganzes Leben lang ausging.

Harrison lebte ständig in der Angst, dass andere seine Ideen stehlen könnten und sich entweder vor ihm bei der Kommission melden oder die Erfindung kurzerhand durch ein Patent sperren lassen würden. Erstaunlicherweise ist das nie geschehen, bis auf das Ende. Aber da war der Wettbewerb schon vorbei und ein Konkurrent erwarb etliche Patente, die für die Massenproduktion wichtig waren.

Uhr-Teile

John Harrison baute eine zweite Uhr, in der er alle seine Ideen verwirklichte. 1741 war die Uhr fertig, die **H2**. Wieder kam es zu Testfahrten, die die H2 bestand – und wieder gab es Auflagen, weil die Prüfungen nicht immer »ordnungsgemäß« durchgeführt wurden.

Harrison merkte, welches Spiel mit ihm gespielt wurde. Aber er wollte nicht aufgeben. Er nahm ein drittes Modell in Angriff.

Eine merkwürdige Pause entstand. Es dauerte fast 20 Jahre, bis die **H3** fertig wurde. Zeitzeugen berichten, dass Harrison während der ganzen Zeit regelmäßig gearbeitet habe. Die neue Uhr hatte Kugellager und Bimetalle, kreisrunde Unruh-Reifen und eine Spiralfeder. Sie bestand aus 753 Einzelteilen. Harrison wollte die Uhr der Kommission vorstellen, die aber den Vorstellungstermin immer wieder verschob.

Da bekam Harrison eine neuartige **Taschenuhr** zu Gesicht, die eine erstaunliche Genauigkeit aufwies und seine Leidenschaft erneut entfachte. Er ließ die H3 so wie sie war und begann ein ganz neues Konzept. Die **H4** sollte eine Taschenuhr sein mit der Genauigkeit seiner bisherigen Uhren.

Für eine Taschenuhr geriet sie noch etwas voluminös: sie wog 1,5 Kilogramm, hatte einen Durchmesser von 12 Zentimetern und enthielt als Lager spezialgeschliffene Rubine und Diamanten.

Inzwischen war **Nevil Maskelyne** (1732-1811) Mitglied der Längenkommission. Er schien seine Lebensaufgabe darin zu sehen, einen Erfolg der Uhrmacher auf jeden Fall zu vermeiden und speziell Harrison das Leben so schwer wie möglich zu machen.

Im November 1761 kam es endlich zur Überprüfung der H4 während einer Atlantiküberquerung. Das Wetter war schlecht und die Überfahrt dauerte drei Monate. Als man schließlich in Jamaika landete, verglich man die Uhrzeit der H4 mit der exakt ermittelten Ortszeit: Nach 81 Tagen auf See hatte die H4 lediglich 5 Sekunden verloren.

Damit erfüllte die H4 alle Bedingungen des Longitude Act und der Preis hätte sofort ausbezahlt werden müssen. Doch die Kommission bezweifelte die Genauigkeit der mathematischen Überprüfung und ordnete eine Wiederholung der Prozedur an.

Im März 1764 kam es zu einer erneuten Überprüfung der H4 auf einer Überfahrt nach Barbados. Zur Feststellung der exakten Ortszeit hatte sich kein Geringerer eingefunden als Nevil Maskelyne höchstpersönlich. Aber er erklärte sich zu einer Berechnung vor Ort außerstande – und wieder wurde die Entscheidung hinausgezögert.

Schließlich hieß es in einer Verlautbarung der Kommission: Die Uhr sei dreimal präziser als von den Statuten verlangt. Ein Teil des Preisgeldes werde ausbezahlt, wenn alle bisher gefertigten Uhren, insbesondere aber die H4, an das königliche Observatorium übergeben würden, nebst einer ausführlichen Bauanleitung und Konstruktionsbeschreibung der H4. Das volle Preisgeld werde ausgezahlt, wenn zusätzlich zwei Kopien der H4 abgeliefert würden.

Harrison war entsetzt. Von all seinen Werken sollte er sich trennen? Obwohl davon nichts in den Statuten zu finden war? Niemals!

Die Kommission verschärfte daraufhin die Bedingungen ein weiteres Mal und stellte weitere Forderungen.

Schließlich hatte man Harrison so weit. Am Boden zerstört, gekränkt und erniedrigt akzeptierte er die auferlegten Bedingungen und bereitete die Übergabe der H4 nebst Beschreibung vor. Und er willigte ein, zwei Kopien der H4 zu bauen. Vom Preisgeld erhielt er die Hälfte – unter Vorbehalt.

Uhren-Vergleich

Das war wirklich merkwürdig: Während der ganzen Zeit, über 20 Jahre, nachdem er die H2 vorgestellt hatte, die H3 entworfen und wieder verworfen, nachdem er die H4 fertiggestellt hatte, während dieser ganzen Zeit meldete sich kein einziger ernst zu nehmender Konkurrent, weder aus dem Kreis der Uhr-Ahnen, noch aus dem der Mondsüchtigen.

Doch jetzt hieß es, zur **Mond-Distanz-Methode** seien erhebliche Verbesserungen vorgestellt worden, die eine Neubewertung der Gesamtlage erforderlich machten.

Um die Mond-Distanz-Methode populär zu machen, hatte kein anderer als Nevil Maskelyne ein Buch herausgegeben: The British Mariner's Guide (Anleitung für Britische Seefahrer). Dazu publizierte er jedes Jahr eine aktuelle **Tabellensammlung**. Für viele Standardsituationen waren hier die Ergebnisse der komplizierten Berechnungen einfach abzulesen.

Nach Maskelynes Ansicht waren die Tabellen der Durchbruch in der Lösung des Längenproblems. Das sei auf der Überfahrt beim Vergleich der beiden Methoden deutlich geworden. Die Uhr könne immer wieder versagen, Mond und Sterne aber seien ewig und immer zur Hand. Durch die Tabellen sei das Verfahren nun auch einfach und praktikabel geworden.

Im Januar 1765 wurde verkündet, wer als neuer englischer Hofastronom berufen wurde: Es war Nevil Maskelyne. Niemand schien sich daran zu stören, dass jemand als Bewerber um den Preis auftreten durfte, über dessen Vergabe er selbst zu urteilen hatte.

Eine seiner ersten Handlungen war die Anordnung, dass Harrison die beiden Kopien der H4 anzufertigen habe, was ihm Zeit ließ, sein Tabellenwerk voranzutreiben. Er konstruierte **Schablonen** für jede erdenkliche Situation, die die notwendigen Berechnungen weiter vereinfachten und gab sie Jahr für Jahr in einem Almanach heraus – mit Vorausberechnungen bis 1815!

Im April 1766 holte die Kommission zu einem weiteren Schlag gegen Harrison aus: Die Genauigkeit der H4 könne Zufall gewesen sein und müsse erneut unter schwereren Bedingungen erprobt werden. Die Uhr solle zudem 10 Monate lang zu einer täglichen Überprüfung durch den königlichen Astronomen im königlichen Observatorium bereitgehalten werden.

Harrison war wie vor den Kopf geschlagen. Schon wenige Tage später stand Maskelyne vor seiner Tür und präsentierte einen **Durchsuchungsbefehl**: Sämtliche Unterlagen, alle Uhren von der H1 bis zur H4 seien zu beschlagnahmen und in staatlichen Besitz zu überführen.

Von Mai 1766 bis März 1767 wurde die H4 in der königlichen Sternwarte von Greenwich täglich überprüft. Das Ergebnis war vernichtend. Die Uhr sei sehr unregelmäßig gelaufen und habe an manchen Tagen bis zu 20 Sekunden falsch angezeigt. Sie sei also höchstens als Ergänzung zur Mond-Distanz-Methode einzusetzen, speziell an jenen Tagen, an denen der Mond nicht sichtbar sei oder sich der Sonne so weit genähert habe, dass eine Distanzmessung unmöglich sei.

Die H4 solle unter erschwerten Bedingungen erneut überprüft werden, hieß es. Aber die erschwerten Bedingungen wurden nicht benannt. Die Kommission ließ sich Zeit, bis **James Cook** zu seiner berühmten zweiten Reise aufbrach. Das war 1772. Cook hatte sich bereit erklärt, die Mond-Distanz-Methode mit der Uhrenmethode zu vergleichen, ja er hatte selbst großes Interesse an diesem Vergleich gezeigt.

Harrison baute in der Zwischenzeit die erste Kopie der H4 und nannte sie **H5**. Drei Jahre hatte er für den Bau gebraucht, zwei weitere Jahre brauchte er, um die Uhr zu justieren und zu überprüfen. Er war 79, die Augen wurden schlecht. Er wusste nicht, wie er den Bau der zweiten Kopie schaffen sollte. Er sah sich um die Anerkennung seiner Leistungen, er sah sich um sein Lebenswerk betrogen.

Da fasste er einen verzweifelten Entschluss: Er schrieb einen **Brief an den König Georg III.** und schilderte seine Lage. Der König, als sehr interessiert am wissenschaftlichen Fortschritt bekannt, lud Harrison zu einer Audienz, die er mit den Worten abschloss: »Harrison, ich werde dafür sorgen, dass Ihr zu Eurem Recht kommt!«

Im April 1773 kamen Mitglieder der Kommission und Parlamentsvertreter zusammen, Ende Juni wurde das Preisgeld an Harrison ausgezahlt, wohlwollend zuerkannt – vom Parlament, nicht von der Kommission! Offiziell wurde der Preis nie verliehen!

Die Kommission reagierte mit einer Neufassung der Bedingungen, die erneut die Uhrenmethode und speziell Harrison benachteiligte.

Als Cook 1775 von seiner zweiten Reise zurückkam, zeigte er sich ausgesprochen angetan von der Uhrenmethode, die er als schnell, zuverlässig und sehr genau charakterisierte.

Am 24. März 1776 starb John Harrison.

Überall auf der Welt begann man nun mit **Nachbauten**, die im Laufe der Zeit einfacher, kleiner und vor allem billiger wurden. Schifffahrtsunternehmen wie die East India Company oder die britische Marine machten eine genau gehende Schiffsuhr (den Schiffs-»Chronometer«), zur Regelausstattung.

Die Methode hatte sich schnell als **Standard zur Längenbestimmung** durchgesetzt.

1811 starb Maskelyne. Über ein halbes Jahrhundert hatte er eine wichtige Neuerung verhindert, hatte mit dazu beigetragen, dass Menschen sterben mussten, Schiffsladungen verloren gingen und er hatte eine Verordnung des britischen Parlaments so manipuliert, dass das Gegenteil dessen bewirkt wurde, was beabsichtigt war.

1828 löste sich die Kommission auf, die jene Verordnung überwachen sollte, die aber alle Machenschaften mitgetragen hatte.

Harrisons berühmte Originaluhren wurden von Maskelyne, nachdem er sie kontrolliert hatte, in den Keller abgeschoben, wo keiner sie beachtete. 1836 wurden sie entdeckt und gereinigt, dann aber wieder dort abgestellt. Erst 1920 wurden sie erneut hervorgeholt und mussten in einer jahrelangen Prozedur auseinandergenommen, gereinigt und restauriert werden. Heute sind sie wieder in ihrem Uhr-Zustand, ticken im Museum des königlichen Observatoriums zu Greenwich und zeigen die Uhrzeit an – auf die Sekunde genau.

Der rasende Geograf

An sich sollte mit der Diskussion um die Mercator-Projektion und mit der Auflösung des Längenproblems der Geografieteil beendet sein und der Geologieteil beginnen. Aber da fiel mir wieder mein Spickzettel ins Auge mit dem großen Ausrufungszeichen beim Stichwort AvH.

Alexander von Humboldt (1769-1859) darf in einem solchen Buch einfach nicht fehlen. Zumal er wunderbar an das vorherige Kapitel anschließt und sogar elegant zum nächsten Kapitel überleitet. Denn Alexander von Humboldt war zwar in erster Linie der **Begründer der wissenschaftlichen Geografie**, aber er hat viele geologische Phänomene untersucht und beschrieben.

Manchmal habe ich den Eindruck, dass Alexander von Humboldt im Ausland mehr geachtet und verehrt wird als in seinem Heimatland. Er war ja auch ein Kosmopolit, ein Weltenbürger, sprach mehrere Sprachen fließend und bemühte sich zumindest um eine Basisverständigung, wenn er in eine Weltgegend kam, deren Sprache er zuvor nicht verstand.

Er war offen für alles, was ihm begegnete – und er war besessen vom Messen. Überall, wo er hinkam, stellte er den örtlichen Luftdruck fest, errechnete daraus die Höhe, hielt die Temperatur und das sonstige Wettergeschehen fest und protokollierte seine Beobachtungen zu Flora und Fauna.

Besessen vom Messen

Am meisten beeindruckte er seine Gesprächspartner mit genauen **Ortsangaben**, die meist präziser waren als es das dürftige Kartenmaterial hergab. Er hatte eine Harrison-Uhr im Taschenformat bei sich, und einen Sextanten, so dass er überall, wo er war, die geografische Länge und Breite genauestens angeben konnte.

Einmal, als Alexander von Humboldt ...

...auf einer Fregatte nach Veracruz unterwegs war, überraschte er den Kapitän mit der Ankündigung, er wolle in vier Tagen von Bord gehen. Der Kapitän hatte eine sarkastische Ader und meinte: »Wenn Sie ein guter Schwimmer sind...«

»Bin ich nicht. Es wird auch nicht erforderlich sein«, antwortete Alexander von Humboldt. »In drei Tagen erreichen wir die vorgelagerten Inseln und am nächsten Tag werden wir aufs Festland stoßen!« Der Kapitän sah ihn ungläubig an. »Ich habe es soeben ausgerechnet«, sagte Humboldt. Der Kapitän lachte verächtlich und äußerte sein Misstrauen allen Berechnungen gegenüber.

Er wurde aber sehr kleinlaut, als am dritten Tag tatsächlich die Küstenlinien im Frühdunst auftauchten. Alexander von Humboldt überraschte ihn mit der knappen Ortsangabe »Trinidad«, die der Kapitän spöttisch anzweifelte, worauf Humboldt seine Harrison zückte und zu erläutern begann, wie ein Zeitunterschied umgerechnet werden könne in eine Länge.

Doch der Kapitän hatte plötzlich alle Hände voll zu tun, um den Hafen anzusteuern.

Es war Trinidad.

Alexander von Humboldt liebte solche Berechnungen, und er liebte die Genauigkeit. Aber er war kein Erbsenzähler, kein trockener Zahlenmensch. Er verstand es, seine Reiseeindrücke, seine Beobachtungen und Erkenntnisse in spannende Erzählungen umzusetzen.

In seinen Vorträgen begeisterte er große Zuhörerzahlen mit fesselnden Erlebnisschilderungen und brachte es gleichzeitig fertig, das Publikum mit den wichtigsten Grundzügen seiner Wissenschaft bekannt zu machen.

Dabei schien er eine Gesundheit zu haben wie ein Prärie-Pferd und eine Kondition wie ein Zehnkämpfer. Die brauchte er auch: Meist kam er mit vier Stunden Schlaf aus, bestieg den **Chimborazo** und kochte dort oben Wasser, um aus der Siedetemperatur die erreichte Höhe zu errechnen: etwas über 18 000 Fuß, etwa 6000 Meter hoch. Und das ohne zusätzlichen Sauerstoff!

Er fuhr den Amazonas hinauf, attackiert von Stechmücken und Krokodilen, und fand jenen legendären **Kanal zum Orinoko**. Immer wieder gab es Gerüchte über seine Existenz und ebenso häufig wurde diese Behauptung als Wunschdenken zurückgewiesen. Nun konnte er seriös bestätigt werden – exakt ausgemessen von Alexander von Humboldt.

Einmal, als Alexander von Humboldt …

… auf einer Fahrt auf dem Orinoko vor einer Ufersiedlung anhielt, freundeten sich Humboldt und sein Reisebegleiter Bonpland mit den Indios an. Sie blieben ein paar Tage und beobachteten, ob und wie die Indios Saftextrakte herstellten, die dann als Drogen benutzt wurden. Besonders einer schien so etwas wie der Apotheker des Dorfes zu sein. Er stellte eine Art Tabak her, der – geraucht – eine beruhigende, berauschende Wirkung erzeugte.

Humboldt kannte einige Tricks in der Filtrierung von Pflanzenextrakten, die er dem »Apotheker« vorführte. So erwarb er sich ein gewisses Vertrauen. Denn Humboldt wollte das Geheimnis des Nervengifts **Curare** lüften. Aber es war schwierig, diesen Wunsch, der ausschließlich wissenschaftlichen Zwecken dienen sollte, zu vermitteln.

Doch der »Medizinmann« ahnte sowohl den Wunsch als auch die guten Absichten und zeigte ihm schließlich die sieben Pflanzen, deren Extrakte in einem bestimmten Verhältnis gemischt werden mussten. In harmlosen Töpfchen wurden die Gifte aufbewahrt und zu unterschiedlichen Anwendungen eingesetzt, darunter auch die Spezialmischung zum Abschuss von »größeren Tieren«, wie sich der Apotheker ausdrückte.

Ein Pfeil, dessen Spitze hier eingetaucht war, tötete sein Opfer binnen weniger Sekunden. Humboldt fragte, ob denn das vergiftete Fleisch noch genießbar sei. Der Medizinmann antwortete mit einer lockeren Geste: Humboldt und Bonpland könnten gern einen kleinen Schluck genießen. Nur um die Bitterkeit des Extrakts zu kosten.

Humboldt und Bonpland sahen sich fragend in die Augen. Ablehnen hieße Misstrauen zu äußern. Das Gift trinken, hieße bewusst ein Risiko einzugehen – ohne zwingenden Grund.

Humboldt fasste sich als Erster. Nach einem kaum merkbar zögerlichen Schluck sagte er zu Bonpland: Wenn man keine offene Wunde habe, kein Zahnfleischbluten zum Beispiel, dann würde der Saft auf natürlichem Wege wieder ausgeschieden. Nur wenn das Zeug in den Blutkreislauf geriete, entfalte es seine tödliche Wirkung.

Auch Bonpland schluckte das Gift mit wortwörtlicher Todesverachtung – und überstand den Test.

Auf seiner Reise durch Ecuador zog er mit einer kleinen Karawane bei sengender Hitze über die alte »Inka-Straße der Sonne«. Hier hoffte er auf Überreste der legendären Inka-Paläste zu stoßen, doch fand er meistens nur kärgliche Spuren, so radikal hatten die »Eroberer« alles zerstört.

Wieder machte Humboldt regelmäßige **Messungen** und skizzierte alles in seinen Notizbüchern. Nur diesem Zwang, ständig alles messen zu müssen, ist es zu verdanken, dass wir von einem Phänomen wissen, das gänzlich unerwartet auftrat. Kann man sich etwas Langweiligeres vorstellen, als in einer trockenen Hochebene alle paar Kilometer den Kompass rauszuholen und zu schauen, ob er noch immer nach Norden zeigt?

Er zeigte immer nach Norden. Aber zwischen dem 6. und 7. Grad südlicher Breite fiel Humboldt etwas auf, das andere übersehen hätten: Die magnetische Kraft nahm plötzlich ab und stieg danach wieder an. Humboldt hatte den »magnetischen Äquator« entdeckt, der nicht mit dem geografischen zusammenfällt.

Einmal, als Alexander von Humboldt ...

... auf einen **Vulkan** in Ecuador stieg, begleitete ihn eine kleine Schar von Journalisten. Schon damals wussten die Medien, dass sich Abenteuerstorys gut verkaufen ließen.

Oben angekommen, seilte er sich nach innen in den rauchenden Schlot ab.

Als er nach einer halben Stunde wieder nach oben kam, hustete er grüne Dämpfe aus, hatte überall Schürfwunden und Brandflecken und hielt vulkanisches Gestein in der Hand. Dabei rief er: »Das ist das Ende des Neptunismus«, womit nicht alle der Umstehenden etwas anzufangen wussten, aber bedeutungsschwanger nickten und Worte der Zustimmung murmelten.

Die »kleine« Karawane war nötig geworden, weil die Sammlungen von Bonpland und Humboldt immer umfangreicher wurden. Seit Alexander von Humboldt auch noch sein Interesse an der Entstehung von Steinen und Gebirgen entdeckt hatte, kamen also auch noch Steine und Felsbrocken in die Sammlung. Mit ihrem wissenschaftlichen Gehalt wuchs das Gewicht der Sammlung.

Die damals vorherrschende Frage in der gerade beginnenden, wissenschaftlichen Geologie war die nach der Herkunft der Erde, nach der Entstehung unseres Planeten.

Neptunismus contra Plutonismus

Dieser Streit markiert das Ende der vorwissenschaftlichen Geologie. Denn die beiden »ismen« beruhen auf Annahmen, nicht auf wissenschaftlichen Erkenntnissen.

Neptunismus: Alle Gesteine sind durch Ablagerungen aus den Meeren entstanden, sind also Sedimentgesteine. Aus einem Urozean kristallisierten sich Urgesteine heraus, die noch keine Fossilien enthalten. Fossilien erscheinen erst in den jüngeren Ablagerungen. Die Vulkane haben nur örtliche Bedeutung und weisen auf Kohlebrände hin.

Diese Auffassung vertrat vor allem **Abraham Gottlob Werner** (1749-1814), einer der Lehrer der beiden Humboldt-Brüder, weswegen Alexander von Humboldt lange am Neptunismus festhielt. Auch **Johann Wolfgang von Goethe**, der sich selbst in erster Linie als Naturforscher verstand, war ein Anhänger des Neptunismus.

Plutonismus: Gebirgs- und Gesteinsbildung sind vulkanischen Ursprungs. Im Erdinneren brennt ein »Zentralfeuer«, das sich an manchen Stellen in Form von Vulkanen zeigt. Dieses Feuer brodelt und formt dabei Gesteine und Felsen. Wenn sie nach außen kommen, erkalten und erstarren sie.

Diese Auffassung entwickelte vor allem der schottische Geologe **James Hutton** (1726-1797).

Der Neptunismus-Plutonismus-Streit wurde in den Jahrzehnten von 1790 bis etwa 1830 ausgetragen. Überwunden wurde er letztlich durch die empirische Geologie, die Gebirgsformungen und die Entstehung von Kristallen, Gesteinen und Felsen wissenschaftlich zu klären versucht. Denn je nach Gegebenheit ist die Erdkruste eine Folge von Ablagerungen oder auch eine Folge von vulkanischen und anderen Eruptionen.

Schließlich bekannte sich Alexander von Humboldt auch zum Plutonismus. Seine Beobachtungen an Vulkanen zeigten deutlich, dass hier andere Kräfte am Werke waren als ein Brand in Kohlelagerstätten. Die Erde war kein kalter Gesteinsball, sondern war offenbar so heiß im Innern, dass Steine und Metalle ineinanderflossen. Dabei entstehende Gase suchten sich Ventile, um durch die erstarrte Kruste nach außen zu entweichen – über die Vulkane.

Alexander von Humboldt formulierte damit Vorstellungen, die den tatsächlichen Gegebenheiten schon sehr nahe kamen. Aber es sollte noch über hundert Jahre dauern, bis **Alfred Wegener** die passende Theorie dazu entwickelte.

Die Vorgehensweise Alexander von Humboldts macht deutlich, wie eng die beiden Schwesterwissenschaften Geografie und Geologie zusammenhängen. Für Humboldt gab es keine Trennungslinie. Eins ergänzte das andere. Es sind **Geowissenschaften**, die Wissenschaften von der Erde.

Wie haben sich die Vorstellungen und die methodischen Erkenntnisse von und über die Erde entwickelt?

Erd-Kunde

Die allerersten Vorstellungen kamen von den Religionen. Kurze Beispiele dazu habe ich ganz am Anfang dieses Kapitels aus der Bibel zitiert.

Bei den alten **Griechen** war es der schimpfende »Erderschütterer« Poseidon, der die Erde beben ließ und grollend Feuer spie. **Thales von Milet** (624-546 v. u. Z.) war einer der Ersten, die natürliche Ursachen für Erdbeben, Tsunamis und Vulkanausbrüche suchten. »Alle Dinge kommen aus dem Wasser«, war eine seiner zentralen Aussagen. Die Entstehung der verschiedenen Erdschichten erklärte er durch Ablagerungen.

Aristoteles (384-322 v.u.Z.) nahm an, dass sich die Elemente umwandeln, zum Beispiel, wenn Sonnenstrahlen tief in die Materie eindringen. Trockene Ausdünstungen bilden Gesteine, die flüssigen Dünste formen die Metalle. **Fossilien** entstehen durch eine »innere, schöpferische« Kraft. Zu Ablagerungen kommt es durch Hebungen und Senkungen der Erdkruste, gewissermaßen Alterserscheinungen der alternden Erde. Entwicklung und Wachstum entstehen aus dem Logos, der als allgemeines Prinzip den gesamten Kosmos durchzieht.

Wie in fast allen Wissenschaften wirkten vor allem die Schriften und Anschauungen von Aristoteles weiter – nahezu bis zur Neuzeit. Das Wissen der Antike wurde teilweise in Klöstern bewahrt und weitergegeben, aber so gut wie gar nicht lebendig gehalten, gelehrt und weiterentwickelt. Das geschah allenthalben in der islamischen Welt, zum Teil auch in Indien und China.

Mit dem Beginn der Renaissance erwachte auch in Europa wieder der Geist der Wissenschaft: fragen, untersuchen, beobachten, messen, protokollieren, begründete Schlüsse ziehen, eine überprüfbare Theorie entwickeln.

Handgreiflich, und doch heiß und beweglich

Georgius Agricola (1484-1555) kam aus dem Bergbau und Hüttenwesen Sachsens und stellte das gesamte Wissen der Montanindustrie und der Mineralkunde in einem umfassenden Werk dar. Er erklärte, wie Minerale und Metalle durch temperaturabhängige Prozesse entstehen und machte damit Wissen öffentlich – Grundvoraussetzung einer freien Wissenschaftsentwicklung.

Nicolaus Stensen, genannt **Steno** (1638-1687) präsentierte erstmals ein geologisches Landschaftsprofil (am Beispiel der Toskana), machte also deutlich, wie sich geschichtlich bestimmte Schichtungen ergeben hatten. Er entwickelte die Zuordnung bestimmter Fossilien zu bestimmten Schichten.

Damit war zum ersten Mal der besondere Charakter der Geologie formuliert: Geologie ist eine **Geschichtswissenschaft**. Sie fragt nicht nur nach dem Wesen der Dinge, sondern immer auch nach der Entstehungsgeschichte, nach Vergangenheit und Zukunft der Dinge.

Was ist? Was war? Was wird sein?

Da im erstarrten Zustand immer nur eine Momentaufnahme der geologischen Entwicklung betrachtet werden kann, muss die zeitliche Dimension aus der örtlichen Situation abgeleitet werden. Gab es im Laufe der Zeit keine oder wenig störende Einflüsse, ist der Zusammenhang einfach: die ältesten Schichten sind immer auch die untersten, die jüngsten Schichten liegen oben.

Spätere Ereignisse können die Schichten anheben, umdrehen, brechen und nebeneinander schichten oder falten. Entsprechend schwierig wird die Analyse.

Die Erkenntnis, dass einmalige Schichtungen mehrfach verändert werden können, macht verständlich, warum Fossilien gelegentlich auch tief unten, eingeschlossen in anderen Schichten anzutreffen sind, obwohl sie doch als Sedimente nur obenauf liegen dürften.

Sag mir, wer du bist und ich sage dir, wo du liegst

Später erkannte man, dass man aus den Fossilien, deren zeitliche Entwicklung oft klarer war, auf das Alter der Schicht schließen konnte. Doch diese Raffinesse musste noch etwas auf ihren Einsatz in der Wissenschaft warten. Erst waren noch Aristoteles und die Bibel zu überwinden.

Die Anhänger der Bibel, die die Schöpfungsgeschichte nicht bildhaft, sondern wörtlich verstehen wollten, hatten eine nette Erklärung für das Rätsel der Fossilien gefunden: Die Sintflut hatte sie dahin gebracht. Und später war es wiederum die Sintflut, die die afrikanische und die südamerikanische Kontinentalplatte auseinanderbrechen ließ.

Den Streit zwischen Neptunisten und Plutonisten hatte ich schon angesprochen, als Alexander von Humboldt sich Anfang des 19. Jahrhunderts zu den Plutonisten schlug (siehe Kasten, nur wenige Seiten zuvor).

Eine andere große Frage wurde Mitte des 19. Jahrhunderts diskutiert.

Katastrophismus contra Aktualismus

Der **Katastrophismus** ging davon aus, dass große Ereignisse, Meteoriteneinschläge, Vulkanausbrüche und Erdbeben/Tsunamis die Entwicklung der Erde geprägt haben.

Der **Aktualismus** hingegen nahm an, dass die Prozesse, die die Erde formen, sehr langfristig wirken und dass es im Wesentlichen Prozesse sind, die auch heute noch aktuell sind. Darwin stützte diese These, indem er auf Parallelen in der Entwicklung des Lebens verwies. Auch den Wandel in der Vegetation kann man auf langfristige Prozesse zurückführen, nämlich auf die Mechanismen der Evolution.

Es scheint, als sei der Streit inzwischen zugunsten des Aktualismus entschieden. Diese Theorie vermag vielleicht nicht alle, zumindest aber die meisten Prozesse zu erklären. Doch mitunter gibt es Phänomene, die einfacher mit einer Katastrophe zu deuten sind. Beide Theorien schließen einander nicht aus und können nebeneinander weiterbestehen.

Das Rätsel der Gebirgsbildung

Bis ins 20. Jahrhundert hinein wurde nach einer allgemein akzeptierten Theorie gesucht, die dieses Rätsel hinreichend klärt. Bedeutung erlangten diese Hypothesen:

- ✔ Falten bilden sich, weil die Erde abkühlt und schrumpft.
- ✔ Gebirgsbildung erfolgt in wiederkehrenden Phasen.
- ✔ Gebirge falten sich auf, wenn sich Kontinentalplatten gegeneinanderbewegen.

Landbrücken und ein Anker für den Urkontinent?

Gegen Ende des 19. Jahrhunderts stellte man große Ähnlichkeiten in den Fossilien der verschiedenen Kontinente fest und nahm deshalb an, dass es Landbrücken gegeben haben musste. Vielleicht, so eine andere These, waren bestimmte Teile des **Urkontinents Pangaea** abgesunken.

All diese Thesen gingen davon aus, dass der Urkontinent mit der Erde fest verbunden war. Seismische Untersuchungen jedoch legten einen Schalencharakter der Erde nahe. Da die Temperatur in Bergwerken nach unten zunimmt und aufgrund der Vulkantätigkeit kann man annehmen, dass unter der obersten Schicht, der Erdkruste, eine sehr heiße, flüssige, vielleicht zähflüssige Schicht sein muss. Das schließt eine Verankerung des Urkontinents aus.

Kontinentalplatten: Die Eisschollentheorie

Alfred Wegener (1880-1930) legte folgende Theorie 1915 vor: Auf einer zähflüssigen Magmaschicht treiben die einzelnen **Kontinentalplatten** wie Eisschollen auf der arktischen See. Ursprünglich gehörten sie zu einem Urkontinent Pangaea. Die Platten streben teils voneinander fort wie zum Beispiel Afrika und Südamerika. Teils schieben sie sich über- und untereinander. Dann kann es zu Auffaltungen kommen und die periodenartigen Phasen der Gebirgsbildung könnten so erklärt werden.

Reise zum Mittelpunkt der Erde

Als **Jules Verne** 1864 seinen berühmten Roman »Reise zum Mittelpunkt der Erde« herausbrachte, da glaubte man noch an einen lockeren Aufbau der Erde, ganz ähnlich, wie sie sich an der Oberfläche präsentiert.

Der Held der Geschichte ist ein »verrückter Professor«, der eine verschlüsselte Botschaft über einen Zugang zur Erde, Richtung Zentrum, erhält. Da wird nicht lange gefackelt, schon geht die Reise los. Zunächst ist der Höhleneingang versperrt, dann gibt es eine Abzweigung und natürlich wählt man zuerst den falschen Weg. Dann kommt man an einen unterirdischen See. Gottlob gibt's ein Floß. Die Vorräte gehen zur Neige. Ein geheimnisvolles Rufen ertönt. Und es gibt einen Kampf zweier Urviecher unter urzeitlichen Pflanzen. Alles in allem eine familiengeeignete Picknickstelle in einem Abenteuer- und Erlebnispark. Damit man auch weiß, wo man gelandet ist, weist ein Schild darauf hin: »Mittelpunkt der Erde«. Aha. Zum Wiederaufstieg bieten sich drei Wege an. Natürlich wird wieder erst der falsche genommen. Wertvolle Minuten verrinnen. Dann der richtige Weg. Aber er ist wieder versperrt und muss freigesprengt werden.

Teuflischer Weise ist damit auch das Abflussventil des unterirdischen Sees mit weggesprengt worden, deswegen schnell rauf aufs Floß. Mit dem Wasser stürzt das Floß mit Maus und Mann nach unten, wo schon der Stromboli nördlich von Sizilien wartet und alles, was da kommt, mit einer riesigen Eruption herausschleudert. Wenigstens war der Rückmarsch auf diese Weise schnell erledigt.

Laborsimulationen »zeigen« das Innere der Erde

Vieles sehen wir heute klarer. Vieles kann man schon aufgrund von Plausibilitätsüberlegungen ausschließen. So sind unterirdische Flüsse und Seen zwar in den allerobersten Schichten möglich, aber im Erdinneren einfach undenkbar. Ein Höhlensystem, das dann auch noch bis zum Mittelpunkt der Erde reicht, müsste unter der gigantischen Last in sich zusammenbrechen. Wie sich die Materie unter hohen Drücken und bei hohen Temperaturen verhält, das kann man experimentell im Labor ganz gut nachvollziehen.

Welche Substanzen als »Sternenstaub« zur Bildung der Erde beigetragen haben, kann man aus verschiedenen Indikatoren abschätzen und auch die chemisch-physikalischen Umformungen und Kristallbildungen kann man bis zur Bildung von Steinen, Felsen und Gebirgen nachvollziehen.

So ist nie jemand zum Mittelpunkt der Erde vorgedrungen und aller Wahrscheinlichkeit wird auch nie jemand dorthin reisen können. Aber wir haben sehr genaue Vorstellungen davon entwickelt, was man auf dieser Reise zu sehen bekommt.

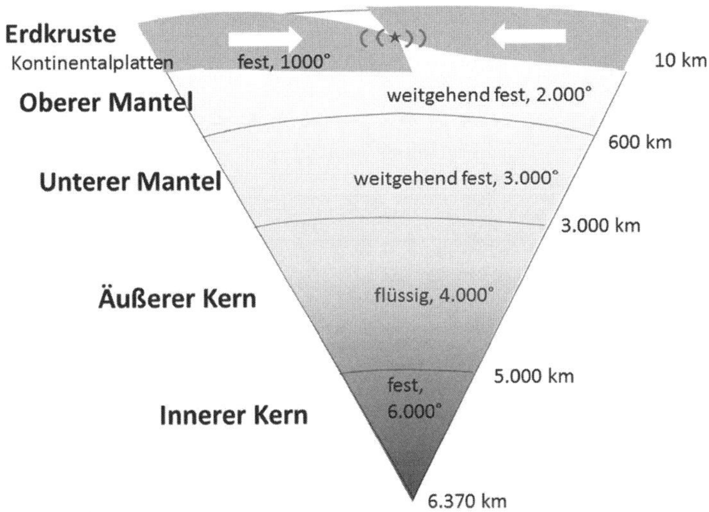

Abbildung 9.9: Nach unten wird es in unsere Erde immer heißer und der Druck steigt enorm. Der innerste Kern ist fest zusammengepresst und besteht aus Nickel und Eisen, die höheren Schichten sind mehr oder weniger zähflüssig. Die Platten der Erdkruste schieben sich an bestimmten Stellen über- und untereinander. Dabei verhaken sie sich, Spannung baut sich auf. Wenn der Druck zu groß wird, rutscht eine Platte mit einem Ruck weiter, was dann als Erdbeben spürbar wird. Ruckartige Bewegungen unter Wasser lösen Seebeben und einen Tsunami aus. Da, wo Platten auseinanderdriften, wird die Erdkruste auseinandergerissen. Dort können Vulkane entstehen. (Die Zeichnung ist nicht maßstabsgerecht.)

Mantel und Kern sind eher langweilig. Spektakulär sind nur die Vorgänge in der Erdkruste, wo sich die Kontinentalplatten wie Eisschollen über- und untereinander schieben. Das geht so langsam, dass sich an manchen Stellen scheinbar nichts tut. Aber die Platten schieben weiter, auch wenn sie sich ineinander verhaken und gegenseitig blockieren.

Eines Tages wird der Druck so groß, dass die ineinander verhakten Felsformationen abbrechen und die gesamte Masse ein gewaltiges Stück nach vorne schnellt. Das ist dann der Hauptstoß eines **Erdbebens**. Bis sich alles beruhigt und seine neue Position gefunden hat, kann es noch mehrere Nachbeben geben.

Da, wo die Platten auseinandergezogen werden, bricht die »Naht« zwischen den beiden Platten auseinander. Glühender Gesteinsbrei (Magma) tritt an die Oberfläche. In solchen Gebieten häufen sich **Vulkane**.

Nun schätzen Sie mal: Wie tief ging wohl die tiefste, von Menschen gemachte Bohrung? Gerade mal 12 Kilometer tief. Immerhin, ein Anfang ist gemacht.

10

Die nach den Sternen greifen – Geschichte der Astronomie

In diesem Kapitel

- Astronomie mit unbewaffnetem Auge
- Kalender: Vermessung der Zeit
- Die Himmelsscheibe von Nebra
- Linsen und Spiegel
- Stars und Sternchen
- Planetendämmerung
- Radio, Röntgen, Rotverschiebung
- Spektren, Sonden, Satelliten

Im Wesentlichen verdankt die Astronomie ihre Fortschritte neuen und besseren Instrumenten. Erst das **Fernrohr**, dann das **Spiegelteleskop**, die **Fotografie**, **Radio-** und **Röntgenteleskopie** oder die **Spektralanalyse** und **Satellitentechnik**, all diese neuen Methoden ermöglichten neue Einblicke und neue Erkenntnisse. Deshalb ist die Geschichte der Astronomie auch eine Geschichte neuer Instrumente und neuer Methoden.

Mit bloßem Auge und scharfem Verstand

Bis ins Mittelalter waren das bloße Auge und eine gute Vorstellungskraft die einzigen Instrumente, um die Geheimnisse von Himmel und Erde zu erkunden. So war die **Kugelgestalt der Erde** schon früh bewiesen und zum Beispiel bei den alten Griechen allgemein anerkannt.

Als Beweis wurde angeführt, dass man auf hoher See von einem herannahenden Schiff als Erstes die Mastspitze sieht. Ein anderer Beweis setzte schon etwas mehr Fantasie und Überlegung voraus. Zum Beispiel die Vorstellung einer **Himmelsachse** mit je einem Pol über jeder Erdhälfte.

Dazu musste man beobachtet haben, dass sich der gesamte Fixsternhimmel um diese Achse dreht. Auf der Nordhalbkugel wird diese Vorstellung dadurch erleichtert, dass sich genau am Himmelspol ein heller Stern befindet: der **Nordpolarstern**. Der steht höher, je weiter man nach Norden kommt und tiefer, je weiter man sich südlich bewegt. So etwas passiert einem nur auf einer Kugel.

Raffiniert ist auch die **Berechnung des Erdumfangs**. Bekannt war der Abstand zwischen Alexandria und einer Ortschaft im Süden. Sie betrug rund 800 Kilometer. Der griechische Mathematiker **Eratosthenes** (275-195 v.u.Z.) beobachtete, dass am Tag des höchsten Sonnenstandes die Sonne in der südlichen Ortschaft durch den Zenit ging, während sie in Alexandria noch 71/5 Grad davon entfernt war.

Das entspricht einem Fünfzigstel (1/50) des Kreisumfangs. Also musste der Erdumfang 50-mal so groß sein wie der Abstand der beiden Messpunkte, das macht etwa 40000 Kilometer. Und das entspricht ziemlich genau dem heute gültigen Wert. Erstaunlich, denn Eratosthenes stand als Hilfsmittel nur eine einfache Sonnenuhr zur Verfügung.

Monat für Monat, Jahr und Tag – alles steht in den Sternen

Kalendarische Berechnungen waren in der Antike schon erstaunlich genau. Dabei waren sie nicht einfach. Denn die Natur machte es den Menschen insofern schwer, als gleich drei Taktgeber bereit standen und einen Rhythmus vorgaben. Nur leider jeweils in einem eigenen Takt:

Basis eines **Kalenders** ist das Jahr. Es wiederholt sich alle – ja, nach wie vielen Tagen denn nun? Am liebsten wäre den Menschen damals die Zahl 360 gewesen: Ein Jahr dauert 360 Tage. Das wird schon hinkommen, sagte man sich, denn die Zahl hatte sich schon bei vielen anderen Gelegenheiten bewährt. Vor allem: Sie war gut teilbar, so dass man leicht Wochen oder Monate oder so etwas Ähnliches bilden konnte.

Aber das mit den 360 Tagen, das ging nicht. Schon nach ein paar Jahren war man aus dem Takt. Der Sommer rutschte in den Winter und der Winter wollte und wollte nicht enden, jedenfalls nicht rechtzeitig. Mit Pragmatismus war da nichts zu machen, die Natur verlangte Genauigkeit. Also musste man ein Jahr schaffen mit – nicht 360, nicht 365, nicht 365½, nein, es sollte auf drei Stellen nach dem Komma genau sein, und auch dann musste man noch auf die Idee mit den **Schaltjahren** kommen.

In die Jahre gekommen

Die Gestaltung eines Kalenders ist eine besondere Kulturleistung, denn sie setzt ein geschichtliches Bewusstsein voraus. Und sie setzt voraus, dass die Menschen eine Vorstellung von der Zeit haben. Zeit, die man messen kann. Zeitpunkte und Zeitdauern, die man präzise benennen will.

Die Taktgeber kamen dafür aus der Natur, aus der Beobachtung des Sternenhimmels. Der wichtigste Takt war der **Tag-Nacht-Rhythmus**, die nächstwichtigen Taktgeber waren der ab- und zunehmende Mond und die wiederkehrende Abfolge der Jahreszeiten im Laufe eines Jahres.

Wer solche Vorstellungen von Zeit, Vergänglichkeit und Geschichte hatte, hatte wohl auch das Bedürfnis entwickelt, die Zeit präzise zu messen und ihre Einheiten zu zählen: Die Idee des Kalenders war geboren.

Aber die Umsetzung war sehr viel schwieriger als wir Heutigen uns das vorstellen. Man musste über sehr viele Jahre Messungen machen, man musste genaue Definitionen finden, um auf den Tag genau bestimmen zu können: Jetzt wiederholt sich etwas, was auf den Tag genau vor einem Jahr auch stattgefunden hat. Und all die Jahre zuvor ebenso. Das waren möglicherweise die Sonnenwendpunkte, der längste und der kürzeste Tag.

Sie können sich die Schwierigkeiten vorstellen: ohne präzise Uhren, ohne feste Messpunkte solche Angaben über Jahre zu sammeln und zu garantieren, dass ihre Nachkommen sie ebenso sorgfältig zusammentragen und sicher bewahren.

Man sieht die Bedeutung dieser frühzeitigen **Sternenbeobachtung** auch an dem Aufwand, der an manchen Stellen getrieben wurde, um durch mächtige Bauwerke oder durch mythische Gegenstände die Himmelsbeobachtung zu dokumentieren. Beispiele sind die Tempelanlage in **Luxor** oder der Steinring von **Stonehenge**, wo man mit riesigen Steinblöcken einen Bezugsrahmen schaffte. Offenbar konnte der flache Morgenstrahl der Sonne nur an einem bestimmten Tag des Jahres einen besonderen Punkt im Inneren der Anlage beleuchten. Ein eindeutiges Zeichen für den Ablauf eines Jahres.

Einmal im Jahr musste man den Moment abpassen. Wenn es dann regnete, musste man auf die nächste Gelegenheit ein Jahr lang warten. Erst wenn die Beobachtungen über Jahre und Generationen bestätigt wurden, konnte man einigermaßen sicher sein, einen richtigen Takt gefunden zu haben.

Sternenkarte aus Bronze und Gold

Ein anderes Beispiel ist die **Himmelsscheibe von Nebra**, die 1999 in Sachsen-Anhalt gefunden wurde. Sie ist fast 4000 Jahre alt und stammt mithin aus der Bronzezeit. Sie ist der sensationellste archäologische Fund der letzten Jahre.

Von Grabräubern unsachgemäß geborgen und mit brachialen Mitteln gesäubert, wurde sie erst auf dunklen Wegen zum Verkauf angeboten, ehe ihre wahre Bedeutung erkannt wurde. Der Polizei gelang es schließlich, die lädierte Scheibe sicherzustellen und dem Land Sachsen-Anhalt als rechtmäßigem Eigentümer zu übereignen. Heute ist sie im Landesmuseum Halle und in wechselnden Ausstellungen zu sehen.

Für die **Deutung** der aufgebrachten Symbole haben die Archäologen zwar viele Hinweise zusammengetragen, doch manches bleibt Spekulation. So könnte der goldene Kreis in der Mitte auch den Vollmond darstellen. Und die Bedeutung der »Himmelsbarke« ist völlig offen. Auch die Randbögen links und rechts können etwas anderes symbolisieren, als die Sonnenbahn zwischen **Sommersonnenwende** und **Wintersonnenwende**. Und die charakteristisch angeordneten »Plejaden« können einer zufälligen Laune des Gestalters der Scheibe entsprungen sein.

Doch wenn man nach dem Sinn einer solch aufwendig gestalteten, mit wertvollen Metallen applizierten Scheibe fragt, dann kommen einem die aufwendigen **Sternenbeobachtungen** in den Sinn, die zur Festlegung eines dauerhaften **Kalenders** notwendig sind. So spräche viel dafür, dass mit der Himmelsscheibe von Nebra die jahrelange Beobachtung der Sonnenwendpunkte gewürdigt werden sollte. Dann macht auch die Hervorhebung der sieben Sterne, der »Plejaden«, Sinn. Denn es handelt sich um eines der auffälligsten Sternbilder am Himmel (siehe Abbildung 10.1).

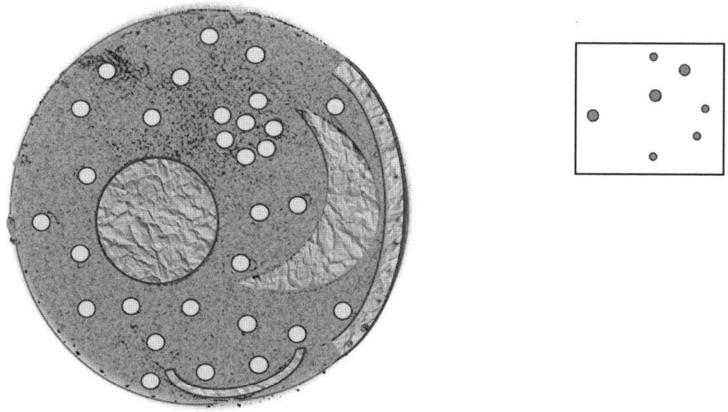

Abbildung 10.1: Nachbildung der Himmelsscheibe von Nebra (links) und das Sternbild der Plejaden (rechts)

Die kreisförmige Anordnung der sieben Sterne entspricht auffällig dem wirklichen Sternbild. Darüber hinaus wurde das Sternbild schon seit alters her zur Festlegung von **Bauernregeln** genutzt, wenn es während der jährlichen Wanderung des Fixsternhimmels an markanten Punkten auftaucht. Der griechische Schriftsteller **Hesiod**, der selbst mit Leidenschaft Landwirtschaft betrieb, schrieb um 700 v. u. Z.: »Wenn die Plejaden aufsteigen, dann fange mit dem Mähen an. Und mit dem Pflügen, wenn sie untergehen.« Auch aus jüngerer Zeit und aus anderen Regionen sind Bauern- und Wetterregeln bekannt, die sich auf die Plejaden beziehen.

Wenn man all diese Hinweise zusammennimmt, dann kann man die Himmelsscheibe von Nebra auch als – symbolische – **Sternenkarte** lesen: Die seitlichen Bögen markieren die Sichtbarkeit der Sonne beim Auf- und Untergang. Mondsichel und Plejaden stehen in genau der Position, wie sie zu Beginn des »bäuerlichen Jahres«, am 10. März, typisch sind. Nimmt man jetzt an, dass der Kreis in der Mitte den Vollmond darstellt, dann wäre dieses Symbol typisch für die Konstellation zum Ende des »bäuerlichen« Jahres am 17. Oktober, wenn die Plejaden am Morgenhorizont zusammen mit dem Vollmond erscheinen.

Die Himmelsscheibe erzählt uns also eine Geschichte, sie erzählt den Ablauf eines Jahres anhand von markanten Stationen und fasst dabei das astronomische Wissen der Zeit zusammen. So jedenfalls könnte es sein, und vieles spricht dafür.

Geschliffen: Brille, Fernrohr, Spiegelteleskop

Die Lupe hatte bereits ein muslimischer Gelehrter erfunden, als um 1280 ein unbekannter Glasschleifer in Florenz dünne Linsen herstellte und dicht vor den Augen platzierte. Binnen weniger Jahre hatten sich die **Brillen** allgemein durchgesetzt, so offensichtlich waren ihre Vorteile.

Aber bis zur Erfindung des **Fernrohrs** dauerte es noch gut 300 Jahre. Der deutsch-niederländische Brillenmacher **Hans Lippershey** stellte im Jahre 1608 sein Teleskop vor, erhielt aber kein Patent dafür, da sich sofort andere Optiker meldeten und behaupteten, sie hätten die Idee schon früher gehabt.

Auch **Galilei** wurde als Erfinder genannt, obwohl er das selbst nie behauptet hatte. Allerdings baute und verbesserte er bereits 1609 eines der ersten Fernrohre selbst und machte sensationelle astronomische Entdeckungen:

✔ Er entdeckte vier **Jupiter-Monde**.

✔ Er wies anhand der Schattenbildung **Gebirge auf dem Mond** nach.

✔ Er entdeckte, dass die **Venus einen Phasenwechsel** durchmacht.

Die letzte Beobachtung war eine Sensation, die Galilei zunächst geheim hielt. Denn die Tatsache, dass die Venus mal dunkel erschien, dann sichelförmig, dann voll beschienen und dann zur abnehmenden Phase wechselte, war ein schlagender Beweis für das **kopernikanische Weltbild.** Die Venus dreht sich um die Sonne, sie muss sich um die Sonne drehen, wenn sie mal von der einen, mal von der anderen Seite beschienen wird.

Aber was nützen Beweise, wenn sie nicht wahrgenommen werden. Viele Gegner des neuen Weltbildes weigerten sich schlicht, in das Fernrohr hineinzublicken, angeblich aus Furcht um ihr gesundes Augenlicht.

Aber Fernrohre haben Nachteile: Die **Glaslinsen** zeigen Schlieren, an ihren Rändern erscheinen Farbsäume. **Isaac Newton** hatte die Idee mit den **Hohlspiegeln**, die das Licht sammelten und in ein Okular einspiegelten. Sie haben den Vorteil, dass die Spiegel sehr groß sein können und deshalb auch lichtschwache Objekte sichtbar machen können.

Spiegel-Gucker wissen mehr

Spiegelteleskope hatten ihre große Zeit im 18. Jahrhundert. Tausende wurden gebaut und überall entstanden Sternwarten und Observatorien. **William Herschel** (1738-1822) baute das seinerzeit größte Spiegelteleskop mit 1,22 Meter Durchmesser. Damit beobachtete er die Fixsterne und versuchte ihre Lage im Raum besser zu vermessen und zu katalogisieren. Mit diesem Instrument sollte er noch eine Entdeckung machen, die die Tür zu einer neuen Welt öffnen würde. Doch zunächst ging es um das Katalogisieren.

Überhaupt wurde das 18. Jahrhundert, zum Teil auch noch die erste Hälfte des 19. Jahrhunderts die Zeit des »Sternlein Zählens«. Das war eine Fleißaufgabe für viele Forscher und ein Service für jene, die nach ihnen kamen und mit dem Datenmaterial arbeiten und neue Entdeckungen machen konnten.

Dazu waren die **Teleskope** auf schweren Metallständern fixiert. An präzisen Mikrometerschrauben konnte die **Himmelsposition** der Sterne ausgemessen werden: die Erhebung über dem Horizont, der »Längengrad«, die Entfernung und die Leuchtkraft.

Heimatkunde: Wie groß ist unser Sonnensystem?

Seit der kopernikanischen Wende sah unser Weltbild so aus: Die **Sonne** steht im Mittelpunkt, um sie drehen sich die Planeten: **Merkur**, **Venus**, **Erde**, **Mars**, **Jupiter** und **Saturn**. Der **Mond** umkreist die Erde und mit ihr die Sonne. All diese Himmelskörper ziehen ihre Bahnen vor dem Fixsternhimmel, der still zu stehen scheint. Sie leuchten heller als die Fixsterne und sind mit bloßem Auge sichtbar. Galilei hat dann Monde entdeckt, die um Jupiter kreisen, aber die waren nur mit dem Fernrohr zu erkennen.

Alles, was wichtig war, spielte sich vor dem Fixsternhimmel ab. Sonne, Mond und sechs Planeten, das war unsere Welt. Den Abschluss bildete **Saturn,** der äußerste Planet in unserem Sonnensystem. Da machte William Herschel eine zufällige Entdeckung.

Es war der 13. März 1781, als er vom Musikunterricht nach Hause eilte. Er hatte seine Schüler früher nach Hause geschickt, denn es brach eine wunderschöne, sternenklare Nacht herein. Herschel beeilte sich, denn er wollte seinem Hobby nachgehen: der Astronomie. Er katalogi-

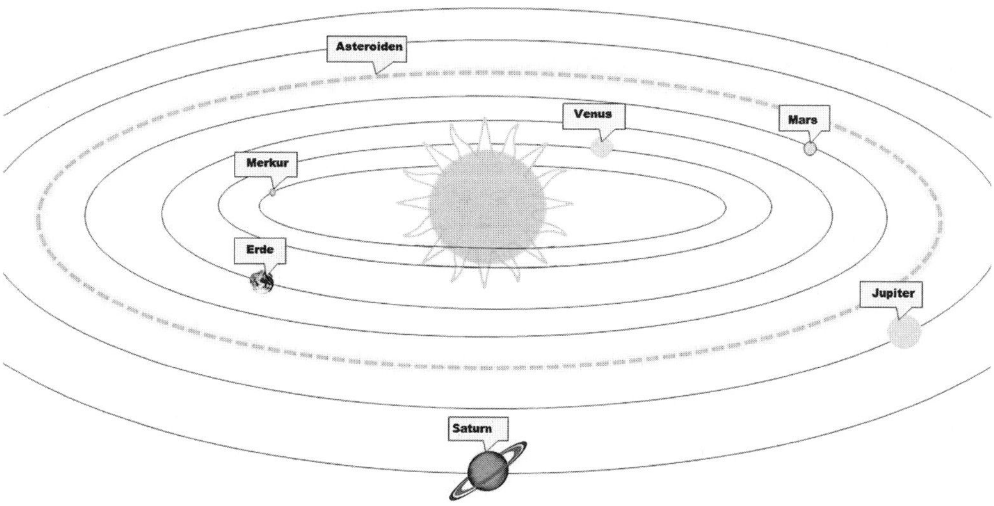

Abbildung 10.2: Seit der Antike bis ins 17. Jahrhundert: Die Vorstellung unseres Sonnensystems mit sechs Planeten: Merkur, Venus, Erde, Mars, Jupiter und Saturn. Die äußeren Planeten und auch der Asteroidengürtel waren noch nicht erkannt. Asteroiden sind Gesteinsbrocken, die wie Planeten um die Sonne kreisen. Aufgrund ihrer Kleinheit zählen sie aber nicht zu den Planeten. Doch wo ist die Grenze? Auf eine Definition musste man noch gut drei Jahrhunderte warten. Übrigens: Die Größenverhältnisse sind auf der Zeichnung nur angedeutet. Insbesondere die Abstände der Bahnen untereinander sind in Wirklichkeit sehr viel größer.

sierte gerade kleinere Fixsterne im Sternbild der Zwillinge, als er auf einen Lichtpunkt stieß, der größer als alle anderen war.

Herschel teilte die Beobachtung der astronomischen Gesellschaft mit und schnell sprach sich die Sensation herum: ein neuer Planet war gefunden! Nahezu jeder, der ein Fernrohr oder Spiegelteleskop ergattern konnte, machte sich daran, den neuen Stern zu suchen. Seit der Antike war »die Welt« bei Saturn zu Ende. 1,5 Milliarden Kilometer von uns entfernt. Der »Neue« war gut doppelt so weit von uns entfernt.

Ein neuer Stern, eine neue Welt: Uranus, Planet Nummer sieben

Mit einem Schlag war die »Welt« in ihren Ausmaßen fast doppelt so groß wie vorher, der neue Planet war viermal so groß wie die Erde und 15-mal so schwer.

Herschel schlug vor, ihn nach dem König von Großbritannien zu benennen: »George«, doch die astronomische Gesellschaft setzte sich mit dem Wunsch nach einem mythischen Namen durch, und so wurde der Planet auf den Namen »Uranus« getauft.

William Herschel war von der Ausbildung her gar kein Astronom, sondern Musiker. Aber die Entdeckung eines bis dahin unbekannten Planeten machte ihn über Nacht weltberühmt. Der König wurde auf ihn aufmerksam und ernannte ihn zum »königlichen Astronomen«, er bezog ein stattliches Salär und widmete sich fortan nur noch der Astronomie. Herschel entwickelte sich zu einem geachteten Wissenschaftler und wurde gar Präsident der »königlichen astronomischen Gesellschaft«, der höchsten akademischen Fachvereinigung.

Ein Musiker auf Abwegen

Wilhelm Herschel kam ursprünglich aus Deutschland, war ausgewandert und hatte sich in England in Bath niedergelassen. Er nannte sich fortan William Herschel und startete eine beachtliche Karriere als Oboensolist. Er war sehr erfolgreich und brachte es bis zum Musikdirektor der Stadt. Wie übrigens viele Musiker interessierte sich Herschel auch für Mathematik und war dem mathematischen **Verhältnis von Harmonien** auf der Spur.

Das führende Buch zur Harmonielehre stammte von einem gewissen Robert Smith, der auch ein Buch über moderne **Teleskope** geschrieben hatte. Dieses Buch fiel Herschel eines Tages in die Hände und er las darin – zunächst nur, weil er den Autor kannte, Robert Smith. Doch da hatte Herschel sich schon festgelesen.

In der Musik wie in der Astronomie: Es kommt auf die Instrumente an

Das Thema »Teleskope« entfesselte Herschels Leidenschaft und er begann, sich Teleskope, vor allem Spiegelteleskope zu bauen. Er wollte Sterne »zum Greifen nahe« sehen. Er schliff sich Linsen und Spiegel, baute den Tubus und montierte alles so, dass das Fernrohr möglichst sauber und effektiv arbeitete. Dabei ging er sehr professionell vor und schuf Präzisionsinstrumente höchster Qualität. Doch niemand nahm davon Notiz.

Die Fachwelt wurde erst aufmerksam, als Herschel die Vergrößerungsfaktoren veröffentlichte. Sie waren so gut, dass sie angezweifelt wurden. Daraufhin führte Herschel seine Gerätschaften dem Präsidenten der königlichen astronomischen Gesellschaft vor, der die Richtigkeit der Angaben überprüfte und sich von der handwerklichen wie der wissenschaftlichen Qualität der Arbeiten tief beeindruckt zeigte.

Herschel baute **die besten Fernrohre seiner Zeit** und die größten und leistungsstärksten Spiegelteleskope. Zu seinen Bewunderern gehörten nicht nur Fachkollegen, sondern auch der König von Großbritannien, mit dem ihn auch eine persönliche Freundschaft verband.

Es wird auch berichtet, dass der berühmte Komponist **Josef Haydn** nach Bath kam, um sich den Sternenhimmel durch Herschels Teleskope anzuschauen. Er soll so beeindruckt gewesen sein, dass er beschloss, dieses Erlebnis in einer ganz besonderen Komposition umzusetzen: das Oratorium »Die Schöpfung«.

Stars und Sternchen

Teleskope (Fernrohre) wurden erheblich leistungsstärker, seit man Gläser mit hoher Qualität herstellen konnte. Auch die Spiegel der **Spiegelteleskope** wurden bevorzugt aus Glas hergestellt. Sie erfreuten sich großer Beliebtheit, weil sie hohe Messgenauigkeit mit großer Lichtempfindlichkeit verbanden. Im Laufe der Zeit wurden immer größere Spiegel möglich und der Durchmesser stieg vom 1,22 Meter großen Spiegelteleskop, das Herschel 1781 benutzt hatte über 2,5 Meter (1919) und 5 Meter (1947) bis auf 6 Meter (1974).

Giovanni Domenico Cassini (1625-1712), stammte zwar aus Italien, lebte und arbeitete aber hauptsächlich in Frankreich, wo er sich (ab 1673) auch Jean-Dominique Cassini nannte. Er war ein bedeutender Astronom und Mathematiker und ihm gelangen spektakuläre Entdeckungen und sehr präzise Messungen. So bestimmte er den Lichtbrechungsfaktor der Erdatmosphäre, die Rotationsdauer von Jupiter, Mars und Venus und entdeckte weitere Monde von Saturn.

Bis heute werden Jahr für Jahr immer neue Monde unserer (mittlerweile) acht Planeten gefunden. Doch es war noch ein aufregender Weg bis dahin. Fast hätten wir neun Planeten gehabt, doch der Status »Planet« wurde dem zuletzt gefundenen Himmelskörper wieder aberkannt. Das war 2006, also vor wenigen Jahren. Denn es musste erst einmal genau definiert werden, was eigentlich ein Planet ist.

Bis dahin galt alles, was sich um die Sonne bewegte, als **Planet**. Und die große Frage nach der Entdeckung von Uranus war:

Wenn es da draußen einen so großen Planeten gab, von dem man jahrtausendelang nichts geahnt hatte: Gab es vielleicht andernorts noch größere Planeten zu finden? Unter den Astronomen brach gewissermaßen ein »Goldrausch« aus, ein wahres **Planeten-Such-Fieber**.

Schon Johannes Kepler hatte vorausgesagt, dass zwischen Mars und Jupiter noch etwas zu finden sein müsste. Der Abstand war ungewöhnlich groß. Da müsste doch noch Platz für einen weiteren Planeten sein. Doch niemand hatte je etwas gefunden. Nun aber waren die Teleskope lichtstärker geworden.

Planeten in Reih und Glied

Wenn man sich die Bahnen der Planeten gewissermaßen von oben anschaut, dann sieht man, dass sie einigermaßen regelmäßig verteilt sind. Gemäß ihrer Masse und der Umlaufgeschwindigkeit ergibt sich jeweils eine Kreisbahn, und wo genügend Platz war, hat sich auch ein Planet kreisend angesiedelt. Das kann zufällig geschehen sein. Das kann aber auch regelmäßig erfolgen, vielleicht sogar gesetzmäßig. Und manch einer, der sich das anschaut, mag auf die Idee kommen: Da steckt ein Naturgesetz dahinter, das muss sich also berechnen lassen. Ein neues Naturgesetz? Aber warum?

Warum sollten Planeten in einem regelmäßigen Abstand voneinander stehen?

Der deutsche Mathematiker **Daniel Titius** (1729-1796) suchte nach dieser Regelmäßigkeit und entwarf eine Formel, die er durch Ausprobieren gefunden hatte. Er veränderte sie so lange, bis sie die Abstände der bekannten Planeten ziemlich genau berechnen konnte. Allerdings forderte die Formel zwischen Mars und Jupiter einen weiteren Planeten, der nicht da war!

Eine deutsche Gruppe von Astronomen, angeführt vom Direktor der Berliner Sternwarte **Johann Bode** (1747-1826), ging der Sache weiter nach und wollte Ordnung in das System bringen. Die Gruppe erhielt den Spitznamen »Himmelspolizey«.

»Ceres« sollte der gesuchte Planet sein. Als 1801 der italienische Astronom **Giuseppe Piazzi** Ceres entdeckte, genau zwischen Mars und Jupiter, schien die Lücke geschlossen.

Doch Ceres ist viel zu klein, um als Planet gelten zu können. Er weist einen Durchmesser von rund 900 Kilometern auf, ist nicht einmal so groß wie ein Drittel des Mondes und ist, wie wir heute wissen, Teil des Asteroidengürtels. Diese **Asteroiden** könnten allesamt Bruchstücke eines Planeten sein, der früher vielleicht an dieser Stelle kreiste. Dann wurde er vielleicht von einem Kometen getroffen und zersplitterte.

Aber groß kann der **Planet** nicht gewesen sein, denn alle Bruchstücke im Asteroidengürtel zusammen machen nicht einmal die Masse des Mondes aus. Ein großer Planet würde sich auf der Bahn auch kaum gehalten haben, denn die Schwerkraft des benachbarten Riesenplaneten Jupiter hätte ihn mächtig angezogen und es wäre womöglich bald zu einer »feindlichen Übernahme« gekommen.

Die **Formel** forderte darüber hinaus weitere Planeten außerhalb. Und als nun Uranus genau passte, schien der Beweis für die Gültigkeit der **Titius-Bode-Formel** erbracht. Doch später wurden weitere Planeten entdeckt und es gab wieder Ungereimtheiten.

Die Formel stimmt in grober Näherung erstaunlich gut, aber das kann nicht wirklich überraschen, denn die Formel wurde ja durch Ausprobieren so lange verändert, bis sie passte. Trotzdem gibt es Abweichungen von bis zu 5 Prozent und das ist schon bedenklich. Das entspricht immerhin Fehlern in der Größenordnung von Millionen von Kilometern. Und schließlich sind die mit Hilfe der Formel gefundenen »Planeten« allenthalben »Kleinstplaneten« oder Asteroiden.

Wissenschaftlich gibt es auch keinen Grund, warum sich Planeten in einer bestimmten Ordnung aufstellen müssten. Als naturgesetzliche Größen wirken nur die Schwerkraft über die Masse und die Zentrifugalkraft über die Bahngeschwindigkeit.

Daraus ergibt sich eine bestimmte Position der Planeten, wie sie um die Sonne kreisen. Aber es ergibt sich daraus nicht ein gesetzmäßiger Abstand untereinander. Waren die Abstände zu knapp, kam es zu Zusammenstößen. Über mehrere Milliarden von Jahren war Zeit genug, bis sich eine stabile Reihenfolge eingestellt hatte.

Die Titius-Bode-Formel wird von den Astronomen heute als nicht gültig angesehen. Und doch hat sie historisch ihren Sinn gehabt. Denn sie regte an, nach den »fehlenden« Planeten zu suchen.

Der 1801 entdeckte »Ceres« wurde also nicht als Planet eingestuft, sondern als Asteroid. Der Begriff »Asteroid« (»Sternchen«) war nicht sehr klug gewählt, weil Sterne eigentlich von selbst leuchten. Besser wäre der Begriff »Planetoid« oder »Kleinplanet« gewesen. Aber wie das so ist, der Name hat sich inzwischen eingebürgert.

Chronik der Entdeckungen

Bis zum Beginn des 17. Jahrhunderts kannte man (neben dem unfassbaren Fixsternhimmel) nur die acht »beweglichen« Himmelskörper, die auch schon in der Antike bekannt waren: Sonne und Mond sowie die sechs Planeten Merkur, Venus, Erde, Mars, Jupiter und Saturn.

Als Galilei 1610 sein Fernrohr zur Himmelsbeobachtung einsetzte, begann das Zeitalter der Entdeckungen.

Im 17. Jahrhundert kamen neun Neuentdeckungen hinzu:

1610	Galilei entdeckt	Kallisto (Jupitermond)
1610	Galilei entdeckt	Europa (Jupitermond)
1610	Galilei entdeckt	Ganymed (Jupitermond)
1610	Galilei entdeckt	Io (Jupitermond)
1655	Huygens entdeckt	Titan (Saturnmond)
1671	Cassini entdeckt	Iapetus (Saturnmond)
1672	Cassini entdeckt	Rhea (Saturnmond)
1684	Cassini entdeckt	Dione (Saturnmond)
1684	Cassini entdeckt	Tethys (Saturnmond)

Zum Ende des 17. Jahrhunderts betrug die Gesamtzahl der bekannten Himmelskörper 17.

Im 18. Jahrhundert gab es fünf Neuentdeckungen, darunter ein Planet:

1781	Herschel entdeckt	**Uranus**
1787	Herschel entdeckt	Oberon (Uranusmond)
1787	Herschel entdeckt	Titania (Uranusmond)
1789	Herschel entdeckt	Enceladus (Saturnmond)
1789	Herschel entdeckt	Mimas (Saturnmond)

Zum Ende des 18. Jahrhunderts betrug die Gesamtzahl der bekannten Himmelskörper 22.

Spannend war immer die Frage: Wie weit ist ein neu entdeckter Himmelskörper von der Erde entfernt? Wie misst man überhaupt den Durchmesser von Galaxien oder die **Abstände** zu fernen Sternen?

Parallaxe: Über den Daumen gepeilt

Wie bestimmt man **Entfernungen im Weltall**? Mit dem Maßband kommt man nicht weit. Und Laserstrahlen gab es damals auch noch nicht.

Mit etwas Geschick kann man auch die Keplerschen Gesetze mit den Bewegungsgesetzen von Newton kombinieren. Dann lassen sich Planetenbahnen bestimmen, denn einige Hilfsgrößen sind bekannt. Sie lassen sich messen: zum Beispiel die Eigenrotation und die Zahl der Umläufe um die Sonne. Bestimmte Größen auf der Erde lassen sich auch recht genau bestimmen –erinnern Sie sich noch an Eratosthenes, und wie er den Erdumfang bestimmte? Blättern Sie nur ein paar Seiten zurück.

Aber soll man den Abstand zu fernen Gestirnen bestimmen? Der am häufigsten angewandte Trick: Man setzt die zu suchende Entfernung in ein Verhältnis zu einer bekannten Entfernung. So hat das Eratosthenes 200 Jahre vor unserer Zeitrechnung auch gemacht. Und wie macht man das im Weltall?

Jetzt kommt die Sache mit der Parallaxe. Und die kennt jeder noch aus seiner Zeit bei den Pfadfindern. Sie erinnern sich? Na klar! Nur nannten wir das damals nicht Parallaxe, sondern »Daumensprung«.

Die folgenden Fragen tauchen bei Pfadfindern eigentlich täglich, wenn nicht stündlich auf: Wie weit ist es noch zu dem Dorf da? Wann sind wir am See? Wann erreichen wir das Ufer? Erfahrungsgemäß kann man die Breite von Gegenständen, auch in der Ferne sehr gut einschätzen. Wir wissen, wie breit Häuser, Waldstücke, Dörfer oder Landschaften sind. Dagegen tun wir uns sehr schwer, die Entfernung zwischen uns und einem Punkt in der Ferne richtig einzuschätzen. Besonders, wenn dazwischen das Meer, ein See oder endlose Wiesen sind. Mit dem Daumensprung setze ich nun die unbekannte Strecke ins Verhältnis zur bekannten und bekomme einen sehr viel zuverlässigeren Wert.

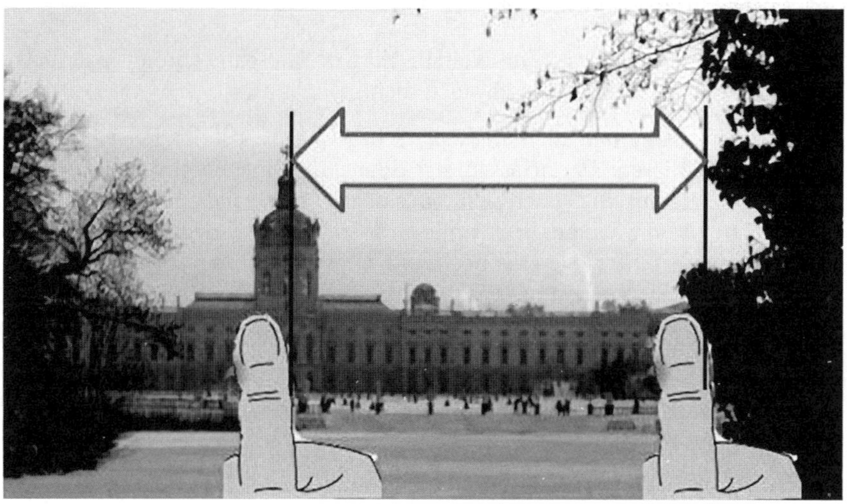

Abbildung 10.3: ***Oberes Bild****: Wie weit ist es noch zum Schloss? Ein Kilometer? Oder drei? Oder fünf? Schwer zu sagen. Die Breite lässt sich viel besser schätzen.*
Unteres Bild: *Der Daumen springt (wenn man abwechselnd ein Auge schließt), na, sagen wir 200 Meter. Dann sind wir 2 Kilometer entfernt.*

Und wieso springt der Daumen?

Das hat damit zu tun, dass wir zwei Augen haben. Wenn wir den Arm ausgestreckt vor uns und den Daumen hoch halten, um etwas in der Ferne anzupeilen – und jetzt abwechselnd das eine, dann das andere Auge schließen, dann springt der Daumen hin und her. Von dem Turm dort bis zu jenem Baum. Die Strecke lässt sich gut abschätzen, das sind knapp 100 Meter. Dann sind wir noch einen Kilometer entfernt. Wie das?

Die Natur hat es uns einfach gemacht. Ins Verhältnis gesetzt werden: Augenabstand und Armlänge zu Dorfbreite und der gesuchten Entfernung. Der Augenabstand ist 6 Zentimeter und die Armlänge 60 Zentimeter, jedenfalls bei halbwüchsigen Pfadfindern. So ergibt sich das kopfrechnenfreundliche Verhältnis von 1 zu 10. Und man muss die Breite nur noch mal 10 nehmen, um die gesuchte Länge zu haben.

Sollten Sie sich aber um den Posten des amtlich geprüften Längenschätzers bei der Schweizer Bergpolizei bewerben, dann würde ich Augenabstand und Armlänge genauestens ausmessen und mir einen Rechenschieber zulegen. Rechenschieber deswegen: Die brauchen nämlich keine Batterien und das kann in den Bergen manchmal ganz entscheidend sein.

In der Astronomie geht man ganz ähnlich vor. Der Augenabstand wird durch die unterschiedliche Position der Erde auf ihrer Umlaufbahn realisiert. Der Daumen muss ein passender Stern im Vordergrund sein. Dann lässt sich die Entfernung zu dahinterliegenden Fixsternen bestimmen. Breitenverhältnisse müssen aus den Newtonschen und den Keplerschen Gesetzen berechnet werden.

Viele Astronomen suchten nach Planeten, Herschel, um ein letztes Mal auf ihn zurückzukommen, beteiligte sich nicht mehr daran. Er suchte nach der »Architektur« des Universums. Er wollte herausfinden, nach welchen Gesetzen der Kosmos gebaut worden war und wohin er sich entwickelte.

Begründer der Kosmologie

Herschel beobachtete vor allem die hellen Gebilde im Fixsterngewirr, die üblicherweise als »Nebel« bezeichnet wurden. Bis dahin war nicht klar, ob es nun Sternhaufen waren oder Flüssigkeiten oder Gasnebel. Herschel konnte mit seinen großen Spiegeln die Nebel in einzelne Sterne auflösen und führte eine Klassifizierung dieser Sternhaufen ein.

Visionär war Herschels **Theorie zur Entstehung der Sternhaufen**: Die Zusammenlagerung von Sternen würde demnach unter dem Einfluss der eigenen Schwerkraft erfolgen. Damit sagte er, dass der Fixsternhimmel keineswegs unveränderlich fixiert ist, sondern sich im Laufe von Jahrmillionen verändern kann. Herschel erwies sich als der erste Astronom, der das Konzept der **Evolution** auf die Entstehung des Kosmos anwendete. Er gilt als Begründer der **Kosmologie**, der Wissenschaft von der Entstehung der Welt.

Der scheinbar unveränderliche Fixsternhimmel, wie wir ihn wahrnehmen, ist nur eine Momentaufnahme, ein Augenblick im jahrmilliardenlangen Entwicklungsprozess des Universums. Ein Menschenleben reicht nicht aus, auch nur den Bruchteil eines Bruchteils dieser

Entwicklung wahrzunehmen – wie eine Eintagsfliege, die nicht begreift, was mit dem Lauf der Jahreszeiten gemeint sein könnte.

Chronik der Entdeckungen

Im 19. Jahrhundert gab es Hunderte von Neuentdeckungen, darunter fast 500 Asteroiden. Gezählt werden hier nur die größeren Himmelskörper, das sind im 19. Jahrhundert neun Neuentdeckungen, darunter ein Planet:

1846	Adams/LeVerrier entdecken	**Neptun**
1846	Lassell entdeckt	Triton (Neptunmond)
1848	Bond entdeckt	Hyperion (Saturnmond)
1851	Lassell entdeckt	Ariel (Uranusmond)
1851	Lassell entdeckt	Umbriel (Uranusmond)
1877	Hall entdeckt	Phobos (Marsmond)
1877	Hall entdeckt	Deimos (Marsmond)
1892	Barnard entdeckt	Almathea (Jupitermond)
1898	Pickering entdeckt	Phoebe (Saturnmond)

Zum Ende des 19. Jahrhunderts waren 31 (größere) Himmelskörper bekannt.

Im 20. Jahrhundert kamen Satelliten und Raumsonden hinzu. Mit ihrer Hilfe wurden Tausende von Asteroiden, Kometen und Kleinstmonde entdeckt. Bis in die 1970-er Jahre wurden 13 (größere) Neuentdeckungen gemacht:

1904	Perrine entdeckt	Himalia (Jupitermond)
1905	Perrine entdeckt	Elara (Jupitermond)
1908	Melotte entdeckt	Pasiphae (Jupitermond)
1914	Nicholson entdeckt	Sinope (Jupitermond)
1930	Tombaugh entdeckt	Pluto
1938	Nicholson entdeckt	Carme (Jupitermond)
1938	Nicholson entdeckt	Lysithea (Jupitermond)
1948	Kuiper entdeckt	Miranda (Uranusmond)
1949	Kuiper entdeckt	Nereid (Neptunmond)
1951	Nicholson entdeckt	Ananke (Jupitermond)
1966	Dollfus entdeckt	Janus (Saturnmond)
1974	Kowal entdeckt	Leda (Jupitermond)
1978	Christy entdeckt	Charon (Plutomond)

Gegen Ende des 20. Jahrhunderts waren 44 (größere) Himmelskörper bekannt.

Planetensuche mit Hindernissen

Die Planetenjäger hatten sich nach dem Debakel mit den Winzlingen aus dem Asteroidengürtel wieder ferneren Zielen zugewandt. Denn Berechnungen der Uranusbahn hatten ergeben, dass offenbar Kräfte von außen an der Bewegung des neu entdeckten Planeten ziehen. **Gravitationskräfte** von einem weiteren Planeten?

John Adams (1841-1892) war ein Mathematiker aus Cambridge und glaubte an die Titius-Bode-Formel. 1845 hatte er theoretisch alles miteinander kombiniert und berechnet, wo der neue Planet zu welcher Jahreszeit zu finden sein müsste. Er plauderte darüber mit **James Challis**, dem Astronomie-Professor in Cambridge. Der suchte sofort nach dem Stern in der berechneten Region, als ihn seine Frau zu einer Tasse Tee bat. Nach dem Tee hatte sich der Himmel bezogen, und ausgerechnet an diesem Abend wäre der gesuchte Unbekannte gut zu beobachten gewesen.

Challis war überhäuft mit Arbeit und konnte sich der Planetensuche nicht weiter widmen. Deshalb gab er Adams den Rat, sich an den königlichen Astronomen in Greenwich zu wenden, **George Airy**. Dreimal verabredeten sich die beiden, doch immer kam etwas dazwischen. Es kam zur Legendenbildung. Es hieß, Airy hielte nichts von der Titius-Bode-Formel und wolle nicht mit Adams sprechen. So floss die Zeit dahin.

Währenddessen verfolgte **Urbain Le Verrier** (1811-1877) vom Pariser Observatorium die gleiche Idee, ja er veröffentlichte sie sogar und sagte für den 1. Juni 1846 den präzisen Beobachtungspunkt des unbekannten Planeten voraus.

Aber niemand in Frankreich fühlte sich aufgerufen, nachzuschauen und dem Kollegen zu Ruhm und Ehre zu verhelfen. Zeitgenossen führten das darauf zurück, dass Le Verrier ein sehr unangenehmer Charakter war, hochnäsig und pedantisch.

Le Verrier schrieb daraufhin die **Berliner Sternwarte** an und bat um Bestätigung seiner beigefügten Voraussagen. In der Sternwarte hatten die Assistenten **Johann Galle** (1825-1910) und **Heinrich d'Arrest** (1822-1875) Dienst. Galle schlug dem Direktor vor, noch in der gleichen Nacht mit der Suche zu beginnen. Der Direktor stimmte zu. Die beiden beschlossen, systematisch vorzugehen und die Beobachtungen im Teleskop mit der entsprechenden Sternenkarte abzugleichen.

Planet Nummer acht: Neptun

Galle suchte die Region stückweise ab. Wenn er einen Stern erwischte, rief er seinem Kollegen die jeweilige Position zu. Der schaute auf der Karte nach, ob die Position verzeichnet war. So ging das eine Weile, bis d'Arrest die erlösenden Worte rief: »Der ist nicht auf der Karte!« In weniger als einer Stunde hatten sie den 8. Planeten des Sonnensystems gefunden.

Um zu beweisen, dass es sich tatsächlich um einen Planeten handelte, beobachteten sie am nächsten Abend, ob der neue Stern seine Position verändert hatte. Daraufhin konnten sie den Erfolg nach Paris weitermelden.

Sogleich ging der Streit los: Wie sollte der »Neue« heißen? Und wer hatte ihn entdeckt? Die Berliner erwiesen sich als Ehrenmänner und verwiesen auf Le Verrier, der mit seinen Berechnungen die tatsächliche Position des neu entdeckten Planeten nahezu punktgenau vorhergesagt hatte. Sie erhielten aber das Recht, den Planeten zu benennen. Sie entschieden sich für »Neptun«. Das war insofern ein treffender Name, als Neptun der römische Gott des Meeres ist. Und wie sich später herausstellte, besteht der neue Planet im Wesentlichen aus Wasser.

Gasriesen – die äußeren Planeten

- Von den gesteinsförmigen inneren Planeten Merkur, Venus, Erde und Mars unterscheiden sich die vier äußeren Planeten Jupiter, Saturn, Uranus und Neptun deutlich. Es sind riesige **Gasplaneten**.
- Vermutlich haben sie einen **Gesteinskern**, der allein schon ein paar Mal so schwer ist wie die gesamte Erde. Darüber befindet sich ein gigantischer Ozean aus überhitztem Wasser und darüber eine ausgedehnte Atmosphäre aus Wasserdampf, Methan und anderen Gasen.
- Aufgrund ihrer riesigen Dimensionen und ihrer Dichte sind sie sehr schwer und besitzen eine enorme Massenanziehungskraft (Gravitation).
- Jupiter ist der größte. Er besitzt doppelt so viel Masse wie alle anderen Planeten zusammen. Er ist über 300-mal so schwer wie die Erde.

Aber wem gebührt die Ehre des Entdeckers? Adams war eindeutig früher dran. Aber es gab keine Veröffentlichung. Also Le Verrier? Eine höchst brisante Frage angesichts des nationalen Prestiges der beiden verfeindeten Nationen.

Es kam zu einer diplomatischen Lösung, an der John Herschel, der Sohn von William Herschel, maßgeblichen Anteil hatte. Er vermittelte zwischen beiden und es kam sogar zu einer Begegnung 1847 im Haus von John Herschel in England. Seitdem werden als Entdecker von Neptun Adams/Le Verrier gemeinsam genannt.

Planetendämmerung

Wieder war das Jagdfieber erwacht: Gab es einen weiteren Planeten außerhalb des bis dahin bekannten Sonnensystems? Die Berechnungen der Uranusbahn mit dem Einfluss von Neptun ergaben immer noch Fehler, die durch weitere Kraftwirkungen von außen erklärt werden konnten. Und wieder wurde die Titius-Bode-Formel bemüht, doch diesmal schien die Sache nicht so einfach. Niemand meldete eine Position, wo der neue Neue gesichtet worden wäre. Er musste irgendwo da sein, man schien ihn fast zu spüren, aber wenn man ihn greifen wollte, fasste man ins Leere.

Es war schließlich **Percival Lowell** (1855-1916), ein reicher Bankier und engagierter Hobbyastronom aus Boston, der eine Initiative anging: Er wollte beweisen, dass Leben auf dem Mars existierte und er glaubte an einen Planeten jenseits von Neptun.

Suche nach Planet Nummer neun: Pluto

Als Erstes baute er ein großes Observatorium in den Bergen von Arizona oberhalb von Flagstaff. Dann nutzte er die neu entwickelte **fotografische Technik** und nahm aus der Region um das Sternbild Zwillinge bzw. Stier jeden Abend ein Bild auf. Diese Aufnahmen wiederholte er ein paar Tage später, um sie dann zu vergleichen. Seine Idee war, dass der gesamte Fixsternhimmel an Ort und Stelle verharren müsste, aber winzigste Veränderungen eines einzigen Sterns den gesuchten »Planeten X« verraten müssten.

Nach kurzer Zeit verstarb Percival Lowell, ohne auch nur eines seiner Ziele annähernd erreicht zu haben. Dabei war er ganz dicht dran und hätte sich fast als der Entdecker von Planet X feiern lassen können. Denn wie sich später herausstellte, war auf zwei der belichteten Fotoplatten der gesuchte Planet X zu sehen, wenn auch nur sehr, sehr blass. Dem unscheinbaren Schimmer hatte Lowell wohl keine Bedeutung beigemessen.

In seinem Testament verfügte er, dass die Forschung im Observatorium weitergeführt werden sollte, aber die Witwe focht das Testament an. Sie wollte ein Museum für ihren Mann errichten, den sie wohl sehr verehrt hatte. Sie war so besessen von ihren Gefühlen, dass sie sogar auf Reisen seine Kleidungsstücke mit einpackte. Der Rechtsstreit zog sich sehr lange hin, aber am Ende erlangte der Neffe das Recht, das Observatorium im Geiste des Verstorbenen fortzuführen.

Ein neues Teleskop wurde gekauft, ein Direktor eingesetzt und die Stelle eines Assistenten ausgeschrieben, der nächtens Himmelsbilder schießen und diese tagsüber vergleichen sollte. Nicht gerade ein angenehmer Job, aber **Clyde Tombaugh** (1906-1997), begeisterter Amateurastronom aus Kansas, bekam seine Chance.

Und Tombaugh nutzte diese Chance. Nacht für Nacht richtete er das Teleskop präzise auf jeweils einen neuen Abschnitt des Himmels ein und wiederholte genau diese Aufnahmen ein paar Tage später. Dann packte er die jeweils zueinander gehörenden Bilder in den »Blink-Komparator«. Das war ein Gerät, das zwei unterschiedliche Aufnahmen blitzschnell hintereinander präsentieren konnte. Da die Fixsterne scheinbar feststehen, durfte sich am Hintergrund des Bildes nichts ändern: Die erste Aufnahme musste deckungsgleich mit der zweiten sein. Sollte sich aber auch nur ein *einziges* Sternlein bewegt haben, müsste sein Lichtpunkt hin- und herspringen.

Planet X

Am 18. Februar 1930 war es endlich so weit. Es war so gegen vier Uhr am Nachmittag, als Tombaugh zwei Aufnahmen vom 23. und 29. Januar miteinander verglich. Ein winziger Lichtpunkt sprang ganz eindeutig hin- und her. Tombaugh hätte schreien mögen. Aber er setzte ein förmliches Gesicht auf, ging zum Direktor und teilte ihm, fast beiläufig, mit: »Sir, ich glaube, ich habe Ihren Planeten X gefunden!«

Der Direktor sprang auf, sah sich die Bilder im Komparator an und sagte: »Ja, ich glaube, wir haben ihn.« In den folgenden Nächten wiederholten sie die Aufnahmen, überprüften alle Daten. Dann gingen sie am 13. März 1930 an die Öffentlichkeit. Auf den Tag 149 Jahre nach der Entdeckung von Uranus. Es wäre der 75. Geburtstag von Percival Lowell gewesen.

Die Times brachte die Meldung gleich am nächsten Tag. Und wieder machten sich Astronomen aus aller Welt auf, den neuen Planeten zu beobachten. Allein, die große Welle der Begeisterung blieb aus. Bei der Namensgebung folgte man der Empfehlung eines 11-jährigen Mädchens aus Oxford: Der neue Planet, der etwas düster auf den Fotos erschien, sollte nach dem Gott der Unterwelt benannt werden: **Pluto**. Und so geschah es.

Die Wahrheit über Pluto

Doch dieser Pluto entpuppte sich als Mogelpackung. Lowell hatte die Masse seines Planeten X viel zu hoch angesetzt. Im Laufe der Zeit wurde der wirkliche Pluto immer genauer erfasst und ausgemessen. Und es wurde zur Gewissheit: Pluto war sehr viel kleiner.

Dann passierte noch etwas. Die moderneren Teleskope zeigten ein birnenförmiges Bild. Bis klar wurde: es waren zwei – ja was? Planeten? Monde?

Pluto war alles andere als ein ausgewachsener Planet. Durchmesser: 2300 Kilometer, 5 Prozent der Erdmasse. Sein Begleiter hat einen Durchmesser von 1150 Kilometer, ist also halb so groß, und besitzt nur ein Siebtel der Masse Plutos.

Es dauerte bis 1978, bis man die Gewissheit hatte, dass Pluto eigentlich im Doppelpack daherkam. Sein Mond war fast halb so groß wie er selbst. Der neu entdeckte Mond erhielt den Namen **Charon**. Das war fast 50 Jahre, nachdem Pluto entdeckt worden war.

Pluto wurde – in der Wahrnehmung – immer kleiner. Und die Tatsache, dass er nun einen Mond hatte, änderte nichts daran, dass auch beide zusammen keine so große Anziehungskraft entfalten konnten, um damit die Störungen der Uranusbahn zu erklären. Sollte es doch noch einen weiter entfernten Planeten geben? Selbst Clyde Tombaugh suchte nach fernen Planeten, aber seine Teleskope waren inzwischen zu klein.

In den 1980-er Jahren wurden die Teleskope abermals lichtstärker. Lichtstark genug, um auch sehr weit entfernte Objekte abbilden zu können. Der britische Astronom **Dave Jewitt** begann 1987 den Himmel abzusuchen – mit dem Riesenteleskop auf dem Gipfel des Mauna Kea in 4200 Metern Höhe auf Hawaii. Trotzdem dauerte es noch fünf Jahre, bis er 1992 etwas Interessantes fand. War das vielleicht der gesuchte, große Planet?

Groß war die Enttäuschung, als das Objekt und seine Bahn ausgemessen war: Wieder einmal war ein Winzling entdeckt worden. Und es wurden ihrer immer mehr. Bis 1999 wurden von Mauna Kea aus rund 200 kleine Himmelskörper erstmals gesichtet. Heute kennt man gut 1000. Sie haben zusammen 30-mal so viel Masse wie die Erde.

Überraschend war das eigentlich nicht. Schon 1943 hatte der irische Astronom **Kenneth Edgeworth** die Vermutung geäußert, dass sich hinter den letzten Planeten allerlei Trümmer und Restbrocken vergangener Katastrophen ansammeln könnten. Zehn Jahre später veröffentlichte der niederländisch-amerikanische Astronom **Gerard Kuiper** eine Theorie dazu.

Man spricht deshalb vom **Kuiper-Gürtel** oder auch vom **Edgeworth-Kuiper-Gürtel** der ganz ähnlich wie der Asteroidengürtel zwischen Mars und Jupiter aussieht: ein Sammelsurium von Gesteins- oder Eisbrocken unterschiedlicher Größe, die größten vielleicht mit circa 2000 Kilometer im Durchmesser. Also so groß etwa wie Pluto – der es immerhin bis zum Rang eines Planeten geschafft hatte.

Aber genau das wurde jetzt infrage gestellt. Was, wenn man ein Objekt fand, das größer als Pluto war? Oder gleich groß? Oder mit 1000 Kilometer im Durchmesser? Wo will man die Grenze ziehen? Und wer hat darüber zu befinden?

Plutos Ende

Dann passierte, was passieren musste: Am 5. Januar 2005 fand ein Team am Mount Palomar Observatorium einen Brocken, der 2400 Kilometer im Durchmesser maß. Er war also etwas größer als Pluto mit seinen 2300 Kilometern.

Sofort – und mit Recht – beanspruchte das Team auch für diesen Brocken den Status »Planet« – und sie hatten auch schon einen Namen parat: »Eris«.

Das Dilemma war offenbar geworden. Eine Entscheidung musste her. Die internationale Diplomatie begann zu arbeiten, nationale wie internationale Wissenschaftsorganisationen fassten Beschlüsse, und schließlich einigte man sich darauf, dass die oberste internationale Vereinigung der Berufsastronomen aus aller Welt darüber zu befinden habe.

Diese Vereinigung hielt ihre Generalversammlung alle drei Jahre ab, die nächste war für 2006 in Prag geplant. Mehrere Tage lang wurde das Thema diskutiert, zum Schluss der Konferenz wurde abgestimmt.

Die Mehrheit stimmte zu, dass Pluto nicht als Planet gelten könne. Und es wurde festgelegt, was einen Planeten ausmacht. Pluto war ein Planet auf Zeit gewesen, jetzt wurde er zurückgestuft auf das Niveau eines **Kleinplaneten**, genauso wie der neu entdeckte **Eris**.

Unser Sonnensystem hat wieder (nur) acht Planeten.

Planeten – nach der neuen Definition

Ein **Planet** ist:

- ✔ ein Himmelskörper, der um die Sonne kreist
- ✔ sich im hydrostatischen Gleichgewicht befindet
- ✔ das dominierende Objekt seiner Umlaufbahn ist

Hydrostatisches Gleichgewicht bedeutet, dass der Planet so viel Masse besitzt, dass er sich durch seine eigene Schwerkraft zu einer nahezu kugelförmigen Gestalt zusammenzieht und zusammenhält.

Dominierendes Objekt bedeutet, dass er selber seine Bahn mit Hilfe seiner Schwerkraft freihält.

Objekte, die einen anderen Stern als die Sonne umkreisen, heißen **Exoplaneten**.

Schnappschüsse im All

Der Einsatz fotografischer Techniken war entscheidend für viele Entdeckungen. Die **Fotografie** erlaubte die Beobachtung der Zeit. Entweder:

- ✔ **punktuell**: Winzige Bewegungen können dokumentiert werden durch Aufnahmen der gleichen Position zu unterschiedlichen Zeitpunkten

oder

- ✔ **kontinuierlich**: Langzeitbelichtungen zeichnen die Vorgänge kontinuierlich auf und halten den Weg des bewegten Objekts als Lichtspur fest.

  Dabei muss beachtet werden, ob sich der Beobachtungspunkt gegenüber dem Objekt und/ oder gegenüber dem Hintergrund bewegt. So kann der sich drehende Nachthimmel sehr unterschiedlich interpretiert werden.

  Darüber hinaus wurden Langzeitbelichtungen eingesetzt, um kleine oder ferne Objekte überhaupt sichtbar zu machen.

Immer häufiger wurden Teleskope mit Fotokameras direkt verbunden. Die belichteten Fotoplatten wurden entwickelt und ihre Abzüge blieben zur Auswertung im Labor. Und im Labor fand die eigentliche astronomische Tätigkeit statt: das Ausmessen und Vergleichen, das Analysieren und das Spekulieren.

(© Foto EW-Foto/iStock)

Abbildung 10.4: Die Kamera ist auf den Nordpolarstern ausgerichtet, fixiert und auf Dauerbelichtung eingestellt. Wie es scheint, dreht sich der Fixsternhimmel um die Erd- und Himmelsachse. Aber in Wirklichkeit dreht sich nur die Erde um ihre eigene Achse.

Zeig deinen Strichcode und ich sag dir, wer du bist

Ein weiterer Einsatz der Fotografie fand in der **Spektroskopie** statt. Dabei wurden die Spektrallinien fotografiert und ausgemessen, um etwas über die Zusammensetzung des Objekts zu erfahren, aber auch, um seine Entfernung, seine Geschwindigkeit und seine Masse zu bestimmen.

Am Anfang dieser Entwicklung stand **Joseph Fraunhofer** (1787-1826), der im bayerischen Straubing eine Glasmacherlehre absolvierte. Kurfürst Max IV. hatte den jungen Fraunhofer kennengelernt und war sehr beeindruckt von dessen Wissen und Können, so dass er dessen Ausbildung finanzierte. Fraunhofer rechtfertigte das in ihn gesetzte Vertrauen und stellte schon bald die besten Linsen und Prismen für Teleskope her.

Schon immer hatte es Fraunhofer gestört, dass das in den Farben des Regenbogens aufgefächerte Licht nicht ganz sauber war. Das Farbenspektrum enthielt merkwürdige schwarze Linien. Auch die neuen Prismen, die er zu Beginn des 19. Jahrhunderts hergestellt hatte, wiesen diese Linien auf, deutlicher noch als vorher. Aber Fraunhofer war Optiker, kein Physiker. Er wollte der Sache auf den Grund gehen, hatte aber nicht die Zeit dazu.

Heidelberg, ein halbes Jahrhundert später. An der dortigen Universität traf um 1850 der Chemiker **Robert Bunsen** auf den Physiker **Gustav Kirchhoff**. Beide hatten von den **Fraunhofer'schen Linien** (siehe Kapitel 4) gehört und wollten das Rätsel lösen.

Sie analysierten das Licht brennender Gase, wobei sie verschiedenartige Präparate in die Flamme hielten. Sie stellten fest: Jedes Element strahlt, wenn es erhitzt wird, in einer besonderen Farbe. Natrium zum Beispiel gelb – das sieht man, wenn Salz (besteht hauptsächlich aus Natrium) in die Flammen gerät. Kalium leuchtet dagegen violett. Die Elemente leuchten jeweils mit einer ganz bestimmten Farbe, die präzise einer einzigen Wellenlänge im Lichtspektrum entspricht.

Diese **Spektrallinien** waren so etwas wie ein Fingerabdruck, ein Strichcode, ein »Digitalausweis« für die einzelnen Elemente. Damit wurde ein völlig neues Kapitel in der astronomischen Forschung erschlossen: die **Spektralanalyse**. Selbst in einer Entfernung von Milliarden von Lichtjahren konnte man jetzt die substantielle Zusammensetzung der Lichtquellen bestimmen.

Im Licht der Sterne fanden sich viele unterschiedliche »Strichcodes«, und sie bewiesen zweierlei:

- Die Sterne bestehen meist aus sehr vielen, unterschiedlichen Elementen. Die genaue Zusammensetzung der Himmelskörper war jetzt auch aus der Ferne zu ermitteln.
- Das gesamte Weltall besteht aus derselben Materie, aus denselben Elementen wie unsere Erde.

Frauen in der Wissenschaft

Es war die Zeit, da Frauen zwar noch recht selten, doch immer öfter in der Wissenschaft auftauchten und zögerlich akzeptiert wurden. Ein typisches Beispiel findet sich auch in der Astronomie: **Cecilia Payne-Gaposchkin** (1900-1979) kam 1923 aus England nach Cambridge, Massachusetts an das Harvard College Observatory, um die Methode der Spektralanalyse weiterzuentwickeln und – um ihre Doktorarbeit schreiben zu können. Im altehrwürdigen England waren Frauen nämlich zur Promotion nicht zugelassen.

Sie untersuchte das Spektrum von selbst leuchtenden Sternen wie unserer Sonne und kam zu aufregenden Ergebnissen. Ein Astrophysiker, Mitglied der Prüfungskommission, sagte: »Ihre Arbeit über die stellaren Atmosphären war ganz zweifellos die hervorragendste Doktorarbeit, die je in der Astronomie geschrieben wurde.«

Doch bis sie ihre Urkunde in Händen halten konnte, gab es noch einige Merkwürdigkeiten. Cecilia war eine mutige und entschlossene Person. Sie veröffentlichte, was sie herausgefunden hatte, auch wenn es höchst unerwartet war.

Auch ihre Berechnungen bestätigten zunächst, was auch bei anderen Himmelskörpern gefunden worden war: Die **chemische Zusammensetzung** der Sonne ist der der Erde ziemlich ähnlich. Doch dann kam das Überraschende: Die Sonne enthält im Übermaß Wasserstoff und Helium. Vor allem **Wasserstoff** war in gigantischen Mengen vorhanden, fast drei Viertel der Sonne bestand aus Wasserstoff, eine Million Mal so viel wie alle anderen Elemente zusammen.

Die Wasserstoff-Sonne

Die Fachwelt war irritiert. So viel Wasserstoff? Auf der Sonne? Und dann geschah etwas Merkwürdiges. Cecilia Payne-Gaposchkin zog ihre Veröffentlichung zurück. Wieder rätselte die Fachwelt: Räumte sie einen Fehler ein? Stimmte die ganze Theorie nicht?

Cecilia Payne-Gaposchkin hielt sich bedeckt. Erst später erklärte sie, dass der führende theoretische Astronom der USA, **Henry N. Russell**, ihr einen Brief geschrieben hatte, in dem er sich lobend zu ihrer Arbeit äußerte, dann aber einen Punkt scharf kritisierte: »Dass eine Million Mal mehr Wasserstoff vorhanden sein soll, ist gänzlich unmöglich.«

Er habe sie aufgefordert, das Papier zurückzuziehen. Sich dem zu widersetzen, zumal als Frau, wäre einem Arbeitsverbot gleichgekommen. Die Doktorarbeit und jede weitere akademische Karriere hätte sie sich aus dem Kopf schlagen können.

Doch dann kam es zu einer Kehrtwendung mit gebremster Aufrichtigkeit: Russell veröffentlichte 1929 einen 70 Seiten langen Artikel zur Zusammensetzung der Sonnenatmosphäre und kam beiläufig auch auf die Ergebnisse von Payne-Gaposchkin zu sprechen. Er lobte die Arbeit und würdigte vor allem das Ergebnis zum erstaunlich hohen Wasserstoffgehalt – ohne auch nur mit einer Silbe anzudeuten, dass er Jahre zuvor genau dieses Ergebnis abgelehnt hatte.

Später, drei Jahre vor ihrem Tod, erhielt Cecilia Payne-Gaposchkin die begehrte Russell-Plakette als Auszeichnung für ihr Lebenswerk. In ihrer Dankesrede erwähnte sie die »Anekdote« mit der Ablehnung und der Kehrtwende und schloss mit den Worten: »Es ist ein wunderbares Gefühl, der erste und einzige Mensch zu sein, der etwas sieht oder weiß, was andere nicht sehen wollen oder können.«

Cecilia Payne-Gaposchkin hatte mit ihrer Arbeit darauf hingewiesen, dass Sterne auffällig viel Wasserstoff enthalten. Welche Bedeutung das für unsere Sonne hat, konnte sie noch nicht sagen. Denn aus dem Wasserstoff ziehen die Sterne ihre Energie. Aber die Prozesse, die bei einer Kernfusion im Inneren der Atome ablaufen, waren in den 1920-er Jahren noch nicht bekannt.

Cecilia Payne-Gaposchkin hatte eine Methode entwickelt, aus dem Spektrum auf die Zusammensetzung leuchtender Objekte zu schließen. Bei der Auswertung solcher Spektren werden inzwischen elektronische Spektrometer eingesetzt und deren Daten werden unmittelbar im Computer verarbeitet. Inzwischen sind die Spektren der meisten Sterne erfasst und katalogisiert. Einer der berühmtesten Kataloge erschien Anfang des 20. Jahrhunderts: der Henry Draper Katalog mit den Spektren von 22300 Sternen.

In der Anfangszeit der Spektroskopie half die Fotografie. So ließ sich genau auszählen, welcher Wellenlänge welche Linie entspricht. Diese Werte sind für jedes Element typisch. Sie sind als »unveränderliche Kennzeichen« im »digitalen Ausweis« ein für alle Mal festgelegt. Doch dann kam die große Überraschung.

Spektren nach rot verschoben

Sie erinnern sich: Da war noch die Sache mit der **Rotverschiebung** (siehe Kapitel 4). Auch das war anhand von Fotografien leichter zu erkennen, weil man die Spektren von unterschiedlichen Sterngruppen unmittelbar vergleichen konnte. Aus dem Maß der Verschiebung zum roten Ende des Spektrums lässt sich die Geschwindigkeit ablesen, mit der die Sternengruppen von uns wegstreben.

In Wirklichkeit sind die Werte der Rotverschiebung äußerst gering und wären mit bloßem Auge kaum wahrzunehmen. Hier hat die Fotografie wesentlich dazu beigetragen, dass neue Erkenntnisse möglich wurden, zum Beispiel die Berechnung des Alters unserer Welt: 13,7 Milliarden Jahre.

Die Entstehung der Welt: Ewiges Hin und Her oder Knalleffekt?

Dass wir das Alter der Welt berechnen können, dass wir annehmen, dass die Welt aus einem Punkt heraus entstanden ist, das überrascht heute kaum noch jemanden. Dabei ist es noch gar nicht so lange her, dass zwei unterschiedliche Modelle in Konkurrenz zueinander standen: die **Urknalltheorie**, wie eben angedeutet, und die **Steady-State-Theorie**.

Dieses letztgenannte Modell geht davon aus, dass Sterne entstehen und Sterne vergehen, dass aber die Gesamtmasse immer gleich bleibt. Das Universum verändert sich ständig und bleibt doch immer gleich. Mit der neu entwickelten Radioastronomie wurden aber Erkenntnisse gewonnen, die der Steady-State-Theorie alle Argumente nahmen.

Kosmisches Radio

Mit Aufkommen der Funktechnik wurde auch diese Technik für die Astronomie genutzt. Und zwar waren es die ganz normalen Radiohörer, die die Astronomen überhaupt auf die Idee brachten, »Radio Mars« oder den »Staatlichen Orion-Rundfunk« einzuschalten...

Die Radiohörer beschwerten sich bei den Sendern über die seltsamen Zwitschergeräusche, die den Empfang gerade von Musiksendungen empfindlich störten. Techniker schwärmten aus und versuchten mit allerlei Antennen die »Störungen aus dem Kosmos« zu empfangen. Aber die Enttäuschung war groß. Man empfing zwar ein mehr oder weniger unstrukturiertes Rauschen, aber kein »Signal«. Man wäre ja schon mit einem Pausenzeichen oder einem zwischengeschalteten Werbespot zufrieden gewesen...

Aber die Astronomen waren auf die neue Methode aufmerksam geworden. Es kamen zwar keine »Radiosendungen« aus dem All, aber dieses Rauschen konnte ja auch etwas bedeuten. Man ahnte, dass sich damit ein neues »Ohr« zum Lauschen ins Weltall öffnen könnte.

So richtig los ging es mit der Radioastronomie erst nach dem Zweiten Weltkrieg. In England waren zwei Anlagen gebaut worden, eine in der Nähe von Cambridge. Dort begann **Martin Ryle** (1918-1984) seine Arbeit. Er hatte während des Krieges an der Entwicklung der Radartechnik mitgewirkt und suchte nun mit riesigen Antennen den Himmel nach Radiostrahlung ab.

Alle strahlen – elektromagnetisch

Radiostrahlung ist dem Licht sehr verwandt, beides sind »elektromagnetische« Wellen. Sie unterscheiden sich nur durch ihre **Wellenlänge**. Aber je nach Wellenlänge haben sie völlig andere Eigenschaften. Und deshalb werden sie auch technisch zu höchst unterschiedlichen Zwecken benutzt: vom Röntgen bis zum sichtbaren Licht, vom Radar bis zur Rundfunkübertragung.

Dass Sterne strahlen, ist uns selbstverständlich. Inzwischen können wir auch in den meisten Fällen sehr genau erklären, was in ihrem Inneren abläuft, nämlich Kernprozesse, bei denen Energie freigesetzt wird in Form von Strahlung, nämlich Licht. Aber wer sagt denn, dass die Energie nur in Form von Lichtstrahlen abgegeben wird?

Andere Prozesse, oder auch die gleichen, geben Energie in Form von anderen Strahlen ab. Zum Beispiel als Radiostrahlung, als Röntgen- oder Gammastrahlung. Es sind im Prinzip immer die gleichartigen elektromagnetischen Strahlen, nur in unterschiedlicher Wellenlänge. Diese Strahlen transportieren die abgegebene Energie nach draußen.

Kleine Wellenkunde: Die elektromagnetische Strahlung

Was Wellen sind, schaut man sich am besten in der Natur an. Ein Stein plumpst ins Wasser und schon breiten sich die Wellen kreisförmig aus. Schwimmt dann gerade ein Korken im Wasser, sieht man: Er bleibt an Ort und Stelle und tanzt nur mit den Wellen auf und ab. Das Wasser bewegt sich auch nur auf und ab, fließt nicht etwa weg. Die Welle gibt die Schwingung weiter, nicht das Wasser. Die Welle benutzt das Wasser als Medium. Sie transportiert kein Wasser. Sie transportiert Energie.

Ganz ähnlich ist es mit den **Schallwellen**. Sie schwingen in der Luft. Die Schallwellen kommen an unser Ohr und versetzen das Trommelfell in Schwingungen.

Und so ähnlich ist es auch bei den **Lichtwellen**. Es schwingen elektrische und magnetische Felder. In welchem Medium? Man weiß es nicht. Hilfsweise hat man den »Äther« erfunden, aber das ist nur eine Hilfsvorstellung. Man kommt auch ganz gut ohne diese Hilfsvorstellung aus. Denn eine Besonderheit der elektromagnetischen Wellen ist, dass sie sich auch im Vakuum fortpflanzen, während die Wellen, die an ein Medium gebunden sind, an der Grenze zum Vakuum stranden. Die Wasserwelle endet am Ufer, die Schallwellen verschwinden, wo die Luft dünn wird.

Und es gibt noch eine Besonderheit: Alle elektromagnetischen Wellen pflanzen sich mit der gleichen Geschwindigkeit fort, mit **Lichtgeschwindigkeit**: 300 000 Kilometer in der Sekunde. Denn Licht ist ja auch nur ein kleiner Ausschnitt aus dem Spektrum elektromagnetischer Wellen. Damit enden aber auch schon die Gemeinsamkeiten.

Das Interessante ist nun, welche Rolle die **Schwingungsdauer** hat. Man spricht auch von der **Wellenlänge** oder der **Frequenz**. Die Wasserwelle sieht anders aus, wenn ein großer oder ein kleiner Stein hineinfällt. Sie zieht große Kreise oder kleine, aber im Wesentlichen bleibt sie eine Wasserwelle. Die Schallwelle klingt dunkler bei langen Wellen und höher bei kurzen Wellen. Das ist schon ein riesiger Unterschied, fragen Sie mal einen Musiker. Der lebt davon.

Und ganz riesig sind die Unterschiede bei den elektromagnetischen Wellen. In Abbildung 10.6 sehen Sie das Spektrum der elektromagnetischen Wellen (oder Strahlen) und wie wir sie nutzen:

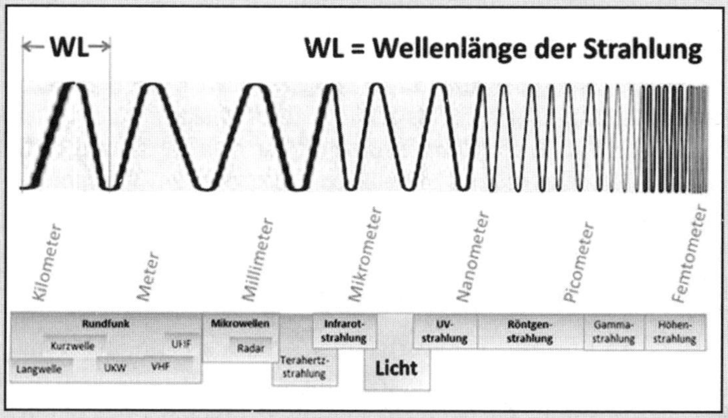

Abbildung 10.5: Das sichtbare Licht ist nur ein ganz kleiner Ausschnitt aus der Vielzahl elektromagnetischer Wellen. Und dieser kleine Ausschnitt ist selber eine Welt für sich. Denn es befinden sich sämtliche Farben des Regenbogens darin. Sie enden bei der Wärmestrahlung im Infraroten auf der langwelligen Seite und bei den Ultravioletten Strahlen auf der kurzwelligen Seite. Die Wellenlängen (WL) reichen etwa von 700 bis 400 Nanometer.

Das **Spektrum der elektromagnetischen Wellen** umfasst einen sehr weiten Wellenlängenbereich: von kilometerlangen Wellen bis hin zu den extrem kurzen Wellenlängen im Bereich von Femtometern – das sind 10 hoch minus 15 Meter, wenn Ihnen das was sagt. Oder ein Tausendstel von einem Millionstel von einem Millionstel Meter. Übrigens steigt die **Energie der Strahlung** mit der **Kürze der Wellen**. Das kurzwellige Licht ist gefährlicher als die gemütliche Wärmestrahlung, das langwellige Infrarot. Das extrem kurzwellige UV-Licht dagegen verursacht schnell einen Sonnenbrand.

Danach folgen im elektromagnetischen Spektrum die noch energiereichere Röntgenstrahlung, dann die Gammastrahlung, die bei Radioaktivität freigesetzt wird, und schließlich die Höhenstrahlung, auch »kosmische« Strahlung genannt, die aus dem All zu uns kommt. Den wahren Charakter der elektromagnetischen Strahlung können wir nicht erkennen, wir können sie aber mathematisch beschreiben und viele ihrer Eigenheiten und Wirkungen erklären. Dabei haben wir es immer mit dem Phänomen des Dualismus zu tun. Wir können vieles aus dem **Wellencharakter** der Strahlung deuten, aber genauso oft können wir die Strahlung auch als Strom von **Teilchen** auffassen und so ihre Wirkung erklären. Ein und dieselbe Realität, die uns in zwei Gesichtern erscheint.

Martin Ryle nutzte seine Antennen, um Radiostrahlung aus dem All aufzufangen. Aufgrund der anderen Wellenlänge konnte er aus den Radiowellen kein »Bild« der Sterne »erzeugen«, aber er konnte den jeweils strahlenden Stern lokalisieren und gewissermaßen ein Strahlungsprofil erstellen – was wiederum wie ein Fingerabdruck eine Menge über den Stern verriet.

Der große Vorteil der neuen Technik war die Eigenschaft der Radiowellen, **tiefer** in den Weltraum »blicken« zu können, als es die Lichtteleskope vermochten. Und weil die Strahlung von sehr viel weiter entfernten Objekten kam, war sie auch länger unterwegs. Ryle konnte also Aussagen machen über ein Universum, das sehr viel älter war, als was man zu dem Zeitpunkt mit Lichtteleskopen sah. Die **Radioastronomie** öffnete den Blick in die Vergangenheit.

Ryle entdeckte, dass die Galaxien umso näher beieinander standen, je älter sie waren. Das Weltall hatte sich nach und nach ausgedehnt und war auf die heutige Größe angewachsen. Ein schlagender Beweis gegen die Steady-State-Theorie.

Ryle katalogisierte alle gefundenen **kosmischen Radioquellen**. Mit Hilfe dieser Kataloge konnte der erste **Quasar** gefunden werden. Quasare sind scheinbar Sterne, doch in Wirklichkeit stark strahlende Erscheinungen im Innern von Galaxien und in der Regel sehr alt.

Ryle entwickelte die Instrumente der Radioastronomie weiter, insbesondere die Kombination vieler Radioteleskope zu einer Superantenne. Mit einer solchen Anordnung fand das Cambridge-Team den ersten **Pulsar**. Pulsare sind starke Strahler, die sehr schnell rotieren.

Martin Ryle erhielt für diese Entdeckungen zusammen mit Antony Hewish den Nobelpreis für Physik 1974, der damit zum ersten Mal für astronomische Forschungen zuerkannt wurde.

Ein Störgeräusch, das die Botschaft war

Etwa zur gleichen Zeit, als Martin Ryle in England seine Experimente machte, wollten zwei junge Astronomen ein Radioteleskop der Bell-Laboratories in New Jersey, USA, nutzen, um nach Radioquellen im Zentrum der Milchstraße zu forschen – und auch sie sollten der Steady-State-Theorie einen heftigen Rückschlag bereiten.

Es war eine Trichterantenne, die zum Empfang von Satellitensignalen gebaut worden war, und **Arno Penzias** (*1933) und **Robert Wilson** (*1936) wollten testen, inwieweit diese Antenne auch geeignet war, Signale aus ferneren Regionen zu orten. Als sie das Gerät das erste Mal einschalteten, merkten sie sofort, dass etwas nicht stimmte. Sie vernahmen ein **Störgeräusch**, ein leises Rauschen, über das man hinweghören konnte. Aber da sie ja gerade nach leisen Signalen suchen wollten, war es schon ärgerlich.

Also machten die beiden sich daran, nach der Ursache zu forschen. Sie wechselten Bauteile aus, ersetzten den Verstärker und schirmten die Anlage nach Norden hin ab, wo die Großstadt New York ein wahres Feuerwerk an Radiosignalen produzierte – nichts half.

Kam die Störung von der Erde oder vom Himmel?

Da entdeckten sie ein Taubenpärchen, das in der Antenne genistet hatte. Also krochen sie hinein und säuberten alles von den Hinterlassenschaften der Vögel. Wieder nichts.

Allmählich kamen sie zu der Auffassung, dass die Quelle doch nicht auf der Erde zu suchen war, sondern am Himmel. Bis zu den Tauben war es immerhin ein erster Schritt in Richtung Himmel – aber offensichtlich noch nicht weit genug...

Ein Jahr hatten sie damit verbracht, alle irdischen Störeinflüsse zu eliminieren. Jetzt suchten sie in den Tiefen des Raums. Irgendwo da draußen musste ein starker Strahler sein, der, auch ohne dass die Antenne auf ihn gerichtet war, sein Signal hereinbrachte. Sie richteten ihr Trichterteleskop senkrecht nach oben und tasteten den Himmel ab. Und da machten sie eine merkwürdige Entdeckung: Das Signal kam absolut gleichmäßig aus allen Richtungen, zu allen Jahres- und Tageszeiten. So als wäre das gesamte Weltall ein klein wenig erwärmt. Die Energie der Strahlung entsprach einer Temperatur von etwa 3 Grad über dem absoluten Nullpunkt. Das kam ihnen alles sehr merkwürdig vor.

Der Zufall wollte es, dass die beiden mit **Robert Dicke** (1916-1997) zusammentrafen, der sich an der nahen Universität in Princeton mit der Entstehung des Kosmos beschäftigte und der Urknalltheorie anhing. Er suchte nur nach einem empirischen Beweis für die kühne Theorie. Nach seiner Auffassung musste es beim Urknall zu einer enormen Freisetzung von Energie gekommen sein. Es mussten gigantische Temperaturen geherrscht haben, die das entstehende Universum noch ganz ausfüllten.

Doch dann, im Laufe der Zeit, dehnte sich das Universum aus und kühlte dabei ab. 13,7 Milliarden Jahre, das ist eine lange Zeit. Aber er ging davon aus, dass die Restwärme noch ein bisschen zu spüren sein müsste, vielleicht in Form einer elektromagnetischen Strahlung im Radio- oder im Mikrowellenbereich. Das könne man alles ausrechnen.

Der letzte Satz hatte es in sich. Wenn diese Berechnungen zu ähnlichen Ergebnissen kamen wie Penzias und Wilson mit ihren Messungen, dann würden Theorie und Experiment zueinander passen. Das wäre der Beweis!

Sie fielen sich fast gleichzeitig ins Wort mit der Frage: »Ja und? Was haben denn Ihre Berechnungen ergeben? In welcher Größenordnung würde denn heute eine Restwärme zu erwarten sein?« Dicke meinte: »Nicht mehr als ein paar Grad über dem absoluten Nullpunkt. Vielleicht drei, vier Grad.«

Das Ende der Ewigkeit

Damit war klar: Penzias und Wilson hatten die sogenannte **Hintergrundstrahlung** entdeckt, Dicke hatte seinen empirischen Beweis für die Urknalltheorie, und die Steady-State-Theorie war am Ende.

Kurz danach erschien im »Astrophysikalischen Journal« eine Veröffentlichung, in der Penzias und Wilson erläuterten, wie sie die Hintergrundstrahlung entdeckt hatten und in der Dicke die theoretischen Überlegungen darlegte. Penzias und Wilson erhielten für ihre Forschung den Physiknobelpreis 1978.

Es war ein überzeugender Beweis für die Leistungen der **Radioastronomie**. Doch dabei blieb es nicht. Die Radioastronomie wurde weiterentwickelt in die Bereiche Röntgen-, Gamma- und Ultraviolettastronomie. Da die Erdatmosphäre für Röntgenstrahlung undurchlässig ist, konnten Röntgenstrahler nur mittels Raketen und später mit Weltraumteleskopen auf Satelliten beobachtet werden. Ähnliches gilt für die **UV-Astronomie** und für die **Gammaastronomie**. Hier wurden indirekte Beobachtungsinstrumente entwickelt, die die Beobachtung von Gammaereignissen im Weltraum sogar vom Boden aus erlaubten.

Sonden und Satelliten: Ich komm' mal kurz näher

Satelliten beobachten die Erde, Satelliten beobachten aber auch den Kosmos – mit freiem Blick auf das Universum, unbeeinflusst von der Erdatmosphäre und anderen Störfaktoren irdischer Art. **Sonden** dringen tief ins All ein, besuchen einen oder mehrere Objekte, die sie in nahem Vorbeiflug untersuchen. Satelliten umkreisen meist die Erde und haben eine oder mehrere Spezialaufgaben.

Der Satellit **COBE** (Cosmic Background Explorer), der 1990 die Tiefen des Alls erforschte, hatte beispielsweise die Spezialaufgabe, nach Unregelmäßigkeiten in der Strahlungsverteilung des frühen Kosmos zu suchen. Klingt kompliziert, einfach gesagt, war COBE ein **Weltraumthermometer**.

COBE sollte die Hintergrundstrahlung daraufhin absuchen, ob sich nicht doch kleine Unregelmäßigkeiten in der räumlichen Verteilung finden ließen. Es gelang, Messpunkte aus der Frühzeit des gerade entstandenen Universums zu finden, die es in einem Alter von nur 300 000 Jahren zeigen.

Die Messungen wurden zu einem Bild zusammengesetzt. Sie zeigen zunächst einmal, dass die Hintergrundstrahlung keineswegs absolut gleichmäßig verteilt ist. Es gibt Kräuselungen und Knötchen.

Sie sind Hinweise auf Verwirbelungen des auseinanderstrebenden Materie-Energie-Gemischs, das dereinst unsere materielle Welt formen wird. In diesem Bild sehen wir die Blaupause für die Entwicklung der Welt zu dieser riesigen Ansammlung von Galaxien. Ohne diese Unregelmäßigkeiten wäre unser Kosmos sterbenslangweilig, würden keine Sternhaufen existieren, keine Sonnensysteme, keine Planeten, nicht die Erde, nicht die Menschen … Denn auch wir sind nur aus Sternenstaub.

11 Ist ja spannend: Mathematik

In diesem Kapitel

- Die Magie der Zahlen
- Die Diva: Kreiszahl Pi
- Die Primadonnen: Primzahlen
- Rätsel, Vermutungen und fehlende Beweise
- Unendlichkeit, Chaos und Computer

Die ersten Menschen, die sich mit Mathematik beschäftigten, mussten noch keine Formeln büffeln. Vielleicht hatten sie deswegen so viel Spaß an der Mathematik. Matheunterricht kann sehr trocken sein. Und manchmal ist Mathe auch schwer zu verstehen.

Ich möchte Sie mitnehmen auf eine Entdeckungsreise. So wie die Menschen im Laufe der Jahrhunderte die Mathematik zu einer wissenschaftlichen Disziplin entwickelt haben, möchte ich mit Ihnen entdecken, wie spannend Mathe sein kann. Da kommt man manchmal aus dem Staunen nicht heraus. Und dann kommt die knackige Logik mit hinein. Da gibt es knifflige Rätsel, die jahrzehntelang niemand lösen kann – und dann kommt einer und hat's mit drei, vier Sätzen bewiesen. Manche solcher Rätsel sind noch ungelöst und einige begüterte Enthusiasten haben Geld gespendet für den, der sie löst. Für gewisse Rätsel liegen eine Million und mehr bereit. Mann, da ist was los.

Zahlen bitte!

Es fing ja so harmlos an. Mit dem **Zählen**. Denn es muss ein frühes Bedürfnis gewesen sein, anderen mitzuteilen, wie viel von etwas gemeint ist: »Zwei« oder »fünf Mammuts stehen unten am Fluss«, »drei Früchte gebe ich dir für vier von diesen schönen Steinen« und so weiter.

Dabei ist ein Zahlwort schon eine erhebliche intellektuelle Leistung. Denn es ist eine Abstraktion. »Drei« kann eben die Anzahl von Mammuts genauso angeben wie die Zahl von Früchten oder Steinen.

Nichts für ungut: Die Zahl Null

Die Abstraktionsleistungen bei der »Erfindung« von Zahlen und Rechenregeln sind beeindruckende Kulturleistungen. Die größte freilich war die Erfindung des Nichts, genauer: die Erfindung der **Null**. Für »Nichts« etwas hinzuschreiben, für »Nichts« ein Symbol zu schreiben, darauf sind Menschen in Indien gekommen. Über die Araber kamen dann die Null und die übrigen Ziffern nach Europa, weshalb sie als »arabische« Ziffern galten.

Das Dezimalsystem

Dass wir bis 10 zählen und danach mit 11 auf einer höheren Stufe wieder mit 1 anfangen, liegt einzig und allein daran, dass wir 10 Finger haben. Hätten wir nur 8 Finger, würden wir zählen: 1 2 3 4 5 6 7 – 10. »Unsere« 8 wäre dann die 10. Hätten wir nur 2 Finger, dann käme nach der 1 gleich die 10. Computer haben nur 2 »Finger« und kommen mit diesem Zweiersystem ganz gut zurecht.

Die andere große Erfindung betraf das **Stellensystem**. Ganz hinten die Einer, dann die Zehner, dann die Hunderter und so weiter. Das Zahlensystem, das mit der 10 erst mal endet und gleichzeitig die nächste Zehnerreihe eröffnet, ist eine geniale Erfindung.

Die Magie der Zahlen

Da hatten die Menschen also die Zahlen und man könnte denken »Ist doch gut so! Wir können zählen damit. Und rechnen. Sie sind nützlich, was soll noch sein?«

Jetzt kommt der spannende Moment. Irgendwann muss es passiert sein, dass sich ein Mensch mal etwas länger mit den Zahlen beschäftigte. Und feststellte: Die sind ja gar nicht so, wie wir immer dachten. Die haben ein Eigenleben. Das ist ja **ein Kosmos für sich**.

Geben Sie's zu, so haben Sie doch auch immer gedacht: Als braver Demokrat dachten Sie: Alle Zahlen sind gleich. Sie drücken einen Zählwert aus, stehen in einer Reihe, und es ist völlig gleichgültig, ob der Zählwert 7 heißt oder 14. Das ändert nichts an ihrem Wert.

Aber sie sind nicht gleich. Überlegen Sie mal mit:

- Es gibt **gerade** und **ungerade** Zahlen. Jede zweite Zahl ist durch zwei teilbar.
- Es gibt Zahlen, die sind nur durch 1 und sich selber teilbar (**Primzahlen**)
- Es gibt Zahlen, die durch 3 teilbar sind und deren Quersumme ebenfalls durch 3 teilbar ist
- Es gibt Zahlen, die als Bruch ganzer Zahlen dargestellt werden können, sogenannte **rationale** Zahlen.
- Es gibt Zahlen, die nicht als Bruch ganzer Zahlen geschrieben werden können, sogenannte **irrationale** Zahlen.
- Es gibt Zahlen, die nicht als Lösung einer algebraischen Gleichung (mit ganzzahligen Koeffizienten) dargestellt werden können, sogenannte **transzendente** Zahlen.
- Es gibt noch sehr viel mehr derartiger Definitionen, die ich Ihnen und mir hier ersparen möchte. Übrigens – Sie werden lachen – bilden die normalen Zahlen, mit denen wir zum Beispiel Erbsen oder unser Geld zählen, auch eine Gruppe. Es sind die sogenannten »natürlichen Zahlen«. Sie bilden die folgende Reihe 1, 2, 3, 4, 5 und so weiter. Ob die Null dazu gehört, ist Definitionssache.

✔ Seit sie erfunden wurden, gab es die **negativen** Zahlen, die **imaginären**, die **komplexen**, die **reellen** und… wir wollten ja aufhören damit. Aber glauben Sie mir, ich könnte locker zehn Seiten füllen mit den Definitionen besonderer Zahlengruppen.

Hinzu kommt etwas sehr Menschliches: Wir Menschen begannen, die Zahlen zu »personifizieren«, wir gaben ihnen eine »Persönlichkeit«. Die 7 war eine **Glückszahl**, die 13 eine **Unglückszahl**. Das ist weit verbreitet, aber es gibt jede Menge individueller Zuschreibungen. Jeder hat so »seine« Zahlen, beim Lotto, beim Sitzplatz im Kino oder beim Datum einer wichtigen Bewerbung.

Die Zahlen wurden überhöht, sie wurden gefürchtet, gehasst, bewundert, geliebt, verehrt und vergöttert. Viele Mythen ranken sich um Zahlen, Zahlen haftet etwas Mystisches an.

Letztlich beruhen all diese Zuschreibungen auf **Aberglauben**. Trotz aller »Wunder«, die passiert sein sollen, keine behauptete Wirkung konnte unter kontrollierten Bedingungen bewiesen werden. Mit der 13 sind nicht mehr Unglücke oder Katastrophen verbunden als mit anderen Zahlen auch. Und wer die 7 zu seinen Glücksbringern zählt, gewinnt nicht häufiger im Lotto als mit anderen Zahlen auch.

Ich kann das mit dem mystischen Zauber, der manche Zahlen umgibt, schon verstehen. Die 12 ist eine besondere Zahl – weil sie durch so viele andere Zahlen teilbar ist. Das ist schon was. Ich würde vorschlagen: Machen wir es wie die nüchternen Mathematiker und stellen einfach fest: die 12 hat ein paar Besonderheiten – und das ist es. Mehr nicht.

So, jetzt ist mir wohler. Das musste noch geklärt werden. Denn jetzt geht es ja erst richtig los.

Die kleinste uninteressante Zahl

Das muss eine recht große Zahl sein. Denn die kleinen Zahlen sind erstens besonders interessant und zweitens besonders gut erforscht. Also die Null kann es schon mal nicht sein, ebenso die Eins nicht. Da brauchen wir gar nicht drüber zu diskutieren.

Die 2 auch nicht. Die ist nämlich die kleinste Primzahl – was Primzahlen sind, da kommen wir noch zu. Die 3 auch nicht, denn die ist die kleinste ungerade Primzahl. Und die 4? Die 4 ist die kleinste zerlegbare Zahl, sie lässt sich als Produkt von Primzahlen darstellen: $2 \times 2 = 4$.

Die 5 ist eine Primzahl. Die 6 ist eine sogenannte **perfekte** Zahl, nämlich gleich der Summe ihrer Teiler. Die Summe der Teiler – was ist das denn? Der Reihe nach: 6 kann durch 1, 2 und 3 geteilt werden: $6 = 1 \times 2 \times 3$. Und die Summe dieser Teiler $1 + 2 + 3$ ergibt auch wieder 6. Perfekt! Eine perfekte Zahl.

7 ist eine Primzahl. 4 und 9 sind **Potenzzahlen** und die 10, na klar, ist die erste Zahl mit zwei Ziffern. Und so geht das weiter.

Ich hab das mal ausprobiert und bin bis zur Zahl 2129 gekommen, einer Primzahl. Über die nachfolgende Zahl 2130 ließ sich nichts Interessantes mehr sagen. Das war's. Das musste die kleinste uninteressante Zahl sein. Sie können sich vorstellen, wie ich mich gefühlt habe: Ich hatte sie gefunden. Die **kleinste uninteressante Zahl**. Natürlich war ich mir nicht so ganz sicher und bin deshalb zu einem berühmten Mathematiker an der Technischen Universität Berlin gegangen.

Als Erstes hat er mich darauf aufmerksam gemacht, dass die 2130 durchaus nicht uninteressant ist, weil sie zwischen zwei **Zwillings-Primzahlen** steht. Zwillings-Primzahlen?

Da habe ich dann beschlossen, nicht ein Mathematik-Lehrbuch schreiben zu wollen, sondern etwas aus der Geschichte der Mathematik zu erzählen, so dass jeder auch versteht, worum es geht. Und da gibt es ja jede Menge spannender Geschichten.

Und dann wies der Mathematiker noch auf ein logisches Problem hin: Was wäre, wenn die Zahl 2130 tatsächlich keine Besonderheiten aufwies. Wenn sie tatsächlich die kleinste uninteressante Zahl wäre? Das wäre doch sehr interessant! Und so geht es weiter mit der nächsten kleinsten uninteressanten Zahl. Damit war logisch *bewiesen*, dass es keine kleinste uninteressante Zahl gibt, dass alle Zahlen interessant sind.

Was ist jetzt mit den Primzahlen? Moooment. Lassen Sie mich zunächst noch etwas über die Zahl Pi erzählen.

Pi-toresk: die Kreiszahl π

Die Zahl Pi beschreibt das Verhältnis von **Umfang** zum **Radius** eines Kreises. Sie gilt für alle Kreise, egal, wie groß sie sind. Sie ist eine Konstante, die symbolhaft für die geschlossene und vollkommene Figur eines Kreises steht. Wenn ein Rad mit einem Durchmesser von 1 sich einmal um sich selbst dreht – oder auf dem Boden abrollt, dann hat es eine Strecke abgerollt von der Länge π (Pi).

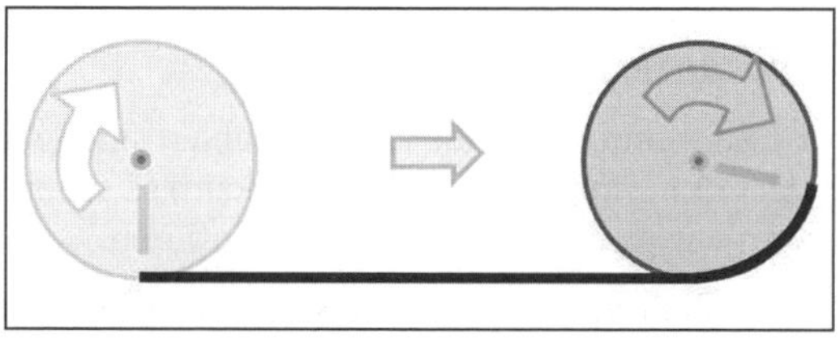

Abbildung 11.1: Der Durchmesser eines Kreises und der Umfang eines Kreises stehen immer in einem konstanten Verhältnis zueinander, egal, wie groß der Kreis ist. Diese Konstante wurde auf den Namen des griechischen Buchstabens π getauft.

Die Zahl Pi war schon den alten Griechen bekannt, aber erst seit neuerer Zeit wissen wir, dass sie eine irrationale Zahl ist. Eine Zahl also, die sich nicht durch einen Bruch darstellen lässt. Irrationale Zahlen sind nicht exakt berechenbar, weil sie unendlich viele Stellen nach dem Komma haben, sie finden einfach kein Ende.

Wer's wissen möchte: Pi ist außerdem eine **transzendente** Zahl, lässt sich also nicht als Lösung einer algebraischen Gleichung (mit ganzzahligen Koeffizienten) finden – weshalb auch ein altes Rätsel geklärt ist: die Unmöglichkeit der Quadratur des Kreises. Weil es mathematisch nicht aufgeht, kann man, nur mit Lineal und Zirkel, keinen Kreis in ein gleich großes Quadrat umwandeln. Nur, weil Sie's wissen wollten.

Die geheimnisvolle Zahl π

Die Geometrie hat uns die Zahl π beschert. Sie taucht immer dann auf, wenn es um Kreise geht. Als man die ägyptischen Pyramiden untersuchte, stellte man erstaunt fest, dass deren Kantenlängen ein Vielfaches der Zahl π maßen. Eine Zahl, die damals noch gar nicht bekannt war. Sofort waren Esoteriker auf dem Plan und mutmaßten, dass fremde Mächte am Werk gewesen sein mussten: Intelligente Besucher aus dem All vielleicht?

Eine einfachere Erklärung ist viel näher liegend: Wie wollten die alten Ägypter sicher sein, dass die vier Grundlinien exakt gleich lang waren? Mehrere hundert Meter lange Maßbänder gab es damals noch nicht. Aber man konnte ein Rad abrollen und so und so viel Umdrehungen als Grundmaß ausmachen. Ohne es zu ahnen, entschieden sich die alten Ägypter damit für ein Grundmaß mit der Zahl π.

Wir wissen heute mehr und können die Zusammenhänge mathematisch herleiten, denn wir kennen die Formeln: Die Fläche eines Kreises ist πr^2, wobei r der Radius ist. Und der Umfang ist $2\pi r$. Wenn man einen Kreis abrollt, hat man automatisch das π mit eingebaut. So einfach ist das.

Weil es sich um eine **irrationale** Zahl handelt, ist ihre Dezimaldarstellung unendlich lang und enthält keine periodischen Wiederholungen. Die Ziffernfolge ist statistisch zufällig. An irgendeiner Stelle werden Sie also auch ihr Geburtsdatum finden. Sicher gibt es einige, die da etwas Geheimnisvolles hineindeuten wollen. Aber es ist reiner Zufall. Wenn eine Zahlenfolge unendlich ist, wird irgendwann und irgendwo eine Folge erscheinen, die scheinbar einen Sinn ergibt.

Das Geheimnis um diese Zahl wurde noch gesteigert durch viele Versuche, Pi genauer zu berechnen. »Genauer«, das bedeutete, möglichst viele Stellen nach dem Komma auszurechnen. Doch wie sollte man die berechnen? Archimedes hatte sich einem recht guten Schätzwert genähert durch außen und innen angelegte Vielecke, im besten Fall waren es 96-Ecke. So konnte er einen mittleren Schätzwert angeben. Pi musste kleiner als das äußere 96-Eck sein und größer als das innen anliegende 96-Eck.

Mit der Antike versank auch das Interesse an der Zahlentheorie. In Mitteleuropa passierte jedenfalls nicht mehr viel. Die Jagd nach der genauen Zahl Pi ging dann erst um 1600 wieder los, als **Ludolph van Ceulen** die Methode des Archimedes weiter trieb und Pi auf 35 Stellen genau berechnete. Sein innen anliegendes Vieleck hatte 2 hoch 62 Ecken und diese Zahl wurde als Ludolphsche Zahl berühmt. Darüber ließe sich so einiges erzählen – aber ich will mich nicht verzetteln.

Dann kam der große Mathematiker **Leonhard Euler**, der im Jahr 1748 Pi auf 148 Stellen genau berechnete. Er entdeckte Formeln, die zur Berechnung von Pi eingesetzt werden konnten.

1996 stellten drei Mathematiker eine Formel vor, mit der jede x-beliebige Stelle berechnet werden konnte, ohne dass man die Stellen davor kennen musste. Inzwischen ist die Jagd nach der Zahl Pi in unvorstellbare Größenordnungen geraten. Mittels neuer Formeln oder besser gesagt mittels passender Algorithmen (Rechenprogrammen) errechnen Großcomputer die Stellen im Billionenbereich.

Pi mal Daumen

Merkwürdigerweise taucht die Kreiszahl auch in ganz anderen Zusammenhängen auf, beispielsweise in der Physik. Man erklärt das über den Zusammenhang mit Kreisbewegungen, die ja notwendigerweise die Kreiszahl enthalten müssen. Auch in Formeln, die Wellenbewegungen beschreiben, kann die Kreiszahl eingehen – über die Sinus- und die Kosinusfunktion. So erscheint Pi in der Formel für die Heisenbergsche Unschärferelation. Verblüffend – oder? Na, Sie erschüttert ja auch nicht mehr so schnell etwas?

Auch zum **Kontakt mit Außerirdischen** wird Pi eingesetzt. Wenn wir wissen wollen, ob Leben auf fernen Planeten existiert, müssen wir uns bemerkbar machen. Am besten mit Radiowellen, die sich mit Lichtgeschwindigkeit ausbreiten. Doch welche Botschaft senden wir, in welcher Sprache? Wissenschaftler fanden eine ganz einfache Botschaft: die Zahl Pi. Wenn Fremde unsere Botschaft überhaupt auffangen können, müssen sie die Zahl Pi kennen.

Man geht davon aus, dass die Kreiszahl als Zahl mit unendlich vielen Stellen hinter dem Komma den Kriterien der **Zufälligkeit** entspricht. Es dürfen also keine periodischen Wiederholungen auftreten. Oder im statistischen Mittel dürfen keine Ziffern häufiger als andere auftauchen.

Wissenschaftler der Purdue University (West Lafayette, Indiana, USA) haben die ersten 100 Millionen Dezimalstellen mit Zahlenfolgen verglichen, die von Großcomputern nach dem Zufallsprinzip erzeugt wurden und keinerlei Auffälligkeiten festgestellt. Da es unendlich viele Kombinationsmöglichkeiten gibt, müsste man auch irgendwann und irgendwo eine Zahlenfolge finden, die beispielsweise alle Lottozahlen, die je im deutschen Lottoblock gezogen wurden, in korrekter Reihenfolge enthält. Bloß wer hat die Zeit, eine unendliche Ziffernfolge daraufhin abzusuchen?

Der Physiker **Richard Feynman** war bescheidener. Er schloss eine Wette ab: Wenn die Nachkommastellen irgendwann die Folge 999999 enthalten würde, dann wolle er die Zahlen bis dahin auswendig lernen und mit 999999 enden. Es ist nicht überliefert, ob er seine Wette einlöste.

Aber die Ziffernfolge 999999 wurde gefunden. Ab der 762. Stelle nach dem Komma, dem sogenannten Feynmanpunkt. Rechenkünstler, besser gesagt, Gedächtniskünstler können sich solche Zahlenmengen merken.

Die Diva unter den Zahlen reizt offenbar, ihre Nachkommastellen auswendig zu lernen und auf Kommando herzusagen. Savants (Inselbegabte) haben manchmal ganz außergewöhnliche Fähigkeiten. Sie prägen sich Szenerien in Sekundenbruchteilen ein und können sie aus dem Gedächtnis malen und in jedem Detail exakt wiedergeben. Sie hören ein unbekanntes Musikstück und können es minutiös auf dem Klavier nachspielen. Und ein junger Savant aus Großbritannien kann die Zahl Pi auf 22 500 Stellen genau rekapitulieren. Mir fällt es mitunter schon schwer, eine achtstellige Telefonnummer im Kopf zu behalten.

Dagegen erscheint es einfacher, die Ziffernfolge einfach vorzulesen. Der Rekord liegt bei über 100 000 Stellen. Dafür brauchten die Rekordhalter 30 Stunden. So spannend sind unendliche Ziffernfolgen dann auch wieder nicht. Irgendwann schläft man darüber ein.

Primzahlen: Die Primadonnen

Das sind nun die Merkwürdigsten. Die Primadonnen unter den Zahlen. Die Unberührbaren. Die Atome der Zahlenwelt. Sie sind **wahrhaft elementar**, weil sie durch keine Zahl außer durch eins oder sich selber teilbar sind. Das gilt auch für ganz große Primzahlen, zum Beispiel 84 457 oder 281 341 847 339 297.

Die 2 ist also die kleinste Primzahl. Die 3 ist die nächste. Die 4 ist die kleinste Nicht-Primzahl, denn sie ist durch 2 teilbar. 5 ist wieder prim, die 6 ist durch 2 und 3 teilbar und so geht das munter weiter. So sieht der Beginn der Folge aus:

2, 3, 5, 7, 11, 13, 17, 19, 23, 29, 31, 37, 41, 43, 47, 53, 59 ...

Gerade Zahlen (außer der 2) gehören nicht dazu, denn sie sind alle durch 2 teilbar. **Jede Nicht-Primzahl kann als Produkt von Primzahlen geschrieben werden.** Das ist ganz wichtig. Denn das bedeutet: Hat man die Primzahlen, hat man auch die übrigen Zahlen. Man muss nur die Primzahlen miteinander multiplizieren. In der Menge der Primzahlen sind gewissermaßen alle natürlichen Zahlen enthalten. Deswegen hat man die **Primzahlen** als die **Bausteine der Zahlenwelt** bezeichnet, gewissermaßen als Atome im Reich der Zahlen.

Vermutlich waren die alten Griechen die ersten, die sich mit der Magie der Primzahlen auseinandersetzten. Der große Mathematiker **Euklid** stellte die nahe liegende Frage: Wenn das so weitergeht, wo endet die Reihe?

Schnell war die Vermutung da: Es wird wohl immer so weitergehen. Also gibt es unendlich viele Primzahlen?

Euklid war ein genialer Denker. Er behauptete nicht einfach: Ja, es gibt unendlich viele Primzahlen, sondern er lieferte auch einen schlagkräftigen Beweis. Und mit diesem Beweis lieferte er auch ein Modell, wie in der Mathematik **logische Beweise** zu führen sind. Und das Ganze 300 vor unserer Zeitrechnung!

Unendlich viele Primzahlen – Der Beweis des Euklid

Euklids Trick war einfach und genial. Um seine ursprüngliche Grundannahme zu beweisen, behauptete er zunächst das glatte Gegenteil. Das führte zu einem Widerspruch. Also musste die behauptete Annahme falsch sein. Also musste seine ursprüngliche Annahme doch richtig gewesen sein.

Grundannahme: Es gibt unendlich viele Primzahlen.

Behauptete Annahme: Die Menge der Primzahlen ist endlich.

Folgerung 1: Zu jeder Menge von Primzahlen lässt sich eine weitere Primzahl bilden nach der Formel:

$$p_1 \cdot p_2 \cdot p_3 \ldots p_n + 1$$

Wobei $p_1 \ldots p_n$ die vorhandenen Primzahlen sind

Folgerung 2: Diese Zahl ist durch keine der vorhandenen Primzahlen teilbar, da immer ein Rest 1 bleibt. Folglich muss es unbekannte Primzahlen geben, die als Teiler der neuen Zahl infrage kommen.

Widerspruch: Also kann ich zu jeder Menge von Primzahlen eine neue Primzahl hinzufügen. Das widerspricht der behaupteten Annahme. Damit ist meine Grundannahme bewiesen.

Hundert Jahre später entwickelte **Eratosthenes** eine Methode zum Berechnen von Primzahlen, die heute noch in Gebrauch ist und als »Das Sieb des Eratosthenes« bezeichnet wird. Aber das Wissen der alten Griechen ging erst einmal verloren und kam dann in der frühen Neuzeit über den Nahen Osten nach Europa zurück, wo es in der Renaissance wiederentdeckt wurde.

Der französische Mathematiker **Pierre de Fermat** (1601-1663) bewies einige Eigenschaften von Primzahlen und legte so die Grundlagen für Verfahren, mit denen heute Großcomputer Primzahlen berechnen. Wobei es sehr viel einfacher ist, Primzahlen zu errechnen, als vorhandene Zahlen daraufhin zu überprüfen, ob sie eine Primzahl sind oder nicht. Und besonders schwierig ist es, eine Nicht-Primzahl in ihre Teiler zu zerlegen. Das fängt schon bei relativ kurzen Zahlen an. Oder sehen Sie der Zahl 1001 an, dass sie durch 7, 11 und 13 teilbar ist? Mit dieser Schwierigkeit arbeiten große Rechenzentren, um den Zahlungsverkehr im Internet zu verschlüsseln. Immer größere Primzahlen werden genutzt, um ein Knacken des Codes so gut wie unmöglich zu machen.

Pierre de Fermat sowie sein Kollege **Marin Mersenne** (1588-1648) entdeckten jeweils eine Besonderheit innerhalb der Primzahlen, die deswegen als Mersenne-Primzahlen bzw. Fermatsche Primzahlen bezeichnet werden und für Zahlentheoretiker eine ungeheure Anziehungskraft besitzen, praktisch aber keine Bedeutung haben. Aber, wer weiß ...

Auch Leonhard Euler und Carl Friedrich Gauß kümmerten sich intensiv um die Primadonnen. Man muss eigentlich sagen, dass mehr oder weniger alle großen Mathematiker der Neuzeit vom Fieber um die Rätsel der Primzahlen gepackt wurden.

Leonhard Euler (1707-1783) vermutete, dass die Primzahlen in direktem **Zusammenhang mit kosmischen Harmonien** stehen würden. Für diese Ansicht erntete er nur Spott und Widerspruch. Die Primzahlen seien abstrakt und hätten nichts mit Naturgesetzen oder kosmischen Dimensionen zu tun, hieß es. Doch Euler ließ sich nicht einschüchtern und konterte mit einem indirekten Beweis.

Er hatte eine mathematische Gleichung gefunden, die nur aus Primzahlen bestand. Wenn man diese Gleichung lösen könnte, würde sich vielleicht ein Hinweis auf das Geheimnis der Primzahlen ergeben? Aber niemand kannte eine Lösung dafür. Doch Euler ließ sich nicht entmutigen. Er fand die Lösung. Das Verblüffende: Die Lösung dieser Gleichung ergab eine Formel mit der Zahl Pi! Nämlich Pi zum Quadrat durch sechs. Eine ganz einfache Formel. Irgendwie schien es möglich, das Geheimnis der Primzahlen in den Griff zu bekommen.

$$\frac{2^2}{2^2-1} \cdot \frac{3^2}{3^2-1} \cdot \frac{5^2}{5^2-1} \cdot \frac{7^2}{7^2-1} \cdot \frac{11^2}{11^2-1} \cdots = \frac{\pi^2}{6}$$

Und dann dieser **merkwürdige Zusammenhang mit der Kreiszahl Pi.** Das war doch eine Naturkonstante, die mit der Vollkommenheit des Kreises zusammenhing. Es gab also diesen Zusammenhang von Primzahlen und den Naturgesetzen. Aber es sollte noch über 200 Jahre dauern, bis weitere Beweise zu dieser Vermutung gefunden wurden – wie das unter Wissenschaftlern so üblich ist: beim Smalltalk während einer Konferenzpause. Aber wir lassen das Thema jetzt erst mal etwas ruhen. Vielleicht nicht 200 Jahre, aber doch für eine angemessene Zeit...

Nullen auf Linie einhalb

Das kniffligste Problem mit den Primzahlen formulierte der deutsche Mathematiker **Bernhard Riemann** (1826-1866). Die »Riemannsche Vermutung« beschäftigt bis heute die Mathematiker rund um die Welt. Für die Lösung der Riemannschen Vermutung hat das Mathematik-Institut von Massachusetts **eine Million Dollar als Preisgeld** ausgesetzt.

Die **Riemannsche Vermutung** gilt als das größte Rätsel der Mathematik und viele Forscher glauben, ihre Lösung brächte uns neue Erkenntnisse auf vielen Gebieten. Sie ist also *die* Herausforderung für alle klugen Geister, die sich unsterblich machen möchten. Ruhm und Ehre winken, ein stattliches Preisgeld, alles in allem so etwas wie der doppelte Nobelpreis! Klar, dass sich ganze Heerscharen von Mathematikern daran versucht haben – doch alle sind daran verzweifelt.

Die Riemannsche Vermutung gilt als der Schlüssel zum Verständnis der Primzahlen. Denn noch immer ist völlig unverstanden, **wie die Abfolge der Primzahlen zu deuten ist**. Sie tauchen offenbar rein zufällig auf, es scheint kein Gesetz dafür zu existieren – oder doch?

Viele Wissenschaftler glauben, dass in der Abfolge der Zahlen weitere Geheimnisse stecken, ein **Code der Schöpfung**? Eine **Erklärung der Naturgesetze**, eine **kosmische Formel**?

Man müsste die dahinter liegende Struktur erkennen können. Aber die bisherigen Versuche, eine Gesetzmäßigkeit zu sehen, sind allesamt gescheitert.

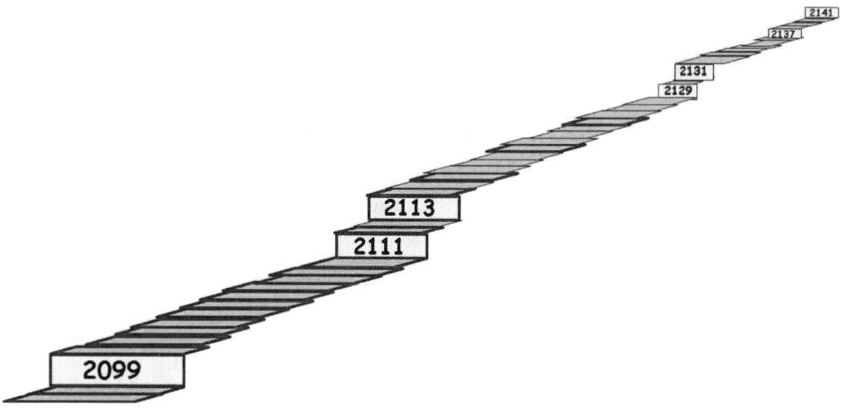

Abbildung 11.2: Hier sehen wir zwei aufeinanderfolgende Zwillings-Primzahlen: 2111-2113 und 2129-2131. Sie haben jeweils nur eine Zahl zwischen sich. Leonhard Euler suchte nach Gesetzmäßigkeiten in der Abfolge der Primzahlen. Er stellte sich die Zahlen als Brücke vor. Jede Primzahl macht eine Stufe. Manchmal folgen die Stufen schnell hintereinander, manchmal dauert es, bis wieder eine kommt, an einer Stelle erst nach 72 dazwischen liegenden Zahlen.

Riemann suchte nach einer Möglichkeit, wie er die Struktur hinter der Primzahlenabfolge sichtbar machen konnte. Wenn man nur die Zahlen hintereinander schreibt, erkennt man gar nichts. Aber Riemann kannte die Darstellung von Leonhard Euler. Der hatte sich rund 100 Jahre zuvor die Zahlen als **Brücke zur Unendlichkeit** gedacht und jede Primzahl als Stufe interpretiert (siehe Abbildung 11.2). Das brachte noch keine Lösung, aber es übersetzte die abstrakte Reihenfolge in ein sinnliches Erlebnis. Das inspirierte Riemann, etwas Ähnliches zu versuchen.

Riemann benutzte eine andere Formel, die vielleicht noch mehr über die Geheimnisse der Primzahlenabfolge offenbaren und zugleich ein dreidimensionales Abbild der geheimen Struktur der Primzahlenreihe zeigen konnte: die **Zetafunktion**:

$$\frac{2^x}{2^x-1} \bullet \frac{3^x}{3^x-1} \bullet \frac{5^x}{5^x-1} \bullet \frac{7^x}{7^x-1} \bullet \frac{11^x}{11^x-1} \bullet\bullet\bullet$$

Die Funktion enthält nur Primzahlen und muss nach Null aufgelöst werden. Man sucht also die **Nullstellen**.

Aber das Ganze stellt sich nicht als Kurve dar, sondern dreidimensional als Fläche, als eine flachhügelige Wiesenlandschaft mit sanften Hügeln und Talsenken. Sobald die Funktion Null erreicht, senkt sich das Tal bis auf Meereshöhe ab.

Diese Nullstellen kann man mit der Funktion errechnen und als Grafik darstellen. Weil die Primzahlen sich ja sehr unregelmäßig zeigen, müssten die Nullstellen auch unregelmäßig verteilt sein. Aber Riemann erhoffte sich, in der Hügellandschaft vielleicht doch ein Muster erkennen zu können, was sonst verborgen geblieben wäre.

Dann kam der große Moment. Riemann rechnete. Es ist gar nicht so einfach, die Nullstellen dieser komplexen Funktion zu bestimmen. Aber für die Werte, für die er die Nullstellen ausrechnete, ergab sich eine Sensation. Sie lagen alle auf einer Linie, parallel zur X-Achse im Abstand von ½.

Prima Vermutung

Auch für die nächsten Werte, die Riemann ausrechnete, zeigte sich immer wieder das gleiche Ergebnis. Die Nullstellen lagen auf einer Linie. Das war sehr merkwürdig. Mit dieser Regelmäßigkeit wurde etwas über die Primzahlen ausgedrückt, was wir bisher noch nicht wussten. Es zeigte sich ein neues Bild der Primadonnen. Doch niemand konnte es deuten.

Die große Frage war nun: Was ist mit den restlichen Nullstellen? Dazu formulierte Riemann eine Vermutung: **Alle Nullstellen liegen auf einer geraden Linie.** Ja, das ist sie, so schlicht und so einfach ist die Riemannsche Vermutung, der Schrecken und die Herausforderung aller Mathematiker.

Riemann und die Folgen

Wenn diese Vermutung Gewissheit würde, hätte man eine Gesetzmäßigkeit im Chaos der Primzahlen entdeckt. Man hätte eine Spur, entlang derer man weiter forschen könnte. Man hätte einen Ansatzpunkt, von dem aus man weitere Berechnungen anstellen könnte.

Die besten Mathematiker haben versucht, die Vermutung zu beweisen, alle sind gescheitert, manche wurden in den Wahnsinn getrieben. Zum Beispiel **John Nash**. Er erhielt den Nobelpreis für Wirtschaftswissenschaften. Lange setzte er sich mit der Riemannschen Vermutung auseinander. Dabei geriet er in geistige Verwirrung. Die intensive Beschäftigung mit Logik und abstrakter Mathematik zwingt den Geist, sich nach innen zu wenden. Das sei die Ursache für seine Verwirrung gewesen, sagte er später.

Das Beispiel von John Nash und die Erfolglosigkeit der besten Mathematiker sprachen sich herum. Niemand wollte sich mehr der Sache annehmen. Das größte mathematische Rätsel, die größte wissenschaftliche Herausforderung geriet ins Abseits.

Erst in den 70-er Jahren des 20. Jahrhunderts gab es wieder Versuche, die Riemannsche Vermutung zu beweisen. Der Franzose **Louis de Branges** glaubt bis heute fest daran, dass mit dem Rätsel um die Primzahlen auch Probleme geklärt werden können, die Teilchenphysiker im subatomaren Raum haben. Er verkündete im Laufe der Zeit dreimal den Sieg über das Rätsel und präsentierte den Beweis in einer Fachzeitschrift. Doch jedes Mal wurden ihm Fehler nachgewiesen und er musste den Aufsatz zurückziehen. Seine Reputation hat dadurch nicht gerade zugenommen. Und tatsächlich, niemand nahm ihn mehr ernst. Da kam ihm der Zufall zu Hilfe – und jetzt nehmen wir den Faden wieder auf, den wir zwei, drei Seiten zuvor fallen gelassen haben. Sie erinnern sich?

Es gab also diesen Zusammenhang von Primzahlen und den Naturgesetzen – weil in einer Funktion die Kreiszahl Pi auftauchte. Und es gab die Vermutung, die Riemannsche These könnte zur **Deutung der Naturgesetze** etwas beitragen. Der entscheidende Hinweis dazu wurde, wie das unter Wissenschaftlern so üblich ist, beim Smalltalk während einer **Konferenzpause** ausgetauscht:

Ein Physiker traf einen Mathematiker: »Und womit beschäftigen Sie sich?« Der Mathematiker sagte: »Ich berechne die Nullstellen der Zetafunktion« und er kritzelte die folgende Formel auf eine Serviette:

$$\left(\frac{\sin \pi u}{\pi u}\right)^2$$

»Ach«, sagte der Physiker, »das ist ja witzig. Das ist genau so, wie wir die Energiezustände in schweren Atomkernen berechnen. Ein merkwürdiger Zufall, dass es in komplett unterschiedlichen Gebieten ganz ähnliche Beschreibungen der Wahrscheinlichkeitsverteilungen gibt.«

Diese kleine Begegnung sprach sich herum – wie das unter Wissenschaftlern so üblich ist. Die Riemannsche Vermutung wurde wieder salonfähig. Interdisziplinäre Konferenzen wurden veranstaltet. Auch Louis de Branges meldete sich wieder zu Wort und startete seinen vierten Versuch, die Riemannsche Vermutung zu beweisen. Vielleicht hat er jetzt die richtige Antwort auf eins der größten Rätsel der Wissenschaft?

Vielleicht werden Zusammenhänge über die Fachgrenzen hinaus sichtbar. Vielleicht ist die Primzahlenabfolge ein **geheimer Code** zum Verständnis der Naturgesetze? Vielleicht, vielleicht?

Bis jetzt ist noch nicht viel passiert. Alle warten darauf, dass endlich jemand die Riemannsche Vermutung beweist.

Prima Zufall

Vielleicht ist dieser geheimnisvolle Zusammenhang aber auch nur zufällig. Denn dass die Kreiszahl Pi in einer Formel auftaucht, die nichts mit einem Kreis zu tun hat, ist so ungewöhnlich nicht.

Als Euler die Lösung der Primzahlengleichung gefunden hatte – Sie erinnern sich, drei, vier Seiten zurück –, da hatte er ja behauptet, das sei sehr ungewöhnlich, dass in der Lösung die Kreiszahl erscheine. Auf der linken Seite stünden doch nur Primzahlen:

$$\frac{2^2}{2^2-1} \cdot \frac{3^2}{3^2-1} \cdot \frac{5^2}{5^2-1} \cdot \frac{7^2}{7^2-1} \cdot \frac{11^2}{11^2-1} \cdots = \frac{\pi^2}{6}$$

Euler hätte wissen müssen, dass das *so* ungewöhnlich nicht ist. Denn bei der Behandlung des sogenannten **Baseler Problems** ist ihm das schon einmal untergekommen. Was war das Baseler Problem?

Verbaselt

Die Frage war im Zusammenhang mit der Zahl Pi entstanden. Dass etwas unendlich lang und in seinem Wert doch endlich war, beschäftigte die Menschen. Kann man unendlich oft zu einer Zahl noch etwas hinzutun und doch nur ein endliches Ergebnis erzielen?

Was ist zum Beispiel mit der folgenden Aufgabe? Ergibt sich ein endlicher Wert, wenn man die Kehrwerte der Quadratzahlen addiert?

$$1 + \frac{1}{4} + \frac{1}{9} + \frac{1}{16} + \frac{1}{25} + \frac{1}{36} + \cdots = \frac{\pi^2}{6}$$

Zugegeben, das was addiert wird, sind immer kleinere und noch kleinere Häppchen. Der jeweilige Wert in der Reihe strebt gegen Null.

Die Baseler **Bernoullis**, eine Familie, die viele berühmte Mathematiker hervorbrachte, hatten sich jahrelang an dem Problem abgearbeitet, ohne eine Lösung zu finden. Dann kam **Leonhard Euler**, ebenfalls ein Basler – und Sie ahnen, warum das Ding Baseler Problem heißt.

Aber: Euler hat die Lösung gefunden. Pi zum Quadrat geteilt durch sechs. Kommt Ihnen bekannt vor? Einfach, elegant und zutreffend. So ging es mir auch. Und? Was sagen Sie dazu?

Hier stehen auf der linken Seite nun *keine* Primzahlen, sondern Brüche mit Quadratzahlen. Und rechts erscheint auch wieder die Zahl Pi. Der sonderbare Zusammenhang mit der Zahl Pi hat also vielleicht etwas mit den **unendlichen** Aufgaben zu tun, aber er ist nicht spezifisch für Primzahlen. Vielleicht sollte man nicht zu viel in die Lösung der Riemannschen Vermutung hineininterpretieren.

Dieser kleine Überblick über die **Besonderheiten der Zahlenwelt** sollte Ihnen zeigen, wie sich die Auseinandersetzung mit den Zahlen im Laufe der Zeit von der Antike bis zur Renaissance zog, ja wie manche in der Renaissance formulierte Rätsel noch heute die Mathematiker beschäftigen.

Mathematik im Sauseschritt

Aber natürlich ist die Zahlentheorie nicht alles in der Mathematik. Ich will Ihnen deshalb hier noch einen rasanten Überblick über die Geschichte der Mathematik skizzieren: Vorsicht, bitte anschnallen, wir beginnen im Alten Ägypten.

Denn als etwa 2500 v. u. Z. die ersten Pyramiden gebaut wurden, da mussten die Baumeister schon eine ganze Menge an Mathematik kennen und benutzen. Leider wissen wir darüber sehr wenig, weil die meisten Papyri die Zeiten nicht überdauerten. Was wir wissen: Sie beherrschten die Grundrechenarten, konnten Gleichungen lösen und das Volumen eines Pyramidenteils berechnen.

Babylon

Von den Babyloniern wissen wir mehr, weil sie ihre Keilschrift in Tontäfelchen ritzten. Sie benutzten kein 10-er System wie die Ägypter, sondern arbeiteten mit der Basis 60. Sie gingen nicht von den 10 Fingern aus, sondern zählten mit dem Daumen die einzelnen Glieder der

Finger hoch. Man benutzte also die eine Hand, um bis 12 zu addieren, und die andere Hand, um zu multiplizieren: Jeweils 3 Glieder an 4 Fingern macht insgesamt 12, multipliziert mit 5 Fingern der anderen Hand ergibt maximal 60! Eine perfekte Basis für die Arithmetik, die Rechengesetze der Grundrechenarten.

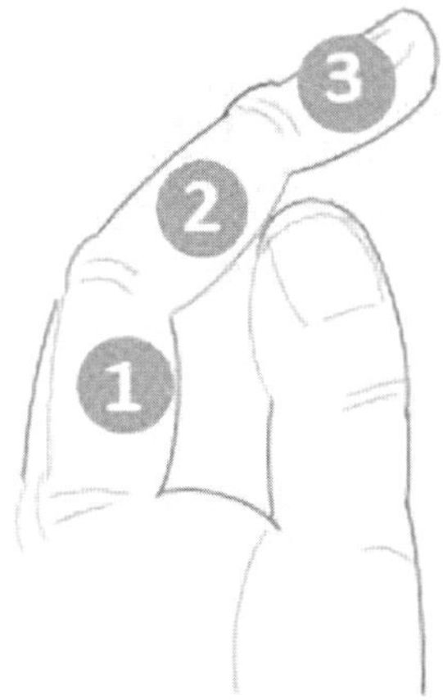

Abbildung 11.3: Wie man es an den Fingern abzählen kann, so fängt man an zu rechnen. 10 Finger ergeben das 10-er System. Zählt der Daumen aber die einzelnen Fingerglieder, so ergeben sich je 3 Glieder an 4 Fingern = 3 × 4 = 12. Mit den 5 Fingern der anderen Hand zählt man die kompletten 12-er, so dass man insgesamt 60 mit seinen Händen darstellen kann.

Erstaunlich auch: Die Babylonier benutzten ein **Stellenwertsystem**, um für ihre astronomischen Berechnungen große Zahlen handhabbar zu machen. Und sie ahnten zumindest schon die Null voraus. An den Stellen, wo kein »Rest« war, ließen sie die Stelle einfach frei. Das war noch nicht die Erfindung der Null als Zeichen für Nichts, aber zumindest der Vorgeschmack!

Und sie kannten den Satz des Pythagoras, zumindest in seiner praktischen Anwendbarkeit – um in der Landvermessung rechte Winkel zu erzeugen. Sie kannten nicht den mathematischen Beweis.

Sie konnten schon Wurzeln ziehen, Logarithmen einsetzen und quadratische Gleichungen lösen – das Quadrat deutet schon an, dass es um Flächen ging. Wieder erwies sich die Mathematik als wertvolle Hilfe in der Landvermessung – offenbar eine lohnende Beschäftigung in den frühen Agrargesellschaften.

Griechenland

Pythagoras hat wahrscheinlich »seinen« Satz gar nicht selbst formuliert, aber er war gleichwohl ein großer Mathematiker und führte den **deduktiven Beweis** ein: abgeleitet von bestimmten Axiomen, das sind Lehrsätze, die als wahr gelten oder als wahr angenommen werden. Dann ist jeder davon abgeleitete Satz ebenfalls wahr. **Logische Verfahren** stellen sicher, dass bei der Ableitung keine Fehler passieren. Nach dem Schneeballsystem können immer weitere Erkenntnisse aus diesen abgeleiteten Sätzen abgeleitet werden.

Pythagoras erkannte auch den Zusammenhang zur Musik. Zusammenklänge, die uns als harmonisch erscheinen, stehen im Verhältnis ganzer Zahlen zueinander. Ablesen konnte man die Zahlenverhältnisse beispielsweise an der Saite einer Laute. Heute messen wir die Frequenz der Schwingung.

Auch **Platon** hielt die Mathematik für den Schlüssel zur Wirklichkeit. Besonders die Geometrie eröffne den Zugang zum Universum.

Alle Erkenntnisse der griechischen Mathematik fasste **Euklid** zusammen in seinem Werk »Die Elemente«. Die euklidische Geometrie ist noch heute gültig.

Archimedes fand einen Weg, das Volumen einer Kugel zu berechnen, indem er sie in Scheiben zerlegte und als Scheiben eines Zylinders betrachtete.

Das Morgenland

Erst in der Neuzeit wurde klar, welche bedeutsame Rolle die östlichen Länder wie China oder Indien spielten. Nicht nur, dass sie das Erbe der Antike über die Zeit des Mittelalters bewahrten und weitergaben, sie waren auch selbst an wesentlichen Entdeckungen und Weiterentwicklungen beteiligt.

Das **10-er Stellenwertsystem** stammte aus China, allerdings hatten die Chinesen noch keine Null. Sie beherrschten quadratische und kubische Gleichungen.

Auch die Inder benutzten ein 10-er Stellensystem und – sie erfanden die **Null**. Das Zeichen für Nichts. Alle anderen Kulturen hatten allenthalben einen Platzhalter vorgesehen, eine Lücke. Die hingeschriebene Null im 10-er Stellensystem ermöglichte nun auch das Rechnen mit der Null.

Doch was passiert, wenn ich eine Zahl mit Null multiplizieren oder teilen möchte. Das fanden die Inder im 12. Jahrhundert heraus. Ein neues Konzept wurde gefunden, der Begriff der **Unendlichkeit**. Teilen durch Null ergibt Unendlich … doch Halt! Teilen durch Null, so haben wir es in der Schule gelernt, ist sinnlos, ist nicht definiert, ist verboten. Aber wenn man eine Reihe von Zahlen nimmt, die immer kleiner werden, also gegen Null streben, dann wird das Ergebnis der Teilung immer größer. Das Ergebnis der Teilung strebt also gegen Unendlich. Mit dem Begriff »Unendlich« ist also nur ein Grenzwert gemeint. Eine Zahl »Unendlich« existiert nicht.

Und weiter: Was passiert, wenn ich 3 von 3 abziehe? Ich erhalte Null. Und was ist, wenn ich 4 von 3 abziehe? Ich gehe den Zahlenstrahl rückwärts. Die Inder erfanden die **negativen Zahlen**, wie wir heute sagen. Die Inder nannten diese Zahlen »Schulden«.

Die **Trigonometrie** beschreibt geometrische Verhältnisse mit Zahlen und erlaubt die Berechnung entfernter Strecken. So ließ sich die Entfernung von Sonne, Mond und Sternen bestimmen. Die Inder entwickelten die Sinus- und Kosinusfunktion, konnten also Entfernungen berechnen, wenn sie den Winkel kannten.

Auch mit **unendlichen Reihen** konnten die Inder umgehen. Die Summe unendlich vieler Brüche, die immer kleiner werden, ist endlich. Das will einem nicht in den Kopf. Doch wenn man sich die Strecke aufmalt von 0 bis 1, dann habe ich bei 0,5 die Hälfte erreicht. Dann teile ich den Rest. Bei 0,75 habe ich drei Viertel erreicht. Und so kommt immer die Hälfte hinzu. Die hinzugezählten Brüche werden immer kleiner – und plötzlich wird klar, dass ich mit dieser Methode in unendlich vielen Schritten mein Ziel – endlich – erreiche (Abbildung 11.4).

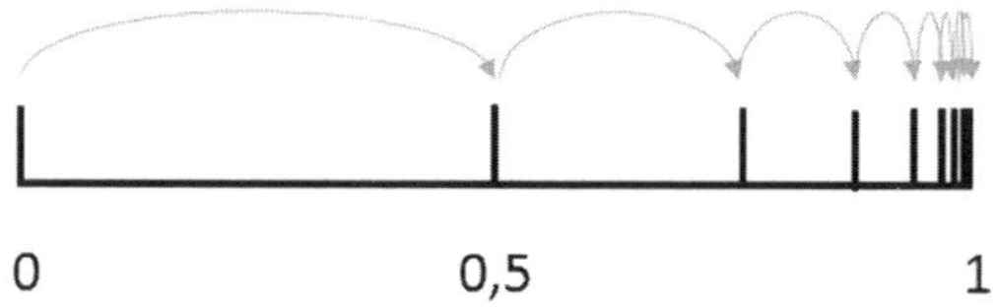

Abbildung 11.4: Wenn ich Brüche addiere, die immer kleiner werden, zum Beispiel 1/2 + 1/4 + 1/8 + 1/16 + 1/32 dann nähere ich mich der 1, die ich aber erst nach unendlich vielen Additionen erreiche.

Es wird Sie kaum noch überraschen: Auch die Zahl Pi wurde mit unendlichen Reihen berechnet. Ich springe erst über Pi hinweg nach 4, dann springe ich zurück um 4/3, wieder nach vorn um 4/5, zurück 4/7 und so weiter. Jeder neue Bruch wird gebildet mit 4 durch die nächste ungerade Zahl. Das Hin- und Herspringen in immer kleineren Schritten führt mich schließlich zum exakten Wert für Pi, den ich aber erst nach unendlich vielen Sprüngen erreiche.

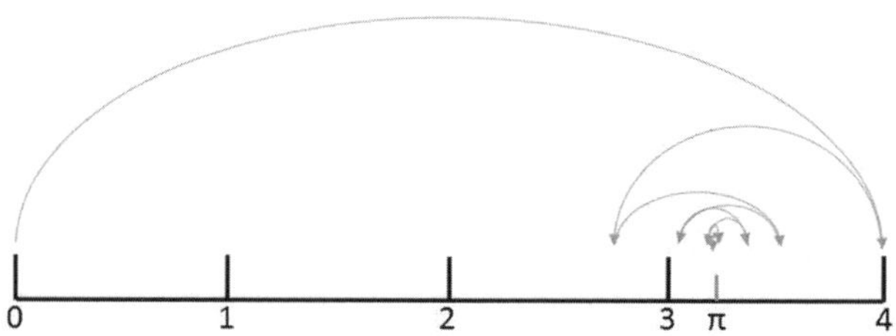

$$4-\frac{4}{3}+\frac{4}{5}-\frac{4}{7}+\frac{4}{9}-\frac{4}{11}+\cdots=\pi$$

Abbildung 11.5: Raffiniert: erst mal drüber weg, dann in immer kleiner werdenden Schritten hin und her, und ich nähere mich dem genauen Wert von Pi, den ich nach unendlich vielen Sprüngen erreiche.

Um die Jahrtausendwende gelangten die gesammelten Kenntnisse nach Bagdad, wo ein intellektuelles Zentrum entstanden war. Hier wurde ein neues Kapitel der Mathematik geöffnet: die Algebra (das Rechnen mit Buchstaben, die für unbekannte Größen stehen).

Die Araber entwickelten **induktive Beweise**. Man geht von einem konkreten Beispiel aus. Zum Beispiel: Quadratzahlen sind immer um 1 größer als das Produkt aus der nächst kleineren mit der nächst größeren Zahl. Konkret: $5 \times 5 = 25$. $4 \times 6 = 24$. Stimmt. Aber gilt das immer? Die Araber konnten es mit den Mitteln der Algebra beweisen! Und die Araber brachten uns die **indo-arabischen Ziffern** von 1 bis 0, mit denen man so viel einfacher rechnen konnte.

Das Abendland

Im 17. Jahrhundert verlagerte sich das Zentrum des intellektuellen Fortschritts nach Europa. **René Descartes** (1596-1650) brachte Geometrie und Algebra zusammen, eine analytische Geometrie, deren Bedeutung sich erst noch zeigen würde.

Es kam die Zeit von **Newton** (1643-1727) und **Leibniz** (1646-1716), der **Bernoullis** (um 1650-1780) und von **Euler** (1707-1783), von **Mersenne** (1588-1648) und **Fermat** (1607-1665) sowie von **Riemann** (1826-1866) – die Sie alle schon kennen.

Carl Friedrich Gauß (1777-1855) entwickelte die **nicht-euklidische Geometrie**. Die euklidische Geometrie geht vom rechtwinkligen Raum aus, der von den drei Raumachsen sozusagen mit geraden Wänden aufgespannt wird.

Der **nicht-euklidische Raum** ist gekrümmt. In so einer Welt zu leben, können wir uns nicht vorstellen. Aber darum geht es auch gar nicht. Mathematisch ergibt das Sinn. Und die **Relativitätstheorie** beweist uns, dass wir de facto in einem gekrümmten Raum leben, denn durch die Krümmung wird die Gravitation realisiert. Wir merken es nur nicht. Das mit der Krümmung, meine ich. Die Schwerkraft merken wir schon.

Gauß hat noch eine Vielzahl von Neuerungen in die Mathematik eingebracht, zum Beispiel die mathematische Statistik. Die berühmte Glockenkurve für die sogenannte **Normalverteilung** geht auf Gauß zurück. Die Normalverteilung zeigt zum Beispiel, wie die Intelligenz in der Bevölkerung verteilt ist – und Ähnliches. Normalerweise ergibt sich immer eine **Glockenkurve**, wie sie Gauß entdeckt hat. Gauß gilt als einer der größten Mathematiker aller Zeiten.

Georg Boole (1815-1864) führte die **Logik** als formalen Bestandteil in die Mathematik ein. Bislang wurde die Logik nur im Rahmen von Beweisen verbal ausgedrückt – als logisches Argument. Nun stand eine formale Algebra, die Boolesche Algebra zur Verfügung.

Bernhard Riemann (1826-1866) war seiner Zeit voraus. Mit seiner Arbeit über Hypothesen, die der Geometrie zugrunde liegen, bereitete er den mathematischen Apparat für Einsteins Relativitätstheorie. Berühmt wurde er durch seine Vermutung zur Verteilung der Primzahlen, aber das habe ich ja schon weiter oben erläutert…

Georg Cantor (1845-1918) ist der Begründer der **Mengenlehre**. Damit wurde ein völlig neuer Zugang zur Zahlenwelt möglich. Doch die Einführung der Mengenlehre im Schulunterricht scheiterte. Das **Rechnen** mit Mengen war wohl zu unanschaulich. Interessant sind aber die Aussagen zur Unendlichkeit.

Cantor konnte nämlich nachweisen, dass **Unendlichkeit** nicht gleich Unendlichkeit ist. Es gibt Unendlichkeiten, die sind größer als andere Unendlichkeiten. So ist zum Beispiel die Menge der (unendlich vielen) Dezimalzahlen mächtiger, als die Menge der unendlich vielen reellen Zahlen.

Wenn Sie mich fragen: Bis zu einem gewissen Grad kann ich das nachvollziehen. Die gefühlte Unendlichkeit der Dezimalzahlen scheint mir tatsächlich riesig zu sein. Aber kann man in der Mathematik mit Gefühlen arbeiten? Und schließlich ist unendlich für mich eigentlich nicht mehr zu steigern. Überraschenderweise hat Cantor auch darauf eine Antwort. An einer Stelle sagt er nämlich: »Die absolute Unendlichkeit versteht nur Gott.«

David Hilbert (1862-1943) ist einer der einflussreichsten Mathematiker des 20. Jahrhunderts, sein Forschungsinteresse umfasste nahezu alle Bereiche der Mathematik. Aber sein anspruchsvollstes Vorhaben war es, ein widerspruchsfreies, vollständiges **Axiomensystem** für die gesamte Mathematik zu schaffen, nachdem er zuvor ein ähnliches System für die Geometrie verwirklicht hatte.

Aus **Axiomen**, also als wahr erachteten Lehrsätzen, sollten Folgerungen abgeleitet werden. Die Beweise sollten nach strikten Regeln ablaufen und automatisiert werden. Doch Hilbert stieß auf Widerspruch. Die axiomatische Methode reichte nicht aus. Es zeigte sich, dass die Mathematik keine voraussetzungslose Wissenschaft ist. Die objektive Wirklichkeit **und die menschliche Wahrnehmung** sind offenbar in die Mathematik mit eingeflossen.

Das Rätselhafte an der Mathematik wurde denn auch zu Hilberts großem Thema. Seine Liste der 23 wegweisenden Probleme der Mathematik, die Liste der 23 größten mathematischen Geheimnisse sollte ihn weltberühmt machen. Jeder, der eins dieser Rätsel lösen könnte, würde automatisch ebenso weltberühmt werden. Die meisten freilich, sind inzwischen gelöst.

Bertrand Russell (1872-1970) veröffentlichte (mit **Alfred Whitehead**) die **Principia Mathematica,** das wohl bedeutsamste mathematische Werk des 20. Jahrhunderts, das die Grundlagen der Mathematik analysiert und neu begründet.

Russell gilt als der Vorbereiter der **Chaostheorie**. Diese wurde von **Henri Poincaré** (1854-1912), **Edward Lorenz** (1917-2008), **Benoit Mandelbrot** (1924-2010) und **Mitchell Feigenbaum** (*1944) entwickelt. Die Chaostheorie beschäftigt sich mit dynamischen Systemen, die entscheidend von eigentlich unwichtigen Randbedingungen abhängen. Musterbeispiel ist die Entwicklung des Wetters. So kann der Flügelschlag eines Schmetterlings einen Tornado auslösen – oder auch nicht (was wiederum von anderen Randbedingungen abhängt).

Bertrand Russell

Über Bertrand Russell könnte man noch viel mehr sagen. Er kommt mir vor wie einer der letzten **Universalgelehrten**. Als britischer Philosoph und Mathematiker mischte er sich in politische und gesellschaftliche Debatten ein, sprach mit Lenin (und revidierte daraufhin seine bis dato positive Einstellung zum Sozialismus), entwickelte sich zu einer Leitfigur des Pazifismus, verfasste Schriften zur Kultur Chinas, zur Ethik, zur Religion, zur Erkenntnistheorie, setzte sich für das Frauenwahlrecht ein, für soziale Gerechtigkeit, für Reformen des Schulsystems und schrieb daneben noch das Hauptwerk der Mathematik im 20. Jahrhundert.

Ganz erstaunlich finde ich, dass er sich auch noch als **Wissenschaftsjournalist** betätigte und allgemein verständliche Bücher zur Quantenphysik und zur Relativitätstheorie herausbrachte. Für seine vielseitige schriftstellerische Tätigkeit wurde er mit dem Nobelpreis für Literatur ausgezeichnet.

John von Neumann (1903-1957) war der Erfinder der **Spieltheorie** und ihrer Anwendung in den Wirtschaftswissenschaften. Er entwickelte numerische Methoden, die wegbereitend für die Entwicklung von Computern waren.

Kurt Gödel (1906-1978) war derjenige, der Hilberts Traum vom vollständig neuen Axiomensystem der Mathematik zerstörte. Hilberts Hoffnung war ja, einen Weg aus der Krise zu finden, in die die Mathematik zu Beginn des 20. Jahrhunderts geraten war. Deswegen versuchte er einen Neuanfang, alles ganz systematisch und logisch.

Doch Gödels Unvollständigkeitssatz zeigte, dass nicht jeder wahre Satz bewiesen werden kann. Angenommen, wir haben ein Axiom, einen für wahr erachteten Satz. Nehmen wir dann an, die Aussage sei falsch. Dann bedeutet das, dass die Aussage bewiesen werden konnte, was bedeuten würde, dass sie wahr wäre. Das wäre ein Widerspruch. Die Aussage ist also wahr, nur leider lässt sich das nicht beweisen. In jedem mathematischen System gibt es Aussagen, die zwar wahr sind, die man aber nicht beweisen kann.

Wahrscheinlich war das eine der niederschmetterndsten Erkenntnisse in der Mathematik. Das neue System mit umfassender Widerspruchsfreiheit war damit tot.

Das war für viele Mathematiker eine bittere Pille. Die Krise der Mathematik war offensichtlich. Manche sahen darin auch eine Stärke. Welche Disziplin hat schon den Mut, ihre eigenen Grenzen zu erkennen und das auch zuzugeben?

Die meisten Mathematiker aber verloren den Glauben an die Mathematik als Wissenschaft. Viele zweifelten überhaupt am Rationalismus.

Der **Rationalismus** war als geistige Strömung etwa im 17. Jahrhundert entstanden und setzte die ratio (Vernunft, Verstand) gegen religiöse Offenbarung, Dogmatismus und eine Wissenschaft, die sich nur auf Erfahrung stützte. Dieser letzte Punkt beherrschte zeitweise die Auseinandersetzung mit dem Rationalismus. **Empirismus** hieß die Gegenposition. Sie bezweifelte, dass neue Erkenntnisse nur durch Logik erzielt werden könnten. Dieser vordergründige Konflikt verschwand in dem Maß, in dem sich das Nebeneinander von Theorie und Experiment als wissenschaftliche Methodik durchsetzte. Nur Theorie und Experiment *zusammen* erlauben neue Erkenntnisse. Die Grenzen einer Wissenschaft, die fast nur auf dem Rationalismus beruht, hatten die Mathematiker gerade kennengelernt.

Konrad Zuse (1910-1995) gilt als Erfinder der ersten, frei programmierbaren Rechenmaschine der Welt, des **Computers**. Allerdings führen Feinheiten in der Definition, was einen Computer auszeichnet, zu anderen Namen. Um nur die wichtigsten zu nennen: **Thomas Flowers, John Atanasoff, George Stibitz, Alan Turing, Charles Babbage.** Alle haben irgendwie den Computer erfunden. Die Entwicklung des Computers lag also in der Luft und an verschiedenen Stellen wurde parallel daran gearbeitet.

Andrew Wiles (*1953) erarbeitete zwei wichtige Einzelbeweise, aus deren Kombination sich die Lösung von **Fermats letztem Satz** ergab. Somit wurde eins der letzten großen Rätsel der Mathematik gelöst, eins von Hilberts berühmter Liste der 23 wichtigen Problemen der Mathematik.

Pierre de Fermat (1607-1665) hatte die Gleichung

$$a^2 + b^2 = c^2$$

verallgemeinert zu

$$a^n + b^n = c^n$$

und behauptet, für $n = 2$ fänden sich ganzzahlige Lösungen, zum Beispiel

$$3^2 + 4^2 = 5^2 \rightarrow 9 + 16 = 25$$

was offensichtlich stimmt. Aber für größere Exponenten, also $n > 2$ fänden sich keine ganzzahligen Lösungen mehr. Zum Beispiel

$$3^3 + 4^3 = 5^3 \rightarrow 27 + 64 = 125$$

Die Gleichung stimmt ganz offensichtlich nicht mehr.

Und dann kam **Fermats letzter Satz**:

> $a^n + b^n = c^n$ *hat keine ganzzahligen Lösungen für n größer als 2. Ich habe auch einen wunderbaren, theoretischen, allgemeingültigen Beweis dafür, aber leider ist kein Platz, ihn hier hinzuschreiben.*

Fermat hatte nämlich die Angewohnheit, alles was ihm einfiel, an den Rand des Buches zu schreiben, das er gerade las. Und mit dieser Randnotiz beendete er das Thema und kam nie mehr darauf zurück.

Wiles hatte sich als junger Mann in das Problem verbissen und arbeitete völlig zurückgezogen sieben Jahre daran. Eine erste Veröffentlichung erwies sich als fehlerhaft. Aber 1994, rund 300 Jahre nachdem Fermat seine Randbemerkung geschrieben hatte, legte er den lückenlosen Beweis vor, unter Nutzung eines Beitrags von **Richard Taylor**.

Der Beweis ist ungeheuer umfangreich und nutzt Analogien zu Bereichen der Mathematik, die zu Zeiten Fermats noch gar nicht existierten. Deswegen wird bezweifelt, ob Fermats letzter Satz überhaupt stimmt, ob er also tatsächlich einen eleganten Beweis hatte. Denn viele berühmte Mathematiker hatten sich vergeblich um einen Beweis bemüht.

Ist die Mathematik nun eine Naturwissenschaft oder eine Geisteswissenschaft? Sie hat von beiden etwas. Sie ist eine **Naturwissenschaft**, denn sie bezieht sich auf die Natur. Sie wurde und wird von uns entwickelt, damit wir die Natur, die Gegenstände der Natur besser erfassen und verstehen können. Das fängt mit dem simplen Abzählen an und endet bei den Differentialfunktionen zur Berechnung der kritischen Masse einer Atombombe. Die Welt der Zahlen und das Reich der Mathematik sind nicht unabhängig von der uns umgebenden Welt. Da sie für diese Welt gemacht wurden, beinhalten sie auch Teile dieser Welt.

Die Mathematik ist auch eine **Geisteswissenschaft**, denn alle Zahlen, alle Rechenvorschriften sind Produkte unseres Geistes. Sie sind nicht Gegenstände der dinglichen Welt. Sie sind nicht einmal Entsprechungen der uns umgebenden Wirklichkeit. Ohne die Menschen, ohne den menschlichen Geist würden Zahlen und Mathematik nicht existieren.

Mathematik ist etwas Wunderbares.

Und sie ist spannend.

Finden Sie nicht auch?

Erfindungen, Innovationen – Geschichte der Technik

12

In diesem Kapitel

- Vom Faustkeil bis zum Buchdruck
- Vom Bleistift bis zum Radiergummi
- Von der Rechenmaschine bis zur Glühlampe
- Von der Straßenbahn bis zum Computer
- Von der Rakete bis zum Navi
- Die Kultur der Technik

In diesem Kapitel habe ich in chronologischer Reihenfolge die wichtigsten Erfindungen und Innovationen der Menschheitsgeschichte aufgelistet. Viele Eintragungen habe ich mit Erläuterungen versehen, um deutlich zu machen, worin die Innovationsleistung besteht.

Der Blick ist auf unseren Kulturkreis gerichtet. Man muss aber stets mitbedenken, dass viele Erfindungen, Entdeckungen und Innovationen auch oder nur in anderen Regionen gemacht wurden, wovon in vielen Fällen auch wir profitierten. Wo immer das zutraf, habe ich im Kommentar darauf hingewiesen.

In der Abfolge kann man ein gewisses Muster entdecken: Nach Neuentdeckungen wissenschaftlicher Phänomene (wie beispielsweise der Elektrizität) entsteht eine neue Technologie, die wiederum eine Reihe von wichtigen Innovationen und Erfindungen ausgelöst. Danach folgen meist nur noch Verbesserungen im Detail.

Nach der nun folgenden Liste werde ich diese Abläufe analysieren und in einem Überblick darstellen.

Vom Faustkeil bis zum Buchdruck

Steinzeit **Faustkeil (Stein), Knochen- und Holzwerkzeuge, Seile, Gewebe, Speere, Pfeil und Bogen, Feuergebrauch**
Vor etwa 2,5 Millionen Jahren wurden erste **Werkzeuge**, Äste, Steine usw., benutzt. Behauene Steine sind vor 1,7 Millionen Jahren eingesetzt worden. Vor 50 000 Jahren wurden Steine durchbohrt, um Pfeilspitzen zu befestigen. Vor 30 000 Jahren getrennte Entwicklung von **Axt** und **Hammer**.

Bronzezeit **Metallverarbeitung**
Metallene Pfeilspitzen hatten eine höhere Durchschlagkraft.

Eisenzeit	**Boot, Rad** Erste **Schiffe** (Einbäume) gab es vor 30000, Segelboote vor 5000 Jahren. Die Idee zum **Rad** ist vermutlich aus der Erfahrung entstanden, dass sich schwere Lasten leichter transportieren lassen, wenn man einen geraden Ast oder Baumstamm unterlegt. Nachgewiesen ist der Gebrauch von Rädern im 4. Jahrtausend v. u. Z. im östlichen Mittelmeerraum. Ab dem 2. Jahrtausend v. u. Z. waren Wagen in Gebrauch, die von einer hoch entwickelten Technik zeugten: Speichen machten das Rad leichter und stabiler, außen aufgebrachte Reifen aus Leder, später aus Metall, erhöhten Komfort und Geschwindigkeit.	
4000 v. u. Z.	**gebrannter Ton, Töpferscheibe** Mit Beginn der Sesshaftigkeit des Menschen begann auch die Töpferei. Entscheidende Entwicklungsschritte waren das Brennen bei hohen Temperaturen und die Erfindung der Töpferscheibe (3200 v. u. Z. Mesopotamien). Im ersten Jahrtausend v. u. Z. kam es zur Blütezeit der griechischen Keramik- und Vasenkultur.	
3000 v. u. Z.	**Keilschrift**	**Sumerer**
	Sonnenuhren	**Inder, Chinesen, Ägypter**
	Pyramiden	**Ägypter**
	Papyrus	**Ägypter**
2500 v. u. Z.	**Hieroglyphenschrift**	**Ägypter**
1500 v. u. Z.	**Glas** Glas wurde vermutlich in Mesopotamien erfunden. Aus Assyrien stammt die Idee zur **Glasbläserei**. Eine erste Blütezeit erlebte die Glasbläserkunst im römischen Reich.	**Mesopotamier, Ägypter**
1100 v. u. Z.	**Abakus (mechanische Rechenhilfe)** Rechenbrett mit zwei Abteilungen. Die Kugeln in der zweiten Abteilung besitzen beispielsweise den fünffachen Wert, das Rechenbrett setzt also ein **Stellenwertsystem** voraus. Es wurde vielfach aber trotzdem ein Zahlsystem ohne Stellenwertsystem gebraucht, zum Beispiel von den Römern.	**Babylonier**
1000 v. u. Z.	**Wasserleitungssysteme**	**Ägypter**
900 v. u. Z.	**Phönizische Schrift** Ursprung der griechischen Schrift, aus der sich die lateinische Schrift entwickelte, die meist gebrauchte Schrift der Welt	
800 v. u. Z.	**Flaschenzug** entstanden aus der Beobachtung, dass eine Last nur halb so viel wiegt, wenn sie mit einem Seil angehoben wird, das über einen Ast gezogen wird. Man hebt die Last eine bestimmte Strecke, muss aber eine doppelt so lange Strecke ziehen. Mit Rollen gelingt das sehr viel leichter. Schlingt man das Seil über je zwei Rollen oben und unten, beträgt das Gewicht nur noch ein Viertel.	

500 v. u. Z. **Wasserwaage, Hebelgesetze**

300 v. u. Z. **Brücken** — **Chinesen, Indios, Römer**

Balkenbrücken waren wohl die ersten Brücken, entstanden durch einen über den Fluss gestürzten Baum.

Hängebrücken wurden von den Indios Südamerikas an Lianen befestigt. Chinesen in der Provinz Yunnan nutzten gar geschmiedete Ketten, um den Brückensteg zu halten.

Bogenbrücken setzten eine hoch entwickelte Bautechnik voraus. Die trapezförmig gehauenen Steine fügten sich zu einem Rundbogen. Wurde der Schlussstein eingesetzt, hielt der Bogen ohne weitere Stabilisierung. Mehrere Bögen nacheinander formten einen beliebig langen Viadukt. Die erste steinerne Bogenbrücke entstand 142 v. u. Z. als »Pons Aemilius« in Rom.

250 v. u. Z. **Archimedische Schraube** — **Archimedes**

100 v. u. Z. **Papier** — **Chinesen**

100 v. u. Z. **Dampf zur Kraftübertragung** — **Heron v. Alexandria**

um 400 **Buchbinderei, Schreibfeder**

um 620 **Porzellan** — **Chinesen**

um 700 **Holztafeldruck** — **Ostasiaten**

um 700 **Hochöfen** — **Katalonier**

968 **Seiltelefon** — **Kung-Foo Whing**

Noch heute ein beliebtes Kinderspiel: Ein straff gespanntes Seil überträgt die Schallschwingungen auf ein schwingungsfähiges Gefäß. Heute nimmt man dafür Yoghurtbecher oder Konservendosen. Das Seil wird hinter einem kleinen Loch im Boden verknotet. Welches Gefäß Kung-Foo benutzte, ist nicht überliefert.

um 980 **Lochkamera** — **Ibn al-Haitham**

um 1000 **Schwarzpulver, Raketen** — **Chinesen**

um 1100 **Wasserrad, Windrad**

um 1150 **Schwefelsäure**

um 1200 **Silberstift (Vorläufer des Bleistifts)**

um 1280 **Brille**

Vermutlich in Venedig kam die Idee auf, sogenannte **Vergrößerungssteine** in Metall zu fassen und vor die Augen zu halten. Benutzt wurden Quarze und fein geschliffene Berylle – daher der Name Brille. Korrigiert wurde zunächst nur die Alterssichtigkeit. Erst im 16. Jahrhundert standen auch **Konkavlinsen** zur Korrektur der Kurzsichtigkeit zur Verfügung.

um 1450 **Kutschen** **Johannes Gutenberg**

Buchdruck

Gutenbergs Erfindung gilt als eine der wichtigsten Innovationen. Mit ihr begann eine **neue Epoche**. Allerdings ist gar nicht sicher, ob Gutenberg tatsächlich der erste war, der den Druck mit beweglichen Lettern erfand. Lourens Janszoon aus Haarlem oder Albrecht Pfister aus Bamberg und Johann Mentel aus Straßburg waren ebenfalls an neuen Entwicklungen beteiligt. Möglicherweise war Gutenberg erfolgreicher, weil er ein komplettes System erfand: ein neuartiges **Gießgerät** zum Gießen der Lettern mit der dazu passenden **Metallmischung** und den geeigneten **Farben**. Auch die Lettern wurden neu gestaltet. Sie waren schnörkelloser und dadurch einfacher zu handhaben. Für den Druck selbst erfand er eine neue **Presse** mit Metallrahmen, die ein klareres Druckbild ermöglichte. Das neue Verfahren war sehr erfolgreich: Von Luthers Schriften wurden insgesamt eine halbe **Million Exemplare** gedruckt, Luthers Bibelübersetzung von 1522 allein rund 130 000 Mal.

Vom Bleistift bis zum Radiergummi

um 1500 **Bleistift, Grafitstift** **Briten**

Mit Stiften aus Blei sollen schon die Ägypter experimentiert haben. Mit sogenannten Silberstiften, die aber auch Blei enthielten, schrieb man im 13. Jahrhundert. Doch die Silberspitze war sehr hart und auf Dauer war das Blei ungesund. Der eigentliche »Bleistift« wurde ab 1558 in Nordengland industriell produziert und verbreitete sich mit großem Erfolg. Er hatte eine Grafitmine, die in einen Holzstift eingeleimt war. Die Grafitmine hielt man fälschlicherweise für Bleierz und den Stift folglich für einen »Blei-Stift«.

1452–1519 **Spinnrad mit Schwungrad, mehrläufiges Geschütz** **Leonardo da Vinci**

Von Leonardo da Vinci sind hier nur zwei Erfindungen aufgeführt – aus einer langen, langen Liste all seiner Ideen und Entwürfe. Denn meistens sind seine Visionen nicht umgesetzt worden und auf keines seiner Vorhaben hatte er je ein Patent angemeldet. Über da Vinci können Sie noch ein wenig mehr in den Kapiteln 3, 5 und 16 lesen.

1510 **Taschenuhr**

1519 **Schienenbahnen in Bergwerken**

1590 **Mikroskop** **Zacharias Janssen**

Es ist nicht ganz klar, ob Janssen wirklich der Erfinder des Mikroskops war. Auf jeden Fall soll ihm sein Vater wesentliche Anregungen gegeben haben. Mitunter wird auch **Hans Lippershey** (1570-1619) ins Spiel gebracht. Die beiden (oder drei) werden auch genannt, wenn es um die Erfindung des Teleskops (Fernrohrs) geht.

Es spricht einiges dafür, dass tatsächlich Zacharias Janssen der Erfinder des Mikroskops war. Er war Optiker und nur am technischen Effekt der Vergrößerung interessiert. Wenn es um die Erfindung des Mikroskops und seine Bedeutung für die Wissenschaft geht, ist noch ein dritter Name zu nennen:
Antoni van Leeuwenhoek (1632-1723), über den ich in Kapitel 5 viel erzählt habe. Er hatte gleich erkannt, dass Mikroskope für den Fortschritt in der Medizin eine überragende Bedeutung erzielen würden. Er konstruierte sehr leistungsstarke Mikroskope in einer neuartigen, trotzdem sehr einfachen Bauart. Hatten die Mikroskope Janssens eine neunfache Vergrößerungsleistung, so erreichten Leuwenhoeks Geräte eine Vergrößerung um das 300-Fache. Leeuwenhoek entwickelte vor allem die Mikroskopiertechnik weiter und war mit seinen medizinischen und biologischen Entdeckungen seiner Zeit weit voraus.

1608 **Optische Röhre (Vorläufer Fernrohr)** **Hans Lippershey**

Eine klare Auskunft, wer eindeutig als der Erfinder des Fernrohrs zu gelten habe, ist schwierig. Zu widersprüchlich sind die Aussagen verschiedener Quellen.
Allein die Tatsache, dass Lippershey als erster für seinen Entwurf ein Patent beantragte und jenen Entwurf im Herbst des Jahres 1608 der Öffentlichkeit vorstellte, macht es einigermaßen wahrscheinlich, dass Lippershey die entscheidende Idee hatte und auch umsetzen konnte.
Aber mindestens ebenso wahrscheinlich ist, dass die Ideen allgemein kursierten. Jeder versuchte, mit Kombinationen von zwei, drei und mehr Linsen, neuartige und andere Effekte zu erzielen.
Dafür spricht ja auch die Tatsache, dass zu jener Zeit hauptsächlich niederländische Optiker aus der gleichen Region um die neuen Möglichkeiten wetteiferten. Wer der eigentliche Ideengeber, wer der eigentliche, geniale Konstrukteur war, lässt sich hinterher gar nicht mehr feststellen.
Und immer wieder passierte es dann, dass Wissenschaftler auftraten, die sich die Sache vom **Standpunkt des Anwenders** aus betrachteten und zu entscheidenden **Verbesserungen** kamen, ja manchmal mit einer revolutionären Innovation aufwarteten. Galilei ist so ein Fall.

1609 **Fernrohr** **Galileo Galilei u. a.**

Lippershey hatte ein Fernrohr mit nur dreifacher Vergrößerung vorgelegt, bestehend aus einer konvexen und einer konkaven Linse. Diese simple Konstruktion hatte den Vorteil, dass das Bild nicht auf dem Kopf stand.
Galilei hatte von den niederländischen Erfolgen gehört, aber auch von den Problemen, eine einfache, aber leistungsstarke Konstruktion zu finden.
Nach seinen eigenen Bekundungen brauchte er nur eine schlaflose Nacht, um die Probleme zu lösen. Er fand eine neue Konstruktion und fabrizierte ein Fernrohr mit 24-facher Vergrößerung und einfachster Konstruktion, das er gleich in den nächsten Tagen baute und der Öffentlichkeit in Venedig vorstellte. Fortan galt er als Erfinder des Fernrohrs (Teleskops), obwohl das Recht der ersten Idee Hans Lippershey gebührte. Im Übrigen: Galilei hat nie den Anspruch erhoben, Erfinder des Fernrohrs oder des Teleskops gewesen zu sein.

um 1620 **Rechenschieber** **Edmund Gunter, William Oughtred**

Der Rechenschieber besteht aus zwei gegeneinander verschiebbaren Skalen, die logarithmisch gegliedert sind. Sie übersetzen zum Beispiel eine **Multiplikation in eine Addition**.

Die Addition wird ganz einfach realisiert, indem die zweite Skala mit ihrer Eins dort an die erste Skala angesetzt wird, wo der erste Multiplikator verzeichnet ist. Auf der zweiten Skala wird nun der Wert des zweiten Multiplikators aufgesucht und darunter kann auf der ersten Skala das Ergebnis abgelesen werden.

Beispiel: Wie viel ist 2 × 3? Die obere Skala wird mit ihrer 1 über die 2 der unteren Skala gesetzt. Hinzu kommen (»addiert« werden) 3 auf der oberen Skala. Unter der 3 wird das Ergebnis abgelesen: 5,99, also aufgerundet 6. Stimmt auffallend!

Ähnlich einfach können andere Grundrechenarten »geschoben« werden. Bis in die 1960-er Jahre waren Rechenschieber ein wichtiges Hilfsmittel in Schule, Wirtschaft und Wissenschaft. Schnell wurden sie dann allerdings durch digitale **Taschenrechner** ersetzt.

1623 **Rechenmaschine** **Wilhelm Schickard**

Erste, urkundlich erwähnte, mechanische Rechenmaschine mit Rechenwerken für die Grundrechenarten. Das Original ging bei einem Brand verloren, wurde aber später rekonstruiert.

1645 präsentierte der Franzose **Blaise Pascal** eine Rechenmaschine und beanspruchte das Erfinderrecht. Der Streit blieb unentschieden, denn von Schickards Maschine gab es nur eine Zeichnung, wenn auch aus dem Jahre 1623. Pascals Maschinen existierten aber erst seit 1645. Im Übrigen erwiesen sich beide, Pascals Originalgerät und Schickards Nachbau, als praxisuntauglich, weil der Kraftaufwand in keinem Verhältnis zum Ergebnis stand, das schneller per Hand zu errechnen war.

1638 **Luftdruck und Vakuum** **Evangelista Torricelli, Otto von Guericke**

Torricelli beschäftigte sich unter anderem mit den Auswirkungen des Luftdrucks auf das Wettergeschehen, er entwickelte eine (richtige) Erklärung für das Barometer (die auf der Grundfläche lastende Luftsäule wird bei Hochdruck schwerer) und war ein begabter **Experimentator**. Er schaffte es, ein **Vakuum** herzustellen und über längere, ja richtig lange Zeit aufrechtzuerhalten.

Der deutsche Physiker Otto von Guericke wurde vor allem berühmt durch sein Experiment mit den »Magdeburger Halbkugeln«. Eine große Stahlkugel wurde in zwei Halbkugeln getrennt, die, versehen mit einer Dichtung, wieder passgenau aufeinandergelegt wurden. Über ein Ventil wurde die Luft aus dem Inneren abgesaugt.

Die Halbkugeln blieben aufeinander, auch wenn acht Pferde an jeder Seite versuchten, die Halbkugeln auseinanderzuziehen. Nach und nach wurde die Luft über das Ventil wieder eingelassen und nach wenigen Augenblicken fielen die Halbkugeln locker auseinander.

In der Phase des **Vakuums** existierte im Innern der Kugel kein Luftdruck mehr, es herrschte aber außen der normale **Luftdruck**. Der presste die Halbkugeln so aufeinander, dass selbst 16 PS sie nicht auseinanderreißen konnten.
Besonders spektakulär war die öffentliche Präsentation dieses Experiments im Jahre 1654 auf dem Reichstag zu Regensburg in Anwesenheit von Kaiser Ferdinand III.

1640 **Pendeluhr** **Galileo Galilei**
Galilei erdachte das Prinzip: Ein Pendel gibt bei jeder Schwingung einen Impuls an das Uhrwerk und erhält selbst eine »Hebung« als Ausgleich für den Energieverlust. So ist eine regelmäßige Schwingung garantiert und damit die Ganggenauigkeit der Uhr.
Die Schwingungsdauer ist abhängig von der Länge des Pendels, nicht vom Gewicht. Galilei entwickelte die Idee zur Pendeluhr. Gebaut wurde sie erst von seinem Sohn Vincenzo.
Auch **Christiaan Huygens** (1629-1695), niederländischer Astronom, Physiker und Mathematiker, wird als Erfinder oder zumindest erster Konstrukteur von Pendeluhren genannt. Nachgewiesen ist ein Patent aus dem Jahre 1657 für eine neuartige »Hemmung«, die die Ganggenauigkeit deutlich erhöht.

1655 **Verbesserte Schleiftechnik von Teleskoplinsen** **Christiaan Huygens**
Huygens bedeutendste Leistung ist die Theorie von der Wellennatur des Lichts. Aufgrund seiner vertieften Kenntnisse entwickelte er spezielle Schleifmethoden, um Glaslinsen zu produzieren, die kaum noch Abbildungsfehler aufwiesen. Sie waren »lupenrein«. Damit bestückte Teleskope oder Mikroskope waren erheblich schärfer als die bisherigen Geräte.

1662 **Erster fahrplanmäßiger Pferdeomnibus** **Blaise Pascal**
Der französische Mathematiker Blaise Pascal (1623-1662) entwickelte das Konzept für den ersten öffentlichen Nahverkehr mit pferdebespannten (achtsitzigen) **Omnibussen**, der 1662 in Paris eingeführt wurde. Offenbar war es noch zu früh für ein solches Konzept, denn nach wenigen Jahren wurde der Dienst eingestellt.
Erst rund 150 Jahre später wurden zu Beginn des 19. Jahrhunderts in mehreren europäischen Städten **Nahverkehrslinien** mit Zugtieren eingerichtet.

1672 **Erstes Spiegelteleskop** **Isaac Newton**
Aufgrund von theoretischen Überlegungen war Isaac Newton (1643–1727) zu einer genialen Idee gelangt, wie er die Probleme bisheriger Teleskope (Fernrohre) umgehen konnte. Wenn Licht durch Glas hindurch muss, so wird es in seine **Spektralfarben** aufgelöst – wie der berühmte Versuch mit dem Prisma beweist. Genau das passiert in jedem Teleskop, wenn das Licht durch die Linsen muss. Die Abbildung wird **unscharf** und es entstehen **Farbsäume**. Newtons Idee: Ein gewölbter **Hohlspiegel** erledigt die Aufgabe der Linse und bündelt das Licht. Dabei erreicht es nur die Spiegeloberfläche und muss nicht durch dicke Glasschichten hindurch.

1698 **Dampf als Antriebsenergie** **Thomas Savery**

Noch weit entfernt von der **Dampfmaschine**, aber ein Patent für die Nutzung von Dampfenergie zum Betreiben einer Wasserpumpe

1712 **Erste Dampfmaschine** **Thomas Newcomen**

Newcomen baute die **erste Dampfmaschine**. Sie hatte eine Wasser-Einspritzvorrichtung, wodurch der Wasserdampf schon im Zylinder kondensierte. Dabei entstand ein großer Unterdruck und der **Außendruck** schob den Kolben wieder in den Zylinder.

Newcomen konnte kein Patent auf seine Maschine erhalten, da das Patent von **Savery** so vage formuliert war, dass damit auch eine Dampfmaschine mit abgedeckt war. Notgedrungen musste er mit Savery zusammenarbeiten.

James Watt kam mit seiner Dampfmaschine etwas später, war also nicht der »Erfinder« der Dampfmaschine. Seine Maschine brachte aber erhebliche Verbesserungen, so dass sie sich schließlich durchsetzte. Von da an war nahezu jede Dampfmaschine eine **Watt-Dampfmaschine** und *diese* Dampfmaschine hatte James Watt erfunden.

1713 **Erste Schreibmaschine** **Henry Mill**

Mill war ein englischer Erfinder und auf ihn lautet die älteste Urkunde auf eine Schreibmaschine, von der leider nichts anderes mehr existiert, als die Patenturkunde, nicht einmal eine technische Beschreibung oder eine Zeichnung oder gar eine Schriftprobe…

1745 **Der elektrische Kondensator** **Ewald Jürgen Georg von Kleist**
Pieter van Musschenbroek

Die beiden entdeckten unabhängig voneinander das Prinzip des elektrischen Kondensators. Der Domdechant Ewald Jürgen Georg von Kleist in Cammin (Pommern) mit der »Kleist'schen Flasche« und ein Jahr später der Physiker Pieter van Musschenbroek in Leyden mit der »Leydener Flasche«.

Kondensatoren sind wichtige Bausteine in elektronischen Schaltungen.

1752 **Blitzableiter** **Benjamin Franklin**

1769 **Erstes Auto, ein selbstfahrender Dampfwagen** **Nicholas Cugnot**

Das erste Auto (»Automobil«) überhaupt **war ein Dampfmaschinenauto**, betrieben mit Wasserdampf und Brennmaterial (Kohle, Öl, Holz).

Nicholas Cugnot stellte dieses erste Auto 1769 in Paris vor. Das Auto hatte aber keine vernünftigen Bremsen und raste in eine Mauer. Auto-mobile Fahrzeuge verschwanden damit zunächst einmal von der Tagesordnung und es dauerte ein Vierteljahrhundert, bis jemand erneut einen Vorstoß wagte.

Der englische Ingenieur **Richard Trevithick** präsentierte 1797 einen Dampfwagen, der immerhin eine Geschwindigkeit von acht Stundenkilometern erreichte. Doch die Entwicklung brauchbarer Dampfwagen kam erst im neuen Jahrhundert so richtig in Fahrt.

Am Ende des 19. Jahrhunderts standen sich drei Konzepte gegenüber, die alle das Zeug hatten, das Automobil der Zukunft zu werden:

Das **Dampfauto** hatte gute Leistungswerte und beschleunigte sehr gut. Es gab keine Tankprobleme, Wasser und Brennholz waren überall zu finden. Nachteilig waren die langen Aufheizzeiten. Die Maschine war schwer und teuer. Feuerung und Bedienung der Maschine waren umständlich.
Das **Elektroauto** war leise und leicht zu bedienen, jedoch recht langsam und begrenzt im Aktionsradius. Die Batterien waren schwer und nicht sehr leistungsfähig, das Aufladen der Akkumulatoren dauerte unzumutbar lange. Die Geschichte des Elektromobils begann allerdings erst 1821, als Michael Faraday das Prinzip des Elektromotors entdeckte. 1831 stellte **Thomas Davenport** eine Lokomotive auf die Schienen, die von einem Elektromotor angetrieben wurde. Den ersten Transporter mit E-Antrieb baute **Robert Anderson** 1839. **Johann Philipp Wagner** baute 1840 einen Wagen, der zwar auf Schienen fuhr, aber im Prinzip das erste Straßenfahrzeug darstellte, das durch einen Elektromotor angetrieben wurde. **Gustave Trouvé** stellte 1881 das erste Fahrzeug mit wieder aufladbarer Batterie vor. Das dreirädrige Gefährt gilt als der Prototyp aller E-Autos. Das erste vierrädrige E-Auto wurde 1888 von **Andreas Flocken** produziert. Der »Flocken Elektrowagen« gilt als das erste normgerechte Elektroauto für Personenbeförderung.
Zur Jahrhundertwende hatten die E-Autos großen Erfolg. Es gab etwa gleich viele Fahrzeuge mit Verbrennungsmotor wie Fahrzeuge mit E-Motor. Trotz vieler Vorteile gerieten die E-Autos ins Abseits.
Das **Verbrennungsmotorauto** war zuverlässig und sparsam, aber laut und es produzierte lästige Abgase. Der Kurbelanlasser war umständlich, ein Tankstellennetz musste erst mühsam errichtet werden.
Aber schon bald war ein elektrischer Anlasser erfunden, der das Starten von Benzinautos sehr erleichterte und Tankstellen entstanden problemloser als erwartet, so dass sich sehr schnell das Auto mit Verbrennungsmotor durchsetzte und zum Inbegriff des »Autos« wurde.

1769 **Neue Dampfmaschine** **James Watt**

Ich habe es zuvor schon klargestellt: **Watt** war nicht der Erfinder der Dampfmaschine, wie so oft behauptet wird. Aber er entwickelte eine so **entscheidende Verbesserung** an der Maschine von Newcomen, dass man fast von einer *neuen* Dampfmaschine sprechen kann.
Er konstruierte einen separaten »Kondensator«, und verlagerte damit den **Kondensationsprozess** aus dem Zylinder heraus. Der Zylinder musste nicht ständig auf 100 Grad aufgeheizt werden, dann wieder abgekühlt, dann wieder aufgeheizt und so fort. Das sparte eine Menge Energie, die Maschine hatte den dreifachen Wirkungsgrad und funktionierte leiser und schneller. Darauf erhielt er 1769 ein Patent.

1770 **Radiergummi** **Joseph Priestley, Edward Nairne**

Nairne war wohl der erste, der die besondere Eignung von Naturkautschuk entdeckte, Bleistiftstriche zu entfernen. Priestley veröffentlichte im gleichen Jahr diese Eigenschaft und gilt daher bis heute als der Entdecker.
Die Grafitteilchen des Bleistifts haften an Papier wegen der Anziehungskräfte des Papiers. Kautschuk hat eine höhere Anziehungskraft und zieht die Grafitteilchen an sich, wenn sie abgerubbelt werden.

Von der Rechenmaschine bis zur Glühlampe

1774 **Erste marktfähige Rechenmaschine** **Philipp Matthäus Hahn**

Schon 1623 hatten Wilhelm Schickard und 1645 Blaise Pascal eine Rechenmaschine präsentiert. Beide Maschinen waren wohl fähig, die Grundrechenarten automatisch zu erledigen, aber nur theoretisch. Im praktischen Einsatz erwiesen sie sich als nicht funktionstüchtig.

Die Rechenmaschine von Hahn war die erste, die in höherer Stückzahl gefertigt wurde und sich als **alltagstauglich** erwies.

1780 **Kopierer** **James Watt**

Die Kopien wurden erpresst: Zu unterst kam ein Wachspapier, dann das zu kopierende Schriftstück, das mit **Spezialtinte** oder **Kopierstift** beschriftet war, dann eine Lage Seidenpapier (angefeuchtet) und wieder ein Wachspapier zur Isolation, denn es konnten mehrere solcher Lagen gleichzeitig gepresst werden. Durch die Feuchtigkeit wurde die Tinte angelöst und drang in das Seidenpapier ein. Das war durchscheinend, so dass auf der Rückseite die Kopie seitenrichtig lesbar wurde. In den Kontoren wurden die Kopielagen über Nacht in die Presse gelegt und morgens konnten Originale und Kopien entnommen werden.

1783 **Heißluftballon** **Joseph Michel Montgolfier**
Jacques Etienne Montgolfier

Durch ein Feuerchen im Korb wird die Luft erwärmt und steigt auf. Der Ballon hat unten eine breite Öffnung. Anfangs wird diese Öffnung über das Feuerchen gehalten, so dass sich der Ballon mit warmer Luft füllt und langsam erhebt. Er richtet sich senkrecht auf und so lange warme Luft einströmt, steigt der Ballon. Danach geht er langsam, aber sicher zu Boden.

Die Brüder Montgolfier gingen sehr vorsichtig vor. Im Juni 1783 machten sie unbemannte Versuche, im September gingen ein Hahn, eine Ente und ein Hammel an Bord und die erste bemannte Heißluftballonfahrt startete im November.

1785 **Der vollmechanisierte Webstuhl** **Edmond Cartwright**

Webtechniken waren schon in der Steinzeit bekannt, auch Webrahmen und primitive Vorstufen von Webstühlen.

Entscheidende Verbesserungen gab es im Zeitalter der industriellen Revolution: 1745 entwickelte **Jacques de Vaucanson** einen Webstuhl, der durch eine **Lochkarte** gesteuert wurde und so automatisch gemusterte Stoffe weben konnte.

Diese Steuerung und weitere Verbesserungen nutzte Edmond Cartwright für seinen »Power Loom«, den er 1785 präsentierte: einen durch Pferd oder Esel angetriebenen **voll mechanisierten, lochkartengesteuerten Webstuhl**.

Dieser voll mechanisierte Webstuhl war so leistungsfähig, dass er massenhaft Arbeitsplätze vernichtete. Es kam zu Protesten, Webstühle wurden zerschlagen, die schlesischen **Weberaufstände** waren der verzweifelte Versuch, ein Familienhandwerk zu retten.

Der voll mechanisierte Webstuhl wurde zum **Negativ-Symbol der industriellen Revolution**. Er entsprach voll der Prophezeiung von Karl Marx, dass der technische Fortschritt zur Massenarbeitslosigkeit führen müsse.

Zwei Effekte sind Kennzeichen dieser Entwicklung:
Die **Effektivität** im Produktionsprozess wird erheblich gesteigert.
Die **Kosten** des Produktionsprozesses werden deutlich gesenkt.
Die technischen Verbesserungen greifen auch auf andere Bereiche über: So ist die **Lochkartensteuerung** ein Vorbild für viele Steuerungsprobleme in anderen Branchen bis hin zur elektronischen Programmsteuerung in den ersten Computergenerationen.
Schließlich führten die Fortschritte im Bau von voll mechanisierten Webstühlen zu einer wachsenden Bedeutung der Textilindustrie, die entsprechend wuchs und neue Arbeitsplätze zur Verfügung stellte.

1798 Papiermaschine — Nicholas-Louis Robert

Das Patent dafür gab's 1799. Und am Prinzip hat sich bis heute nicht viel verändert: Fein zerkleinerte **Pflanzenfasern** werden auf ein Sieb aufgebracht und entwässert. Noch feucht, gelangt der Faserbrei in die Trockenwalzen. Das Rohpapier kommt dann zur Nachbereitung und schließlich zum Schnitt auf die gewünschten Formate.

1799 Batterie — Alessandro Volta

Die »Voltasche Säule« war die erste (funktionierende) Batterie.

1804 Dampflokomotive — Richard Trevithick

Trevithick hatte sich viele Jahre mit der Verbesserung der Dampfmaschine beschäftigt. Er hatte den Kessel verkleinert und verstärkt, so dass er mit höherem Druck arbeiten konnte. Das erhöhte den Wirkungsgrad der Maschine.
Die verbesserte Dampfmaschine montierte er auf ein Fahrgestell und setzte das Ganze auf Schienen und meldete ein Patent auf die erste **Lokomotive** an. Er verkaufte das Patent an den Besitzer eines Eisenwerks, der mit einem Kollegen eine Wette abschloss: Die Lokomotive werde 10 Tonnen Eisen auf einer Schienenbahn 15 Kilometer weit ziehen.
1804 kam es zur Testfahrt. Die Lokomotive zog 10 Tonnen Eisen und 70 Männer auf 5 Waggons 15 Kilometer weit, brauchte dafür allerdings 4 Stunden.

1821 Einschienenbahn — Henry Robinson Palmer

Die Einschienenbahn wurde nicht standardisiert, hat also nie ein größeres Netz erobern können. Es sind immer nur »Insellösungen« für Spezialzwecke entstanden. Die bekannteste Einschienenbahn ist die **Wuppertaler Schwebebahn**.

1822 Erste Fotografie — Joseph Niépce

Die erste »Heliografie« entstand auf einer beschichteten Zinnplatte, wurde mit Lavendelöl eingraviert und konnte vervielfältigt werden. Sie erforderte mehrere Stunden Belichtungszeit. Aus dem Jahre 1826 ist eine Heliografie erhalten, die einen Blick aus dem Arbeitszimmer von Niépce zeigt. Sie gilt als das erste erhaltene Foto der Geschichte.
Als Miterfinder gilt **Louis Daguerre**, der erstmals **Silberjodid** als lichtempfindliche Schicht verwendete. Die Belichtungszeit reduzierte er auf etwa eine Stunde. Die »Daguerreotypien« waren Unikate.

William Talbot führte schließlich 1840 Papier als Träger der lichtempfindlichen Schicht ein. Vom »Negativ« ließen sich beliebig viele »Positive« abziehen.
Die **Lichtempfindlichkeit von Silberverbindungen** hatte **Heinrich Schulze**, ein Universalgelehrter aus Halle bereits hundert Jahre zuvor nachgewiesen und 1719 veröffentlicht. Damit war damals schon alles vorhanden, um die Fotografie zu erfinden: Die Camera obscura, Linsen und lichtempfindliche Substanzen. Doch die Zeit war noch nicht reif. Es fehlten die Idee, die Ausdauer, diese Idee auch umzusetzen – und es fehlten wohl auch noch die chemischen Fähigkeiten, Platten zu beschichten, sie zu entwickeln und zu fixieren.

1825 **Erste öffentliche Eisenbahn** **Stockton und Darlington Railway**
Über die neun Meilen lange Strecke im Nordosten Englands wurden Gleise in einer Spurweite von 1435 Millimeter verlegt. Dafür wurde der Begriff »Railway« geprägt. Gleichzeitig wurde ein Standard für die Spurweite geschaffen, da die meisten Eisenbahngesellschaften zunächst ihre **Lokomotiven** aus England von dem einzigen erfahrenen Hersteller **George Stephenson** bezogen, und der hatte die Spurweite passend zu seinen Lokomotiven festgelegt.

1838 **Brennstoffzelle** **Christian Friedrich Schönbein**
Die Brennstoffzelle ist eine elegante Methode, elektrischen Strom zu erzeugen. In der Brennstoffzelle reagiert Wasserstoff mit Sauerstoff – die berühmte **Knallgasreaktion**. Es handelt sich um eine »kalte« Verbrennung. Wasserstoff ist der Brennstoff, der mit Sauerstoff oxidiert. Dabei werden Elektronen abgegeben, es entsteht eine Spannung und wenn ein elektrischer »Verbraucher«, zum Beispiel ein Lämpchen, angeschlossen wird, fließt ein Strom. Das Reaktionsprodukt ist reines Wasser, H_2O.
Schönbein hatte Platindrähte in Salzsäure getaucht und Wasserstoff und Sauerstoff hinzugegeben, als er eine elektrische Spannung zwischen den Drähten bemerkte. Außer Schönbein beschäftigte sich zur gleichen Zeit Sir **William Grove** mit dem »batterisierten Knallgas«.
Schönbein und Grove deuteten den Vorgang als **umgedrehte Elektrolyse**. Bei der Elektrolyse zerlegt elektrischer Strom Wasser in seine Bestandteile Wasserstoff und Sauerstoff.
Die Brennstoffzelle hat viele Vorteile. Sie wurde aber zunächst nicht beachtet, weil der soeben eingeführte elektrische Generator (»Dynamomaschine«) einfacher zu handhaben war.

1840 **Elektrischer Fahrzeugantrieb** **Johann Philipp Wagner**
Wagner baute einen Wagen, der zwar auf Schienen fuhr, aber im Prinzip das erste Straßenfahrzeug darstellte, das durch einen Elektromotor angetrieben wurde.
1881 präsentierte Gustave Trouvé in Paris ein dreirädriges Straßenfahrzeug mit **Bleiakkumulatoren** und einem **Elektromotor**, das offiziell als erstes Elektrofahrzeug oder Elektro-Auto anerkannt ist.
Vom ersten **Dampfwagen** (1769) hatte es also 112 Jahre gedauert, bis die erste **Alternativenergie** bereitstand, das Auto mit **Elektroantrieb**. Und es sollte noch 5 Jahre dauern, bis das Auto mit **Verbrennungsmotor** vorgeführt wurde. Diese Antriebsart setzte sich dann schließlich durch und erreicht in unseren Tagen möglicherweise ihr Ende.

1846 **Nähmaschine** **Elias Howe**

Diese erste marktfähige Maschine wies gleichzeitig noch einige erhebliche Verbesserungen gegenüber früheren Entwürfen auf.
So arbeitete sie erstmals mit **zwei Fäden**. Der Unterfaden wurde mittels eines hin- und herfahrenden Schiffchens um den Oberfaden geschlungen. Die Maschine wurde mit einer Handkurbel betrieben und war so leistungsfähig, dass sie glatt vier bis sechs Näherinnen ersetzen konnte.

1851 **Reißverschluss** **Elias Howe**

1852 **Luftschiff** **Henri Giffard**

Das erste Luftschiff war ein Langballon von 44 Metern Länge, an dem ein Korb hing mit einer kleinen Dampfmaschine als Antrieb. Die Jungfernfahrt ging von Paris zum 27 Kilometer entfernten Trappes.
Luftschiffe erlangten Bedeutung in der Personenluftfahrt Anfang des 20. Jahrhunderts. Zwischen Europa und den USA entstand ein regelrechter **Linienverkehr**.
Eines der größten Luftschiffe war die »Hindenburg« mit 245 Metern Länge und einer Transportkapazität von 70 Personen. Dieser **Super-Zeppelin** ging bei der Landung in den USA am 6. Mai 1937 in Flammen auf. 36 Menschen starben. Dieses Unglück gilt als eines der größten **Technik-Unglücke** der Geschichte und war mit dafür verantwortlich, dass die Ära der Zeppelin-Luftschifffahrt zu Ende ging.

1860 **Pasteurisation** **Louis Pasteur**

Louis Pasteur hatte erkannt, dass Mikroorganismen die Lebensmittel verdarben und es deshalb wichtig sei, **Mikroorganismen** von Lebensmitteln fernzuhalten. Wenn sie das Lebensmittel schon befallen haben, müsse man versuchen, sie abzutöten. Das kann am einfachsten durch kurzfristiges Erhitzen geschehen.
Wird Milch zum Beispiel kurzfristig auf 60 Grad erhitzt und danach gleich wieder abgekühlt (»pasteurisiert«), dann werden zum Beispiel Salmonellen zuverlässig abgetötet.
Es gibt allerdings auch Erreger, die solche Hitzeeinwirkung zum Teil überstehen. Deshalb muss trotz der Hitzebehandlung die Milch immer gekühlt werden und ihre Verarbeitung so hygienisch-sauber wie möglich erfolgen.

1861 **Erster funktionsfähiger Fernsprecher** **Philipp Reis**

Mit der Erfindung, Töne über elektrische Leitungen zu schicken, machte sich Reis zu einem bedeutenden Wegbereiter des Telefons. Übrigens: den Namen dafür (»Telefon«) hat er auch erfunden.
Die Erfindung lag gleichsam »in der Luft«. Es war nur eine Frage der Zeit, wer der erste sein würde.
Denn das Prinzip war klar: Am Anfang wie am Ende müssen Schallwellen sein. Dazwischen ein im Rhythmus der Schallwellen schwankender Strom. Das war der einfachere Teil. Die wirklichen Erfindungen steckten dazwischen. Zwei **Wandler** waren erforderlich. Der erste musste aus den Schallschwingungen elektrische Schwankungen machen. Auf der anderen Seite umgekehrt. Ein Wandler musste aus Stromschwankungen wieder mechanische Schwingungen machen. Heute würden wir sagen: Wir brauchen ein **Mikrofon** und einen **Lautsprecher**.

Aber der Streit um das Recht des Ersten wurde härter, weil zunehmend mit erfolgreichen Erfindungen Aussichten auf gute Geschäfte verbunden waren. Der Streit um die Erfindung des Telefons ist ein Musterbeispiel für die verbissenen und trickreichen Auseinandersetzungen der Neuzeit.
Der aus Italien stammende Mechaniker **Antonio Meucci** hatte in New York ein Telefon erfunden, um mit seiner Frau verbunden zu sein, die wegen einer Erkrankung das Zimmer nicht verlassen durfte. 1860 stellte er das Gerät der Öffentlichkeit vor. Persönliche Schicksalsschläge zwangen ihn dazu, die weiteren Arbeiten aufzugeben und seine Gerätschaften zu verkaufen.
Durch einen Zufall kam **Alexander Graham Bell** in deren Besitz und als Bell 1876 sein Patent anmeldete, glaubte Meucci, eigene Ideen darin wiederzuerkennen. Er focht das Patent an, bat Bell um finanzielle Unterstützung, alles vergebens. Er starb in Armut.
Philipp Reis hatte als ersten Wandler das »Kontaktmikrofon« erfunden. Es war eher ein »Wackelkontakt«, denn zwei Drähte hatten nur losen Kontakt: Zu allem Überfluss waren sie auch noch auf eine Kuhhaut geklebt. Die schwankte im Rhythmus der Schallschwingungen und steuerte so den Wackelkontakt. Der zweite Wandler arbeitete mit einer Spule, die eine Membran im Rhythmus der Stromschwankungen bewegte und mit etwas Konzentration waren Sprachfetzen durchaus zu verstehen. 1861 führte Reis seinen Apparat den Mitgliedern des Physikalischen Vereins zu Frankfurt öffentlich vor.
Bis 1863 machte er erhebliche Verbesserungen und dann verkaufte er den Apparat in größeren Stückzahlen in alle Welt. Ein Exemplar landete auf dem Basteltisch von Alexander Graharn Bell, der sich alles genau besah und einige Ideen großzügig übernahm. Als er 1876 sein Patent anmeldete, war es nicht mehr erforderlich, ein Modellgerät dem Patentantrag beizufügen. Eine Beschreibung genügte.
Bell erhielt das Patent, das ihm erlaubte, jedem Konkurrenten, der auf dem Gebiet des Telefons arbeitete, weitere Arbeiten daran zu untersagen. In insgesamt etwa 600 Prozessen setzte er dieses Recht durch. Und doch dauerte es noch bis 1881, bis Bell ein funktionierendes Telefon vorlegen konnte.
1877 gründete er die **Bell Telephone Company**, die das Telefonnetz Nordamerikas aufbauen sollte. 1885 wurde daraus die American Telephone and Telegraph Company AT&T, die einmal zum größten Telefonkonzern der Welt aufsteigen sollte. Technischer Fortschritt und wirtschaftlicher Erfolg waren eine Verbindung eingegangen, die nicht immer nur zum Vorteil aller Beteiligten gereichte.

1866 Elektrizitätsgenerator — **Werner von Siemens, Charles Wheatstone**

Das Prinzip hatte **Michael Faraday** entdeckt, als er 1831 den Zusammenhang von Magnetismus und Elektrizität untersuchte. Das Geheimnis lag in der Bewegung. Bewege einen Draht in der Nähe eines Magneten und schon fließt Strom. Lasse Strom durch einen Draht fließen, schon entsteht ein Magnetfeld.
Den ersten Generator baute **Hippolyte Pixii** 1832: Zwei Spulen, unter denen sich ein Hufeisenmagnet dreht, erzeugen einen Strom.

Werner von Siemens und **Charles Wheatstone** entdeckten das **dynamoelektrische Prinzip**, das besagt, dass sich die Spulen selbst magnetisieren und deshalb Generatoren gebaut werden können, die keinen Magneten enthalten.
Werner von Siemens hatte das Prinzip als erster geklärt und veröffentlicht und gilt seitdem als Erfinder des **Elektrogenerators**.

1866 **Transatlantisches Telegrafie-Kabel**
Nach etlichen Versuchen gelang es, ein funktionierendes Kabel zwischen Europa und den USA auf dem **Meeresboden** zu verlegen und erfolgreich zu betreiben.

1876 **Kühlschrank** — **Carl von Linde**
1876 entwickelte Carl von Linde das Linde-Verfahren und damit eine kostengünstige Möglichkeit, in jedem Haushalt ein **Kühlgerät** bereitzustellen. Dadurch wurden wesentlich seltener verdorbene Lebensmittel verzehrt.
In einem **Kompressor** wird das gasförmige Kältemittel verdichtet, wodurch es sich erwärmt. Diese Wärme gibt es dann über die schwarzen Schlangen an der Hinterwand ab und kondensiert dabei, wird also flüssig. Nun gelangt es in den Verdampfer im Inneren des Kühlschranks. Hier wird der Druck erniedrigt, das Kältemittel wird wieder gasförmig, dabei entnimmt es Wärme aus dem Inneren des Kühlschranks. Der Kreislauf beginnt von neuem.

1877 **Phonograph** — **Thomas Alva Edison**
Das erste Gerät zur **Aufnahme** und **Wiedergabe von Tönen** nutzte als Informationsträger eine **Walze**, die mit einer Stanniolfolie (Zinnfolie) bezogen war.
Der Schall wurde von einer Schalldose aufgefangen und versetzte den Boden der Dose in Schwingungen. Mittels einer **Stahlnadel** wurde die Schwingung auf die Folie übertragen. Wenn sich die Walze drehte, hinterließ die Nadel eine schwankende Spur, die der Schallschwingung entsprach.
Seitlich war auf der Walze eine schraubenförmige Rinne angebracht, durch die der Schallapparat geführt wurde und auf der Stanniolfolie eine ebenso schraubenförmige Spur hinterließ.
Die Aufnahme konnte mit der gleichen Apparatur wiedergegeben werden.

1879 **Erste praxistaugliche elektrische Lokomotive** — **Werner von Siemens**
Versuche mit Schienenfahrzeugen, die von einem Elektromotor angetrieben wurden, hat es schon früher gegeben. Doch die von Siemens zur Berliner Gewerbeausstellung konstruierte **E-Lok** gilt als die erste praxistaugliche Maschine. Sie zog drei Waggons mit je sechs Personen.

1879 **Glühlampe** — **Thomas Alva Edison**
Nachdem die **Vakuumtechnik** besser beherrscht wurde, nahm die Zahl der Patentanmeldungen für Glühlampen in den 1850-er Jahren deutlich zu. Das entscheidende Kunststück bestand darin, einen geeigneten **Glühfaden** zu finden. Er musste ein **helles Licht** erzeugen, eine zumutbare **Brenndauer** garantieren und kostengünstig im **Verbrauch** sein.
Die meisten hatten eine Brenndauer von unter 10 Stunden und waren schon von daher nicht marktfähig.

Alexander Lodygin erhielt 1874 in Russland ein Patent auf eine Lampe mit einem Kohlefaden in einem mit Stickstoff gefüllten Glaskolben.
Joseph Wilson Swan, ein englischer Physiker, erhielt 1878 ein Patent auf eine Lampe mit Kohlefaden in einem luftleeren Kolben. Die spezielle **Swan-Fassung** hatte gegenüber der **Schraubfassung** Edisons den Vorteil, dass sie sich bei Erschütterungen nicht lösen konnte. Edisonlampen wurden deshalb in Fahrzeugen nicht eingesetzt.
Edison erhielt sein Patent 1879, nach neueren Quellen sogar erst 1880. Auch er setzte einen luftleeren Glaskolben ein mit einem Kohlefaden, steckte aber viel Mühe in die Qualität. Die **Edisonlampen** zeichneten sich durch hohe Leuchtkraft, lange Brenndauer und niedrige Energiekosten aus, so dass sie sich schnell durchsetzten. So entstand der Eindruck, dass Edison der Erfinder der Glühlampe war. Richtiger wäre es zu sagen: Er war der Erfinder der gebräuchlichsten Glühlampe …

Von der Straßenbahn bis zum Computer

1881 **Elektrische Straßenbahn** — **Werner von Siemens**

Die erste langfristig betriebene elektrische Straßenbahn führte vom Bahnhof Lichterfelde zur zweieinhalb Kilometer entfernten Preußischen Kadettenanstalt. Die Fahrzeuge hatten einen Gleichstrommotor unter der Mitte des Wagens. Der Strom wurde über die beiden Schienen zugeführt.
Die Waggons boten 26 Fahrgästen Platz und in den ersten drei Monaten wurden bereits 12 000 Fahrgäste transportiert.

1882 **Erstes elektrisches Kraftwerk in New York** — **Thomas Alva Edison**

1883 **Elektromechanisches Fernsehen** — **Paul Nipkow**

Paul Nipkow beantragte ein Patent für ein Elektrisches Teleskop mit Nipkowscheibe.
Um ein Bild elektrisch zu übertragen, muss es zeilenweise in Bildpunkte zerlegt werden. Das leistet die **Nipkowscheibe**. Sie dreht sich vor einem Bild. Auf der Scheibe ist spiralförmig versetzt für jede Zeile ein Loch angebracht. Zieht das erste Loch am Bild vorbei, wird nacheinander, für jeden Punkt, die Helligkeit registriert. Dann folgt das zweite Loch etwas tiefer und »tastet« die zweite Zeile ab und so weiter.
Da die Lochscheiben im Fernsehsender und in den Wiedergabegeräten synchron laufen müssen, ergaben sich ungeahnte Schwierigkeiten. Die Idee der Nipkowscheibe wurde deshalb etwas später elektronisch umgesetzt, indem ein **Elektronenstrahl** das Bild abtastet beziehungsweise auf einen Bildschirm schreibt. Auch hier müssen die Abtastbewegungen des Elektronenstrahls in der Kamera des Senders mit den Schreibbewegungen eines Elektronenstrahls im heimischen Fernseher synchronisiert werden. Das lässt sich elektronisch aber sehr leicht lösen.

1886 **Automobil** — **Carl Benz**

1885 fertigte Carl Benz sein dreirädriges Fahrzeug mit **Benzinmotor**. Im Januar 1886 erhielt er das Patent für einen »Motorwagen«. Es war die Geburtsstunde des Automobils mit Verbrennungsmotor.

Zu dieser Zeit spielten die Autos mit Dampfantrieb noch eine gewisse Rolle. Dann trat der Verbrennungsmotor seinen Siegeszug an. Heute haben fast alle Autos einen Verbrennungsmotor. Weltweiter Bestand: 1,1 Milliarden Fahrzeuge. Aber die Zeit des Verbrennungsmotors ist vielleicht jetzt vorbei. Zunehmend gewinnen die E-Autos an Bedeutung.

1886 **Lochkarten** **Herman Hollerith**

Hollerith arbeitete 1880 an der amerikanischen **Volkszählung** mit. Dabei wurden für jeden Bürger Daten erhoben wie Geschlecht, Alter, Berufstätigkeit und so weiter. Interessant für die Öffentlichkeit waren **statistische** Zusammenfassungen, etwa wie viele Menschen in Städten oder auf dem Land lebten.

Aber es dauerte sieben Jahre, bis die Ergebnisse fertig vorlagen. Niemand interessierte sich mehr dafür. Die Daten waren inzwischen veraltet.

Da sagte sich Hollerith: »Das muss auch anders gehen«, und erfand die **Lochkarte**. Wobei das Prinzip der Lochung, um Informationen festzuhalten, schon bekannt war. Beispielsweise wurden Jahrmarktorgeln oder Glockenspiele mit Walzen oder Karten gesteuert, in die an bestimmten Stellen Löcher gestanzt waren.

Hollerith entwarf Karten mit Feldern für jedes erfasste Merkmal. Bei einer positiven Antwort wurde ein Loch gestanzt, bei einer negativen nicht. Dann konstruierte er ein **Lesegerät**, mit der jedes Feld ausgelesen und die Karten gezählt und sortiert werden konnten.

Zur nächsten Volkszählung 1890 kamen die Lochkarten erstmals zum Einsatz – und, siehe da, die Ergebnisse der Auswertungen lagen bereits nach zwei Jahren vor. Obwohl sich die Datenmenge verzwölffacht hatte!

1887 **Schallplatte** **Emil Berliner**

Weil die Walzen in Edisons Phonographen so umständlich zu handhaben waren, entwickelte **Charles Sumner Tainter**, ein amerikanischer Physiker, die ersten flachen, kreisrunden Schallplatten. Wegen technischer Schwierigkeiten gab er die Arbeiten aber bald auf.

Emil Berliner, ein deutsch-amerikanischer Industrieller hatte unabhängig von Tainter dieselbe Idee. Er entwickelte eine Platte mit einem speziellen Gravurverfahren sowie ein Vervielfältigungsverfahren zur Pressung beliebig vieler Kopien und erhielt 1887 ein US-Patent dafür. Das war die Geburtsstunde der Schallplatte.

Louis Le Prince
Max und Emil Skladanowsky
Auguste und Louis Lumière
1888 **Film (Aufnahme und Wiedergabe)** **William Dickson**

Lange galten die Brüder **Lumière** als die Erfinder des Films. Aber sie waren »nur« Pioniere der neuen Technik und hatten einen der erfolgreichsten Apparate entwickelt, mit dem sowohl Aufnahmen als auch Projektionen von perforierten Filmstreifen zu realisieren waren. Ihre erste öffentliche Vorführung war am 28. Dezember 1895. Aber acht Wochen zuvor hatten die Brüder **Skladanowsky** in Berlin ihren Filmprojektor vorgeführt, weshalb der 1. November 1895 als die Geburtsstunde von **Film und Kino** zu nennen wäre. Bliebe noch zu klären, ob nicht dem Edison-Team dieser Ruhm gehört. Deren Präsentation war schon zwei Jahre früher, während der

Weltausstellung von 1893 in Chicago. Allerdings handelte es sich bei dem »Kinetoskop« um einen Guckkasten, keinen Kinoprojektor. Als Erfinder aus dem Edison-Team wird **William Dickson** genannt, der auch die Kamera, den »Kinetographen« entwickelt haben soll.
Doch der wirkliche Pionier scheint der Franzose **Louis Le Prince** zu sein, der bereits 1888 in Leeds, England, eine Kamera entwickelte, die als erste Filmkamera bezeichnet werden kann.

1890 **Erste elektrische U-Bahn** **London**

1895 **Röntgenstrahlung** **Wilhelm Conrad Röntgen**

1896 **Radioaktivität** **Antoine Henri Becquerel**

1897 **Kathodenstrahlröhre** **Ferdinand Braun**
Diese Röhre ist, jedenfalls in ihrer häufigsten Anwendung als **Bildröhre** oder Fernsehröhre, hinten spitz und vorne ganz flach und breit. Dort erscheint das Bild, das von einem gebündelten **Elektronenstrahl** wie mit einem Griffel Zeile für Zeile geschrieben wird. Die Steuerung des Strahls von links oben bis rechts unten erfolgt durch Signale und läuft zwischen Sender und Empfänger voll **synchron** ab. Auf diese Weise lässt sich **Pixel für Pixel** ein Bild übertragen.

1903 **Motorflug** **Orville Wright und Wilbur Wright**
Die Brüder Wright waren die Flugpioniere der Vereinigten Staaten. Sie führten zu Beginn des 20. Jahrhunderts systematische Flugexperimente durch, entwarfen Pläne für Flugzeuge, konstruierten Einzelteile wie das bewegliche Seitenruder und bauten schließlich das **erste Flugzeug**, mit dem ein andauernder, gesteuerter Motorflug möglich war. Den Jungfernflug absolvierten sie im Dezember 1903 und erhielten daraufhin ein Patent auf ihren Flugzeugstyp, insbesondere die Steuerung.
Ob die Brüder Wright wirklich die »Erfinder« des Motorflugzeugs waren, ist zumindest umstritten, denn es gab zur gleichen Zeit viele Pioniere, die mit selbst konstruierten Flugapparaten Versuchsflüge unternahmen. Speziell in Deutschland, England und vor allem in Frankreich war die Konkurrenz sehr mächtig.

1913 **Fließband** **Henry Ford**

1922 **Hubschrauber** **Etienne Oehmichen**
Der erste zuverlässige, manntragende **Senkrechtstarter** mit Heckrotor zur Stabilisierung. Die Bell Aircraft Corporation erhielt 1946 die Zulassung für einen zwei bis dreisitzigen zivilen Hubschrauber.

1931 **Elektronenmikroskop** **Ernst Ruska**

1935 **Erstes reguläres Fernsehprogramm** **Manfred von Ardenne**
Manfred von Ardenne hatte 1930 das voll elektronische Fernsehen auf der Basis der **Kathodenstrahlröhre** entwickelt. Er führte dieses Verfahren öffentlich auf der 8. Funkausstellung in Berlin 1931 vor und erschien damit auf der Titelseite der »New York Times«.
Am 22. März 1935 wurde erstmals der »Deutsche Fernsehrundfunk« über den Berliner Sender »Paul Nipkow« ausgestrahlt. Es war das erste reguläre Fernsehprogramm der Welt – bei gerade mal 250 Fernsehteilnehmern.

Einen ersten Höhepunkt erlebte das Fernsehen dann 1936 zu den Olympischen Spielen, als sich zeitweise über 10 000 Zuschauer vor den Geräten versammelten. Nach Beginn des Zweiten Weltkriegs kam es zu Unterbrechungen im regulären Sendebetrieb. Im Herbst 1944 wurden die Sendungen ganz eingestellt.

1938 Kernspaltung — **Otto Hahn und Fritz Straßmann**

1940 Tonbandgerät — **Hans Joachim von Braunmühl, Walter Weber**

1941 Computer — **Charles Babbage, Ada Lovelace, Konrad Zuse, John Presper Eckert, John William Mauchly**

Charles Babbage und Ada Lovelace entwarfen 1837 die »Analytical Engine« und waren frühe Vordenker einer programmierbaren, analytischen Maschine, eines Computers.
Konrad Zuse hat eine solche Maschine gebaut, namentlich die Z3 1941 und die Z4 1945.
John Presper Eckert und John William Mauchly bauten mit der ENIAC 1946 eine ähnliche Maschine.

Von der Rakete bis zum Navi

1942 Rakete

»Aggregat 4« war die erste gesteuerte und flugstabilisierte Großrakete, die in Deutschland entwickelt und produziert wurde. Sie leitete die Reihe der Raketen ein, die Massenvernichtungswaffen über weite Strecken transportieren sollten.

1945 Erste Zündung einer Atombombe — **Trinity-Test (USA)**

1945 Mikrowelle — **Percy Spencer**

1948 Transistor — **William B. Shockley, John Bardeen und Walter Brattain**

Transistoren sind die aktiven Bauteile in elektronischen Schaltungen. Sie wirken als Schalter, Ventile, Gleichrichter oder Verstärker. Mit ihnen begann das Zeitalter der »Halbleiterelektronik«, und sie beendeten die Ära der Röhren, die umständlicher, empfindlicher und teurer waren.

1950 Programmierbarer Heimcomputer — **Edmund Berkeley**

Die Zeit der »Heimcomputer« war eigentlich in den 1980-er Jahren, als mit dem »Commodore 64« oder »Atari« kostengünstige Kleinstcomputer auf den Markt kamen. Sie dienten vor allem Unterhaltungszwecken, erfüllten aber auch Aufgaben, die heute dem PC obliegen.
Berkeley schlug schon 1950 vor, einen Heimcomputer selbst zu basteln und mit ihm spielend zu erleben, wie Computer funktionieren und wie man sie sinnvoll nutzen kann. Damit war er seiner Zeit sicher sehr voraus.
Er nannte den Computer »(simple) Simon«, publizierte Bauplan und Beschreibungen als populäre Fortsetzungsserie in mehreren populären Zeitschriften und sorgte dafür, dass die Einzelteile in Bastelläden und Kaufhäusern vorrätig waren. Der komplette Bausatz kostete um die 600 Dollar und in den ersten 10 Jahren wurden über 400 Exemplare verkauft.

1952 **Wasserstoffbombe** **USA**

1954 **Kernkraftwerk** **UdSSR**
Das erste Kernkraftwerk der Welt entstand in Obninsk bei Moskau und hatte eine Leistung von 5 Megawatt.

1957 **Satellit** **UdSSR**
Der erste künstliche Erdsatellit, »Sputnik« mit Namen, löste den »Sputnik-Schock« in den USA aus, denn den Amerikanern war eines klar: Wer einen Satelliten ins All schießen kann, kann ebenso eine Rakete mit Nuklearsprengkopf auf die USA abfeuern. Außerdem bewies der Sputnik scheinbar die technologische Überlegenheit der Sowjetunion und ließ insbesondere die naturwissenschaftliche Bildung in der westlichen Welt als unzureichend erscheinen. Diese Kränkung im Selbstbewusstsein der Amerikaner war erst mit der Mondlandung wieder geheilt.

1958 **Herzschrittmacher** **Ake Senning, Rune Elmqvist**
Der künstliche Impulsgeber leitet kleine Stromstöße zum Herzen und unterstützt den regelmäßigen Herzschlag. Die gesamte Elektronik, ein Akku und eine Spule, um den Akku von außen aufzuladen, passte in eine Schuhcremedose, die unter die Haut implantiert wurde.

1958 **Integrierter Schaltkreis** **Jack Kilby**
Ein weiterer Schritt zur Miniaturisierung und Integration von elektronischen Schaltungen einschließlich ihrer Bausteine. Aktive wie passive Bausteine wurden auf Halbleitermaterial aufgebaut, enthielten also alle Bauteile, daher der Begriff »integriert«.

1959 **Mond-Sonde Lunik 2** **UdSSR**

1959 **Mondumrundung mittels Lunik 3** **UdSSR**

1960 **Laser** **Theodore Maiman**

1961 **Mensch im Weltraum** **Juri Gagarin**
Der erste Mensch, der die Erde umrundete und der unseren »Blauen Planeten« vom Weltall aus betrachten konnte.

1963 **Digitalkamera** **David Paul Gregg**

1967 **Erste Herztransplantation** **Christiaan Barnard**

1969 **Bemannte Mondlandung** **Apollo 11, USA**
Am 20. Juli 1969 betrat **Neil Armstrong** als erster Mensch den Mond mit den Worten: »Ein kleiner Schritt für einen Menschen, aber ein großer Schritt für die Menschheit«. Die Astronauten hatten **Fernsehkameras** an Bord, so dass die gesamte Mission übertragen werden konnte. Rund 600 Millionen Menschen erlebten die Mondlandung direkt mit.
Noch fünf Mal sind amerikanische Astronauten im Rahmen des Apolloprogramms auf dem Mond gelandet, das letzte Mal im Dezember 1972.

1970 **Kernfusion** **UdSSR**

Im Gegensatz zur Kernspaltung werden bei der Kernfusion zwei kleinere **Atomkerne zu einem größeren verschmolzen**. Aber auch dabei wird Energie frei in Form von Strahlung. Dieser Prozess läuft auf der Sonne ab.
Schon lange ist es ein Traum der Menschheit, eine kontrollierte Kernfusion in einem geeigneten Ofen auf der Erde ablaufen zu lassen. Fehlt nur der passende Ofen. Er müsste Temperaturen von mehreren tausend Grad aushalten können.
Der **Tokamak** war ein erster Versuch, einen solchen Ofen zu konstruieren: aus superstarken Magneten, die das Fusionsfeuer im Innern bündeln. Das Konzept hatten sich die russischen Physiker **Andrei Sacharow** und **Igor Tamm** schon 1952 ausgedacht. Der Tokamak brachte bereits mehrfach eine Fusion zustande, doch immer war mehr Energie für die Zündung der Fusion erforderlich, als Energie gewonnen wurde.
Es sind noch viele Experimente erforderlich, bis die Fusion auch nur entfernt als alternative Energieversorgung infrage kommt.

1970 **Mikroprozessor** **Intel, Texas Instruments**

Noch ein weiterer Schritt zur **Miniaturisierung** und **Integration** von elektronischen Schaltungen einschließlich ihrer Bausteine.

1970 **Taschenrechner**

1971 **E-Mail** **Ray Tomlinson**

Die Idee, über Rechnernetze nicht nur Daten und Dateien zu versenden, sondern auch persönliche Botschaften, entstand bereits in den 60-er Jahren. 1971 wurde die E-Mail als Dienst in wissenschaftlichen Netzwerken offiziell eingeführt.

Allan M. Cormack
1972 **Computertomografie (CT)** **Godfrey Hounsfield**

Der Mensch wird **scheibchenweise** von Röntgenstrahlen durchleuchtet. Dabei dreht sich der Röntgenapparat um den Patienten herum.
Wie ein Netz wird das Körperinnere von den Strahlen erfasst und mit einem raffinierten **Rechenverfahren** errechnet der Computer ein Bild, das aussieht, als hätte man den Menschen quer durchtrennt und die **Schnittfläche** fotografiert.
Man sieht quasi in den Menschen hinein, ohne ihm auch nur ein Härchen zu krümmen. Auch Weichteilgewebe zeichnet sich ungewöhnlich deutlich ab.
Dabei ist die Strahlenbelastung gering.

1973 **Magnetresonanztomografie** **Paul C. Lauterbur**
Peter Mansfield

Auch mit diesem Verfahren sieht man in den Menschen hinein, ohne ihn auch nur anzutasten, nicht einmal Strahlen sind erforderlich.
Mit Radiowellen und einem starken Magnetfeld wird der sogenannte Kernspin gemessen, weswegen das Verfahren manchmal auch als »Kernspin« bezeichnet wird. Weichteile und Organe lassen sich außerordentlich scharf und deutlich abbilden.

1979 Compact Disc (CD) Sony & Philips

Mit der CD beginnt der Siegeszug der Digitaltechnik. Musik, Sprache, Geräusche, jedes Schallereignis besteht aus Schwingungen. Wenn ich diese Schwingungen im elektronischen Verstärker so weiterverarbeite, dann arbeitet meine Elektronik **analog** zu den Schallschwingungen. Aber die Analogtechnik ist veraltet, der Verstärker brummt, die Platte knistert, die Kassette rauscht.

Die **Digitaltechnik** überträgt nur Zahlen. Da rauscht nix, da brummt keiner. Die Schwingung wird vermessen und nur die Messwerte werden übertragen und dann im Lautsprecher wieder zu Schallschwingungen umgewandelt und über die Lautsprechermembran an die Luft abgegeben.

Auf der digitalen Schallplatte sind nur Zahlen gespeichert. Ein kleiner Kratzer schadet nix, weil man die Zahlen noch lesen kann. Bei größeren Kratzern kann es allerdings Aussetzer geben.

Im Übrigen wird die CD auch schon bald ausgestorben sein. Der technische Fortschritt hat inzwischen die mp3-Player hervorgebracht, Musik wird immer mehr nur noch online gehandelt und als Computerfile transportiert und gespeichert.

1980 Personal Computer IBM

1991 WWW – World Wide Web Tim Berners-Lee

1991 Weltweites Mobilfunknetz

1992 mp3 Karlheinz Brandenburg

Kompressionsverfahren, um Musikdateien auf ein Zehntel zu verkleinern, ohne den Klangeindruck hörbar zu verfälschen.

Ob die Arbeitsgruppe um Karlheinz Brandenburg vom Fraunhofer Institut für Integrierte Schaltungen in Erlangen tatsächlich als »Erfinder« des Verfahrens genannt werden kann, ist natürlich umstritten, weil viele andere Gruppen in der Frühphase der Entwicklung mitwirkten. Aber die Erlanger haben den Löwenanteil an der Arbeit geleistet.

1992 Bücher auf elektronischen Medien CD-ROM

1992 Globale Navigationssatellitensysteme (GLONASS und GPS)

Die Kultur der Technik

Das satellitengestützte **Navigationssystem** ist meiner Ansicht nach die letzte große technische Innovation. Alle Erfindungen und sogenannten Innovationen, die ich hier noch aufzählen könnte, waren nur Verbesserungen im Detail. Das waren manchmal großartige Verbesserungen mit tollen Ideen. Aber es gab keine grundsätzlich neue Idee, bei der man von einer neuen Technologie sprechen könnte. Hier nur ein paar Beispiele:

- ✔ Der Tablet-PC
- ✔ Das Smartphone

✔ Der Video-Camcorder mit Speicherkarte

✔ Der neueste, noch größere Teilchenbeschleuniger im Forschungszentrum CERN

✔ Der Eurotunnel

✔ Die BluDisc

Sicher fällt Ihnen auch noch etwas ein, das auf diese Liste gehört... Aber wirklich neue physikalische, chemische, biologische, astronomische oder sonst wie wissenschaftliche Phänomene, die neue Möglichkeiten bereitstellen, wird es aller Voraussicht nach nicht mehr so oft geben.

Wie zu Beginn dieses Kapitels angekündigt, will ich nun versuchen, in einem gerafften Überblick die Muster in der Abfolge herauszuarbeiten und zu analysieren. Das Muster sieht so aus:

1. Entdeckung eines neuen, wissenschaftlichen Phänomens
2. neue Technologie
3. wichtige Innovationen
4. Erfindungen
5. Verbesserungen im Detail

Technik in Vorzeit und Antike

Die Technik folgte immer den wissenschaftlichen Erkenntnissen der jeweiligen Zeit – und als es noch keine Wissenschaft gab, folgte sie den ganz praktischen Erfordernissen des Lebens und Überlebens. Da ging es vordergründig ums Jagen und Verteidigen, ums Sammeln, Pflanzen und Ernten, um das Feuermachen und den Werkzeuggebrauch.

Die Wissenschaft im Hintergrund, nicht bewusst also, war die **Mechanik**. Die Menschen damals wendeten die Technik an, ohne die theoretischen Gesetzmäßigkeiten zu kennen, einfach aus der Anschauung, aus der praktischen Erfahrung heraus. Beispiele dafür sind der Brückenbau, der Flaschenzug oder Bewässerungssysteme, die das natürliche Gefälle nutzten, also die Gravitation – ohne dieses Phänomen als solches zu kennen.

Technik im Mittelalter

Die Wissenschaft machte eine Pause, beziehungsweise sie nahm Umwege über die arabische und asiatische Welt. In Europa war die Technik mehr oder weniger beschränkt auf die praktischen Herausforderungen in Haus und Hof, in Handwerk und Landwirtschaft. Für Wasser und Nahrung war zu sorgen, das Sammeln und Jagen war zu organisieren und auszustatten.

Folgerichtig zeigte sich die technische Entwicklung in Detailverbesserungen oder im Gebrauch unterschiedlicher Materialien, die auf komplizierterem Wege hergestellt wurden: Beispiele sind das Rad und der Wagen, das Spinnrad und der Webstuhl, Ton, Porzellan, Glas.

So waren viele Geräte und Werkzeuge zu entwickeln, zu bauen, zu reparieren und zu pflegen. Neu war zum Beispiel die **Säge**. Sie erlaubte die viel einfachere Herstellung von Balken und Brettern, die bis dahin mühsam mit Beil und Schlagholz hergestellt wurden. Hinzu kamen größere Maschinen wie Wind- und Wassermühlen, Hammerwerke, Töpferscheiben und Metallhütten.

Eine wahre Meisterschaft erreichten die mittelalterlichen **Bauleute**, Architekten wie Steinmetze, Maurer wie Zimmerleute und Dachdecker im Bau der großen **Kathedralen**. Die gotischen Kirchen waren mächtiger und höher als die romanischen und wirkten trotzdem leichter und schlanker.

Dazu wurden völlig neue Bauprinzipien erfunden, wie zum Beispiel das gotische **Strebewerk** mit Pfeilern und Bögen. Sie wurden nach außen verlagert um den Gewölbeschub und die Windlast abzufangen. Das erlaubte, den Innenraum frei von Stützkonstruktionen zu halten. Der Blick nach oben gen Himmel sollte frei und ungehindert sein.

So finster war das Mittelalter also gar nicht. Es gab durchaus Innovationen und viele Verbesserungen in der Alltagsbewältigung, wenn auch die Wissenschaft nicht sehr viel weiter getrieben wurde.

Technik in Renaissance und früher Neuzeit

Die Zeit des **Wiedererwachens** der Wissenschaften. Bedeutende Wendemarken waren der **Buchdruck** und die **Entdeckung Amerikas**. Bedeutende Persönlichkeiten waren **Leonardo da Vinci**, **Kopernikus**, **Luther**, **Galilei**, **Newton** und **Leibniz**.

Das Bild der Welt änderte sich: Auf der Erde rundete sich das Bild zu einer Kugel größeren Ausmaßes als bis dahin gedacht. Mit Platz für neu entdeckte und noch zu entdeckende Kontinente. Und es rundete sich die Vorstellung eines Sonnensystems mit der **Sonne im Mittelpunkt** und einer Erde als Planet unter anderen Planeten, die um die Sonne kreisen.

»Auf zu neuen Ufern«, so könnte man den Geist des Aufbruchs zusammenfassen. Und das wortwörtlich.

15. Jahrhundert

Jetzt begann die Phase der großen **Entdeckungsreisen**. Die Erde wollte erkundet und erobert sein.

Die Jahrhundert-Innovation: der **Buchdruck** mit beweglichen Lettern.

16. Jahrhundert

Mit dem Licht beschäftigten sich die Menschen auch schon früher. Aber jetzt begann man, sich systematisch mit der **Optik** zu befassen. Gesucht wurde wissenschaftlich abgesichertes Wissen über die zugrunde liegenden Gesetzmäßigkeiten: Was ist Licht? Wie verhält es sich, wenn es auf transparente Materialien trifft? Wie funktioniert die unterschiedliche **Brechkraft** von Luft, Wasser und Glas, und was passiert da eigentlich bei der Zerlegung von weißem Licht in die Farben des Regenbogens?

Aus dieser Wissenschaft entwickelten sich völlig neue technische Instrumente wie **Brille**, **Lupe**, **Fernrohr** und **Mikroskop**, **Lochkamera** und **Laterna magica**.

Galilei befasste sich mit der **Fallgeschwindigkeit**, formulierte das **Trägheitsgesetz**, Kepler entwarf seine **Gesetze von der Planetenbewegung**.

Über tausend Jahre haben die Menschen praktische Erfahrungen mit der Mechanik, mit der Bewegung von Gegenständen gemacht, ohne sich um theoretische Hintergründe zu kümmern. Erfahrungen sind aber allenthalben die Hälfte dessen, was eine Wissenschaft ausmacht. Ohne Theorie kann sich eine Wissenschaft nicht weiterentwickeln. Ohne zu verstehen, was man da macht, wie sich Materie verhält, ohne dieses tiefere Verständnis kann man auch keine Aussagen darüber machen, wie sich Materie unter anderen Umständen verhalten wird, unter Umständen, die man noch nicht kennt, unter denen man noch keine Erfahrungen gemacht hat.

17. Jahrhundert

Nun war es endlich so weit, dass zur Mechanik die theoretischen Gesetze gefunden wurden. Spätestens jetzt wurde die Physik als wissenschaftliche Disziplin gegründet.

Isaac Newton erkannte die Prinzipien der **klassischen Physik**, entdeckte die **Gravitation** und formulierte die Gesetze der klassischen **Mechanik**. Damit gab er Bauleuten, Handwerkern und Architekten und Ingenieuren (die damals nicht so hießen, deren Aufgabenfelder aber bereits existierten) einen theoretischen Rahmen, mit dem sie ihre Arbeiten begründen, berechnen und verbessern konnten.

Huygens entwickelte die **Wellentheorie** des Lichts.

Philosophie und **Geisteswissenschaften** konnten sich frei entwickeln, waren aber selten Ideengeber für technische Entwicklungen. Mit Ausnahme vielleicht der Astronomie, die vermutlich die **Mathematik** befördert hat.

Spezialfall Mathematik

Im Kapitel zur Mathematik (Kapitel 11) habe ich ja dargelegt, wie schillernd das Gewand dieser Wissenschaft zwischen Geisteswissenschaften und Naturwissenschaften ist. Sie ist als bloße **Hilfswissenschaft** unter den Naturwissenschaften eigentlich unter Wert angesiedelt. Und doch wären komplexere Vorhaben nicht zu realisieren, wenn es die Mathematik nicht gäbe.

Indirekt ist Mathematik an allen komplizierteren Projekten beteiligt. Aber sie ist auch sehr **direkt** beteiligt, wenn Sie an die Entwicklung der **Kalender** und der Festlegung der aktuellen **Uhrzeit** denken. Oder wenn Sie an die Probleme denken, die man mit der **Zeitmessung** und deren Synchronisation zwischen verschiedenen Ortschaften hatte.

Mathematisch waren die komplexen Probleme der Wärme-, Dampf- und **Verbrennungsmaschinen** zu lösen. Die Mathematik entwickelte sich zu einer ganz eigenen Wissenschaft, und nur ein kleiner Teil dieser Wissenschaft diente der praktischen Anwendbarkeit auf anderen Gebieten. Hilfsgrößen der Mathematik (zum Beispiel Logarithmus oder Cosinus) waren aus Tabellen abzulesen oder mit **Rechenschieber** oder mechanischer **Rechenmaschinen** zu bestimmen.

Technik im industriellen Zeitalter

18. Jahrhundert

Dann wurden wieder neue Phänomene entdeckt, die zu neuen Technologien führten: Da war zunächst die **Elektrizität**, mit der die Menschen erst einmal gar nichts Rechtes anzufangen wussten. Sie wurde erst auf Jahrmärkten als **Spektakel** vorgeführt. Dann schickte es sich, in gut situierten Hauhalten ein kleines Experimentiertheater bereitzuhalten oder ein kleines Forschungslabor. Einen Blitz zu erzeugen, gehörte damals zum Höhepunkt einer jeden Abendgesellschaft.

Bis pfiffige Handwerker und Erfinder den **elektrischen Strom** als bequeme Form der Energiezufuhr zu nutzen lernten, um Herd und Licht, Webstuhl und später das Telefon, das Radio und andere Gerätschaften der Unterhaltungsindustrie im Haushalt zu betreiben.

Schließlich wurde der **Magnetismus** entdeckt, der schon seit Längerem der Seefahrt ein ganz wichtiges Navigationsinstrument beschert hatte: den Kompass.

Die großen Maschinen wurden erfunden, allen voran die **Dampfmaschine**. Ihr Siegeszug war begünstigt durch einen seltenen Zufall in der Zusammensetzung der Erdoberfläche. Denn in vielen Teilen der Welt, vor allem in Europa, speziell in England, liegen die Lagerstätten für Kohle und Eisenerz nahe beieinander. Die ganze **Montanindustrie**, die auf dem bergmännischen Abbau von Kohle und Eisenerz beruht, war nur möglich, weil für beide zusammen keine Transportkosten über weite Strecken anfielen. Das **Hüttenwesen** und die gesamte **Stahlindustrie** entstanden in direkter Nachbarschaft zu den Lagerstätten.

19. Jahrhundert

Nun entdeckte man, dass Magnetismus und Elektrizität über das **elektromagnetische Feld** und die **elektromagnetischen Wellen** zusammengehören. Die wichtigsten Vertreter dieser elektromagnetischen Wellen waren die Strahlen des **Lichts**.

Aber jenseits der unteren und oberen Grenzen des Lichts taten sich andere Universen auf: Nach dem Infraroten folgten die Wärmestrahlung, die Mikrowellenstrahlung, das Radar und die Rundfunk- und Fernsehwellen. Nach dem Ultravioletten folgten noch das UV-Licht, die Röntgenstrahlung, die Gammastrahlung und die Höhenstrahlung.

Teilweise ist die technische Nutzung bestimmter Wellenbereiche schon an ihrem Namen ablesbar, zum Beispiel bei der Radarstrahlung, bei der Mikrowelle oder bei den Radiowellen.

Das **elektrodynamische Prinzip** war entdeckt worden und damit der Elektromotor beziehungsweise der Elektrizitätsgenerator. Und schließlich der Benzin- und der Dieselmotor in seinen vielfältigen Ausprägungen.

20. Jahrhundert

Im vergangenen Jahrhundert folgten weitere Innovationen mit Maschinen, die schwerer als die Luft waren, die sie verdrängten – und dennoch fliegen konnten: Flugzeuge mit Propeller- oder Düsenantrieb, Hubschrauber und Raketen.

Mit einer ganz bedeutenden Entdeckung wurde wieder eine ganz neue Technologie möglich, mit der der **Atomspaltung**. Die grundlegend neue Entdeckung war: Das Atom ist teilbar und wenn man ein schweres Atom in zwei kleinere Hälften zerlegt, dann bleibt etwas Masse übrig, die sich in Strahlung und damit **Energie** wandelt. Wenn das milliarden- und abermilliardenfach passiert, wird aus wenigen Gramm Uran eine gigantische Menge an Energie frei. Läuft der Prozess kontrolliert und kontinuierlich ab, erzeugt ein Kernkraftwerk riesige Mengen an Energie.

Aber es ist ein **faustischer Pakt**, den die Menschen da eingehen. Denn es bleiben strahlende Abfälle, die für Jahrtausende sicher gelagert werden müssen. Für dieses Problem hat noch niemand eine Lösung gefunden. Und trotzdem werden immer noch neue Kernkraftanlagen gebaut.

Als große Jahrhundertinnovation erwiesen sich **Computer** und **Internet**. In der Folge entwickelte sich die IT-Branche, die Informationstechnik und die Veranstaltungs- und Unterhaltungselektronik und vieles mehr. Darunter könnte man dann auch die satellitengestützte **Navigationstechnik** zählen – oder man sieht sie als letzte große und eigenständige Innovation an. Die Grenzen sind da nicht so scharf.

Technik in der Postmoderne

Neue Phänomene sind nicht ausgeschlossen, werden aber (so bald) nicht erwartet.

Wie es scheint, ist tatsächlich **alles ausgeforscht**. Doch Vorsicht: Solche Aussagen hat es schon zu oft in der Geschichte der Wissenschaft gegeben. Und dann kam ein neuer Einstein, und holte Erstaunliches aus der Trickkiste der neuen Erkenntnisse heraus.

Was zum Beispiel mit der **Gentechnik** noch alles möglich sein wird, steht noch lange nicht fest. Die Potentiale sind groß. Oft erwiesen sich allerdings auch die Hoffnungen und Erwartungen als zu groß. Und mit gutem Grund haben wir auf vielen Gebieten der neuen Gentechnologien erst einmal gebremst, um uns mit Bedacht und Vorsicht den neuen Möglichkeiten zu nähern.

Die Entwicklung wird weitergehen. **Technologische Fortschritte** werden uns auch in Zukunft helfen, mit den großen **Problemen des Planeten** einigermaßen fertig zu werden:

- ✔ Übervölkerung
- ✔ drohende Klimakatastrophe
- ✔ Energieproblematik
- ✔ Umweltproblematik
- ✔ wachsende Schere zwischen arm und reich, zwischen Ländern, die wenig Chancen bieten, und Ländern, in denen Bildung, Gesundheit und Wohlstand zum Lebensstandard gehören

Flutkatastrophen, Seuchen und Missernten werden vielleicht zunehmen. **Naturkatastrophen** bedrohen schon heute enorm die Menschen. Wissenschaft und Technik werden ihren Beitrag dazu leisten müssen, diese Gefahren zu bewältigen, aber besser noch, diese Gefahren zu vermeiden.

Teil III

Analyse und Interpretation: Geschichte der Geisteswissenschaften

In diesem Teil ...

untersuche ich näher, wie sich einzelne Geisteswissenschaften entwickelt haben. Auch in diesem Teil habe ich mich auf zentrale Fragestellungen konzentriert. So lässt sich besser illustrieren, wie die Analysen im Laufe der Jahrhunderte schärfer und genauer wurden, mit welchen Widerständen es die Forscher zu tun hatten und wo das Fach heute steht.

Und die G'schicht von der G'schicht – Geschichte der Geschichtswissenschaft

13

In diesem Kapitel

- Historiker der Antike
- Geschichten erzählen oder Geschichte aufschreiben?
- Archäologie, Schwester der Geschichtsforschung
- Das Beispiel Pompeji
- Von der Geschichtsschreibung zur Geschichtswissenschaft
- Der Historismus
- Das Beispiel Ötzi

Schreiben Sie Tagebuch? Ich kenne etliche Zeitgenossen, die regelmäßig Aufzeichnungen machen. Vielleicht nicht als Tagebuch, aber als Kalendernotizen: Was am Tag los war, was sie unternommen haben, was sonst Wichtiges passiert ist.

Nach Jahren kann man sich anhand dieser Notizen genau erinnern. Man hat einen Überblick über vergangene Jahre und Jahrzehnte. Das Leben bekommt eine Struktur. Unterstützt durch Fotoalben und Videos wird das Erlebte wieder lebendig. Ohne solche Aufzeichnungen sind die Erlebnisse verblasst und vieles bleibt versunken im Dunkel des Vergessens.

Geschichte: Tagebuch der Menschheit

Vieles wurde erzählt, wurde weitergetragen in »mündlicher Überlieferung«. Und wie das so ist: manches wurde ergänzt, manches übertrieben, vieles wurde hinzugedichtet. Immer wieder tauchten andere Versionen auf, meist wurden die Helden strahlender, die gemeisterten Gefahren schrecklicher und die besiegten Feinde zahlreicher als je zuvor.

Mit Erfindung der Schrift wird der Wunsch entstanden sein, die Heldentaten aufzuschreiben, um sie für die Nachwelt zu erhalten. Das geschah häufig in einer literarischen Form, bei der man nicht sicher sein konnte, was nun Fiktion und was Tatsachenschilderung war. Das ist aber ein grundsätzliches Problem, das auch bei scheinbar objektiven Texten auftritt. Die Unterscheidung zwischen geschönten Behauptungen und objektiven Wahrheiten beschäftigt bis heute die Historiker, wenn sie sich mit ihren Quellen auseinandersetzen.

(© Foto Sabine Weiße/Fotolia)

Herodot
etwa 485-424 v. u. Z.

Als erster Geschichtsschreiber wird **Herodot** (etwa 485-424 v. u. Z.) genannt. Er gilt als jemand, der sich um die Geschichtsschreibung bemühte – um der Geschichtsschreibung willen, nicht um daraus spannende Dramen zu formen. Obwohl er seine Berichte in literarischer Form abfasste.

Seine Berichte über die (zum Teil kriegerischen) Auseinandersetzungen zwischen Griechen und Persern sollten keine trockenen Sachberichte sein. Sie sollten die Geschichte in Form von Geschichten wiedergeben. Diese Erzählungen nannte er »Historien« im Sinne von »Erkundungen«. Herodots Erzählweise war stilprägend für die gesamte Geschichtsschreibung der Antike.

In den »Historien« erläuterte Herodot seine Motivation, die Geschehnisse aufzuschreiben:

> »Niedergeschrieben wurden diese Erkundungen, damit die berichteten Taten nicht ruhmlos vergehen: Die heldenhaften Taten der Griechen ebenso wie die Taten der Barbaren. Und es soll berichtet werden, warum es zum Krieg zwischen Griechen und Barbaren gekommen ist.«

Herodot behauptete, seine »Erkundungen« auf vielen Reisen selbst gemacht zu haben. Wir würden heute sagen, er hat persönlich vor Ort recherchiert. Geschichtsforscher haben daran erhebliche Zweifel. So viele Reisen habe er gar nicht bewältigen können. Er habe »plagiiert«, also die (mündlichen) Berichte anderer abgeschrieben und als seine Erkenntnisse ausgegeben. Man sieht, saubere wissenschaftliche Arbeitsweisen waren schon damals nicht immer gegeben.

Geschichte als Doku-Soap

Sind nun alle Dramen und Erzählungen der Antike **zeitgeschichtliche Dokumentationen**? Erzählen die epischen Gesänge von **Homer** aus der »Ilias« und der »Odyssee« wahre Geschichten oder handelt es sich um Fantasieprodukte?

Meist sind es Fiktionen mit realen Bezügen. Im Falle der »Historien« von Herodot stand eindeutig die Vermittlung von Fakten im Vordergrund. Die literarische Verpackung sollte nur dafür sorgen, dass der »Stoff« unterhaltsam rüberkam und die Erzählung nicht durchhing und langweilig wurde.

Im Fall der »Ilias« und der »Odyssee« von Homer handelt es sich in erster Linie um fiktionale Inhalte, die ein spannendes Drama ermöglichen sollen. Viele der Geschehnisse können sich so oder ähnlich zugetragen haben, müssen es aber nicht.

Oder die Texte des Alten Testaments. Viele sind als geschichtliche Berichte angelegt, andere erzählen mythische Vorstellungen und sind als Metaphern, als »Bilder« zu verstehen.

Das Alte Testament ist als Verkündigungsschrift angelegt und gibt nicht vor, historische Dokumentationen zu präsentieren. Literarische Werke betonen ihren Charakter als Drama oder Erzählung.

Die »Historien« von Herodot sind geschichtliche Dokumentationen. Sie werden von Historikern als zeitgeschichtliche Protokolle direkt genutzt. Sie sind Teil der **Geschichtsschreibung**. Altes Testament oder »Ilias« oder »Odyssee« sind allenthalben literarische **Quellen** mit geschichtlichen Bezügen, die vom Forscher mit aller Vorsicht zu behandeln sind.

Dabei kann man Glück haben, wie **Heinrich Schliemann**. Er nahm Homer wörtlich und begann an einer Stelle zu graben, die Homer als Standort von Troja beschrieben hatte. Niemand wusste bis zu diesem Zeitpunkt, ob es Troja überhaupt gegeben hatte. Die Grabungen waren erfolgreich und Schliemann entdeckte Troja: 4000 Jahre nachdem es entstanden war – aufgrund einer literarischen Quelle.

In der Folge haben viele Autoren begonnen, ihre »Erkundungen«, ihre Beobachtungen oder zusammenfassende Berichte aufzuschreiben. Auch die Römer befleißigten sich der Geschichtsschreibung, anfangs noch in griechischer Sprache, doch zunehmend auf Latein.

Selbst **Gaius Iulius Caesar** (100-44 v. u. Z.) beschrieb in den »Commentarii de Bello Gallico« seinen Krieg in Gallien. Dieser Bericht diente wohl in erster Linie zur Rechtfertigung und beschönigenden Selbstdarstellung, wird aber gelobt wegen eines präzisen und anschaulichen Stils.

Herausragender Geschichtsschreiber der Römer war **Publius Cornelius Tacitus** (etwa 58-120). Er beschrieb in den »Annalen« von 14 bis 69 und in den »Historien« von 69 bis 96 die Geschichte der römischen Kaiser (in den »Annalen« etwa vom Tod des Augustus bis Nero und in den »Historien« von Galba bis Domitian).

Ein weiteres Werk seiner überlieferten Schriften war eine ethnologische Beschreibung von Land und Leuten der Germanen (»De origine et situ Germanorum«).

Darin beschrieb er die Sitten und Gebräuche der wilden Stämme jenseits der Alpen, die der Weltmacht Rom so manche empfindliche Niederlage beigebracht hatten. Deutlich zu spüren ist die Sympathie, die Tacitus gegenüber dem Volk der Germanen hegte. Er schilderte sie als einen unverbrauchten Volksstamm, frei von Korruption und Sittenverfall.

Sine ira et studio

Waren das nun die objektiven Feststellungen eines neutralen Beobachters oder bewusst genutzte Beispiele, anhand derer er seine Leser von einer bestimmten Sichtweise überzeugen wollte? Das lässt sich nur indirekt aus dem Kontext der Lebensumstände des Autors ermitteln.

Tacitus selbst äußerte sich zu diesem Konflikt recht eindeutig. Von ihm stammt das schöne Motto: »Sine ira et studio«. Was nicht etwa bedeutet, man solle berichten, ohne die Sache zu studieren. Nein, »studio« ist hier eher im Sinne von »Eifer« gemeint. Man solle sich nicht ereifern.

Der Historiker solle also nüchtern und neutral berichten, ohne Zorn und Eifer. Wir würden das heute etwa so ausdrücken, wie Hanns-Joachim Friedrichs, früherer Tagesthemen-Moderator und langjähriger Auslandskorrespondent des Deutschen Fernsehens: »Ein Journalist macht sich nie mit einer Sache gemein, auch nicht mit einer guten«. Offenbar ein 2000 Jahre umspannendes Einverständnis über einen ehernen Grundsatz eines jeden Chronisten – oder?

Tacitus war Politiker, war Redner und Volkstribun, Mitglied des Senats von Rom. Zu einer Zeit, als Rom von Kaisern regiert wurde und die Prinzipien der Republik nicht mehr viel galten. Auch der moralische Verfall war unübersehbar, und Tacitus litt daran. Durch die Auswahl seiner Beispiele und durch die Logik der Beweisführung wollte er sein Publikum wachrütteln. Er wollte auf den Werteverfall in der Gesellschaft aufmerksam machen, wollte sein Publikum zum Handeln treiben.

Das alles waren in seinen Augen legitime Mittel der politischen Auseinandersetzung. Das widersprach nach seiner Ansicht auch nicht dem Grundsatz »sine ira et studio«. Den legte er enger aus: Sich nicht von den Streitigkeiten der Tagespolitik beeinflussen lassen. Und diesen Grundsatz hielt er ein.

Geschichtsschreibung ist nie frei von subtilen Einflüssen, die den Schreiber von innen und außen erreichen. Von innen fließen seine Überzeugungen, seine moralischen und religiösen Vorstellungen in die Schilderungen ein. Von außen erreichen ihn die Meinungen seiner Familie und Freunde. Der Geschichtsschreiber kann sich vielleicht diese Einflüsse bewusst machen und versuchen, sie abzustellen – so gut es geht –, ganz ausschalten kann er sie nicht. Und der Historiker, der diese Quellen nutzt, muss die Lebensumstände des Schreibers kennen und berücksichtigen, um zu einer objektiveren Einschätzung der geschilderten Ereignisse zu kommen.

In Tacitus Zeiten kam es nicht weit von Rom zu einem folgenschweren Ausbruch eines Vulkans. Die Explosion des Vesuvs sollte Auswirkungen auf die Neuorientierung in der Geschichtswissenschaft der Neuzeit haben. Indem sie unerwartete Einblicke in die Lebenswelt einer römischen Provinzstadt ermöglichte, eröffnete sie neue Perspektiven im Erkenntnisprozess der Archäologie und Geschichtsschreibung.

Pompeji: Alltag vor 2000 Jahren

24. August im Jahre 79

So könnte es gewesen sein: *Aulus Vettius kam gerade vom Markt und betrat schnell sein Haus. Heute Morgen hatte die Erde gebebt. Die Säule mit dem Blumengebinde war zu Bruch gegangen. Im hinteren Atrium war das Dach zur Hälfte eingestürzt.*

Aber jetzt war alles aufgeräumt. Die Haussklaven hatten ordentlich gearbeitet. Trotzdem war er unzufrieden. Noch immer waren die Kinder im Haus. Die Sklaven schwatzten und lachten. Er machte sich Sorgen. Clivia tat so, als sei nichts geschehen.

Mit Clivia, seiner Frau, hatte er besprochen, dass sie das Haus verlassen sollten. Heraus aus der Stadt, hinaus aufs Land. Sie wollten weg vom Vulkan, weg von der bebenden Erde.

Er blickte zum Himmel. Vom Vulkan kamen schwarze Dampfwolken. Wieder zitterte die Erde. Ein Öllämpchen fiel zu Boden. Alles rutschte durcheinander. Im Nu sah es wieder aus wie am Morgen, bevor die Sklaven aufgeräumt hatten. Die Gefahr war noch nicht vorüber.

Aulus hatte es noch erlebt. In seiner Kindheit war der Vesuv ausgebrochen und eine Woche lang gab es Ascheregen. Auch hier in Pompeji, scheinbar weit weg vom Vulkan. Seitdem hatte der Vesuv »geschlafen«. Keiner nahm die Gefahr so richtig ernst.

Da wurde das Grummeln des Vulkans lauter. Ein Gewitter zog auf.

Es trommelte aufs Dach. Bimssteine, so groß wie Kieselsteine. Schwarze und weiße Bimssteine regneten vom Himmel, zerschlugen Fensterscheiben und Dachziegel. Es donnerte und schepperte.

Die Sklaven versuchten, das Dach abzustützen. Der Wind trieb schwarze Asche ins Haus, die allen den Atem raubte. Giftgaswolken brachten für alle einen schnellen Tod. Mehrere Lavaschichten bedeckten die Stadt. Die Stadt war ein einziges Grab.

1600 Jahre Dornröschenschlaf

Pompeji galt lange als der Innbegriff des Schreckens. Die verschüttete Stadt wurde gemieden und wurde vergessen. Erst gegen Ende des 17. Jahrhunderts wurde Pompeji zufällig wieder entdeckt, im 18. Jahrhundert begannen erste Ausgrabungen und erst im 19. Jahrhundert folgten systematische Grabungen und größere Freilegungen, die bis heute noch lange nicht abgeschlossen sind.

Inzwischen müssen die zuerst ausgegrabenen Teile der Stadt erneut saniert werden, weil sie schon wieder baufällig geworden sind. Zerstörerisch wirken vor allem die Touristen, die Tag für Tag die freigelegten Teile besichtigen und anfassen oder aufbrechen, um »Erinnerungsstücke« mit nach Hause zu nehmen. Ein Zusätzliches bewirkt die Erosion: Strauchwerk wurzelt im historischen Gemäuer, Dächer werden undicht und lassen Regenwasser eindringen, Holzbalken werden morsch, und so manches Gebäude musste wegen Einsturzgefahr wieder geschlossen werden.

(© Foto Alena Stalmashonak/Fotolia)

Abbildung 13.1: So sieht Pompeji heute aus.

Dabei ist der Vesuvausbruch, bei all dem Leid und Schrecken, den er über seine Bewohner gebracht hat, für die Nachwelt ein kostbares Gut. Pompeji symbolisiert eine neue Sichtweise in der Geschichtsforschung: den **Perspektivenwechsel**.

War Geschichtsforschung bisher eine Auflistung von Herrschern und Kriegen, von Macht und Herrlichkeit, so rückte nun das alltägliche Leben des Volkes in den Blickpunkt: Wie lebten die Menschen damals? Wie wohnten sie, was aßen und tranken sie, wie vergnügten sie sich?

»Alltägliches Leben« statt »Feldherrn-Herrlichkeit«

Es war eine Sichtweise, die schon länger in der Regionalforschung eine Rolle spielte. Wie lebten unsere Vorfahren? Wie haben sie sich ernährt? Was haben sie angebaut, wie kamen sie über den Winter?

Solche Fragen waren für die Menschen in der jeweiligen Region immer von Interesse. Aber in der »großen« Geschichte? In der Politikgeschichte? Da war dieser Perspektivenwechsel neu und musste sich seinen Platz in der Geschichtswissenschaft erst erkämpfen – bis in unsere Zeit. So wurden erst in den 80-er Jahren des vergangenen Jahrhunderts unterdrückte Völker, Flüchtlinge, Arbeitslose und ähnliche Randgruppen in den Mittelpunkt der Forschung gestellt – nach dem Motto »Geschichte von unten«.

Pompeji war der sichtbare Anfang dieser Bewegung. Und Pompeji gab der Beschäftigung mit der Geschichte neuen Schwung. Die neue Betrachtungsweise traf auf ein überaus großes Interesse des Publikums. Bis dahin hatte man geglaubt, nur die großen Promi-Geschichten würden »Geschichte machen«: Caesar und Kleopatra, der Verrat von Brutus, Napoleons Siege. Aber das Alltagsleben erwies sich als ebenso attraktiv. Das Alltagsleben der Bauern und Handwerker ebenso wie das Alltagsleben der Fürsten, Speiseplan und Krankenpflege am Hofe ebenso wie Hege und Pflege auf dem Bauernhof.

Offenbar hat es die Forderung, aus dem Alltagsleben zumindest der Herrschenden zu berichten, schon früher gegeben. Denn schon der römische Geschichtsschreiber **Marcellinus** wies diesen Wunsch schroff zurück:

> »Wir sollten berichten, über was der Kaiser zu Tische geredet habe, wofür irgendwelche Soldaten bestraft worden seien oder welchen Skandal es auf irgendeinem Kastell gegeben habe? Das widerspräche allen Regeln der Geschichtsschreibung, die nur die edlen Höhepunkte der Geschehnisse vermerkt und sich nicht mit dem Klein-klein der niederen Sphären aufhalten kann.«

Geschichtsschreibung im Mittelalter

Die Geschichtsforschung veränderte sich, als sie, wie jede Wissenschaft, unter den Einfluss der Kirche geriet.

- ✔ Die Kirche wurde zur Bestimmungsmacht. Geschichte wurde dadurch zu etwas anderem. Zum Beispiel wurde sie endlich. Sie würde enden beim Jüngsten Gericht.
- ✔ Die Kirche wurde zur Deutungsmacht: Die Geschichte stand unter dem Segen Gottes, mithin unter seinem Einfluss. Alles Geschehen wurde aus dieser Sicht heraus interpretiert.

Die Geschichtsschreiber bemühten sich gleichwohl, einige Standards aufrechtzuerhalten. So betonten sie oft, die Fakten geprüft zu haben. Dann jedoch wurden die Geschehnisse der religiösen Sichtweise untergeordnet. Auswahl und Bewertung der berichteten Fakten ergaben sich einzig aus der Religion.

Im Spätmittelalter wurden immer mehr Werke in der jeweiligen Volkssprache abgefasst. Zudem wandten sich viele Autoren, namentlich die Humanisten, der Antike zu. Viele Autoren strebten eine Trennung der weltlichen Geschichte von der religiösen Geschichte an.

Geschichtsschreibung in der frühen Neuzeit

Das neu erwachte Interesse an der Kunst und Wissenschaft der Antike ließ auch das Interesse an der Geschichte aufleben. Ermuntert durch dieses allgemeine Interesse, begann die Geschichtsforschung, sich allmählich aus der »fürsorglichen Umklammerung« durch die Kirche zu befreien.

Standards des Faches wurden festgelegt, so zum Beispiel die Einteilung in Antike, Mittelalter und Neuzeit. Wahrheitskriterien zu finden, erwies sich schon als schwieriger. Zwar war die Orientierung an kirchlichen Dogmen weggefallen, aber die gewünschte Orientierung an den exakten Naturwissenschaften musste ein stilles Sehnen bleiben, da es der Geschichtswissenschaft an berechenbaren Größen fehlte.

Aufklärung

In Frankreich kämpfte **Voltaire** gegen die Anmaßungen der Kirche. Er geißelte die Manipulationsversuche zur Sicherung politischer Ansprüche als »Geschichtsklitterung«.

In Deutschland blieb noch eine Weile **Gottfried Wilhelm Leibniz** bestimmend. Er begrüßte zwar die Befreiung von der Vormundschaft der Kirche. Doch er blieb ein gläubiger Mann. Er selbst vertrat eine theologische Geschichtsschreibung: »Die Geschichte ist der Spiegel der göttlichen Vorsehung.« Aha – und wie erfahre ich als Schreiber die jeweilige Vorsehung?

Die Traditionalisten hatten auch darauf eine Antwort: Die göttliche Vorsehung und die menschliche Vernunft stünden in einem Prozess ständiger Wechselwirkung. Aha. Das war nicht viel anders, als zu Zeiten der Inquisition.

Aber Leibniz war schon nicht mehr zuständig. Vorreiter der Aufklärung war inzwischen **Immanuel Kant**, und der sah in der Geschichte keine göttliche Absicht, sondern ein Abbild des freien Menschen. Daher gebe es in der Geschichte auch keine unabdingbare Entwicklung etwa in Richtung Fortschritt oder Glückseligkeit. Sie könne aber so betrachtet werden, als diene sie dem Zweck, etwa des glücklichen Zusammenlebens vernünftiger Menschen. Am Ende stünde dann eine republikanische freiheitliche Verfassung. Aber das sei nur eine Möglichkeit. Wünschenswert vielleicht, keinesfalls aber zwangsläufig.

Etwas spezifischer mit der Geschichtsschreibung befasst, war **Johann Joachim Winckelmann** (1717-1768). Er gilt als der Begründer der wissenschaftlichen Archäologie. Von ihm stammte – nebenbei bemerkt – das Motto »Stille Einfalt, edle Größe«, mit dem er den Klassizismus in Deutschland förderte und die üppigen Ausschmückungen von Barock und Rokoko als überwunden erklärte.

Die Geschichtsschreibung war zu einem Bildungselement für Weltbürger geworden. Mehr und mehr setzte sich der Begriff »Geschichten« durch, anfangs noch in der Mehrzahl, dann in der Einzahl: »Geschichte«, als Ausdruck für das kontinuierliche Zusammenwirken aller Menschen. »Geschichte« wurde begriffen als »Universalgeschichte« der gesamten Menschheit, die als Einheit gesehen wurde.

Die eigentliche **Geschichtswissenschaft** entwickelte sich dann im 19. Jahrhundert mit ersten quellenkritischen Studien. Bis dahin fanden geschichtliche Studien im Rahmen der Theologie, der Staatswissenschaften oder der Philosophie statt.

Ist Geschichtsschreibung nun reine Faktensammelei oder gehören dazu auch zusammenfassende Gesamtdarstellungen? Diesen Gegensatz brachte **Georg Wilhelm Friedrich Hegel** in einen dialektischen Zusammenhang. Er unterschied drei Typen von Geschichtsschreibung:

✔ Die »ursprüngliche« Geschichtsschreibung beschreibt eigene Erlebnisse.

✔ Die »reflektierende« Geschichtsschreibung setzt einen zeitlichen Abstand voraus. Sie stellt Zusammenhänge her, geht kritisch mit den Quellen um und kommt zu bewertenden Urteilen.

✔ Die »philosophische« Geschichtsschreibung analysiert den »Fortschritt der Vernunft« im Weltgeschehen.

Karl Marx und **Friedrich Engels** gingen sogar noch einen Schritt weiter. Sie entwickelten eine Geschichtstheorie, nach der sich gewisse Entwicklungen gesetzmäßig aus den ökonomischen Bedingungen ergeben würden. Der Fortschritt im Weltgeschehen sei also vorbestimmt.

Geschichtsschreibung in der Neuzeit

Die Geschichtsschreibung änderte ihre Perspektive. In der Aufklärung stand noch der »vernunftbegabte« Mensch im Mittelpunkt, jetzt wurde er in Beziehung zu Volk, Staat und Nation gesetzt. Vertreter waren **Friedrich Carl von Savigny**, **Heinrich von Sybel** und **Leopold von Ranke**.

Heinrich von Treitschke sah im »Volkstum« die entscheidende Kraft für geschichtliche Entwicklungen. Mit seiner Parole »Die Juden sind unser Unglück« löste er den »Antisemitismusstreit« unter deutschen Historikern aus: eine öffentliche Debatte (1879-1881) über vorhandene, eingebildete und behauptete Einflüsse des Judentums.

Am 15. November 1879 veröffentlichte Treitschke einen Aufsatz zur Außen- und Innenpolitik des deutschen Reiches, in dem er vor Gefahren durch das »Judentum« warnte. Juden seien nicht assimilationsfähig und stünden der Einheit der Nation im Wege. Er endete mit dem Satz:

> »Bis in die Kreise der höchsten Bildung hinauf, unter Männern, die jeden Gedanken kirchlicher Unduldsamkeit oder nationalen Hochmuths mit Abscheu von sich weisen würden, ertönt es heute wie aus einem Munde: Die Juden sind unser Unglück!«

Treitschke appellierte an nationale Gefühle, blieb selbst aber in der Rolle des neutralen Beobachters. Damit öffnete er die Debatte auch für das Bildungsbürgertum und die akademische Welt.

Seine Gegner wiesen den Ausspruch »Die Juden sind unser Unglück!« zurück: Juden seien sehr wohl Deutsche, die sich anpassen könnten, worauf Treitschke erwiderte: Juden würden sich nicht anpassen. Solange sie sich vermehrten und sich nicht taufen ließen, sei ihre Ausweisung nicht zu verhindern.

Als Kontrahent trat auch **Theodor Mommsen** hervor. Der Altertumsforscher warf dem Kollegen vor, sein hohes Amt als akademischer Lehrer zu missbrauchen, um der antijüdischen Hetze eine pseudowissenschaftliche Grundlage zu geben. Die deutsche Nation gründe auf einer Offenheit gegenüber allen Weltanschauungen und Religionen. Die kulturelle Pluralität sei ein Wesensmerkmal der deutschen Nation. Dieser gesellschaftliche Reichtum sei gefährdet durch antisemitische Beschuldigungen. Nebenbei: Mommsen war ein Meister sprachlicher Darstellungen. Für seine »Römische Geschichte« wurde er 1902 mit dem Nobelpreis für Literatur ausgezeichnet.

Immer wieder kam es auch zu Auseinandersetzungen über methodisches Vorgehen. Einen erbitterten »Methodenstreit« gab es zur Frage, ob mehr die Staaten und Personen im Vordergrund der Beschreibungen stehen sollten oder kultur- und sozialgeschichtliche Entwicklungen. Diese Frage wurde auch immer wieder in den Auseinandersetzungen um den Historismus thematisiert.

Der Historismus

Eine besondere Geistesströmung entwickelte sich im 19. und 20. Jahrhundert in Deutschland: Der Historismus. Dabei handelte es sich um eine Form des historischen Denkens, die von der Spätaufklärung bis in die 1960-er Jahre hinein bestimmend war für Themenauswahl und Methoden der Geschichtswissenschaft. Die Denkweise des Historismus wird auch heute noch von einigen Historikern vertreten, doch setzen sich die Stimmen durch, die diese Herangehensweise als überholt ansehen.

Der Historismus war entstanden als Abgrenzung zu metaphysischen Theorien, die von der Wiederholung bestimmter Muster ausgingen. Auch lehnten die Vertreter des Historismus jedwede Zweckbestimmung der historischen Entwicklung ab, erst recht Theorien, gemäß deren Gesetzmäßigkeiten die Entwicklung vorherbestimmt sei. Jede Epoche habe ihre eigene Entwicklung.

Gustav Droysen (1808-1884) sagte zur Methodik des Historismus: Naturwissenschaft und Geisteswissenschaft gehen unterschiedlich vor. Der Geisteswissenschaftler analysiert nicht, sondern versucht den Gegenstand seiner Untersuchung verstehend zu durchdringen. Er versetzt sich in die Lage des Handelnden und ergründet ihre Intentionen aus der Vergangenheit und dem Wissen der damaligen Zeit.

Daraus ergab sich auch die **Kritik am Historismus**: Die Quellenkritik spiele nur eine untergeordnete Rolle und der Fortgang der Geschichte werde auf das Wirken einzelner Handlungsträger reduziert wie Politiker, Denker oder Herrscher.

Friedrich Nietzsche (1844-1900) kritisierte den Historismus als praxis- und lebensfern. Indem alles auf die historische Entwicklung zurückgeführt werde, bleibe kein Raum für Kreativität und Schöpfungskraft der Nachgeborenen. Auch würden gesellschaftliche Dinge, soziale Bewegungen und wirtschaftliche Veränderungen als Einflussfaktoren übersehen.

Als Verdienst des Historismus muss dennoch Folgendes gesehen werden:

- ✔ Etablierung wissenschaftlicher Standards
- ✔ hohe Ansprüche an Quellenkritik
- ✔ Betrachtung des historischen Kontextes bei allen Handlungen und Entwicklungen
- ✔ Absage an metaphysische Theorien

Die **thematische und methodische Einseitigkeit** des Historismus wurde in Deutschland in den 1960-er Jahren mehr und mehr überwunden. Später als in anderen Ländern wurde die Bedeutung der **Sozialgeschichte** gesehen, die die bis dahin vorherrschende **Politikgeschichte** zurückdrängte. Außerdem öffnete sich die Geschichtswissenschaft anderen Methoden.

Ein Versuch, mehr Objektivität in das methodische Vorgehen zu bringen, ist das Projekt »Oral History«, das amerikanische Forscher in den 1980-er Jahren gestartet haben: Zu bestimmten Ereignissen lässt man Zeitzeugen frei und unbeeinflusst reden und schafft auf diese Weise Quellen für spätere Untersuchungen.

Geschichtswissenschaft mit ihrer Tochterdisziplin Archäologie ist heute ein modernes Fach, das sich sehr unterschiedlicher Methoden bedient. Dazu gehören selbstverständlich auch all die modernen Untersuchungsinstrumente, die die Naturwissenschaft bereithält wie exakte Altersbestimmungen oder sogenannte »bildgebende« Verfahren: von der Röntgendurchleuchtung ägyptischer Mumien bis hin zum Einsatz der Magnetresonanztomographie oder des Raster-Kraft-Mikroskops bei 5000 Jahre alten Blutresten eines steinzeitlichen Mordopfers in den Ötztaler Alpen.

Ötzi – der Mann aus dem Eis

Mord im Hochgebirge

So könnte es gewesen sein: *Ortz-Galon drehte sich um. Irgendwie hatte er das Gefühl, jemand verfolgte ihn. Er prüfte den Waldsaum. Er hatte die Baumgrenze erreicht. Hier kam er schneller voran. Noch übers Kimma-Joch rüber zum Batschneller und in das heimische Tal hinab. Er kannte den Weg.*

Er kam von dem neu Zugezogenen im Nachbartal: Schorn-Lei. Er hatte von ihm gehört. Von seiner neuen Feuertechnik. Heute hatte er ihn besucht. Den ganzen Tag hatte er sich alles zeigen lassen.

Zuhause hatte es Diskussionen gegeben. Seine Frau hatte ihn nicht gehen lassen wollen. Sie fand Schorn-Lei undurchsichtig. »Er spielt mit dir ein falsches Spiel«, hatte sie gesagt.

Er hatte nur gelacht. Schorn-Lei war schon in Ordnung. Wenn nur sein komisches Kauderwelsch nicht wäre. Er war schwer zu verstehen. Aber er hatte viele neue Ideen. Und seine Frau hatte wunderschöne Augen. Wieder drehte er sich um.

Er war schon über vier Stunden unterwegs. Schorn-Lei hatte ihm Fleisch vom frisch gejagten Steinbock mitgegeben. Ein Stück aus der Hüfte. Eigentlich, dachte er, war es Zeit für eine Mahlzeit und das Nachtlager.

Er fand eine windgeschützte Querrinne und machte Feuer. Wie schön war es, dass er in dieser Zeit lebte, die so viele Fortschritte gebracht hatte. Die Vielzahl der Faustkeile war enorm. Durch geschicktes Schlagen der Steine konnte man fast alle Werkzeuge und scharfe Pfeilspitzen anfertigen. Er beherrschte die Kunst des Steineschlagens hervorragend.

Aber noch mehr interessierte ihn die neue Feuertechnologie. Sie hatten die Erzschmelzen auf so hohe Temperaturen gebracht, dass neue Stoffe und härtere Metalle möglich wurden. Schorn-Lei hatte aus seiner Heimat eine neue Blastechnik mitgebracht, die das Feuer noch mehr entfachte. Zusammen wollten sie eine neue Feuerstelle errichten.

Das hatte im Dorf Ärger gegeben. Lun-Moigert und seine Gruppe waren dagegen. »Du lieferst dem Feind die Waffenschmiede«, hatten sie gesagt und ihn gewarnt, zu Schorn-Lei zu gehen. Heimlich hatte er sich auf den Weg gemacht. Lun-Moigert würde sich schon beruhigen.

Orz-Galon holte sein neues Feuerzeug hervor. Er war fasziniert von der neuen Technologie. In der Feuerdose hielt sich die Glut über einen halben Tag. Der Zunder, das Blasrohr. Es dauerte nur eine kleine Weile, da loderten schon die ersten Flämmchen.

Sollte er das Nachtlager im Baum errichten? Wolf und Bär könnten kommen. Aber für gewöhnlich kamen sie nicht so hoch. Oder Lun-Moigert und seine Gruppe? Aber wussten sie überhaupt, dass er fort war?

Oder der undurchsichtige Schorn-Lei? Seine Frau hatte ihm schöne Augen gemacht und er hatte Schorn-Leis misstrauischen Blick durchaus gesehen.

Er verspeiste das Fleisch und trank das Met. Jetzt wollte er sich zur Ruhe begeben. Er drehte sich um. Da spürte er einen heftigen Schlag gegen die Schulter. Es dauerte einen Augenblick, bis er realisierte, dass ihn ein Pfeil getroffen hatte.

Er fasste den Schaft und zog ihn heraus, aber die Spitze blieb stecken. Es blutete fürchterlich. Er drehte sich um. Da sah er ihn. Er kam näher. Orz-Galon wollte sich wehren, wollte sich aufrichten.

Der andere stand hinter ihm und jetzt sauste die Keule nieder. Sie hätte ihn am Kopf getroffen, aber Orz-Galon wich aus und die Keule schmetterte auf seinen Rücken.

Beim Stürzen kam er dem Feind ganz nahe und jetzt erkannte er ihn. Er wurde ohnmächtig und sackte zu Boden. Sein Kopf schlug auf den nackten Felsen.

Der Arzt stellte ein Schädel-Hirntrauma fest – allerdings erst 5300 Jahre später. Der Fund war durch die Weltpresse gegangen: Eine über 5000 Jahre alte Leiche – unter idealen Bedingungen bestens erhalten. Eine wissenschaftliche Sensation.

Inzwischen weiß man eine ganze Menge über den Mann aus dem Eis. Große Umstürze im Weltbild der Altertumsforschung hat es nicht gegeben. Die Geschichtsbücher mussten nicht »umgeschrieben« werden. Sieht man einmal davon ab, dass Ötzi bewies, dass man schon gut 1000 Jahre früher ganz gut mit Kupfer umgehen konnte, als bisher angenommen.

Aber der Fund liefert ein ausgesprochen wertvolles Zeugnis von den Lebensumständen unserer steinzeitlichen Vorfahren, und das in vielen Details. Nun können wir uns viel genauer vorstellen, wie die Steinzeitmenschen gelebt haben, wovon sie sich ernährten, wie sie jagten, wie sie ihre Mahlzeiten bereiteten, wie sie sich gegen die Kälte schützten.

Die Archäologen arbeiten eng mit den Gerichtsmedizinern zusammen und nutzen moderne Verfahren, um aus winzigen Spuren Rückschlüsse und Beweise ziehen zu können.

Spurensicherung

So konnte der Mageninhalt analysiert werden: Kurz vor seinem Tod hatte Ötzi noch ausgiebig gespeist: Steinbockfleisch, einen Apfel, einige Körner – und zwei Fliegen, die er offenbar als Beilage akzeptierte.

Im Körper von Ötzi wurden bestimmte Zuckerstrukturen gefunden, die sich häufig bei menschlichen Tumoren finden. Ötzi könnte einen Krebs entwickelt haben. Das passt auch mit anderen Hinweisen zusammen: Er hatte sich offenbar großen Mengen an krebsauslösenden Substanzen ausgesetzt: In seinen Haaren wurden erhebliche Spuren von Kupfer und Brandgasen gefunden. Offenbar hatte er viel mit glühenden Substanzen zu tun gehabt und viele giftige Ausdünstungen eingeatmet.

Spannend war, ob man in Ötzis Leiche noch genügend Reste intakter DNS finden würde, des Trägermoleküls unserer Erbinformation. Normalerweise zerbröselt das lange DNS-Molekül, wenn der Körper abstirbt. Aber man fand genug intakte Stücke, um das gesamte Genom Ötzis zu entschlüsseln. Und, so weit bestimmte Gene eindeutige Merkmale verursachen, kann man Ötzi beschreiben.

Dass er zum Beispiel braune Augen und braune Haare hatte. Dass er eine Milchzuckerunverträglichkeit hatte oder dass er unter Arterienverkalkung litt – eigentlich eine Zivilisationskrankheit unserer Tage – also in diesem Fall ein eindeutiger Hinweis auf eine genetische Veranlagung zu einer solchen Erkrankung. Und aus Vergleichen internationaler DNS-Strukturen konnte man folgern, dass Ötzis Vorfahren aus dem Nahen Osten gekommen waren.

Zudem wurden die Gegenstände, die Ötzi bei sich führte, untersucht. Der große Vorteil war ja, dass man alles zusammen gefunden hatte. Aber ein solch umfangreicher Gesamtfund ist selten. Meist findet man nur Einzelstücke, eine Lederschnalle, zum Beispiel. Und dann rätselt man herum: Wozu diente das Teil? Gehörte noch etwas anderes dazu?

In diesem Fall lag alles vor, der Zusammenhang zum Besitzer war offenbar. Man erfasste sehr schnell, wozu einzelne Gegenstände dienten. Oft wurde sogar der unmittelbare Gebrauchsnutzen klar.

Ötzis Pfeilspitzen, sein Messer und sein Kupferbeil zeugten davon, dass wir am Ende der Steinzeit angekommen waren und kurz vor dem Beginn der Bronzezeit standen. Die Kupferzeit war recht kurz und eigentlich nur eine Übergangszeit.

Pompeji und Ötzi sind Anschauungsbeispiele für authentische Ausschnitte aus der Vergangenheit der Menschheit. Sie ergänzen das »Tagebuch« der Menschheit wie eine Materialsammlung oder ein Fotoalbum mit eingeklebten Erinnerungsstücken.

So bieten die archäologischen Befunde eine Menge an Zusatzdaten zur Absicherung der Theorien der Geschichtswissenschaft. Unser Wissen über die Menschen der Kupferzeit ist nun klarer und besser abgesichert.

Dabei hätte es um ein Haar gar keine Ötzi-Untersuchungen gegeben.

Immer Ärger mit der Leiche

Als Erika und Helmut Simon, Bergwanderer aus Nürnberg, am 19. September 1991 am Hauslabjoch in den Ötztaler Alpen herumkraxelten, fuhr ihnen ein gehöriger Schrecken in die Glieder. Etwas abseits sahen sie einen nackten Oberkörper aus Eis und Schnee herausragen.

Die Leiche musste schon eine Weile da gelegen haben, denn sie sah braun und eingefallen aus. Erika und Helmut Simon verständigten die Polizei. Doch die mussten erst untereinander klären, ob die österreichische oder die italienische Polizei zuständig war – der Grenzverlauf unter dem Gletscher war nicht eindeutig geregelt.

Aber bis zum 23. September war klar: Die italienische Polizei war zuständig und sie begann die Leiche zu bergen. Der Polizist, der das tun sollte, ging recht derb mit dem Fund um, dessen wahre Bedeutung ja noch niemand ahnte.

Mit Pickel und Presslufthammer wurde der untere Teil der Leiche aus dem Eis befreit und dabei wurde die Hüfte von Ötzi stark beschädigt. Die beiliegenden Gegenstände kamen in einen Plastiksack. Und da der Bogen aus Ötzis Waffenarsenal mit seinen fast 2 Metern dafür zu lang war, brach ihn der Polizist kurzerhand in zwei Teile, die passten.

Der Bestatter, der Ötzi in einen Sarg legen wollte, um ihn in die Gerichtsmedizin zu bringen, brach Ötzis Arm, damit der Sargdeckel schließen konnte.

Und der Gerichtsmediziner schließlich war kurz davor, den Leichnam zur Bestattung freizugeben, da bei dem offensichtlichen Alter der Leiche der Mörder kaum noch am Leben sein und somit auch nicht mehr juristisch belangt werden könne. Da meldete sich der Prähistoriker Spindler von der Universität Innsbruck, der über den Fund informiert worden war.

Von diesem Augenblick an war Ötzi für unser Geschichtsbild gerettet.

14 Die Gut-Wetter-Wissenschaftler – Geschichte der Wirtschaftswissenschaften

In diesem Kapitel

- Nur grundsätzliche Zusammenhänge
- Der Staat muss bestimmen
- Der Markt muss frei sein
- Der Staat soll eingreifen
- Der Markt soll ganz frei sein
- Last, noch least: Die Betriebswirtschaftslehre

In London gibt es ein riesiges Modell, das sehr schön zeigt, wie unsere Wirtschaft funktioniert. Ein »hydraulisches« Modell mit Röhren, Ventilen und Überlaufbecken aus Glas, so dass man auch sehen kann, wohin die bunte Flüssigkeit fließt. Das Modell simuliert den **Wirtschaftskreislauf**.

Öffnet man ein Ventil an der Position »Zentralbank«, so bedeutet das »Zinssenkung«. Sofort strömt das Wasser in Richtung Bauindustrie, die viele Aufträge bekommt und eine Menge Steuern zahlt. Das »Steuer«-Wasser gluckert in das große Becken der Staatsfinanzen. Die »Arbeitslosenunterstützung« kann jetzt gedrosselt werden, weil die Bauindustrie Vollbeschäftigung signalisiert …

So können Sie sich das vorstellen: eine Vielzahl von Ventilen, die geöffnet oder gedrosselt werden können. Da sammeln sich die Staatsfinanzen, dort nimmt die Arbeitslosigkeit zu. Hier steigen die Börsenkurse, dort sinken die Auslandsschulden.

Ein Kollege von der BBC erzählte mir, vor diesem Modell hätten sie mal einen der führenden Wirtschaftswissenschaftler zur Finanzkrise befragt. Der habe an dem Modell auch gut den Zusammenhang zwischen niedrigen Zinsen und hoher Investitionsbereitschaft erklärt. Dann habe er sich aber umgedreht und gesagt: »Das sieht so aus, als hätten wir alles im Griff. Aber in Wirklichkeit wissen wir gar nichts!«

Wie viel Wissenschaft steckt in den Wirtschaftswissenschaften?

Die Wirtschaftswissenschaften sind »Wissenschaften bei gutem Wetter«. Ihre Aussagen gelten immer nur bei Idealbedingungen. Also unter ganz bestimmten **Voraussetzungen**. Weil man manche Einflüsse nicht einmal ahnen kann, geschweige denn berechnen, lässt man sie einfach weg und sagt zum Beispiel: Unter der Voraussetzung, dass alle Marktteilnehmer sich vernünftig verhalten und nach ihren Bedürfnissen einkaufen, steigt die Binnennachfrage nach Obst und Gemüse im Frühjahr stark an.

Sie steigt aber *nicht* an. Weil plötzlich ein Lebensmittelskandal die Medien beherrscht oder weil es plötzlich als altbacken, omahaft und unmodern gilt, rohe Früchte zu essen. Da zeigt sich dann, dass die **Wirtschaftswissenschaft** eine **Sozialwissenschaft** ist. Sie hat es mit Menschen zu tun, ihren Gefühlen und ihren paradoxen Entscheidungen. Deswegen können die Sozialwissenschaften nie so präzise sein wie die Naturwissenschaften. Weil das »Soziale«, das »Menschliche« nicht so leicht zu fassen und schon gar nicht zu berechnen ist.

Wirtschaftswissenschaftliche Theorien sind *kein* Spiegelbild der Wirklichkeit. Wirtschaftswissenschaftliche Modelle beschreiben nicht das wirkliche Verhalten der Marktteilnehmer und können es erst recht nicht vorhersagen. Modelle und Theorien sind aber geeignet, die Prinzipien des Marktgeschehens aufzudecken und zu untersuchen.

Was Wissenschaftler wissen

Die Sozialwissenschaften im Allgemeinen und die Wirtschaftswissenschaften im Besonderen müssten, wenn sie der vollen Wirklichkeit gerecht werden wollten, sehr kleinteilig alle möglichen Einflussfaktoren berücksichtigen – und das geht einfach nicht. Es wären viel zu viele. Die Sozialwissenschaften können nur die grundsätzlichen Zusammenhänge erfassen. Sie taugen aber nicht dazu, wirkliches Marktgeschehen zu beschreiben oder gar vorherzusagen. Das meinte der britische Wirtschaftswissenschaftler, als er der BBC ins Mikrofon sagte: »In Wirklichkeit wissen wir gar nichts!«

Deswegen wäre es auch besser, die Wirtschaftswissenschaftler würden nicht lautstark als Politikberater auftreten und Prognosen für das Wirtschaftswachstum der nächsten Monate – oder gar Jahre herausposaunen. Der Hamburger Mathematiker und Ökonomiekritiker **Hans-Peter Ortlieb** sagt dazu: »Die vielen Professoren, die sich jetzt streiten, sind keine besseren Experten, als der normale Zeitungsleser auch. Sie verstehen selber nicht richtig, worin die Krise besteht. Die Wirtschaftswissenschaften werden erst wieder Fortschritte machen, wenn die Professoren in Rente gehen.«

Nun sind im Laufe der Zeit schon eine ganze Menge von Wirtschaftsprofessoren in Rente gegangen – und so möchte ich mit Ihnen nachschauen, welche Erkenntnisse sie im Lauf der Geschichte hinterlassen haben. Wie immer in den Fachkapiteln beschränke ich mich auf ein paar wichtige Stationen und ein paar herausragende Forscher.

So richtig wissenschaftlich ging es eigentlich erst im 18. Jahrhundert los, denn vorher hat man wohl Erfahrungen zusammengetragen und in der Wirtschaftspolitik pragmatische Entscheidungen getroffen. Aber es gab noch keine **theoriegeleitete** Entscheidungsgrundlage, es gab noch keine Theorie der Nationalökonomie.

Erste Ideen zum Wirtschaftsgeschehen kamen – wie könnte es anders sein – von den alten Griechen. Sie hatten über den Wert des Geldes nachgedacht, über ethische Regeln beim Handeln und Tauschen und über die gerechte Festsetzung eines Preises.

Auch mittelalterliche Denker wie **Thomas von Aquin** (1225-1274) hatten zu einzelnen Fragen der Wirtschaft Stellung bezogen. Aber eine wirkliche Theorie zum wirtschaftlichen Handeln erschien erst 1776, als **Adam Smith** (1723-1790) ein Traktat zum »Wohlstand der Nationen« veröffentlichte und damit die Basis einer »Nationalökonomie« schuf.

Der Merkantilismus

Gleichwohl existierte zuvor schon so etwas wie eine »Lehrmeinung« zum Wirtschaftsgeschehen, insbesondere eine Lehrmeinung zur Wirtschaftspolitik. Ihr wurde nachträglich der Sammelbegriff »Merkantilismus« zugesprochen.

Der Merkantilismus umfasste jene absolutistischen Staaten der frühen Neuzeit, die sich zu modernen **kapitalistischen** und **imperialistischen** Staaten wandelten. Stehende Heere, repräsentative Bauten und ein wachsender **Beamtenapparat** mussten finanziert werden. Deswegen suchte man nach verlässlichen Einnahmen.

Die Wirtschaftspolitik war geprägt von staatlichem **Dirigismus**, auf gut deutsch: Vater Staat sagte, wo es lang ging. Ziel waren hohe Exporte, niedrige Importe und eine ausreichende Kapitalmenge, die durch **Goldreserven** abgesichert wurde.

Merkantilismus = Dirigismus und Protektionismus

Die Ausfuhr von Edelmetallen wurde verboten. Jeder Staat versuchte mit Spanien mitzuhalten. Spanien hatte über seine Kolonien reichlichen Zufluss an Gold und Silber. Die Überlegung war:

Durch höhere Ausfuhren und niedrige Importe müssten Ausgleichszahlungen erforderlich werden. So ließen sich die Goldreserven auffüllen.

Das war die Politik des **Protektionismus**: Die Einfuhr von Edelmetallen wurde durch niedrige **Zölle** erleichtert, die Ausfuhr von Lebensmitteln wurde durch hohe Zölle oder Verbote erschwert.

Als man erkannte, dass die **Verarbeitung** von **Rohstoffen** zu **Fertigprodukten** die heimische Wirtschaft am meisten förderte, wurde vornehmlich der Export von **Rohprodukten**, wie zum Beispiel Wolle, verboten. Es war viel lohnender, **Fertigprodukte** auszuführen: Gewebe und Stoffe, Strickwaren und Textilien.

Aber im Laufe der Zeit merkte man, dass das nicht funktionieren konnte: Wenn *alle* die Exporte erhöhen möchten, Importe aber nicht zulassen wollen, wird jedweder Handel unterbunden. Es kommt zu Streitigkeiten und Auseinandersetzungen. Dabei wären Verständigung und Absprachen, ja **Handelsabkommen** nötig gewesen.

Jetzt war die Zeit der **Wissenschaft** gekommen. Das ganze System musste neu durchdacht werden. Der intensivere Handel, der sich in immer größeren Dimensionen entwickelte, verlangte nach **rational begründbaren Regeln**.

Wie bemisst sich der **Wert der Arbeit**? Welche Rolle spielt das **Kapital**? Welche Bedeutung haben Handwerke und Zünfte, das Gewerbe und die aufstrebende Industrie?

Die klassische Nationalökonomie

Entscheidend für das Ende des Merkantilismus wurden die Ideen von **Adam Smith** (1723-1790). Er war ein Verfechter des Freihandels und lehnte grundsätzlich dirigistische Eingriffe des Staates in das Wirtschaftsgeschehen ab.

(© Foto Georgios Art/iStock)

Adam Smith
1723 – 1790

Der Staat hatte ihm zufolge folgende Aufgaben:

- ✔ Landesverteidigung, Finanzierung eines »stehenden« Heeres
- ✔ Justiz, Gerichte und Polizei
- ✔ Bildung, Schulen und Universitäten
- ✔ Infrastruktur, Straßen, Kanäle, Brücken

Zur Finanzierung müssen **Steuern** erhoben werden, die dem Leistungsvermögen der Bürger entsprechen müssen.

Revolutionär war Adam Smith' These, dass nicht die **Goldreserven** den **Reichtum eines Staats** ausmachen, sondern seine Menschen mit ihrer **Arbeitsleistung**. Sie erfinden, gestalten, werken und schaffen und erarbeiten dadurch Wohlstand. Der **Wohlstand** lässt sich erhöhen, wenn man die **Produktivität** erhöht, also zum Beispiel mehr Güter in der gleichen Zeit produziert. Das Prinzip »Arbeitsteilung« wurde zur damaligen Zeit noch kaum thematisiert, Smith hat es visionär als bedeutend vorausgeahnt.

Arbeitsteilung

Die **Produktivität** wird vor allem durch das Prinzip »Arbeitsteilung« gesteigert. Arbeitsteilung funktioniert auf zwei Ebenen: auf der **Ebene der Gemeinschaft** und auf der **Ebene des einzelnen Arbeitsvorgangs**.

In der **Gemeinschaft**, etwa dem Dorf oder der Stadt, musste nicht jeder alles können. Wer besser mit Holz umgehen konnte, spezialisierte sich als Zimmermann oder Tischler. Wer besser mit Nadel und Faden hantierte, wurde Schneider. Ihr oder ihm ging die Arbeit leichter von der Hand und es gab weniger Qualitätsprobleme.

Auf der Ebene des einzelnen **Arbeitsvorgangs** konnte die Arbeit in einzelne Schritte zerlegt werden. Das lohnte sich erst, wenn von einem bestimmten Gut viele Exemplare hergestellt werden mussten. Etwa in der Schuhproduktion. Erst wurden die Lederstücke zugeschnitten, dann wurde genäht, dann die Ösen angebracht und so weiter.

Die einzelnen Arbeitsschritte konnten optimiert werden und die gleiche Zahl von Arbeitern produzierte in der gleichen Zeit eine höhere Anzahl von Gütern.

Im Mittelpunkt stand für Smith nicht der Staat, sondern der handelnde Bürger. Zentrales Motiv für dessen Handeln war der Eigennutz. Galt vordem das Streben nach persönlichem Reichtum als unethisch, so sah Smith darin den Motor für die wirtschaftliche Entwicklung. Wie von »unsichtbarer Hand« gesteuert, würden sich die Interessen im Markt ausgleichen und alle, auch die Gemeinschaft, davon profitieren.

Die **Landwirtschaft** verlor zwar an Bedeutung, war aber nach wie vor ein wichtiger Wirtschaftsfaktor. Das Land gehörte den Feudalherren. Die Bauern waren ihnen »untertan«. Auch Saatgut und Vieh gehörten dem Herrn. Die Bauern waren bessere Sklaven und hatten kein großes Interesse an ihrer Arbeit.

Smith schlug vor, den Bauern mehr Eigentum und Freiheiten zuzubilligen, damit sie sich mehr mit ihrer Tätigkeit identifizierten und die Produktivität steigerten. Dann würden sie auch von den neu entstandenen Märkten profitieren, die sich in den schnell wachsenden Städten gebildet hatten.

Je größer und freier der Markt ist, desto besser funktioniert der Gütertausch. Und umso besser funktioniert die **Preisbildung**. Der Marktpreis eines bestimmten Gutes ist ein Resultat von **Angebot und Nachfrage**. Er ergibt sich durch die Einigung zwischen Anbietern und Nachfragern.

Der **Marktpreis** kann schwanken. Aufgrund von Veränderungen im Verhältnis von Angebot und Nachfrage, aber auch aufgrund von anderen Einflüssen, modischen Entwicklungen zum Beispiel oder wegen guter oder schlechter Ernten. Der **Realwert** eines Gutes hingegen wird im Wesentlichen durch die im Gut enthaltene Arbeitsleistung bestimmt und schwankt nicht.

Der Staat kann allenthalben durch Rahmenregelungen das freie Funktionieren des Marktes garantieren, eingreifen in das Marktgeschehen darf er nicht. Der freie Markt ist das Kennzeichen des **Liberalismus**, sein Prinzip die »Laisser-faire-Politik«.

- ✔ Wichtigster Akteur in der neuen Nationalökonomie ist das selbstbestimmte Individuum, nicht der Staat.
- ✔ Leistungsmotiv ist das **Eigeninteresse**. Dank der »unsichtbaren Hand« gleichen sich die Individualinteressen im Marktgeschehen wieder aus.
- ✔ Daraus ergibt sich die **Selbstverantwortung** der Individuen in freier Konkurrenz.

Industrielle Revolution und Agrarrevolution

Dieser Entwurf einer völlig anders geordneten Wirtschaftspolitik fiel in eine Zeit starker Veränderungen, die schließlich mit der Französischen Revolution ihren Höhepunkt erreichten. Die Nationalökonomien mussten neu geordnet werden und die Ideen von Adam Smith kamen genau zur rechten Zeit.

Zusätzlicher Druck entstand durch die neuen Technologien, die das Handwerk und die Gewerbebetriebe vor neue Herausforderungen stellten. Verschärft wurde die Situation durch ein enormes **Bevölkerungswachstum**. Dieser Bevölkerungsdruck entstand durch:

- ✔ Rückgang bestimmter Krankheiten wie zum Beispiel Pocken
- ✔ verbesserte Hygiene
- ✔ Einführung neuer Impfungen
- ✔ Heirat in früherem Alter
- ✔ medizinischer Fortschritt
- ✔ verbesserte Lebensmittelversorgung

Robert Malthus (1766-1834) prognostizierte einen exponentiellen Anstieg der **Bevölkerungszahl**, also ein starkes Wachstum aufgrund des Auseinanderklaffens von Geburtenrate und Sterberate.

Im Gegensatz dazu werde sich die **Nahrungsmittelproduktion** nicht wesentlich steigern lassen. Schon in wenigen Jahrzehnten werde es zu Hungerkatastrophen und Verelendung kommen.

Doch es kam anders und dieses Phänomen nennt man seitdem die »Malthusianische Falle«. Auswanderung, Industrialisierung und **Agrarrevolution** bewirkten, dass der Bevölkerungsdruck nachließ und die Nahrungsmittelproduktion noch erheblich gesteigert werden konnte.

Kritik am Merkantilismus formulierte auch **David Ricardo** (1772-1823), der den **Freihandel** vermisste. Jedes Land solle sich auf die Produktion der Güter stützen, die es am kostengünstigsten herstellen könnte (komparative Kostenvorteile). Portugal zum Beispiel Wein, England Strickwaren. So hätten alle etwas davon. **Einfuhrbeschränkungen** und **Zölle** müssten also abgebaut werden, denn sie verhinderten diese Vorteile.

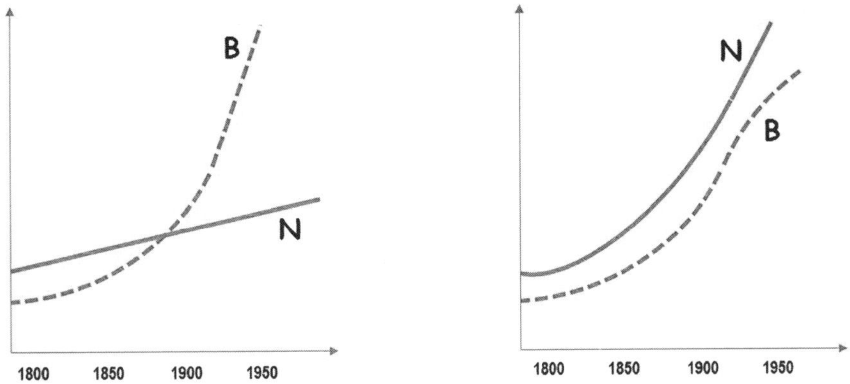

Abbildung 14.1: Die Malthusianische Falle. Malthus glaubte, die Bevölkerung werde weiter exponentiell wachsen (linkes Schaubild »B«). Weil sich die Nahrungsmittelproduktion (»N«) nur unwesentlich steigern lassen werde, müsse es zu Katastrophen kommen. Die tatsächliche Entwicklung (rechtes Bild) zeigte, dass es Auswege aus der Falle gab.

Die **industrielle Revolution** umfasst als Begriff eine ganze Reihe von Veränderungen, die insgesamt einen revolutionären Umbruch bedeuteten, gleichwohl aber Schritt für Schritt umgesetzt wurden. Kennzeichen waren:

- ✔ Ersatz der Manufaktur durch die Fabrik
- ✔ Ersatz von Handarbeit durch Maschinen
- ✔ Arbeitsteilung
- ✔ hoher Kapitaleinsatz
- ✔ Massenfertigung
- ✔ Einsatz angelernter Arbeitskräfte

Parallel dazu kam es zur **Agrarrevolution**. Deren Kennzeichen waren:

- ✔ Verbesserung der Zuchtmethoden
- ✔ verbesserter Fruchtwechsel
- ✔ Einsatz von Maschinen
- ✔ Einführung der Kartoffel
- ✔ Einsatz von Dünger
- ✔ Befreiung der Bauern
- ✔ Flurbereinigung (Einhegungen)

Die kommunistische Idee

Karl Marx (1818-1883) und **Friedrich Engels** (1820-1895) veröffentlichten 1848 das »Kommunistische Manifest«, gewissermaßen die Quintessenz aus Marx' Hauptwerk »Das Kapital«. Es war die Zeit der gescheiterten Revolution von 1848, nach der endgültigen Niederlage Napoleons und dem Wiener Kongress, die Zeit der Restauration.

In diesen unruhigen Zeiten eroberten sich Bürger und Bauern immer mehr Rechte. Die Industrie und die Städte entwickelten sich, aber es wuchs auch das Proletariat, meist ungelernte Arbeiter, die auf schlecht bezahlte Fabrikarbeit angewiesen waren. Massenarmut und Unternehmerreichtum standen sich feindlich gegenüber. In dieser Frühphase des Kapitalismus entstand das Manifest.

Friedrich Engels
1820-1895

Marx und Engels sahen in der Geschichte eine Geschichte von **Klassenkämpfen**: Sklaven gegen Patrizier im alten Rom, Bauern gegenüber Feudalherren im Mittelalter, Fabrikarbeiter versus Kapitalisten in der bürgerlichen Gesellschaft.

Triebfedern des Kapitalismus seien die **Profitmaximierung** und **Ausbeutung** der Arbeiterschaft. Das Kapital würde zum Beispiel eingesetzt, um Maschinen zu kaufen. Die Arbeit werde dann zunehmend von Maschinen erledigt, während dem Arbeiter nur noch Hilfstätigkeiten blieben.

Der Kapitalist zahle dem Arbeiter nur einen geringen Teil des Wertes aus, der vom Arbeiter geschaffen wurde. Der **Mehrwert** sollte eigentlich dem zugutekommen, der ihn geschaffen hat. Stattdessen diene er der Profitmaximierung, der **privaten** Anhäufung von **gesellschaftlichem** Reichtum. Die Arbeiter würden ausgebeutet und ihrer Arbeit entfremdet. Es muss zum Klassenkampf kommen, in dessen Verlauf die Proletarier die Gesellschaftsordnung beseitigen, die ihnen nur Rechtlosigkeit und Eigentumslosigkeit bescherte.

Die Folgerungen von Marx und Engels:

- ✔ Das Privateigentum an Produktionsmitteln wird abgeschafft.
- ✔ Damit verschwinden die Klassengegensätze.
- ✔ Die Proletarier werden vorübergehend zur herrschenden Klasse.
- ✔ Ziel ist die klassenlose Gesellschaft ohne Ausbeutung und Unterdrückung.
- ✔ Kinderarbeit wird abgeschafft.
- ✔ Frauen erhalten die gleichen Rechte wie Männer.
- ✔ Zentralisierung und Verstaatlichung des Finanzwesens, des Transportwesens und der Industrie werden durchgesetzt.

Hauptkritik am Marxismus, insbesondere am »real existierenden Sozialismus«, ist der Hinweis darauf, dass ein idealisiertes Menschenbild vorausgesetzt wurde und dass wesentliche Verhaltensweisen des Menschen nicht berücksichtigt wurden. So wird beispielsweise nicht beachtet, dass Menschen selbstsüchtig handeln. Der **Eigennutz** wird von Adam Smith geradezu als Triebfeder für das gesamte Wirtschaftssystem angesehen. Dass der Kommunismus an dieser zentralen Eigenschaft des Menschen scheitern könnte, wurde von Marx kaum beachtet und nur marginal thematisiert.

Der Wert des Geldes

Knut Wicksell (1851-1926) war einer der ersten, der die Rolle des Geldes im Wirtschaftskreislauf intensiver erforscht hat. Denn das Geld, das täglich in unseren Hände ist und in den Kassen der Kaufhäuser oder Banken liegt, repräsentiert ja nur einen Teil aller Werte. Wicksell untersuchte, wie die umlaufende Geldmenge die Wirtschaft beeinflusst:

- ✔ Die **Geldmenge** wirkt auf das **Preisniveau.**
- ✔ Der Kreditzins wirkt auf die **Inflation** oder **Deflation**.
- ✔ Beides muss durch eine **Zentralbank** geregelt werden.

Um den Wert des Geldes zu bestimmen, führte Wicksell etwas ein, das uns heute selbstverständlich erscheint: die Messung der **Kaufkraft**. Man stellt einen »Warenkorb« mit typischen Gegenständen des täglichen Bedarfs zusammen und notiert den Gesamtpreis in regelmäßigen Abständen.

Entspricht der Warenkorb dem statistischen **Durchschnittsverbrauch**, so hat man einen zuverlässigen **Indikator** für das Preisniveau und kann Aussagen über eine drohende **Inflation** oder **Deflation** machen.

Krediterleichterungen führen zu steigenden Preisen! Denn billige Kredite werden mehr nachgefragt. Damit kommt mehr Geld in Umlauf, es wird mehr gekauft, die Waren werden knapp, die Preise ziehen an.

Billige Kredite führen auch zu **kreditfinanzierten Investitionen**. Die Produktion wird hochgefahren, es werden mehr Leute angestellt. Die Leute kaufen mehr, die Preise steigen.

Wenn die Preise steigen, müssen die **Zinsen** erhöht werden, bei fallenden Preisen müssen die Zinsen gesenkt werden. Auf diese Weise ließe sich **Preisstabilität** erzielen. Visionär erkannte Wicksell, dass dies die Aufgabe einer (zukünftigen) Zentralbank wäre.

Grundzüge einer Volkswirtschaftslehre

Alfred Marshall (1842-1924) führte das volkswirtschaftliche Wissen seiner Zeit zusammen und packte es schlüssig in ein Lehrbuch. Außerdem versuchte er, die Zusammenhänge mathematisch zu formulieren.

Das wirtschaftliche Handeln des Menschen lässt sich mit Hilfe von **Geldströmen** messen und quantifizieren:

- ✔ Der Nutzen eines Gutes bestimmt seinen Preis.
- ✔ Der **Grenznutzen** nimmt mit jedem weiteren Kauf ab.
- ✔ Die **Nachfrageelastizität** zeigt an, wie sich die Nachfrage in Abhängigkeit vom Preis verändert.

Das Gesetz vom **Grenznutzen** besagt, dass ein Gut zur Bedürfnisbefriedigung in der Regel nur einmal gekauft wird. Auf Vorrat würde man nur kaufen, wenn das Produkt dann billiger ist. Der Wert jedes weiteren Exemplars sinkt also.

Die **Nachfrageelastizität** lässt sich am besten mit Hilfe der folgenden Beispiele verstehen (siehe Abbildung 14.2) – übrigens ein seltenes Beispiel, wie mathematische Kurven schneller etwas klar machen als langatmige Erklärungen. Prüfen Sie's ruhig mal nach!

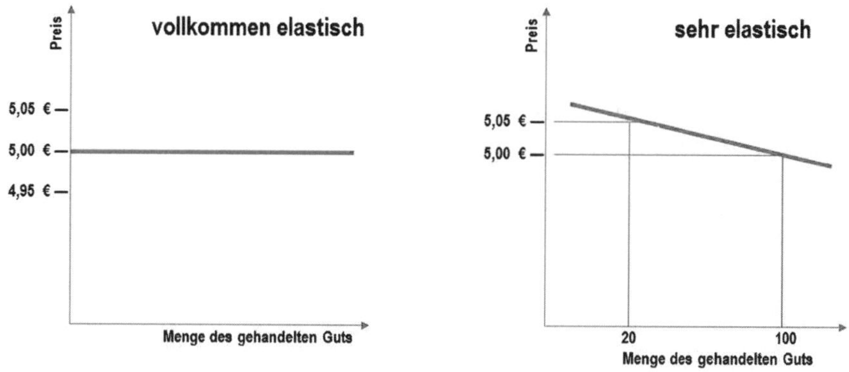

Abbildung 14.2: Die Nachfrageelastizität zeigt, wie sich die gehandelten Mengen ändern, wenn sich der Preis ändert. ***Links*** *ein Extrembeispiel: Eine neue 5-Euro-Note wird herausgegeben und für 5,05 Euro verkauft – aber, oh Wunder, sie findet keine Käufer. Gut, ein paar Verrückte wird es immer geben, Sammler zum Beispiel. Würden die neuen Banknoten für 4,95 ausgegeben, wäre die Nachfrage unendlich. Bei einem Preis von genau 5 Euro – wie dargestellt – ist alles möglich oder unmöglich… Wie gesagt, ein Extrembeispiel. Das Beispiel* ***rechts*** *ist schon sehr viel realistischer. Es ist typisch für standardisierte Produkte wie zum Beispiel Zucker. Das Kilo hat einen bestimmten Preis, und wenn es plötzlich mehr kostet, dann kauf ich bei der Konkurrenz. Eine kleine Preisänderung hat starke Folgen in der Nachfrage.*

Und weiter geht's mit weniger elastischen Fällen:

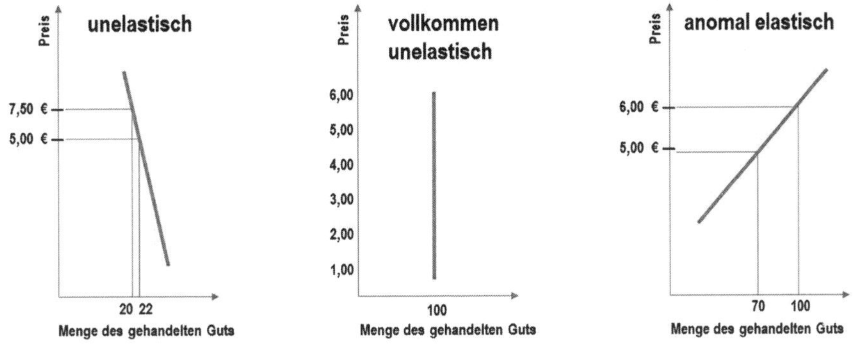

Abbildung 14.3: ***Links***: *Eine ziemliche Preisänderung bewirkt kaum eine Änderung im Kaufverhalten. Typisch für Lebensmittel zum Beispiel. Die braucht man halt, und jetzt viel rumlaufen, bringt auch nix, weil die anderen nachziehen.*
Mitte: *Wieder ein Extremfall. Der Preis kann nahezu beliebig gesteigert werden. Sammler zum Beispiel zahlen »jeden« Preis, wenn sie ein Stück unbedingt haben wollen.*
Rechts: *Preiserhöhungen machen ein Produkt auch attraktiver, manchmal jedenfalls. Zum Beispiel wenn ein bestimmtes Gut zu verknappen droht, bei Hamsterkäufen, oder wenn eine bestimmte Marke zum Super-Hype gerät.*

Auf dem **Markt** realisiert sich der Preis aus **Angebot** und **Nachfrage**. Dabei spielen äußere Umstände mit, nämlich Raum und Zeit. **Raum** bedeutet Entfernung. Müssen die Güter weit transportiert werden, treibt das die Preise in die Höhe, es entsteht nur ein kleiner Markt. **Zeit** bedeutet, dass zwei unterschiedliche Szenarien existieren:

- ✔ **Kurzfristige** Märkte wie zum Beispiel der Fischmarkt sind dadurch geprägt, dass die Händler verkaufen müssen, weil die Ware sonst schlecht wird. Das Angebot ist aber unelastisch. Es kann nicht mehr geliefert werden als das, was da ist. Das kurzfristige Marktgeschehen wird eher von der Nachfrageseite bestimmt.
- ✔ **Langfristig** gehen die Produktionskosten stärker in die Preisgestaltung ein. Längerfristig wird das Marktgeschehen von der Angebotsseite bestimmt.

Vielen Dank der Nachfrage

John Maynard Keynes (1883-1946) startete mit einer massiven Kritik an den alten Klassikern der Nationalökonomie und legte ein völlig neues Wirtschaftsmodell vor. Das war in den 30-er Jahren des vergangenen Jahrhunderts, kurz nach der **Weltwirtschaftskrise**, die alle bisherigen Wirtschaftsmodelle kräftig durcheinandergeschüttelt hatte.

So war zum Beispiel die These von der stabilen Marktwirtschaft, die immer wieder von selbst ihr Gleichgewicht findet, total widerlegt. Die »unsichtbare Hand«, die den Markt lenkt, hatte sich nicht in Wohlgefallen, wohl eher in Missgefallen aufgelöst... wenn Sie mir das kleine Wortspiel gestatten.

Keynes widersprach auch dem »Patentrezept«, **Arbeitslosigkeit** durch Lohnsenkungen bekämpfen zu wollen. **Lohnsenkungen** auf breiter Front schaden massiv der Wirtschaft, weil sie die Kaufkraft lähmen und die Nachfrage ruinieren.

Die **Nachfrage** war für Keynes der zentrale Begriff. Über die Nachfrage ließ sich sehr wirkungsvoll in den Wirtschaftsablauf eingreifen. Keynes war ein Verfechter der **Interventionspolitik**. Sobald die Nachfrage bröckelt, so seine Forderung, müsse der Staat eingreifen und durch Investitionen der schwächelnden Wirtschaft unter die Arme greifen. Das freilich bedeutete, dass die Staatsverschuldung zunehmen musste – aber dieses Problem sollte uns erst später einholen.

Das Sparparadoxon

Im **mikroökonomischen** Rahmen mag das Sparen sinnvoll sein. Man legt etwas zurück, um dann eine größere Ausgabe tätigen zu können.

Im **makroökonomischen** Rahmen sieht die Sache schon anders aus. Sparen viele Haushalte – und gerade Gutverdiener neigen zum Sparen –, dann hat das einen Einfluss auf die gesamte Wirtschaft. Das massenhafte **Sparen** führt für die Unternehmen zu einem **Rückgang der Nachfrage**. In der Folge fahren die Unternehmen die Produktion zurück, müssen vielleicht Leute entlassen, machen keine Investitionen mehr.

Das löst weitere Prozesse aus, zum Beispiel fallen die Entlassenen als Käufer weitgehend aus, sie zahlen auch kaum noch Steuern. Das gesamtwirtschaftliche Einkommen geht zurück. Insgesamt sind die Reduzierungen größer als die ursprüngliche Sparsumme.

Keynes hat das mit folgender Situation verglichen: Wenn im Kino ein Zuschauer aufsteht, dann kann er besser sehen. Stehen aber alle auf, dann hat keiner was davon. Im Gegenteil, alle müssen stehen, sehen aber trotzdem nicht besser.

Die Vertreter der klassischen Nationalökonomie ließen das Sparparadoxon nicht gelten. Denn die Banken ließen das ihnen anvertraute Geld ja nicht liegen und verschimmeln, sondern arbeiteten damit. Sie gaben es weiter an andere Bürger, die nicht sparen, sondern sich »auf Pump« was leisten wollten. Oder sie gaben es anderen Unternehmern, die es in Maschinen investierten. Die Hersteller der Maschinen verdienten mehr Geld, das sie weitergaben an ihre Arbeiter, die wieder mehr kauften und so weiter und so weiter.

Keynes hatte jedoch beobachtet, dass Banken und Unternehmen nicht einfach weiterinvestierten, sondern erst mal abwarteten und die Sparaktivitäten beobachteten. Sparen bedeutete nämlich, dass gar nicht so viele Autos und Häuser gebraucht wurden und deshalb auch nicht gebaut wurden. Die Unternehmen investierten nicht mehr, entließen Leute, konnten Kredite nicht mehr zurückzahlen, die Banken gerieten ins Trudeln. Die entlassenen Arbeiter kauften noch weniger, die Investitionen gingen noch weiter zurück, noch mehr Banken rutschten ab, die Krise war da. Heute ist es ganz ähnlich.

Und heute erinnert man sich wieder an Keynes und fordert den Staat auf, einzuspringen, Rettungsschirme aufzuspannen, Konjunkturprogramme zu starten, Schulden aufzunehmen und zu investieren.

Aber die Empfehlungen sind halbherzig, denn zu sehr sind die Handlungsspielräume der Staaten eingeschränkt durch die ungeheure **Schuldenlast**, die sich inzwischen angehäuft hat.

Keynes ist neben Marx der einzige Ökonom, der es mit seinem Namen zu einem -ismus geschafft hat. Es wird sich zeigen, ob der Keynsianismus länger durchhält als der Marxismus.

Schöpferische Zerstörung

Josef Schumpeter (1883-1950) verwendete den Begriff der »Schöpferischen Zerstörung«, der ähnlich schon bei Marx und Engels auftauchte, in einem etwas engeren Sinn, um den Kapitalismus zu erklären.

Was am Kapitalismus ist schöpferisch, was ist zerstörerisch?

Schöpferisch ist der Kapitalismus, weil er es ermöglicht, durch immer wieder neue **Erfindungen** (Innovationen), den Wirtschaftskreislauf neu anzustoßen.

Zerstörerisch ist der Kapitalismus, weil die erfolgreichen Neuentwicklungen die bisherigen Strukturen verdrängen. Innovationen und die sie tragenden Strukturen setzen sich am Markt durch – auf Kosten der überkommenen Strukturen.

Die **schöpferische Zerstörung** ist für Schumpeter ein Schlüsselbegriff. In der Auseinandersetzung zwischen den Altgedienten und dem Neuen sieht er die wahren Konkurrenzverhältnisse.

- ✔ **Neue Produkte** verdrängen die alten, **neue Unternehmen** zerstören die traditionellen.
- ✔ Da große Unternehmen eine größere Innovationskraft besitzen, sind **Monopole** und **Trusts** der Wirtschaft eher förderlich.
- ✔ Der Kapitalismus ist nur eine Zwischenform und wird vom **Sozialismus** verdrängt werden.
- ✔ Der Kapitalismus zerbricht an den selbst verursachten **Krisen**.
- ✔ Der klassische Unternehmer wird mehr und mehr ersetzt durch angestellte **Manager** und **Experten**.
- ✔ Diese können den Betrieb vielleicht effizienter leiten, aber sie entwickeln seltener innovative Ideen und setzen kaum **unternehmerische Impulse**.

Schumpeter gilt vor allem als **Analyst und Beobachter**. Aus diesen Analysen versucht er Gesetzmäßigkeiten abzuleiten und eine Theorie herauszuarbeiten, beispielsweise zu den Zyklen im kapitalistischen Wirtschaftsgeschehen.

Schumpeter schrieb seine Thesen angesichts der historischen Entwicklungen. Das war im Wesentlichen die Zeit nach dem Ersten Weltkrieg. **Planwirtschaft** gab es zunächst nur in Russland, später kam China hinzu. Die Sowjetunion realisierte unter Stalin ihren ersten Fünfjahresplan mit **Zwangskollektivierung der Landwirtschaft** und **Verstaatlichung** der Industrie.

Die industrielle Güterproduktion verdreifachte oder vervierfachte sich in dem Jahrzehnt vor dem Zweiten Weltkrieg. Diese Erfolge suggerierten die Überlegenheit des Sozialismus und mögen für die entsprechende These Schumpeters förderlich gewesen sein.

Schumpeter war ein kritischer Beobachter des Kapitalismus und hatte die Weltwirtschaftskrise vorausgesehen. Misstrauisch verfolgte er auch die Rettungsmaßnahmen, die sein Kollege Keynes **indirekt** vorgeschlagen hatte:

- ✔ In Deutschland versuchten die Nazis mit dem **Autobahnbau** und den Aufträgen an die **Rüstungsindustrie** die Arbeitslosigkeit einzudämmen.
- ✔ In den Vereinigten Staaten versuchte Präsident Roosevelt mit dem »New Deal« die Wirtschaft zu beleben.

Schumpeter lehnte diese Rettungsmaßnahmen ab, wobei man sehen muss, dass er dabei sicher überkritisch war. Denn Zeit seines Lebens stand er im Schatten des gleichaltrigen Keynes, der mit seinen Thesen stets ein halbes Jahr voraus war. Erst nachdem der Keynesianismus an Bedeutung verlor, wurden Schumpeters Veröffentlichungen wieder gelesen und neu herausgegeben. Ausgerechnet zu Zeiten, da der real existierende Sozialismus zusammengebrochen war. Ironie der Geschichte.

Nobelpreis für Dummies

Paul Samuelson (1915-2009) erhielt 1970 den Nobelpreis für Wirtschaftswissenschaften wegen seiner Beiträge zur Wirtschaftstheorie. Er habe die Nationalökonomie zu einer wissenschaftlichen Disziplin gemacht, die Fragen nach Ursache und Wirkung mit mathematischer Strenge und Klarheit beantwortet, schrieb die New York Times.

Aber nicht nur Bewunderer, auch Kritiker sind der Meinung, dass Samuelson das beste, weil **verständlichste Lehrbuch** der Volkswirtschaftslehre geschrieben hat, das es je gab. Es war spannend erzählt und dabei grafisch und didaktisch hervorragend aufgebaut, so dass es selbst für VWL-Dummies leicht zu verstehen war. Das Buch wird noch heute, nach über 60 Jahren, in immer neuen Auflagen wieder und wieder publiziert, ist einer der erfolgreichsten Best- und Longseller.

Samuelson befasste sich wissenschaftlich mit vielen Grundfragen der Wirtschaft und war der erste, der es wagte, die Thesen von Keynes in seine Theorie mit einzubauen:

- ✔ Jedes Wirtschaftssystem muss mit dem Phänomen »Knappheit« umgehen können.
- ✔ Drei Fragen gilt es zu beantworten:

- Was soll produziert werden?
- Wie und in welcher Menge soll produziert werden?
- Für wen soll produziert werden?

✔ Die Leistung einer Volkswirtschaft lässt sich als **Nettosozialprodukt** berechnen.

✔ Das Nettosozialprodukt ist der Wert aller produzierten Güter und aller Dienstleistungen.

✔ Das Nettosozialprodukt errechnet sich aus den Ausgaben aller Haushalte und des Staates sowie der Investitionen der Unternehmen.

✔ Ein **Gleichgewicht im Geldverkehr** ist erreicht, wenn die Sparleistungen den Investitionen entsprechen, wenn also gleich viel Geld aus dem Kreislauf abfließt, wie als Investitionen zufließt.

✔ Hauptziel der Wirtschaftspolitik sollte die Preisstabilität sein.

Die **Preise** steigen, wenn viele Güter knapp sind im Verhältnis zur vorhandenen Geldmenge. Resultat ist eine **Inflation.** Eine moderate Inflation kann durchaus auch positiv gesehen werden, weil sie Anpassungsprozesse erleichtert.

Über die Menge des in Umlauf befindlichen Geldes lässt sich der **Wert des Geldes** steuern. Wird zu viel Geld in Umlauf gebracht, ohne dass gleichzeitig die Menge der produzierten Güter steigt, sinkt der Wert des Geldes. Er steigt, wenn die Umlaufmenge knapp gehalten wird.

Bei einem Buch, das über 60 Jahre immer wieder neu aufgelegt wird, lässt sich auch ein gewisser historischer Wandel beobachten. So hält Samuelson anfangs eine 5-prozentige **Geldentwertung** für durchaus tragbar. In der fünften Auflage verkündet Samuelson an gleicher Stelle, die Inflationsrate dürfe dauerhaft nicht über 2 Prozent steigen. Da hatte der Autor wohl dazugelernt.

Das kapitalistische Manifest

Milton Friedman (1912-2006) gilt neben John Keynes als der bedeutendste Ökonom des 20. Jahrhunderts. Er erhielt 1976 den von der schwedischen Reichsbank in Erinnerung an Alfred Nobel gestifteten Preis für Wirtschaftswissenschaften.

Friedmans Hauptwerk »Kapitalismus und Freiheit« ist gewissermaßen das Gebetbuch des **Neoliberalismus**. Wirkliche Beachtung erfuhr das Buch allerdings erst, nachdem in der Ölkrise und der Phase der wachsenden Inflation der Keynesianismus an seine Grenzen stieß.

Politiker wie **Ronald Reagan** und **Margaret Thatcher** richteten ihre Wirtschaftspolitik streng nach Friedman aus. Dies waren die Hauptthesen von Friedman:

✔ Der Staat ist als Unternehmer ungeeignet und kann nie die Fülle an Produkten erfinden und produzieren wie eine Vielzahl von privaten Unternehmern.

- Der Staat soll nur da operieren, wo private Unternehmen nicht aktiv werden können oder dürfen, zum Beispiel Sicherstellung von Recht und Ordnung oder Großprojekte der Infrastruktur.
- freie Wechselkurse
- freier Außenhandel
- einfaches Steuersystem
- Privatisierung öffentlicher Dienste, zum Beispiel Schulen

Als Musterbeispiel einer zwar im Grundsatz liberalen, aber sozial orientierten Wirtschaftspolitik wird die Einführung der **sozialen Marktwirtschaft** im Nachkriegsdeutschland durch **Ludwig Erhardt** gesehen. Alle Beschränkungen und Rationierungen wurden aufgehoben, Deutschland erlebte ein schnelles und anhaltendes Wirtschaftswachstum, das sogenannte **Wirtschaftswunder**.

Der Staat hat nur noch für die notwendigen **Rahmenbedingungen** zu sorgen und muss Recht und Ordnung garantieren.

Prima Klima

Eigentlich wollte ich noch **Hans-Werner Sinn** (*1948) als noch aktiven Ökonomen vorstellen. Aber ich frage mich, ob er wirklich in diese Reihe passt. Er ist Lehrstuhlinhaber am Lehrstuhl für Nationalökonomie und Finanzwissenschaft der Ludwig-Maximilians-Universität München und er ist Präsident des ifo-Instituts, des Leibniz-Instituts für Wirtschaftsforschung.

Sinn ist ein streitbarer Professor, der sich auch lautstark in die Politik einmischt, aber er ist nicht einer der Ökonomen, die die Wissenschaft nun entscheidend weitergebracht haben. Sinn hat viele einzelne Phänomene untersucht und viele Einzelstudien veröffentlicht, sieht sich selbst aber auch nicht gerade als den großen Theoretiker, sondern als den geschulten **Politikberater** und Aufklärer, der mit Sachkenntnis die Debatten bereichert. Er hat fast mehr populäre Sachbücher geschrieben als Fachbücher und musste es sich gefallen lassen, als »Boulevard-Professor« bezeichnet zu werden.

Vor gar nicht langer Zeit hat Sinn das ifo-Institut in die Leibniz-Gemeinschaft gebracht. Die Leibniz-Gemeinschaft ist ähnlich wie die Max-Planck-Gesellschaft eine der renommierten Gemeinschaften von Forschungsinstituten, die vom Bund und den Ländern finanziert werden und sich nur der Forschung widmen. Die wichtigsten Wirtschaftsforschungsinstitute sind Mitglieder der Leibniz-Gemeinschaft. Es gilt als Hans-Werner Sinns Verdienst, das ifo-Institut zu einem respektablen Forschungsinstitut entwickelt zu haben, das einfach in die Leibniz-Gemeinschaft gehört – und dort auch aufgenommen wurde.

Dieses ifo-Institut nun gibt seit Jahren einen **Index** heraus, der als einer der zuverlässigsten Indikatoren der wirtschaftlichen Entwicklung gilt: Den »ifo-Geschäftsklimaindex«. Rund 7000 Unternehmen werden Monat für Monat ein paar Fragen gestellt, etwa der Art: »Wie beurteilen Sie die gegenwärtige Geschäftslage?«, »Wie sind Ihre Geschäftserwartungen für das kommende halbe Jahr?« Die Antwortmöglichkeiten werden auf einer Skala angekreuzt.

Kritisiert wird das Verfahren, weil die Basis nicht repräsentativ ist und weil für die Beurteilungen keine Definitionen oder Kriterien angeboten werden. Jeder kreuzt nach Gutdünken an, nach Bauchgefühl oder momentaner Stimmung.

Aber gerade das sei wichtig, die Stimmung zu erfassen, sagt Hans-Werner Sinn. Jeder bringe seine eigenen Kriterien mit, das könne sich ein Forscher gar nicht alles ausdenken. Darin läge gerade das Geheimnis des Erfolgs.

Tatsache ist nämlich, dass der Index von Experten und Politikern genutzt wird und als einer der empfindlichsten **Früh-Indikatoren** für Konjunkturumschwünge gilt.

So spielt Hans-Werner Sinn ein wenig außerhalb der Liga, aber ist erfolgreich – in einer Zunft, die es ohnehin schwer hat, als Wissenschaft ernst genommen zu werden. Vielleicht ist er gerade deswegen ein typischer Vertreter des modernen und aktiven Ökonomen. Ihnen fällt bestimmt noch ein anderer ein, oder?

Kurze Geschichte der Betriebswirtschaftslehre

Die **Betriebswirtschaftslehre** kann als Spezialfall der Wirtschaftswissenschaft verstanden werden. Ihre Bedeutung als Studienfach ist enorm gestiegen, so dass sie heute allgemein als eigenständiges Fach neben der **Volkswirtschaftslehre** gesehen wird.

Auch in der geschichtlichen Entwicklung sind betriebswirtschaftliche Fragestellungen und Erkenntnisse getrennt von der Nationalökonomie betrachtet worden. Das fing schon bei den alten Griechen an. **Xenophon** (426-355 v. u. Z.) hat den Getreidehandel genauer analysiert und **Aristoteles** (384-322 v. u. Z.) forderte in seiner Schrift über die **sorgsame Wirtschaftsweise des Staats** eine ausgeglichene Haushaltsführung auch in der Familie.

Um 1200 kam das dezimale Zahlensystem nach Italien und **Leonardo Fibonacci** (etwa 1180-1241) veröffentlichte ein Rechenbuch in italienischer Sprache, in dem er an Beispielen aus dem kaufmännischen Rechnungswesen die Vorteile des indisch-arabischen Zahlensystems demonstrierte.

Thomas von Aquin (1225–1274) beschäftigte sich intensiv mit der Festlegung des Preises und beschrieb die Grundsätze des gerechten Handels in der **scholastischen Wirtschaftslehre**.

Und dann kam die Sache mit der **Doppelten Buchführung**. Die wurde nämlich einem Franziskanermönch in die Schuhe geschoben. Und das kam so:

Die großen Kaufmannsfamilien in Oberitalien legten geheime Schriften an, in denen sie ihre Praktiken und Erfahrungen niederlegten: Handelsrouten und Handelspartner, Preisgestaltung und Verhandlungsstrategien, Tarife für Zoll und Gebühren, Umrechnungstabellen für Münzen, Maße und Gewichte.

Doch die Schriften blieben nicht geheim und flossen in ein **Kompendium** ein, das **Francesco Pegolotti** (um 1350) verfasste. Das war dann Teil einer Zusammenfassung, die wiederum ein anderer machte und so weiter. Einer schrieb vom anderen ab – und weil die Informationen ja geheim waren und auch bleiben sollten, wurden auch keine Quellen genannt.

Eine Abschrift, die der Franziskanerpater **Luca Pacioli** (etwa 1445-1515) veröffentlichte, enthielt eine komplette Beschreibung der **Doppelten Buchführung**. Niemand weiß, wie sie da hineingekommen ist – aber seitdem gilt die Doppelte Buchführung als eine Erfindung Paciolis, obwohl der das nie behauptet und nie für sich beansprucht hatte. Aber das nur nebenbei.

Übrigens: Bei der Doppelten Buchführung wird jeder Buchungsvorgang zweimal erfasst, aber auf verschiedenen Konten. Gebucht wird also zeitgleich im Soll und im Haben.

Der Beginn der **wissenschaftlichen Betriebswirtschaftslehre** wird meist mit **Jacques Savary** (1622-1690) in Verbindung gebracht, der 1675 das erste systematisch aufgebaute Lehrbuch herausgab, in dem er das gesamte Wissen seiner Zeit über die Handelstätigkeit zusammenfasste.

Johann Michael Leuch (1763-1836) veröffentlichte 1804 sein Buch **System des Handels**, in dem er die Mathematisierung des Fachs begann, zum Beispiel indem er Preisveränderungen mit Hilfe der Wahrscheinlichkeitsrechnung vorausberechnete. Viele Fachleute sehen Leuch als einen der wichtigsten Wissenschaftler, die die Betriebswirtschaftslehre als Disziplin entscheidend geprägt haben. Danach wurde es etwas still um das Fach.

Erst im 20. Jahrhundert gab es wieder neue Impulse. Unter anderem setzte sich im Laufe der 1920-er Jahre die Bezeichnung Betriebswirtschaftslehre (BWL) durch. Erst in den 1950-er Jahren erfuhr das Fach auch die »amtliche« Anerkennung und wurde zur eigenständigen Fakultät erhoben.

Stand bis dahin der **Handelsbetrieb** im Vordergrund, so wurden jetzt vermehrt auch die **Produktion** und der **Absatz** betrachtet. Hinzu kamen die Bereiche der Verwaltung und Planung, also das **Management** oder auch **Business Administration** sowie das **Rechnungswesen** und **Controlling**.

Die jeweils spezifischen Fragen werden von spezialisierten Lehrstühlen bearbeitet. So gibt es etwa Lehrstühle für Unternehmensführung, Lagerwirtschaft, Absatzwirtschaft, Betriebsanalyse oder Unternehmensbewertung.

Betriebswirtschaftslehre ist eins der beliebtesten Studienfächer. Inzwischen gibt es in Deutschland mehr als 500 Professoren, die dieses Fach unterrichten.

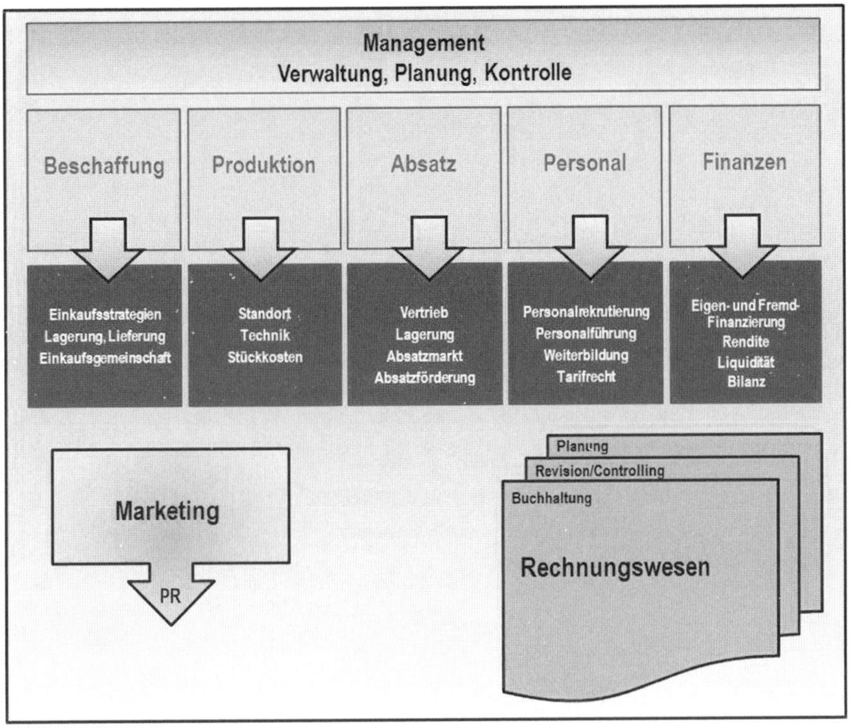

Abbildung 14.4: Idealtypische Struktur eines modernen Unternehmens. So oder so ähnlich gliedert sich auch die Betriebswirtschaftslehre, die die einzelnen Gebiete nach Gesetzmäßigkeiten absucht und analysiert.

15 Weisheit und Ethik – Geschichte von Philosophie, Geistes- und Sozialwissenschaften

In diesem Kapitel

- Die Philosophen
- Die Sozialwissenschaften
- Die Geisteswissenschaften
- Ethik und Verantwortung

Gelegentlich werden im Theater griechische Tragödien aufgeführt – und ich bin insgeheim immer wieder verblüfft, wie »modern« doch die Menschen damals gedacht und gefühlt haben. Neulich sah ich »Das Gastmahl« von Platon. »Donnerwetter«, dachte ich, »2400 Jahre alt.« Aber 2400 Jahre sind ein Klacks verglichen mit der Zeit, in der sich das Leben, unsere Vorfahren und die ersten Menschen entwickelt haben.

Die »alten« Griechen sind ganz moderne Menschen wie Sie und ich gewesen. Nur waren Technik und Wissenschaft noch nicht so weit entwickelt. Aber das Rechtssystem, Handwerk und Landwirtschaft, Religion und Arbeit, Freizeitgestaltung, Handel und Wandel, die Gestaltung des ganzen Alltags, alles war den heutigen Gesellschaften sehr ähnlich.

So ist es nicht verwunderlich, dass die Griechen sehr moderne, kluge und geistreiche Gedanken zum Aufbau der Welt und zum Sinn des Lebens entwickelt hatten.

Dennoch finde ich es verblüffend, dass die alten Griechen über die Spanne von rund 800 Jahren so eine Vielzahl von Philosophen hervorgebracht haben. Und nicht nur die Vielzahl ist erstaunlich, sondern auch die Kühnheit ihrer Visionen und die Vielschichtigkeit ihrer Weisheiten.

Ihre Gedanken waren nicht nur klug und kühn, sie waren auch nachhaltig. Sie blieben aktuell und modern über Jahrhunderte, ja über Jahrtausende. Sie haben die wesentlichen Grundmuster unserer Weltanschauung geprägt: Die Art und Weise wie wir denken, wie wir logisch schließen und wie wir prüfend Vor- und Nachteile gegeneinander abwägen.

Die griechischen Philosophen

Die drei wichtigsten Vertreter ihrer Zunft waren vielleicht Sokrates, Platon und Aristoteles. Im historischen Überblick habe ich die drei und ihre jeweiligen Positionen ja schon skizziert. Hier möchte ich noch etwas zu ihren Persönlichkeiten und speziellen Aussagen hinzufügen.

Sokrates

Sokrates (469-399 v. u. Z.) lebte die Philosophie. Er lief durch Athen und unterhielt sich mit den Menschen – und dabei entwickelte er seine Gedanken. Das konnte unterhaltsam sein, das konnte aber auch ermüdend und verletzend wirken.

Denn Sokrates liebte es, nachzufragen und weiterzubohren. So weit wollten die Leute eigentlich gar nicht gehen. Vielleicht interessierte es sie auch gar nicht so genau. Aber Sokrates wollte es genau wissen, und schließlich mussten die Betroffenen zugeben, dass sie es nicht besser wussten oder über dieses oder jenes noch nicht so viel nachgedacht hatten. Das konnte schon ärgerlich sein und die Einzelnen verletzen.

So ist es verständlich, dass Sokrates nicht nur Freunde hatte und dass er vielen arrogant und anmaßend vorkam. Mit seinem Lieblingsspruch stellte er seine Zuhörer bloß: »Ich weiß, dass ich nichts weiß«, sagte er. »Wenigstens das weiß ich. Du aber bist noch dümmer. Du weißt nicht einmal das.«

Als man ihm schließlich den **Prozess** machte, klagte man ihn der Gotteslästerung an und dass er die Jugend verderbe. »Du glaubst nicht an die Götter!«, rief ihm der Ankläger zu, »du glaubst nur an Dämonen.« »Dämonen«, antwortete Sokrates. »Das sind doch die missratenen Söhne der Götter? Wie kann ich nicht an die Götter glauben, wenn ich aber an deren Söhne glaube? Kann ich an Fohlen glauben, aber die Existenz von Pferden leugnen?«

Dem Vorwurf, die Jugend zu verderben, begegnete er mit einem Blick in die Runde der Zuhörenden. Einzelne rief er mit Namen auf: »Und ihn hätte ich verdorben? Alle sind klüger geworden und nicht so leicht zu verführen.« Dann fragte er, was gewonnen wäre, wenn er zum Tode verurteilt würde.

Und er definierte in wenigen Worten seine Rolle als Philosoph in der Gesellschaft: »Ich bin wie eine Mücke, die einem Rennpferd in die Flanke sticht, als sich das edle Pferd zur Mittagsruhe hinlegen will. Das edle Tier, das ist Athen. Und meine Aufgabe ist, euch wach zu halten, euch aufzustacheln, euch in Verlegenheit zu bringen, euch zum Denken anzuregen und zum Nachdenken über euch, Athen und die Welt.«

Freilich, die Richter sahen das anders: »Sokrates ist der Polis nicht dienlich. Er verbreitet Unruhe und Unsicherheit. Was mache ich mit einer Mücke, die mir die Mittagsruhe raubt? Ich erschlage sie!« Und sie sprachen das Todesurteil aus, das nach wenigen Tagen vollstreckt werden sollte.

An seinem letzten Tag versammelte er all seine Freunde um sich und begann ein Gespräch über Leben und Tod und wohin die Seelen wandern. Er philosophierte über die Größe der Erde, ihre Position im Weltall und ihre Kugelgestalt. Als die Dämmerung nahte, verlangte er nach dem Schierlingsbecher. »Aber nicht jetzt schon«, riefen die Freunde. »Noch hast du Zeit bis zum letzten Sonnenstrahl«, sagten sie.

Sokrates antwortete: »Es ist verständlich, den Todeszeitpunkt hinauszögern zu wollen. Aber ebenso verständlich wird es sein, wenn ich das Gegenteil tue. Wie lächerlich müsste es sein, wenn ich jetzt um jede Sekunde betteln würde. Ich trage die Verantwortung für mein Tun. Und ich achte das Gesetz. So habe ich mein ganzes Leben gelebt. Und so will ich auch sterben.«

Platon

Sokrates hat keine Schriften hinterlassen. Alles, was wir von ihm und über ihn wissen, hat Platon aufgeschrieben. Allerdings ist nicht klar, wie viel davon echter Sokrates ist und wie viel Beimengungen platonischer Abstammung sind.

Meist kleidete **Platon** (427-347 v.u.Z.) seine Schriften in die Form von **Dialogen**. Das sind keine klassischen Dramen, keine Beispiele griechischer Tragödien, sondern locker gestaltete Schauspiele mit einer dürren Rahmenhandlung.

Im anfangs erwähnten »Gastmahl« lädt ein Tragödiendichter eine Handvoll Freunde zum Abendessen ein, um einen Preis zu feiern, den er gerade gewonnen hat. Jeder der Gäste soll einen kleinen Vortrag halten. Das Thema des Tages: die Liebe, der Eros. Reihum werden Thesen und Gegenthesen zum Wesen und den Erscheinungsformen der Liebe vorgetragen, bis schließlich Sokrates hinzutritt und seinen Kommentar dazu abgibt.

Sokrates tritt in allen Dialogen Platons auf. Allerdings eindeutig als Kunstfigur. Diese Konstruktion eröffnete Platon alle Möglichkeiten: Er konnte die Figur authentische Aussagen von Sokrates wahrheitsgetreu wiedergeben lassen. Also: Sokrates spricht Sokrates. Er kann ihm aber auch die eigenen, Platons Auffassungen, in den Mund legen: Sokrates spricht Platon.

Es werden auch launige »dramaturgische Wendungen« dazwischengestreut, so kann einer der Teilnehmer nicht sprechen, weil ihn ein heftiger Schluckauf plagt. Als dieser dann in einen Niesanfall übergeht, ist der Schluckauf vorbei und die Erörterungen können weitergehen.

Von »platonischer Liebe«, wie wir sie kennen, ist übrigens nicht die Rede. Der Ausdruck kommt bei Platon überhaupt nicht vor. Stattdessen wird der Eros stilisiert als das Streben des Menschen nach dem »Guten und Schönen«. Der Eros symbolisiert die Sehnsucht des Menschen, vom Sinnlichen zum Geistigen vorzudringen, von der Sterblichkeit zur Unsterblichkeit. Die Bilanz des Gastmahls ist eine hierarchische Struktur immer weihevollerer Höhen, die der Mensch auf der Suche nach dem »Guten und Schönen« erklimmen kann.

Beginnend mit dem körperlichen Verlangen kommt man zum geistigen Verschmelzen, und zur Kunst, die nächste Stufe ist die Gerechtigkeit, dann kommt, man höre, die Wissenschaft und schließlich die wahre Erkenntnis, und die absolute Höhe ist erreicht, wenn man dort angelangt ist, wo das »Gute« wohnt.

Damit ist Platon dann auch wieder bei seinem zentralen Thema angelangt, bei der Sphäre der Ideen. Der Eros lehrt uns, die Schönheit beim geliebten Menschen zu sehen und zu erleben. Aber diese Schönheit vergeht oder wir nehmen sie nach einer Weile nicht mehr wahr. Deshalb kommt es darauf an, die Idee der Schönheit zu erkennen. Es kommt darauf an, zu wissen, was Schönheit ist.

Die Ideen sind unveränderlich und ewig. Sie sind die eigentliche Wirklichkeit. Die Ideen sind nach ihrer Bedeutung geordnet:

- ✔ das »Gute«
- ✔ moralische Werte wie »Gerechtigkeit« oder »Tapferkeit«

- mathematische Konzepte wie »Zahl« oder »Gleichung«
- irdische Dinge wie »Haus« oder »Baum«

Um die Wirklichkeit der Ideen erkennen zu können, bedarf es einiger Anstrengungen. Diese Tätigkeit nennt Platon »Wissenschaft«. Er unterscheidet drei Stufen:

- Unwissenheit – Ahnungslosigkeit und Ignoranz
- Meinung – Wahrnehmung der sinnlich erfahrbaren Welt
- Wissenschaft – vollkommenes Verstehen der Konzepte des Seins

Platon hat die Begrenztheit unserer sinnlichen Wahrnehmung sehr schön verdeutlicht im **Höhlengleichnis**. Ich habe es bereits in Kapitel 2 erzählt. Was wir sehen, sind nur die Schatten der Wirklichkeit, sind nur Abbilder der Ideen. Es kommt aber darauf an, die Ideen dahinter zu erkennen.

Zudem verändern sich die Abbilder. Alles ist ungewiss. Wie sich die Gegenstände verändern, wandeln sich auch unsere Anschauungen. Mehr als Meinung kann dabei nicht herauskommen.

Platon scheint den Begriff »Wissenschaft« etwas anders zu begreifen, als wir ihn heute gebrauchen. Vielleicht könnte man ihn ersetzen durch »Wissen«. Ironie der Geschichte: Auch die Zeitungen, die früher eine Seite »Aus Wissenschaft und Technik« hatten, schreiben neuerdings »Wissen« darüber. Wenn Platon tatsächlich »Wissen« gemeint hat, dann war er uns auch darin 2400 Jahre voraus.

Aristoteles

Der Empiriker, der Realist, der Materialist, so hat man **Aristoteles** (384-322 v. u. Z.) genannt. Für ihn waren die realen Dinge die Realität. Als Wirklichkeit konnte der Mensch doch nur das annehmen, was er mit seinen Sinnen wahrnahm.

Aristoteles
384 – 322 v. u. Z.

Aristoteles lehnte Platons Welt der Ideen ab, jedenfalls in der Sichtweise Platons als wirkliche Wirklichkeit. Für Aristoteles sind die **Ideen** erst entstanden, nachdem die Menschen viele Dinge sinnlich wahrgenommen haben und das **Konzept hinter den Dingen** erkannten.

Erst wenn ich viele Hunde gesehen habe, kann ich das Konzept »Hund« erkennen, kann ich analysieren, was das Gemeinsame, das Wesentliche am Konzept »Hund« ist. Erst wenn ich viele Bäume gesehen habe, weiß ich, was einen Baum ausmacht und was ihn beispielsweise von einem Strauch unterscheidet.

Aristoteles arbeitet also durchaus mit den beiden Ebenen: Hier die konkrete Ausformung, **das Ding** in der Natur, so wie es ist. Und hier **die Idee** dahinter, das Konzept, die geistige Vorstellung. Aber für ihn ist die Idee nichts Wirkliches, es ist eine von Menschen gemachte Hilfsvorstellung, ein Hilfsmittel fürs Denken.

Aristoteles nennt es »Begriff« und entwickelt daraus die »Logik« als eigene Wissenschaft und als wissenschaftliche Methode. Nur in Begriffen können wir denken. Begriffe helfen, die Dinge klar zu benennen und klar zu unterscheiden. Dazu müssen sie sauber definiert sein.

Auch für diese **Definitionen** formuliert Aristoteles klare Bestimmungen: Nach oben müssen die Gemeinsamkeiten festgestellt werden, nach unten die Unterschiede:

Allen Bäumen ist gemeinsam, dass es große hölzerne Pflanzen sind, die einen Stamm und Äste aufweisen. Allen Eichen ist gemeinsam, dass sie eine borkenartige Rinde aufweisen und gebuchtete Blätter haben. Sie unterscheiden sich von anderen Laubbäumen zum Beispiel durch die Oberfläche des Stammes, die Blattformen und andere Merkmale (siehe Abbildung 15.1).

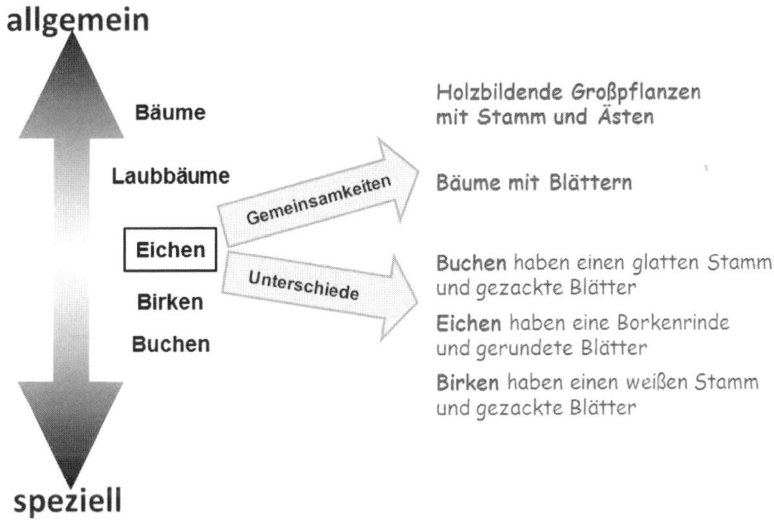

Abbildung 15.1: Definitionen lassen sich bilden, indem man vom oberen (Gattungs-)Begriff ausgeht und immer feinere Unterscheidungskriterien benennt. Man geht also vom Allgemeinen zum Speziellen.

Von jeder Stufe kommt man durch die Definition von Unterschieden zu noch spezielleren Dingen. Geht man umgekehrt vor, kommt man schließlich zur allgemeinsten Stufe, die sich nicht mehr aus einer noch höheren Stufe ableiten lässt. Das sind die **Kategorien**, wie Aristoteles sie nennt. Insgesamt kommt er auf zehn Kategorien, von denen die ersten vier die wichtigsten sind und von denen wiederum die erste die bedeutsamste ist:

- ✔ Substanz (Materie)
- ✔ Quantität (Menge)
- ✔ Qualität (Beschaffenheit)
- ✔ Relation (Beziehung)

Mit den abgeleiteten Begriffen machen wir Aussagen und Bewertungen, aus denen wir logische Schlüsse ziehen.

Auch dafür gibt es Regeln: Ein logischer Schluss besteht aus drei Teilen, einem allgemeinen Obersatz und einem spezielleren Untersatz sowie einem Folgesatz, der sich logisch aus den beiden anderen ergibt:

- ✔ Obersatz: Alle Menschen sind sterblich.
- ✔ Untersatz: Sokrates ist ein Mensch.
- ✔ Folgesatz: Sokrates ist sterblich.

Aristoteles nennt dieses Verfahren **Syllogismus**. Eine Schwäche syllogistischer Verfahren ist die Verschränkung der logischen Bedingungen. Denn genau genommen steckt die logische Schlussfolgerung bereits in den Voraussetzungen der beiden ersten Sätze. Wäre Sokrates nämlich unsterblich, würde die erste Aussage schon nicht stimmen. Es wären dann eben nicht alle Menschen sterblich.

Sokrates muss also sterblich sein. Das steht schon fest, bevor man die Logik bemüht. Tröstlich ist dabei nur, dass Sokrates im übertragenen Sinne unsterblich ist. Logisch – finden Sie nicht auch?

Kleiner Scherz ..., aber im Ernst:

Die Logik lässt sich auch anwenden als wissenschaftliche Methode. Und schon sind wir wieder beim Streit zwischen Platon und Aristoteles, was nun die Wirklichkeit ist, die Welt der Ideen oder die Dinge in der Realität.

Wenn ich aus allgemeinen (gültigen) Sätzen durch logische Schlüsse eine Aussage ableite, dann muss sie wahr sein. Das ist das Verfahren der **Deduktion**. Aus der Theorie (der Welt der Ideen) folgt eine Aussage über das Verhalten der Dinge in der Realität.

Aristoteles geht aber von der Realität aus. Erst durch die sinnliche Wahrnehmung gelange ich zu den Begriffen, den Ideen. Wenn ich viele Bäume untersucht und beobachtet habe, weiß ich, was ein Baum ist und was Eichen von Buchen unterscheidet. Das ist der umgekehrte Weg, um zu Erkenntnissen zu gelangen: die **Induktion**. Aus Einzelbeobachtungen gelange ich zu allgemeinen **Gesetzmäßigkeiten**.

Doch Vorsicht! Mit der Induktion läuft man schnell Gefahr, **falsche Schlüsse** zu ziehen. Wenn ich das Verhalten der Bäume beobachte, kann ich interessante Einzelbeobachtungen machen: Buchen werfen zum Winter ihre Blätter ab, Birken tun das, Ulmen und Ahorn auch – offenbar alle Bäume? Nein: Kiefern nicht, Tannen nicht, Fichten nicht.

Daraus könnte ich also schließen: Laubbäume werfen die Blätter ab, Nadelbäume nicht. Mit dieser Aussage kann ich prima leben und sie kommt der Wahrheit auch schon recht nah – bis ich auf eine Lärche stoße, einen Nadelbaum, der zum Winter seine Nadeln abwirft.

Aristoteles ist sich dieser Gefahr bewusst. Da das Problem grundsätzlich nicht lösbar ist, schlägt er eine pragmatische Lösung vor. Der Forscher solle sich bei seinen Kollegen umhören. Wenn sie dieselbe Aussage auch für wahr halten, kann man ziemlich sicher sein, richtig zu liegen. Fürwahr, sehr pragmatisch. Aber Sie werden lachen: Nach diesem Prinzip funktioniert bis heute das wichtigste **Qualitätssicherungssystem der Wissenschaft**: Vor jeder Veröffentlichung entscheiden Kollegen in einem anonymen Verfahren, ob eine Publikation erscheinen darf oder nicht. Wahrheit nach dem Mehrheitsprinzip.

Kann man Vernunft kritisieren?

Man kann. Kant kann. »Kritik der reinen Vernunft« heißt sein wichtigstes Werk. Aber »Kritik« ist nicht die scharfzüngige Meinungsäußerung, wie wir sie heute kennen. Kant meint damit »Durchleuchtung, Analyse«. Und »Vernunft« ist nicht jenes ruhige Abwägen für eine wohlbegründete Entscheidung, sondern schlicht »Verstand, Geist, Bewusstsein«.

Immanuel Kant (1724-1804) untersuchte den **Erkenntnisprozess** – und schloss somit an die Diskussion an, die 2000 Jahre zuvor schon die Philosophen Griechenlands geführt hatten. Dieser Grundkonflikt der alten Griechen hatte auch die Debatten in der Scholastik im Mittelalter beherrscht. Sie erinnern sich: Sind die realen Dinge die Wirklichkeit oder die Ideen dahinter? Vertrauen wir dem, was wir uns im Kopf zurechtlegen oder glauben wir nur, was wir mit eigenen Augen gesehen haben, unseren sinnlichen Erfahrungen also.

Nach Kants Auffassung wirkt beides zusammen. »Es gibt keine Erkenntnis ohne sinnliche Erfahrung«, sagt Kant. Und dennoch mischt das **Bewusstsein** mit. Unser Geist beeinflusst das, was wir erfahren oder glauben zu erfahren. Denn unsere **Sinne** sind keine objektiven Messapparate. Wozu auch? Sie manipulieren ihre Messungen. Das ist sogar ihre Aufgabe. Sie arbeiten so, dass wir uns besser zurechtfinden. Kant sagt dazu: Unser Geist »formt« unsere Sinneseindrücke.

Ein schönes Beispiel dafür sind die optischen Täuschungen. Perspektivische Darstellungen suggerieren uns eine dreidimensionale Welt in zwei Dimensionen. Häuser im Hintergrund sind kleiner als die im Vordergrund und doch sagt uns unser Gehirn, sie sind gleich groß, weil Häuser eben so und so groß sein müssen (Abbildung 15.2).

Kant geht davon aus, dass wir angeborene **Konzepte** im Kopf haben, die von vornherein festlegen, wie wir die Welt **wahrnehmen**. Im Wesentlichen sind das nach Kant **Raum** und **Zeit**. Raum und Zeit gibt es womöglich gar nicht und wenn es sie gibt, hätten wir keine Möglichkeit, sie zu erfahren. Wir könnten sie nicht von außen sehen oder wahrnehmen. Trotzdem sind unsere Gehirne so präpariert, dass wir wie selbstverständlich davon ausgehen, dass es einen dreidimensionalen Raum gibt und dass die Zeit irgendwann einmal begonnen hat und seit dieser Zeit verrinnt. Unser Bewusstsein hat sich so entwickelt, weil wir uns auf diese Weise besser in der Welt zurechtfinden.

Mit dieser Vorstellung im Kopf gehen wir auf die Welt zu und nehmen sie dreidimensional wahr. Und also glauben wir, die Welt sei dreidimensional. Wie die Welt wirklich ist, können wir nicht wahrnehmen. Wir wissen es nicht. Wir können es nicht wissen.

Abbildung 15.2: Eine optische Täuschung. Die vordere Figur kommt einem kleiner vor als die hintere, obwohl beide gleich groß sind.

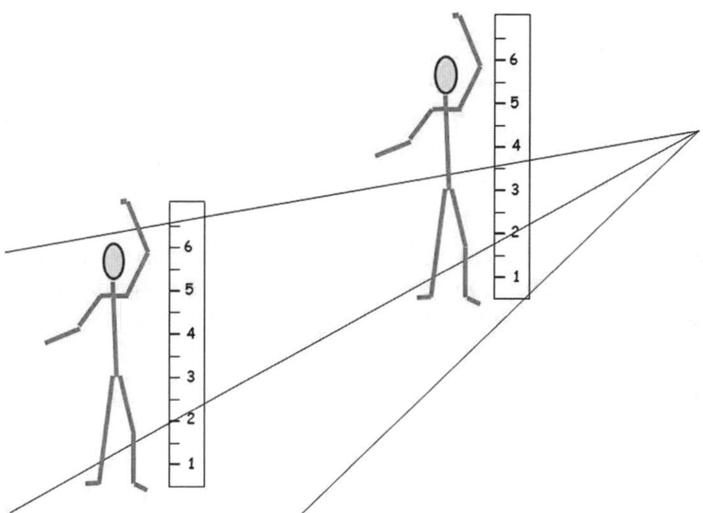

Abbildung 15.3: Bitte: Messen Sie nach! Beide Figuren sind gleich groß. Dann sagt unser Gehirn: Weiter hinten und gleich groß – das geht nicht. Oder es muss ein Riese sein. Denn aufgrund der perspektivischen Verzerrung müssten die Dinge hinten kleiner sein. Wenn sie aber gleich groß sind, müssen die hinteren in Wirklichkeit riesig sein! Und tatsächlich: Wir alle erleben die hintere Figur größer als die vordere. Nur wegen der drei Linien, die eine Perspektive andeuten.

Ebenso, sagt Kant, ist es mit dem **Kausalgesetz**. Wir sehen etwas und können gar nicht anders, als nach der Ursache zu fahnden. Denn das Kausalgesetz in unserem Hirn sagt: Wo etwas passiert, gibt es immer eine **Ursache**.

Wenn ein Wollknäuel hinterm Sessel hervorkullert, springt die Katze begeistert auf und fängt an, mit dem Knäuel zu spielen. Wir aber schauen nach, wo das Knäuel herkommt und wer es fallen ließ. Überall suchen wir nach **Erklärungen**. Die Welt muss doch einen Anfang haben. Wer hat sie geschaffen? Wenn sich etwas bewegt, muss es jemand angestupst haben. Ursache und Wirkung gehören einfach zusammen.

Aber vieles in der Welt passiert parallel und hat nichts miteinander zu tun. Wir aber suchen nach Zusammenhängen: Was bewirkt was? Was war die Ursache, was war die Folge? Da kommt es dann oft zu Fehlschlüssen, weil wir Zusammenhänge sehen, die gar nicht existieren. Eigentlich eine recht nachteilige Entwicklung?

Möglicherweise hat sich unser Gehirn so entwickelt, weil wir trotz aller Nachteile so besser durchs Leben kommen. Vielleicht hilft uns das Kausalgesetz, besser auf Überraschungen reagieren zu können. Dahinten bewegt sich was? Vielleicht ein Raubtier? Wir sind gewarnt. Lieber einmal zu oft gewarnt als arglos in die Gefahr gelaufen. Wir sehen nicht nur, wie sich die Blätter bewegen, wir »sehen« gewissermaßen auch das Raubtier dahinter. Unsere Sinneseindrücke werden »geformt« durch die Bedingungen unseres Bewusstseins.

Unsere Fähigkeiten, die Welt zu ergründen, sind deshalb begrenzt. Wir sind zwar neugierig und wollen wissen, woher wir kommen, wohin wir gehen. Ob die Welt im Urknall entstand, ob es einen Gott gibt, wann die Zeit begann, ob der Kosmos unendlich ist? Aber Kant sagt, wir können es nicht erkennen, weil wir Teil des Ganzen sind und uns und den gesamten Kosmos nicht von außen beobachten können. Weil unser Wahrnehmungsapparat nicht dafür eingerichtet ist.

Und die Moral von der Geschichte?

Kant verfasste noch ein zweites großes Werk: »Die Kritik der praktischen Vernunft«. Darin beschäftigte er sich mit ganz praktischen Fragen: Was folgt aus alledem, wie soll ich mich verhalten?

Auch hier geht Kant davon aus, dass uns bestimmte Dinge angeboren sind. Zum Beispiel die Fähigkeit, zwischen Gut und Böse zu unterscheiden. Das muss nicht erlernt werden. Kant nennt es das **Moralgesetz**. Es habe, fügt er hinzu, dieselbe Gültigkeit wie Naturgesetze. Er formuliert es als **kategorischen Imperativ**. Kategorisch, das heißt, es gilt in allen Situationen ohne Ausnahme, und Imperativ, das heißt, es ist ein Befehl: Handle stets so, dass dein Handeln als Grundlage für ein allgemeines Gesetz dienen könnte.

> ***Kants kategorischer Imperativ:***
>
> *Handle nur nach derjenigen Maxime, durch die du zugleich wollen kannst, dass sie ein allgemeines Gesetz werde*

Weil Kant das Moralgesetz als tief verwurzelt in unserem Bewusstsein ansieht, nennt man Kants Anforderungen »Pflichtethik« oder auch »Gesinnungsethik«.

Vielleicht beschließe ich diese kurze Reihe herausragender Denkerpersönlichkeiten mit zwei, drei Beispielen aus der Neuzeit. Sie zeigen sehr eindrucksvoll, wie sich manche Debatten in der Geschichte der Philosophie über die Jahrhunderte hinwegbewegt und entwickelt haben.

Der ökologische Imperativ

Hans Jonas (1903-1993) formulierte 1979 diesen Imperativ in seinem Werk »Das Prinzip Verantwortung« und passte ihn an die Situation der technisch-wissenschaftlichen Zivilisation im 20. Jahrhundert an.

Danach sind viele Entwicklungen der modernen Technologien in ihren Folgen nur noch schwer oder gar nicht abschätzbar. Beispiele sind die ungelösten Probleme mit der Lagerung von jahrtausendelang strahlendem Atommüll oder mit den nicht absehbaren Folgen der Gentechnik.

Hier geht es um die **Verantwortung**, die wir für zukünftige Generationen haben. Im Zweifel müssen wir uns bei Entscheidungen für oder gegen eine neue Technologie gegen sie entscheiden, damit das Gefährdungspotential nicht noch weiter anwächst.

> ***Hans Jonas: ökologischer Imperativ:***
>
> *Handle so, dass die Wirkungen deiner Handlung verträglich sind mit der Permanenz echten menschlichen Lebens auf Erden*

Diese Entscheidung erwächst nicht einer grundlegenden Gesinnung (wie beispielsweise bei einem Anhänger einer bestimmten Religion oder einer bestimmten Weltanschauung), sondern einer sorgfältigen Abwägung der Zukunftsfolgen. Jonas ordnet seine Ethik daher in die Kategorie »Verantwortungsethik« ein.

Späte Erkenntnisse

Zwei Philosophen der Moderne möchte ich noch erwähnen, zwei Skeptiker, die sich zum **Erkenntnisprozess in der wissenschaftlichen Methodik** geäußert haben.

Thomas Kuhn (1922-1996) analysierte den Wissenschaftsbetrieb am Beispiel der Naturwissenschaften. Vor allem wollte er herausfinden, wie eine Theorie als richtig oder falsch erkannt werden kann und wie sich eine neue Theorie durchsetzt.

In der vor-wissenschaftlichen Zeit gibt es viele Denkmuster, die sich oft widersprechen. Erst wenn von einer genügend großen Zahl von Forschern bestimmte Denkmuster übereinstimmend als wahr angesehen werden, kann sich eine Denkrichtung durchsetzen. Kuhn nannte ein solches Denkmuster »Paradigma«.

Die Paradigmen in den einzelnen Fächern umfassen nicht nur das Wissen der jeweiligen Disziplin, sondern auch Lösungswege, wie man Problemstellungen angeht. Die allgemeine Akzeptanz der fachspezifischen Paradigmen ist Kennzeichen einer etablierten Wissenschaft. Kuhn nennt sie »Normalwissenschaft«.

Am Beispiel der Physik zeigte Kuhn, wie jahrhundertelang die **Newtonsche Mechanik** akzeptiert wurde bis sie durch **Einsteins Relativitätstheorie** abgelöst werden musste.

Dabei handelt es sich nicht um eine Ergänzung zum vorhandenen Wissen, sondern es musste eine komplette Sichtweise aufgegeben und durch eine neue ersetzt werden, der berühmte »Paradigmenwechsel«. Und Kuhn sagte, dies habe nichts zu tun mit der von Karl Popper vorgeschlagenen **Falsifikation**. Ein Paradigmenwechsel kann auch ohne Beweis der Richtigkeit des neuen Paradigmas erfolgen.

Der kritische Rationalismus

Karl Popper (1902-1994) vertrat nicht nur die These, dass jede Theorie nur **vorläufigen** Charakter habe, bis sie widerlegt (falsifiziert) wird. In seinem Konzept vom **kritischen Rationalismus** geht er davon aus, dass die Welt unabhängig von unserer Wahrnehmung existiert. Die Erkenntnismöglichkeiten aufgrund sinnlicher Erfahrungen sind allerdings begrenzt. Deshalb können wir nie gewiss sein, dass das, was wir wissen, wahr ist.

Der kritische Rationalismus lehnt daher die Induktion als Erkenntnismethode ab: Es ist grundsätzlich unmöglich aus Einzelbeobachtungen auf eine generelle Gültigkeit zu schließen.

Interessant ist die Übertragung dieser Sichtweise auf die Gesellschaft und die Ethik. Auch in der Politik gilt nach Popper die **Falsifikationsmethode**. Werden Fehler oder schlechte Regeln erkannt, müssen die Politiker oder die Gesetze ersetzt werden.

Es wäre so möglich, eine Gesellschaft zu realisieren, die **ohne Dogmen** und Ideologien auskommt. Für ethisches Verhalten müssen keine Normen aufgestellt werden. Aber jedwedes Verhalten muss kritisch beobachtet und auf Widersprüche und Fehlentwicklungen hin überprüft werden. Hier schließt Popper an das Konzept der **Verantwortungsethik** von Hans Jonas an.

Fantastisch finde ich, wie sich eine Debatte unter den größten Denkern über Jahrhunderte hinzieht und immer weiterentwickelt. Ähnlich wie beim Beispiel Philosophie möchte ich Ihnen die Entwicklung in den Sozialwissenschaften am Beispiel einiger herausragender Vertreter aufzeigen.

Die Wissenschaft von der Gesellschaft

Auguste Comte (1798-1857) prägte Mitte des 19. Jahrhunderts den Begriff »Soziologie«. Es gab zwar einige Versuche vorher, gesellschaftliche Geschehnisse systematisch zu untersuchen, aber Comte war der erste, der dezidiert eine Gesellschaftswissenschaft gründen wollte. Sein Beitrag zur neuen Disziplin war eine Theorie zur Entwicklung der Gesellschaft, das **Dreistadiengesetz**.

- ✔ **1. Stadium:** theologisch-fiktiv
  Alle Erscheinungen werden als göttlich oder dämonisch interpretiert.
- ✔ **2. Stadium:** metaphysisch-abstrakt
  Die Ursachen des Weltgeschehens werden weltlich-abstrakten Prinzipien zugewiesen.

- ✔ **3. Stadium:** wissenschaftlich-positiv
  Erklärung von Natur und Gesellschaft aufgrund von Beobachtungen und Begründung.

Diesen drei Stadien entspricht eine Rangfolge der Wissenschaften, beginnend mit der Mathematik über Geometrie und Astronomie zu Physik, Chemie und Biologie und als Krönung, wer hätte es gedacht, die Soziologie. Diese ganze Theorie war selbst aber nicht auf Beobachtung und Analyse gegründet und wurde alsbald vernachlässigt. Der Name »Soziologie« aber blieb.

So gelten als Väter der Soziologie als Wissenschaft vor allem **Émile Durkheim**, **Herbert Spencer** und **Max Weber** (1864-1920). Die Soziologie verdankt Weber bis heute klare Definitionen und methodische Normen wie die Wertfreiheit (strenge Trennung von Tatsachen und Wertungen) sowie die Unterscheidung von Gesinnungsethik und Verantwortungsethik.

Die Marx-Wirtschaft

Es gibt aber noch einen Vertreter dazwischen, der nicht gerade als Wissenschaftstheoretiker hervorgetreten ist, aber soziologisch gearbeitet und mit seinen Thesen die Welt verändert hat: **Karl Marx** (1818-1883).

Viele haben ihn als erledigt erklärt, als der real existierende Sozialismus Ende des letzten Jahrhunderts zusammenbrach. Seit den Schulden- und Bankenkrisen zu Beginn unseres Jahrhunderts erfährt Marx plötzlich wieder eine Wertschätzung, die vor allem seiner scharfen Analyse des **Kapitalismus** gilt, weniger seinen Utopien von der Diktatur des Proletariats und der klassenlosen Gesellschaft.

Es ist deshalb interessant, sich die Marx'schen Analysen noch einmal anzusehen.

Was ist Kapitalismus? Kapitalismus ist ein ökonomisches System, das auf dem **Profitmotiv** beruht. Der Kapitalist profitiert vom Unterschied zwischen den Herstellungskosten und dem Verkaufswert einer Ware. Vor allem die Arbeitskraft wird ausgebeutet, weil sie geringer bewertet wird. Die **Arbeitskraft** schafft mehr Wert, als sie selbst erhält.

Kapitalismus heute

Die **Ausbeutung der Arbeiterklasse** ist heute nicht mehr das vorherrschende Problem. Mehrwert wird heutzutage anderswo produziert. In den Agenturen, in den Medien, in den Dienstleistungsberufen, in den Marketingabteilungen und in den Banken. Und was die Arbeitskräfte betrifft, so findet eine radikale Ausbeutung heute in der sogenannten Dritten Welt statt, wo Menschen unter miserablen Bedingungen für einen Hungerlohn arbeiten müssen.

Der Kapitalismus hat sich auch dadurch verändert, dass die Produktion immaterieller Güter in den Vordergrund tritt. Vor allem der Warencharakter hat sich verändert. Auf den kapitalistischen Märkten wird nicht nur das verkauft, wofür ein reales Bedürfnis besteht, sondern es wird ein Mehrwert angeboten, der der eigentliche Kaufanreiz ist.

Marx nennt es den »Fetischcharakter« der Ware, wir würden es heute den »ideellen Mehrwert« nennen: das Image der Marke, der modische Reiz, das gesellschaftliche Renommee. Die Illusion des Werts einer Ware wird durch aufwändige Verpackung, pompöse Präsentation oder Lieferung, begleitende Werbung und den überhöhten Preis bestimmt. Alles wird zur Ware, selbst unsere Persönlichkeit, die in sozialen Netzen ausgestellt und bewertet wird.

Was sich noch verändert hat, obwohl es von Marx schon angedacht wurde: Die Ausbeutung bezieht sich nicht nur auf die Arbeitskraft, sondern auch auf die materiellen Ressourcen der Erde, ihre Bodenschätze und die Reichtümer einer gesunden Umwelt, einer intakten Natur.

Nach Marx müssten die **inneren Widersprüche** des kapitalistischen Systems zu **Krisen** führen, an denen der Kapitalismus zerbrechen würde. Doch das Gegenteil war der Fall. Es scheint fast, dass sich der Kapitalismus an den Krisen erholt hat. Meistens führten Krisen zu einer weiteren Konzentration des Kapitals in wenigen Händen. Dabei haben die Regierungen mit Milliarden geholfen. Der »freie Markt« ist überhaupt nicht frei, sondern reguliert – auf Kosten der Bevölkerung. Die Gewinne werden privatisiert, die Verluste sozialisiert. Die Schere zwischen arm und reich geht immer weiter auf. Das macht eine Gesellschaft auf Dauer instabil.

Fazit: Die Beobachtungen von Marx sind zeitgebunden. Geschichtliche Gesetzmäßigkeiten, wie sie Marx festgestellt haben wollte, haben sich nicht bewahrheitet.

Der Kapitalismus hat sich gewandelt. Bedrohliche Widersprüche wurden abgemildert durch folgende Tendenzen:

- ✔ Entwicklung des Wohlfahrtsstaates
- ✔ erstarkte Gewerkschaften
- ✔ breitere Bildungschancen
- ✔ Nutzung von Rationalisierungsmaßnahmen
- ✔ Regulierung durch den Staat

Dennoch ist die Gefahr von Fehlentwicklungen des kapitalistischen Systems nach wie vor gegeben. Dass der Kapitalismus bisher alle Krisen überstanden hat, darf nicht als »gesetzmäßig« angesehen werden. Die jüngsten Krisen sind ein bedrohliches Warnsignal. Insofern bleibt Marx aktuell.

Theorie mit System

Eine der bedeutsamsten Innovationen in den Gesellschaftswissenschaften (Sozialwissenschaften) ist die **Systemtheorie** von **Niklas Luhmann** (1927-1998). Sie stellt den Versuch dar, gesellschaftliche Probleme auf der Basis einer wertfreien, abstrakten Theorie erklären zu können. Das Interessante daran: Luhmann beginnt mit einem Erkenntnisproblem, das er radikal beseitigt. Er sagt: Niemand kann die Gesellschaft objektiv wahrnehmen, weil er ja Teil dieser

Gesellschaft ist. Eine Außenbetrachtung ist schlicht unmöglich, wenn ich innen bin. Hier berücksichtigt er also die Erkenntnisse von Kant.

Also geht er nach innen und beschreibt die Gesellschaft aus ihrer inneren Struktur heraus. Die hoch komplexe Gesellschaft hat sich in unterschiedliche Systeme ausdifferenziert, die jeweils durch ihre **Denkmuster** (Codes) und **Funktionen** definiert sind. Beispiele für solche Systeme sind Bildung, Religion, Familie, Wirtschaft, Liebe oder Medien.

Die Theorie ist grundsätzlich wertfrei, sie beschreibt keine Probleme, übt keine Kritik. Dennoch lassen sich Problemfelder analysieren. So ließe sich beispielsweise überprüfen, ob die Finanzkrise im ersten und zweiten Jahrzehnt unseres Jahrhunderts auf mangelnde Interaktion des Wirtschaftssystems mit dem System Politik zurückzuführen ist oder ob der Krise strukturelle, also grundsätzliche Probleme zugrunde liegen.

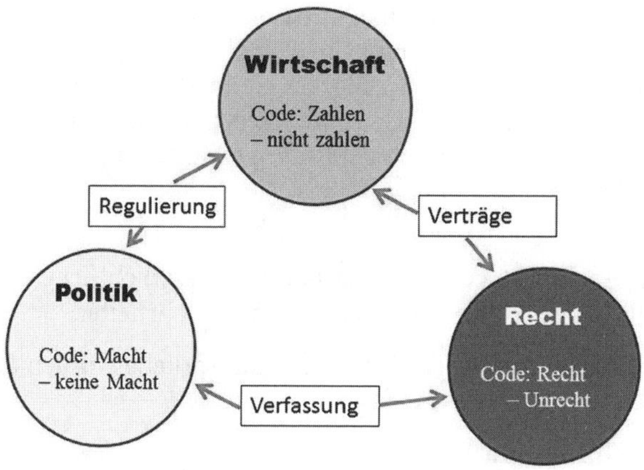

Abbildung 15.4: Die Systeme sind durch ihre Funktionen und Codes definiert. Durch Kommunikation lösen sie ihre Probleme mit ihrer Umwelt.

Die Systemtheorie lebt vom Gegensatz zwischen System und Umwelt (siehe Abbildung 15.4). Umwelt ist dabei alles, was nicht System ist, also andere Systeme genauso wie die äußere Umwelt.

Das ganze System von Systemen und Umwelt ist aber für die Wahrnehmung zu komplex. Wird ein System näher untersucht, muss jeder Störeinfluss ausgeblendet werden. Luhmann schlägt vor, ebenso zu verfahren wie biologische Systeme, etwa die Zelle. Für ihr Überleben ist die Zelle nur an den Beziehungen zur Umwelt interessiert, die für sie wichtig sind. Alles andere interessiert sie nicht. **Reduzierung von Komplexität** ist eine der wichtigsten Funktionen der Theorie.

Systeme werden nicht von außen definiert, sondern aus ihren inneren Strukturen. Sie sind **selbstreferentiell**, sie stellen sich selber her. Sie haben ihre eigenen Codes und ihre eigene Funktion. Irritationen gibt es nur an den Grenzen. Sie müssen durch Kommunikation gelöst werden. Gesellschaft ist definiert durch die Kommunikation der Systeme untereinander.

Politik – wissenschaftlich betrachtet

Politikwissenschaft gibt es, seit es Politik gibt. Denn immer haben Gesellschaften, Völkergemeinschaften oder Staaten ihr Miteinander geregelt und die Einhaltung von Regeln kontrolliert. Dabei musste das Verhalten der Staatslenker, der Bevölkerung insgesamt sowie das Verhalten Einzelner analysiert werden.

Spätestens mit der systematischen **Geschichtsschreibung** wurde daraus auch so etwas wie die wissenschaftliche, das heißt methodisch-systematische Begleitung der aktuellen wie historischen Politik. Aber ein genauer Beginn der Politikwissenschaft ist nicht festzumachen.

Macht, mehr Macht, Machiavelli

Manche bezeichnen **Niccolo Machiavelli** (1469-1527) als einen der ersten Politiktheoretiker. Damals, wie überhaupt in der Anfangszeit der Disziplin, war die Ausrichtung des Fachs noch sehr **normativ**. Das heißt, die Politikwissenschaft formulierte Richtlinien (Normen), nach denen sich die praktische Politik ausrichten sollte.

(© Foto ilbusca/iStock)

Niccolo Machiavelli
1469 – 1527

Machiavelli lebte zur Zeit der **Renaissance**, in einer Zeit des Umbruchs und in einer Zeit der entstehenden **Nationalstaaten**. Macht, Unterdrückung, **Herrschaft** und **Staatsführung** waren Themen, die vielfach diskutiert wurden. Machiavelli lieferte bedeutsame Beiträge zu dieser Debatte. Vor allem wurde er bekannt durch seine Empfehlungen zu skrupelloser **Machtausübung**. Sie sind aber nur ein Aspekt seiner umfangreichen Schriften.

Machiavelli lebte die meiste Zeit in Florenz. Sein Leben lässt sich in zwei Phasen aufteilen. In der ersten Hälfte war er selbst als politischer Beamter und Diplomat tätig. Er machte viele Reisen um beim Papst, am französischen Hof oder im Hause Habsburg um Frieden oder Allianzen zu bitten oder Kriege vorzubereiten.

Als dann die Medici nach Florenz zurückkehrten, wurde er all seiner Ämter enthoben, eingekerkert, gefoltert und sollte hingerichtet werden. Aber er hatte Glück, wurde begnadigt und verbannt auf seinen Landsitz, wo er in der zweiten Phase seines Lebens zahlreiche Schriften verfasste.

Machiavelli war ein glühender Vertreter des Nationalstaates und wünschte sich, dass die verschiedenen Kleinstaaten in Italien zu einem großen **Nationalstaat** zusammenfänden. In seinem Hauptwerk »Il Principe« (»Der Fürst«) wendet er sich an die Herrscher jener **Kleinstaaten** und Fürstentümer und beschreibt in einer nüchternen, unbeteiligten Sprache, wie Macht am besten durchzusetzen und zu erhalten ist.

Machiavellis Empfehlungen

- **Selbsterhaltung** und **Machtsteigerung** sind das ausschließliche Ziel politischen Handelns. Um dieses Ziel zu erreichen, sind auch unmoralische Handlungen geboten wie Verrat, Bestechung, Vertragsbruch, Folter und Mord.
- Der Feind muss verführt – oder vernichtet werden. Wird er nur verletzt, wird er sich rächen wollen. Aus dem Grab will sich niemand rächen.
- **Rücksichtslosigkeit** statt Rücksicht. Vorsichtiges Abwägen hält nur auf. Das Glück neigt sich dem zu, der entschlossen zupackt.
- Es gibt nur zwei Wege, einen Streit zu beenden. Entweder man findet eine geregelte Verständigung oder man gebraucht Gewalt.
- Zwischen Staaten gilt nicht Recht und Moral, sondern Kampf – mit politischen Mitteln oder militärischen.

Machiavellis Ziel war, den Herrschenden aufzuzeigen, wie Staaten aufgebaut und ihre Macht gesichert werden kann. Seine Erkenntnisse gewinnt er nach zwei Methoden:

- Er zieht aus vorgegebenen Tatsachen Schlüsse nach den Regeln der Logik.
- Er beurteilt eine Vorgehensweise nach dem erfahrungsgemäßen Erfolg.

Machiavelli weiß auch, dass zum rigorosen Handeln eine passende PR- und Imagekampagne gehört:

- So muss der Herrscher Milde, Redlichkeit und Frömmigkeit zur Schau tragen, aber entschlossen nach den gegenteiligen Prinzipien handeln.
- Wohltaten muss er tropfenweise verabreichen, damit sie sich besser einprägen, Grausamkeiten schlagartig vollbringen, damit sie schneller vergessen werden.

Man muss vielleicht berücksichtigen, dass Machiavelli solcherart Brutalitäten nur deswegen vorschlägt, weil er keinen Weg sieht, Italien auf friedliche Weise zu einigen. Seit zwei Jahrzehnten ist Italien Spielball fremder Mächte, und kein bisheriger Versuch einer geregelten Zusammenführung war auch nur im Ansatz erfolgreich.

In seinen übrigen Schriften beschreibt Machiavelli ausführlich, wie das Zusammenleben in einem Staat und das Nebeneinander von mehreren Staaten zu regeln ist.

Das Neue, Bleibende und Wichtige an Machiavellis Gedanken war etwas anderes: Alle Aktion und Wirkung im Staat geht bei ihm vom Menschen aus. Gott oder irgendein anderer metaphysischer Einfluss spielen keine Rolle. Staatlichkeit ist ausschließlich Folge menschlichen Handelns. Außerdem versucht Machiavelli die Politiker darauf zu trimmen, dass Sie sich an den Gegebenheiten und nicht an ihren Wünschen orientieren. Oder, wie er es sagt: Sie sollen die Dinge betrachten, wie sie sind und nicht wie sie sein sollten.

Der Vater der Verfassung

John Locke (1632-1704) war Philosoph, Staatstheoretiker und Vordenker der Aufklärung. Er hat Wesentliches zur Erkenntnistheorie beigetragen – insofern hätte ich seine Vorstellung auch gut zwischen Aristoteles und Kant einreihen können. Aber gemach, gemach. Ich möchte zunächst seine Beiträge zur Staatstheorie vorstellen.

Locke gilt als Vertreter des **Liberalismus**. Seine politische Philosophie beeinflusste die amerikanische Unabhängigkeitserklärung sowie die amerikanische Verfassung wie auch die revolutionäre Verfassung Frankreichs. Er formulierte wesentliche Ideen zum Prinzip der **Gewaltenteilung**, das man heute hauptsächlich mit Montesquieu in Verbindung bringt. Und er benannte notwendige Bedingungen für die Zufriedenheit der Bürger in einem Staat.

John Locke
1632 – 1704

Wie muss eine Regierung handeln, damit die Bürger sie als gerecht, glaubwürdig und legitim ansehen? Eine Bedingung ist zum Beispiel, dass die Regierung die **Naturrechte** garantiert. Naturrechte sind das, was wir heute »Menschenrechte« nennen, zum Beispiel die Garantie von Leben, Freiheit und Eigentum. Wird dieser Schutz nicht gewährt, hat die Bevölkerung das Recht zum Widerstand. Die Herrschaft wird nicht als legitim empfunden.

Locke leitete die Naturrechte übrigens aus der Schöpfungsgeschichte ab. Gott gab dem Menschen die Vernunft. Gottes Gebote mussten also vernunftgemäß sein. Die zehn Gebote stellen ausdrücklich das Leben, die Freiheit, das Eigentum und die Würde des Menschen unter göttlichen Schutz. Locke benannte auch die einzig zulässige Einschränkung: Die Naturrechte finden da ihre Grenzen, wo sie die Rechte anderer berühren oder beeinträchtigen.

Natürlich: Die Menschenrechte nach Locke

- ✔ Das **Lebensrecht.** Es umfasst nicht nur die Unversehrtheit der Existenz, sondern auch die Freude am eigenen Leben.
- ✔ **Gleichheit** leitet Locke nicht theoretisch-philosophisch ab, sondern begründet sie aus der Schöpfungsgeschichte: Gott schuf den Menschen nach seinem Ebenbild. Daraus ergibt sich für Locke auch logischerweise die Gleichheit von Mann und Frau.

- Die **Freiheit** kann eingeschränkt werden, wenn Menschen einen ungerechten Krieg begonnen und verloren haben. Der Sieger kann den Gegner töten oder versklaven. Bietet der Verlierer Wiedergutmachung an, muss der Sieger das akzeptieren. Locke gilt als einer der letzten großen Philosophen, die die **Sklaverei** zu rechtfertigen versuchten.
- Das **Eigentumsrecht** leitet Locke aus dem Auftrag »machet euch die Erde untertan« ab. Die **Verteilung** regelt er über die investierte Arbeit. Den heruntergefallenen Apfel darf der behalten, der ihn aufgehoben hat, denn er hat Arbeit investiert.

Daraus folgt Lockes **Geldtheorie**: Verderbliche Güter dürfen gegen unverderbliche getauscht werden, zum Beispiel Äpfel gegen Nüsse. Ich darf auch mehr Nüsse besitzen als ich gebrauchen kann. Über diesen Zwischenschritt kann ich auch Güter gegen Silber tauschen und **Eigentum** anhäufen.

Wenn Menschen Eigentum anhäufen können, nehmen die **Ungleichheiten** in der Gesellschaft zu, und damit Neid und Unzufriedenheit. Die Regierung muss durch einen **Gesellschaftsvertrag** regeln, wie weit Ungleichheiten zulässig sind. Der Gesellschaftsvertrag muss vor allem die schützen, die schwach und gefährdet sind. Gegen eine Regierung, die die Rechte der Bürger nicht ausreichend schützt, darf rebelliert werden.

Locke schlägt eine **Gewaltenteilung** vor, um die **Legitimität** der Regierung zu sichern: Neben die **Exekutive** tritt die **Föderative**. Im Staat kommen noch die **Legislative** und die **Prärogative** hinzu.

Die **Föderative** ist gewissermaßen das Außenamt. Sie entscheidet über Bündnisse und damit über Krieg und Frieden.

Die **Prärogative** arbeitet der Exekutive zu und regelt Dinge, die durch die Gesetze nicht abgedeckt sind.

Die **Exekutive** ist die ausführende, die **Legislative** die gesetzgebende Gewalt, also Regierung und Parlament.

So viel zur Staatstheorie Lockes. Als Philosoph beschäftigte er sich aber auch noch mit der Erkenntnistheorie. Sie gehört eigentlich in das Philosophiekapitel. Aber da sie im gleichen Kopf entstanden ist, lasse ich sie hier stehen. Sie und ich, wir können ja genauso schnell umschalten, wie das offenbar auch der alte Locke konnte.

Lockes Erkenntnisse

Auch Locke vertrat den **Empirismus** und betonte die Rolle der Erfahrung und der sinnlichen Weltwahrnehmung: »Ich kann die Welt nur erkennen durch sinnliche Erfahrung.« Trotzdem erklärte auch Locke, dass an der »Wahrnehmung« Zweifel angebracht sind.

Wie also entstehen die Ideen im Kopf? Locke glaubte nicht, dass es »angeborene« Ideen gibt. Insbesondere wandte er sich gegen die Vorstellung, dass der **Gottesbegriff** angeboren sei. Denn in vielen Gegenden der Welt gäbe es keine Gottesvorstellung.

Gäbe es angeborene Ideen, dann wäre die Vernunft überflüssig, denn es gäbe ja nichts mehr zu entdecken. Die Ideen müssen von außen kommen, durch die **sinnliche Wahrnehmung**. Locke unterscheidet die »äußere« Wahrnehmung von der »inneren« Wahrnehmung. Der innere Prozess formt erst aus den äußeren Eindrücken komplexe Ideen. Zur Ideenbildung ist im Übrigen auch die **Sprache** erforderlich, weil nur mit Hilfe der Sprache **Begriffe** gebildet werden können.

Die komplexen Ideen unterteilte er in:

- ✔ Modi
- ✔ Relationen
- ✔ Substanzen

Substanzen sind Dinge, die eigenständig existieren. Relationen beziehen sich auf die Beziehungen der Ideen untereinander und Modi sind geistige Abstraktionen. Die Substanzen unterteilte er noch einmal in primäre und sekundäre Qualitäten. Primär sind Stoffeigenschaften wie fest, groß oder warm. Sekundäre Eigenschaften sind ideell und werden erst vom Verstand konstruiert.

Die primären Eigenschaften teilen sich über eine Trägersubstanz mit, über die wir nichts wissen. Als Hypothese vermutete er kleinste, nicht sichtbare Teilchen. So erleben wir die Realität als Abbild und müssen von einem **Dualismus von Geist und Materie** ausgehen. Erkenntnis bedeutet zu entscheiden, ob ein Sinneseindruck gültig ist oder nicht. Die Erkenntnis kann

- ✔ intuitiv (Ideen sind klar und unterscheidbar),
- ✔ demonstrativ (Verknüpfung von Ideen durch den Verstand) oder
- ✔ sensitiv (reale Gegenstände) sein.

Die Erfassung realer Gegenstände ist also direkt. Erkenntnis wird realisiert über die intuitive und die demonstrative Erfahrung. Was der Erfahrung nicht zugänglich ist, also das Wesen der Dinge, kann nicht erkannt, nur vom Verstand konstruiert werden. Es sind Hypothesen, Annahmen über die Welt, nicht die Welt selber.

So weit der kleine Ausflug in Lockes Erkenntnistheorie. Sie haben wahrscheinlich schon selbst erkannt (oder werden es noch erleben), wie nahtlos Kant an Lockes Ideen anknüpfte. Jetzt aber heißt es wieder umschalten auf die Staats- und Gesellschaftstheorie. Als Beispiel einer modernen politikwissenschaftlichen Theorie habe ich den **politischen Realismus** ausgesucht.

Nicht ideal: politischer Realismus

Der politische Realismus ist eine Denkrichtung innerhalb der **Theorie internationaler Beziehungen**. Er ist die Antwort auf **idealistische Denkrichtungen**, die nach dem Ersten Weltkrieg die Suche nach dem Weltfrieden begleiteten. Mit dem Zweiten Weltkrieg und dem nachfolgenden Kalten Krieg war der **Idealismus** allerdings obsolet geworden.

Vor allem **Kenneth Waltz** (1924-2013) legte in seinen Studien dar, dass Kriege vor allem dann entstünden, wenn auf internationaler Ebene keine hierarchischen Strukturen existierten. Die souveränen Staaten würden sich in einem permanenten Überlebenskampf befinden und sich potentiell bedroht fühlen. Sie würden sich erst dann sicher fühlen, wenn sie das internationale System **hegemonial** dominieren.

Das Staatensystem reagiert also chaotisch, weil **zentrale Entscheidungssysteme mit Sanktionskompetenz** fehlen. Die Staaten beobachten einander misstrauisch und streben danach, ihre Macht auszuweiten: Durch mehr Größe, stärkere Wirtschaftskraft und militärische Überlegenheit.

Auch der politische Realismus ist keine ideale Theorie, die *alle* Situationen in den internationalen Beziehungen berücksichtigen könnte. So sind beispielsweise die Errichtung der **europäischen Gemeinschaft** oder des **internationalen Gerichtshofs** mit der Theorie nicht erklärbar. Auch hat niemand mit Hilfe der Theorie das Ende des Kalten Krieges vorausgesehen. Das Zweiblocksystem galt als besonders stabil und wurde als Garant für den Status Quo angesehen.

Wissenschaft geistreich

Die **Geisteswissenschaften** sind so vielfältig wie die kulturell-geistigen Aktivitäten der Menschen. Überall haben sich kleine Fächer etabliert: Musikwissenschaft, Philologie, Sprachwissenschaft, Ethnologie, Anthropologie, Altertumskunde, Byzantinistik, Vergleichende Literaturwissenschaft, Medienwissenschaft, Ästhetik und so weiter und so weiter.

Das Beispiel, das ich Ihnen hier herausgesucht habe, kommt aus der Sprachforschung und beleuchtet zugleich den Konkurrenzkampf, den sich Wissenschaftler gelegentlich liefern. Manchmal geht es um Macht und Geld – der Nobelpreis ist zum Beispiel mit einer Geldprämie verbunden, die ein stattliches Vermögen darstellt. Manchmal geht es »nur« um die Ehre. Für manche Wissenschaftler ist das sogar der wichtigere Faktor. Der Ruhm, der in die Nachwelt reicht, macht Namen und Persönlichkeit gewissermaßen unsterblich – und mit etwas Glück wird man dann sogar in einem Buch über Wissenschaftsgeschichte erwähnt…

Gebrüder Grimm – kein Märchen

Jacob Grimm (1785-1863) und **Wilhelm Grimm** (1786-1859) sind als **Sprachforscher**, vor allem als **Sammler** von Hausmärchen, hervorgetreten und gelten – neben anderen – als Gründungsväter der deutschen **Philologie**. Sie dokumentierten die mündlich überlieferten **Märchen** und gaben sie in leicht überarbeiteter Form heraus. Sie sorgten so für eine gesicherte Überlieferung und öffneten dieses Material für die neue Forschungsrichtung, die Märchenkunde.

Bald beschäftigten sie sich auch mit alten **Sagen** und **Heldenepen**, zum Beispiel der Nibelungensage oder der **Edda-Dichtung**. Die Edda war auf Altisländisch geschrieben und enthielt Lieder aus der **nordischen Mythologie**. Die Lieder wurden etwa um 1270 aufgeschrieben und stammten aus den vergangenen Jahrzehnten. Manche reichten aber auch bis ins 10. Jahrhundert zurück.

Für die Forschung ist es interessant, anhand von inhaltlichen Hinweisen, aber auch aufgrund grammatikalischer Merkmale, eine genauere **Altersbestimmung** zu leisten. So lässt sich dann auch feststellen, ob die Texte vor oder nach der **Christianisierung** verfasst wurden und mithin ein Bild vom **heidnischen Leben** vermitteln können.

Interessant ist auch der Vergleich mit anderen Schriften, die zum Teil dieselben Gesänge oder zumindest die gleichen Sagen und Sagengestalten enthalten. So finden sich in der Edda große Teile der Nibelungengeschichte wieder. Darüber hinaus vermitteln diese Schriften einen guten Einblick in die **Veränderung der Sprache** entsprechend der **Lautverschiebung** im Laufe der **Völkerwanderung**.

Kurz gesagt: Solche Texte sind eine wahre Fundgrube für den Sprachwissenschaftler. Und die Gebrüder Grimm hatten schon recht früh bekannt gegeben, dass sie an einer Abschrift der Edda interessiert waren, um daran zu arbeiten. Ziel war eine eingehende Untersuchung des Materials und eine Veröffentlichung der Untersuchungsergebnisse. Vor allem aber war geplant, das gesamte Epos in einer aktuellen Übersetzung herauszugeben.

Derartige Ankündigungen waren übliche Mitteilungen in entsprechenden Zeitschriften, damit die Allgemeinheit erfuhr, an welchen Vorhaben gearbeitet wurde und auf welche Ergebnisse und Veröffentlichungen man sich schon freuen konnte. Sie hatten aber auch den nützlichen Nebeneffekt, dass andere Forscher sich darauf einstellen konnten und nicht am gleichen Objekt arbeiteten.

Es gab allerdings auch den Nebeneffekt, dass manche Forscher sich von derartigen Mitteilungen berühmter Kollegen »anregen« ließen und so überhaupt erst auf interessante Arbeitsgebiete aufmerksam wurden. Sie mussten dann nur dafür sorgen, dass sie schneller mit den Ergebnissen herauskamen und eine moderne Ausgabe der Texte früher auf dem Markt präsentieren konnten.

Dass die Brüder Grimm eine **Edda-Edition** planten, wurmte den Germanisten **Friedrich von der Hagen** mächtig und er wollte den Brüdern zuvorkommen. Als er erfuhr, dass die Grimms beim dänischen Forscher **Rasmus Nyerup** eine Abschrift der Edda bestellt hatten, meldete er sich kurz entschlossen auch dort und erbat ebenfalls eine Abschrift.

Der Wissenschaftskrieg

Nyerup wollte sich die Sache einfach machen und schickte nur *eine* Kopie auf die Reise. Aus irgendwelchen Gründen schickte er sie zuerst an von der Hagen nach Berlin mit der Bitte, eine weitere Abschrift anfertigen zu lassen und diese an die Brüder Grimm in Kassel weiterzuleiten. Das wollte von der Hagen auch gerne tun, ließ sich aber viel Zeit damit. Es kam zum Krieg, zum »Wissenschaftskrieg«, wie er genannt wurde und in die Geschichte einging.

Wilhelm Grimm fragte bei Nyerup nach, erfuhr von dem komplizierten Expeditionsweg und mahnte bei von der Hagen die fehlende Lieferung an.

Von der Hagen öffnete daraufhin seine Trickkiste, schickte erst unbedeutende Teile, dann gar nichts mehr und behauptete dann, er habe längst alles losgeschickt, da müsse wohl etwas verloren gegangen sein.

Die Gebrüder Grimm waren dadurch so weit nach hinten geworfen, dass von der Hagen als erster mit seiner Edda-Ausgabe herauskam. Im Vorwort drückte er scheinheilig sein Bedauern über das unglückliche Zusammentreffen der beiden Ausgaben aus – wobei die angekündigte Grimm-Ausgabe überhaupt erst ein Jahr später erschien.

Die Brüder Grimm kritisierten die von der Hagen-Ausgabe von vorne bis hinten und wiesen ihm viele Fehler nach. Es gab erbitterte Auseinandersetzungen, in der Beleidigungen und höhnische Traktate nicht fehlten.

Tröstlich für die beiden Grimms aber blieb der langfristige Erfolg. Denn auf Dauer setzt sich doch immer Qualität durch. Meistens jedenfalls. Auf jeden Fall im Bezug auf die Grimms. Die qualitativ bessere Ausgabe der Grimms wurde zum Standard und begründete das weltweite Ansehen der Gebrüder Grimm in der deutschen Sprachwissenschaft.

Von der Hagen hat keine Spur in der Geschichte des Fachs hinterlassen. Wenn sein Name noch erwähnt wird, dann höchstens im Zusammenhang mit seinen perfiden Methoden.

So auch hier.

Teil IV

Top-Ten der Wissenschaft

Der **Top-Ten-** Teil

web Extras

Besuchen Sie uns auf `www.facebook.de/fuerdummies`!

In diesem Teil ...

werfe ich noch einmal einen geschärften Blick auf die Entstehung einer der größten Leistungen der menschlichen Kultur: der Wissenschaft. Da sind zunächst die 10 größten Forscher aller Zeiten, der Super-Nobelpreis sozusagen. Lassen Sie uns nicht streiten darüber, wie fragwürdig ein solches Ranking ist. Da sind wir uns ja einig. Trotzdem ist es interessant, wen man und warum zu den 10 Besten zählt.

Dann geht es um die dunkle Seite der Wissenschaft. Gesucht sind die größten Betrüger, die schlimmsten Scharlatane.

Und schließlich spieße ich die 10 größten Zufälle auf, die bei etlichen Erkenntnissen und Erfindungen dem Forscher auf die Sprünge halfen.

Champions League – Die 10 größten Forscher der Geschichte

16

In diesem Kapitel

- Aristoteles
- Archimedes
- Leonardo
- Kopernikus
- Galilei
- Newton
- Leibniz
- Humboldt
- Darwin
- Einstein

Um es gleich zu sagen: Das ist natürlich eine völlig subjektive Auswahl. »Tjaaa«, werden Sie sagen, »aber von irgendwelchen Kriterien werden Sie sich doch haben leiten lassen, hab' ich Recht?«

Und wie Sie Recht haben. Aber es ist nicht etwa eine wissenschaftliche Kriterienliste mit Aussagen, die sich genau definieren und folglich auch messen lassen. Wie viele Veröffentlichungen hat er oder sie gemacht, wie oft wurde er oder sie in anderen Zeitschriften zitiert – der berühmte »Citation-Index«. Und so weiter.

Bei allem Bemühen um Objektivität bleiben trotzdem Zweifel. Was sagt schon die bloße Zahl an Veröffentlichungen aus? Ganz abgesehen davon, dass viele Kriterien in früheren Jahrhunderten gar nicht existierten oder nicht vergleichbar waren.

Ich habe mich eher davon leiten lassen, wie wichtig der jeweilige Forscher für den Fortschritt der Wissenschaften war, wie bedeutend seine Erkenntnisse, wie revolutionär seine Gedanken waren. Manchmal habe ich mich auch danach gerichtet, wie viel Sympathie ich für den jeweiligen Kandidaten empfand.

Kurzum: Ich bekenne mich zur Subjektivität.

Aristoteles – der Nachhaltige

Aristoteles wurde 384 v. u. Z. in Stageira geboren.

Er hat die Nachwelt am meisten beeinflusst. Über 1000 Jahre wurden seine Aufzeichnungen wie die Heilige Schrift gelesen und für unumstößlich gehalten.

Sein Wissen, sein Gedankenreichtum und seine Universalität waren enorm. Er begründete mehrere Wissenschaften – zumindest in ihren Vorstufen: Wissenschaftstheorie und Logik, Ethik und Staatstheorie, Dichtungstheorie und Naturkunde (Biologie und Physik).

In der Antike war sein Nachruhm begrenzt, Aufnahme fanden seine Werke zunächst in der arabischen Welt. Mit der Spätantike begann seine beachtliche Nachwirkung: Seine Schriften wurden übersetzt und verbreitet. Im Mittelalter kamen die arabischen Übersetzungen nach Europa und wurden ins Lateinische übertragen. In der Renaissance wurden die Ideen des Aristoteles zunächst bereitwillig aufgenommen, doch im Laufe der Zeit wurden die kritischen Stimmen immer lauter. Als viele seiner naturwissenschaftlichen Lehren widerlegt wurden, endete die Aristoteles-Begeisterung, aber als Philosoph ist er noch heute von Bedeutung.

Aristoteles starb 322 v. u. Z. 62-jährig in Chalkis.

Archimedes – der Unterschätzte

Archimedes wurde 287 v. u. Z. in Syrakus geboren.

Er war einer der bedeutendsten Mathematiker der Antike. Darüber hinaus betätigte er sich als Physiker und Ingenieur.

In der Mathematik hantierte er mit astronomisch großen Zahlen und variierte dazu das Stellenwertsystem. Er untersuchte Probleme der Flächenberechnung und zeigte eine exakte Quadratur einer Parabel, wobei er Überlegungen zur Integralrechnung vorwegnahm, die Leibniz und Newton viel später formulierten. In der Physik sind seine größten Leistungen die Überlegungen zum spezifischen Gewicht und die Hebelgesetze.

Als Ingenieur entwickelte er die archimedische Schraube zum Anheben größerer Wassermengen, eine Wurfmaschine und eine Seilwinde als Kriegsgeräte.

Archimedes wurde 75-jährig im Jahre 212 v. u. Z. von einem römischen Soldaten erschlagen, den er aufhalten wollte mit den Worten: »Störe meine Kreise nicht«.

Leonardo da Vinci – der Visionär

Leonardo da Vinci wurde 1452 in Anchiano bei Vinci geboren.

Leonardo gilt als Universalgelehrter, obwohl er nicht studiert hat und sich in erster Linie als Maler, Bildhauer und Architekt verstand.

Seine Interessen waren sehr weit gespannt. Besonders beschäftigte er sich mit Anatomie, Technik und Naturphilosophie. Er schuf nicht nur zahlreiche Kunstwerke, sondern vor allem

Entwürfe für Gebäude, Bauwerke der Wasserwirtschaft, Waffen und Maschinen, die nie realisiert wurden. Seine Skizzen bestehen aus 6000 Blättern, von denen nicht eines zu seinen Lebzeiten veröffentlicht wurde. Leonardos Interessen blühten im Verborgenen. Er revolutionierte die anatomischen Darstellungen, die in einzigartiger Weise Funktionen und Zusammenhänge verdeutlichten und von enormer Ausdruckskraft und Schönheit sind. Mit zunehmendem Alter widmete er sich wissenschaftlichen Problemen: Wie entstehen Wolken, Ebbe und Flut, wie Wellen?

Leonardo da Vinci wurde 67 Jahre alt. Er starb im Jahre 1519.

Nikolaus Kopernikus – der Revolutionär

Nikolaus Kopernikus wurde 1473 in Thorn im heutigen Polen geboren.

Kopernikus war »nur« Freizeit-Mathematiker und Hobbyastronom, dennoch hat er viel Energie in die Ausarbeitung der Planetenbahnen gesteckt, die nach dem heliozentrischen Weltbild eleganter zu berechnen waren. Er wird oft als der »Entdecker« des heliozentrischen Weltbildes bezeichnet. Aber er wusste um die Arbeiten der griechischen Vordenker. Er erkannte, dass jetzt die Zeit gekommen war, dieses Weltbild zu beweisen und endlich durchzusetzen. Zu dieser Aufgabe fühlte er sich berufen. Allerdings war er ein vorsichtiger Revolutionär und zögerte die Veröffentlichung seiner Thesen bis kurz vor seinen Tod hinaus. Die Berechnungen von Kopernikus markierten den Beginn eines Umdenkens, das als »Kopernikanische Wende« in die Geschichtsbücher eingegangen ist. Kopernikus gehört deshalb unter die zehn größten Forscher der Geschichte.

Er wurde 70 Jahre alt und ist 1543 gestorben.

Galileo Galilei – der Souverän

Galilei wurde 1564 in Pisa geboren.

Ist Galilei vor Papst und Kurie eingeknickt oder hat er sich nur äußerlich der Macht gebeugt, ist innerlich aber standfest geblieben? »Und sie bewegt sich doch«, soll er noch im Hinausgehen gesagt haben, doch die Äußerung ist nicht belegt und gilt als unwahrscheinlich.

Der Wahrheit näher liegt die Interpretation, dass Galilei und die Kirche gar nicht so weit voneinander entfernt waren. Auf der Seite der Kirche war sehr viel Wohlwollen und Respekt im Spiel. Galilei selbst war keineswegs ein Gegner der Kirche. Er hielt das kopernikanische Weltbild für bewiesen und wollte die Kurie geduldig davon überzeugen, dass die Bibel nicht buchstabengetreu zu lesen sei. Letztlich wollte er die Kirche vor einem großen Irrtum bewahren.

Galilei starb 1642 in der Nähe von Florenz 78-jährig.

Isaac Newton – Seine Gravität

Newton wurde 1642 in Lincolnshire geboren.

Er formulierte die Gesetze der Bewegung und begründete die modernen Physik. Vor allem klärte er das Wesen der Gravitation. Er beschäftigte sich mit der Natur des Lichts, baute optische Geräte, unter anderem das Spiegelteleskop, und war ein bedeutender Mathematiker. Er entwickelte parallel zu Leibniz die Infinitesimalrechnung (Integral- und Differentialgleichungen). 1669 wurde er Lehrstuhlinhaber für Mathematik am Trinity College in Cambridge, was bedeutete: Zustimmung zu allen 39 Artikeln der Church of England, das Zölibatsgelübde und der Empfang aller geistlichen Weihen innerhalb von 7 Jahren.

Newton war kein sehr angenehmer Zeitgenosse, er war rechthaberisch und reagierte beleidigt auf jede Form von Kritik, die aber doch essentiell für die Wissenschaft ist. Seine Kollegen teilte er ein in Anhänger und Feinde. Zu den Feinden zählten: Robert Hooke, Christiaan Huygens und Gottfried Wilhelm Leibniz. Ihm habe er, so rühmte er sich, »das Herz gebrochen «.

Newton wurde 84 Jahre alt. Er starb 1726 und wurde in Westminster Abbey beigesetzt.

Gottfried Wilhelm Leibniz – der Universalist

Leibniz wurde 1646 in Leipzig geboren.

Er gilt als letzter Universalgelehrter, also ein Mensch, der das komplette Wissen seiner Zeit überblickte. Er war ein Vordenker der Aufklärung. Er war ein hervorragender Mathematiker, Sprachwissenschaftler, Rechtswissenschaftler, Philosoph, Physiker und Erfinder, zum Beispiel einer Rechenmaschine, eines verbesserten Türschlosses und eines Messgeräts zur Bestimmung der Windgeschwindigkeit. Er zeichnete Pläne zum Bau eines Unterseebootes, befasste sich mit dem Unbewussten des Menschen, gründete eine Witwen- und Waisenkasse und entwickelte die Infinitesimalrechnung zeitgleich zu Newton.

Darüber kam es zum Streit, wer die Infinitesimalrechnung als erster entwickelt hat und wer womöglich von wem abgeschrieben habe. Es war ein unnötiger und unsinniger Streit. Heute ist sich die Forschung einig, dass beide unabhängig voneinander und mit unterschiedlichen Nuancen die gleichen Methoden ersonnen haben.

Leibniz starb 1716 mit 70 Jahren.

Alexander von Humboldt – der Netzwerker

Alexander von Humboldt wurde 1769 in Berlin geboren.

Er war Naturforscher und Forschungsreisender, glänzender Erzähler, Popularisierer der Wissenschaft, arbeitete international und schuf sich ein Forschernetzwerk.

Sein Wissens- und Schaffensdrang war unermüdlich, selten schlief er mehr als vier Stunden. Seine Interessen reichten von der Physik über Chemie, Vulkanologie, Botanik, Zoologie bis zur Astronomie und Demografie.

Zu Fachleuten in aller Welt hielt er Kontakt und schrieb über 30 000 Briefe. Vielfach bezog er aus dieser Korrespondenz neue Sichtweisen, die er offen in seinen Schriften darlegte, sie auch offen kritisierte und korrigierte. So machte er den Fortschritt der Wissenschaften transparent.

Alexander von Humboldt starb 1859, er wurde 90 Jahre alt.

Charles Darwin – der Stratege

Charles Darwin wurde 1809 in Shrewsbury geboren. Darwin war der Mann, der zu viel wusste. Er ahnte, dass die Welt mit dem Wissen, das er hütete, nicht zurechtkommen würde. Er ahnte, dass sich die Menschen nicht mit seinen Erkenntnissen auseinandersetzen, sondern ihn als den Überbringer schlechter Nachrichten verfolgen würden. Als Theologe war ihm der Standpunkt der Kirche zu diesem Thema zudem wohlbekannt.

Doch waren seine Nachrichten wirklich so schlecht? Der Mensch stammt zwar nicht von den heutigen Menschenaffen ab, aber beide haben gemeinsame Vorfahren. Die heutigen Affen sind so etwas wie die Cousins des heutigen Menschen. Das war für die damalige Gesellschaft undenkbar. Ein Affront. Ein Gottesfrevel.

Im Grunde hatte er alles schon aufgeschrieben, aber die Veröffentlichung aufgeschoben. Er wollte die rechte Zeit abwarten. Wann diese Zeit kommen sollte, hätte er wahrscheinlich selbst nicht sagen können. Vielleicht hatte er darauf spekuliert, dass seine Schriften erst im Nachlass die Öffentlichkeit durcheinanderbringen würden.

Wie kann ein Mensch das nur aushalten? Überzeugt davon, ein jahrtausendealtes Rätsel gelöst zu haben, überzeugt davon, einen einfachen Mechanismus mit ungeheuer weit reichenden Konsequenzen entdeckt zu haben, und dann zu schweigen?

Aber nach 20 Jahren kam der Moment. Alfred Russel Wallace, ein junger Wissenschaftler hatte ganz ähnliche Beobachtungen wie Darwin gemacht, und daraus ganz ähnliche Schlüsse gezogen wie Darwin. Nur alles 20 Jahre später.

Freunde Darwins drängten ihn zu einer Veröffentlichung, um sein Erstrecht an der Entdeckung nicht zu verlieren. Doch die beiden einigten sich auf ein großherziges »Gentlemen's Agreement« in Form einer gemeinsamen Vorlesung, in der beide Forscher ihre Entdeckung präsentieren konnten. Weder während der Vorlesung noch danach kam es zu irgendwelchen Reaktionen des Publikums.

Darwin war strategisch vorgegangen und hatte nur die Grundprinzipien der Evolution erläutert, die brisanten Themen blieben ausgespart. Dann veröffentlichte er »Die Abstammung des Menschen« und es begannen die Auseinandersetzungen. Das dauerte seine Zeit, aber am Ende waren Darwins Beweise überzeugend. Seine Erkenntnisse wurden in der breiten Öffentlichkeit diskutiert und veränderten das theologisch geprägte Weltbild entscheidend.

Darwin starb 1882 im Alter von 73 Jahren.

Albert Einstein – das Genie

Geboren wurde Einstein 1879 in Ulm – der Popstar unter den Wissenschaftlern, der das Unvorstellbare gedacht hat. Mit seinen langen Haaren ein Urbild des zerzausten Professors. Und doch ein liebenswerter Mensch, der auf fast allen Fotos lächelt.

Fast.

Denn auf dem wohl berühmtesten Porträtfoto von ihm streckt er der Welt die Zunge heraus. Nein, nicht der Welt, nur dem Fotografen, der ihn wohl fürchterlich bedrängt und genervt hatte.

Er hat die Zustände von Raum, Zeit und Materie in Grenzsituationen untersucht, zum Beispiel: Wie verhält es sich mit dem Raum oder mit der Materie, wenn sie auf (fast) Lichtgeschwindigkeit gebracht werden? Gelten dann noch die Newton'schen Gesetze?

Sie gelten nicht mehr, die ganze Welt sieht anders aus. Der Raum krümmt sich und die Zeit geht langsamer. Er hat unser Weltbild revolutioniert, hat uns die Welt neu sehen gelehrt.

Seine Popularität nutzte er auch für sein politisches Engagement. Wegen seiner pazifistischen Grundhaltung und seiner jüdischen Herkunft geriet er in Berlin zunehmend unter Druck. Vermehrt nahm er Kontakt zum Ausland auf. Als 1933 Hitler die Macht ergriff, befand sich Einstein gerade an der berühmten Princeton University in New Jersey, USA. Weitsichtig entschied er sich, gar nicht erst nach Deutschland zurückzukehren.

Als 1938 in Deutschland die Kernspaltung gelang, wuchs die Angst, die Deutschen könnten die Atombombe bauen. Kurz vor Kriegsbeginn unterzeichnete Einstein einen Brief an Präsident Roosevelt, in dem er vor dieser Gefahr warnte. Daraufhin stellte die amerikanische Regierung zusätzliche Mittel bereit, um das sogenannte Manhattan Projekt zu starten. In diesem Programm entwickelten die Amerikaner ihrerseits Atombomben, testeten sie und setzten sie auch ein, um den Zweiten Weltkrieg zu beenden, der ohnehin fast zu Ende war.

Einstein bedauerte später, den Brief unterzeichnet zu haben: »Ich habe einen schweren Fehler gemacht.« Einstein selbst war am Manhattan Projekt nicht beteiligt. Nach dem Krieg beschäftigte er sich mit der Suche nach der »Weltformel«, einer einheitlichen Theorie, die die Feldtheorie der Gravitation mit der des Elektromagnetismus vereinen sollte. Daneben setzte er sich für Rüstungskontrolle, Abrüstung und den Weltfrieden ein.

Einstein wurde 76 Jahre alt. Er starb 1955 in Princeton.

Die (fast) 10 größten Schussel der Wissenschaft

17

In diesem Kapitel

- Hwang Woo-suk
- Jan Hendrik Schön
- Friedhelm Herrmann
- Marion Brach
- Scott Reuben
- Doktor X
- Gerolf Steiner
- Loriot

Die allergrößten Schussel in der Wissenschaft sind die Betrüger, denn sie schaden nicht nur sich, sondern der gesamten Wissenschaft, ja der gesamten Gesellschaft.

Es ist schwer, Betrug in der Wissenschaft zu entdecken, denn das gesamte System ist grundsätzlich offen und transparent. Jeder, der eine Veröffentlichung liest, muss aus den mitgeteilten Daten, Tabellen und Analysen zu den gleichen Schlussfolgerungen kommen. Jeder muss die aufgeführten Experimente oder Beobachtungen nachvollziehen können und dann stellt sich heraus: es stimmt oder es stimmt nicht. Ein Betrüger muss schon etliche Tricks anwenden und geschickt fälschen, will er nicht sofort auffliegen.

Betrüger, Fälscher, Zauberkünstler …

… und Beschöniger, so könnte man die Reihe noch ergänzen. Denn das Beschönigen gehört zu den Formen der Manipulation, die in der Wissenschaft wohl am häufigsten anzutreffen ist. Ein, zwei Messwerte tanzen aus der Reihe? Ein Klick, schon sind sie gelöscht und durch passendere Werte ersetzt, wer merkt das schon?

Beliebt sind auch die Zaubertricks. Am Ende der Skala zeigen die Werte plötzlich in eine andere Richtung, ein Phänomen, das nun gar nicht zur Theorie passt? Hokuspokus und die Skala endet nicht bei 100, sondern schon bei 85 – und schon liegen alle Ergebnisse auf einer Linie. Die Abweichler zwischen 85 und 100 sind einfach verschwunden. Es gibt sie gar nicht mehr.

Eine Klasse für sich sind die »großen« Fälscher und Betrüger. Von Ehrgeiz zerfressen wollen sie Ruhm und Erfolg auf Teufel komm raus. Sie lügen sich selbst etwas vor, erfinden ganze Untersuchungen und Laborexperimente mitsamt Laborprotokollen, Datentabellen und Ausdrucken von, sagen wir, DNS-Analysen.

Daran werden sie dann manchmal erkannt. Die neuen Spektren sollen anders sein, aber doch ähnlich zu den bisherigen. Das geht ganz einfach mit PhotoShop oder jeder anderen Fotobearbeitungssoftware. Mit Copy&Paste entstehen neue Bilder, die aber immer wieder absolut gleiche Partien enthalten, und solche Ähnlichkeiten fallen dann manchmal auf – wenn man ganz genau hinsieht.

Hwang Woo-suk

Hwang Woo-suk, Stammzellforscher aus Südkorea, erhielt weltweite Aufmerksamkeit, weil es ihm angeblich gelungen war, einen geklonten Menschenembryo zu züchten und aus ihm Stammzellen zu gewinnen, ein ethisch höchst umstrittenes Verfahren. Ein Jahr später berichtete die renommierte Fachzeitschrift »Science« in großer Aufmachung über 11 Stammzelllinien mit dem Erbgut von Menschen, die Hwang hergestellt haben wollte.

Das war eine Sensation, denn die Herstellung eines menschlichen Klon-Embryos war bis dahin möglich, nicht aber, daraus Stammzellen zu gewinnen. Hwang war über Nacht ein international gefeierter Star der Wissenschaft und wurde in Südkorea als Nationalheld verehrt. Ein Jahr später, 2006, flog alles als Totalfälschung auf.

Die Universität trennte sich von Hwang und erkannte ihm alle Titel ab, es kam zum Prozess, an dessen Ende eine 18-monatige Haftstrafe stand, die zur Bewährung ausgesetzt wurde. Heute soll Hwang in einem privaten Forschungsinstitut arbeiten und die Lieblingshunde von Leuten, die es sich leisten können, klonen.

Jan Hendrik Schön

Jan Hendrik Schön war der Superstar der modernen Physik. Dabei soll er – nach dem heutigen Urteil seines Doktorvaters – nur ein durchschnittlich begabter Student gewesen sein. Seine Doktorarbeit drohte zu scheitern, weil ihm das angestrebte Experiment einfach nicht gelang. Erst im zweiten Anlauf erreichte er mit einem anderen Thema den Doktorhut.

Mehr durch Zufall bekam er 1997 die Chance seines Lebens, eine Forschungsstelle bei den Bell Labs in Amerika. Er sollte auf einem der aufregendsten Gebiete der modernen Physik arbeiten: Halbleiter auf Kunststoffbasis. Bisher sind solche Halbleiter wie Dioden oder Transistoren nur auf der Basis von Silizium zu haben.

Möglicherweise fühlte er sich davon überfordert. Möglicherweise fühlte er sich den gestellten Aufgaben nicht gewachsen und vielleicht entwickelte er die Angst, sich erneut als Versager, als Loser zu erleben.

Jedenfalls begann er alsbald seine Experimente nicht mehr im Labor durchzuführen, sondern in seinem Kopf. Er dachte sich die Messreihen einfach aus oder ließ auf dem Computer ein kleines Simulationsprogramm laufen, das Messreihen ausspuckte, die natürlicher wirkten als tatsächliche Ergebnisreihen.

Und dann kamen die Ergebnisse wie gewünscht: Kunststoffe, die bei vergleichsweise warmen Temperaturen supraleitend werden. Normalerweise werden Metalle supraleitend, setzen dem Stromfluss also keinerlei Widerstand mehr entgegen, wenn sie auf Temperaturen abgekühlt werden, die nahe beim »absoluten Nullpunkt« angesiedelt sind, bei minus 273 Grad. Schöns Kunststoffe entwickelten die zauberhafte Eigenschaft schon bei minus 150 Grad.

Oder Transistoren auf organischem Material. Das versprach die fantastische Möglichkeit, Elektronik im Körperinnern anzusiedeln. Schön hatte den Superlativ: ein einziges Molekül einer organischen Substanz enthielt einen kompletten Transistor.

Aber nicht nur im Labor war Schön erfolgreich, auch im Publizieren all seiner neuen Ergebnisse strebte er zur absoluten Meisterschaft. Auf dem Höhepunkt seiner »Karriere« schaffte er es, jede Woche einen Artikel in einer der renommiertesten Fachzeitschriften der Welt, »Science« und »Nature« unterzubringen, wo es normalen Wissenschaftlern und Nobelpreisträgern etwa alle halbe Jahre mal gelingt, wenigstens einen Artikel zu landen.

Eine neue Welt tat sich auf. Jeder wollte Schön haben. Die Max-Planck-Gesellschaft bot ihm an, Direktor eines ihrer Institute zu werden. Aber dazu kam es nicht mehr.

Wieder war es eine Grafik, die den Fälscher verriet. Schön hatte wohl den Überblick verloren und die gleiche Grafik in zwei verschiedenen Aufsätzen verwendet, um völlig unterschiedliche Phänomene zu illustrieren. Zweites Indiz: Die erfundenen Messreihen waren zu gut gefälscht: solch eine Messgenauigkeit schaffen die Messinstrumente gar nicht. Als die aufmerksamen Kollegen 2001 die Originalausdrucke sehen wollten, wurde Schön etwas wortkarg. Sein alter Computer habe zu wenig Speicherplatz, die Daten habe er gelöscht. Wie schön.

Friedhelm Herrmann und Marion Brach

Friedhelm Herrmann und Marion Brach waren höchst erfolgreich in der Krebsforschung. Sie untersuchten gentherapeutische Ansätze und arbeiteten mit Antikörpern, um Krebs zu heilen. Sie erhielten Forschungsgelder fast in Millionenhöhe. Dann wies 1997 ein Mitarbeiter darauf hin, dass die Computerdiagramme, die zur Illustration sensationeller Ergebnisse dienen sollten, aus den immer gleichen Abschnitten zusammengestückelt waren.

Die Deutsche Forschungsgemeinschaft, die die Forschungsgelder bewilligt hatte, kam nach internen Prüfungen zur Auffassung, hier liege Betrug vor. Den beiden Forschern wurde vorgeworfen, systematisch Labordaten gefälscht und Entwürfe und Ideen anderer Forscher gestohlen zu haben.

Es kam zum Prozess, aber viele Mitarbeiter sagten nichts oder verwiesen auf andere. Brach war teilweise geständig. Herrmann machte wieder andere verantwortlich und behauptete, falsche Daten seien ihnen untergeschoben worden.

2005 kam es zum Vergleich und Freispruch. Brach und Herrmann verloren allerdings ihre Lehrstühle. Herrmann soll heute als niedergelassener Arzt arbeiten.

Des Brot ich ess', des Lied ich sing'

Wissenschaftliche Untersuchungen, sogenannte Studien, werden oft von interessierter Seite in Auftrag gegeben, also finanziert. Wenn der Wissenschaftler, der die Auftragsforschung durchführt, unabhängig ist, beispielsweise eine Universitätsklinik oder der Technische Überwachungsverein, dann sollte eine objektive Vorgehensweise gesichert sein.

Das scheint aber nicht immer der Fall zu sein, obwohl alle Voraussetzungen gegeben sind. Wenn man die veröffentlichten Studien ansieht, stellt man fest, dass 60 bis 70 Prozent der Studien Ergebnisse erzielen, die positiv im Sinne des Auftraggebers sind.

Zum Teil liegt das daran, dass Studien mit negativen Ergebnissen gar nicht erst veröffentlicht werden. Aber zum Teil liegt es offensichtlich auch daran, dass die Objektivität und Unabhängigkeit nicht gegeben ist.

Zwei Beispiele sollen illustrieren, wie es dazu kommt.

Scott Reuben

Scott Reuben war ein sehr renommierter, amerikanischer Schmerztherapeut, der eine vorbeugende Analgesie begründet hatte. Vor einem Schmerzereignis, etwa einer Zahnbehandlung, sollte dem Patienten eine Kombination starker Schmerzmittel gegeben werden, die verhindern sollten, dass das Schmerz-Alarmsystem überhaupt in Gang kommt.

Reuben bevorzugte dabei eine bestimmte Gruppe von Präparaten, die von nur zwei großen Pharmakonzernen hergestellt wurden. Und genau diese beiden Konzerne finanzierten Reubens Studien. Und genau deren Präparate schnitten in den Studien am besten ab.

Psychologen erklären dieses geschmeidige Zusammenspiel so: Scott Reuben war absolut davon überzeugt, dass die Medikamente die richtigen waren. Weil er von seiner Theorie überzeugt war. Und weil er wusste, was bei seinen Studien herauskommen musste, brauchte er die Studien gar nicht durchzuführen. Es genügte, Patientenlisten anzulegen, Fallbeschreibungen zu standardisieren, Fragebögen zu entwerfen und die passenden Ergebnisse nur noch einzutragen.

Aufgrund dieser »Studien« wurden Medikamente zugelassen, die zum Teil schwere Nebenwirkungen hatten. Das war sehr überraschend. Das konnte man sich aufgrund der Studienergebnisse nicht erklären. Deshalb sollten die alten Studien nachgeprüft werden – und da, 2009, flog der ganze Schwindel auf

Hätte man die Studien tatsächlich durchgeführt, wären diese Nebenwirkungen sofort aufgefallen, die Präparate wären nie zugelassen worden. Reuben wurde zu einer 6-monatigen Haftstrafe, einer Geldstrafe und zur Rückzahlung von Fördermitteln verurteilt.

Doch wie entsteht diese »Blindheit« gegenüber Risiken und Gefahren, woher kommt diese »Gefügigkeit« gegenüber der Pharmaindustrie? Klaus Lieb, Direktor der Klinik für Psychiatrie und Psychotherapie der Universität Mainz, erzählt den folgenden Fall.

Doktor X

Die Person, um die es hier geht, wurde anonymisiert. Denn alles, was Doktor X macht, ist legal.

Bei Doktor X fing alles an wie bei jedem jungen Arzt: Eines Tages bekam er eine Einladung eines Pharmakonzerns zu einem wissenschaftlichen Symposium über eine neue Generation von Depressionsmedikamenten in Stockholm. Zwei berühmte Forscher würden anwesend sein, die würde der junge Assistenzarzt gern befragen. Doch die Reisekosten waren recht hoch und von der Klinik gab es keine Zuschüsse. Die einladende Pharmafirma wusste um diese Probleme und bot an, die Reisekosten zu übernehmen, gern auch für zwei Personen und der Aufenthalt könne über das Wochenende ausgedehnt werden. Derartige Einladungen wiederholten sich.

Als Oberarzt bekam er Angebote, die eigene Forschung im Rahmen der Depressionsforschung zu unterstützen. Das bedeutete meist die Zahlung eines anständigen Honorars für Vorträge in anderen Kliniken. Der Themenrahmen war vorgegeben: Medikamentöse Therapie der Depression. Innerhalb dieses Rahmens aber war die Themenwahl völlig frei. Der Pharmakonzern baute nur im Nebenraum einen Informationstisch auf und präsentierte eines der neuesten Präparate, dazu Sonderdrucke mit den neuesten Fachaufsätzen über entsprechende Studien.

Dann bot ihm die Firma einen Auftrag an für eine eigene Studie – mit einem vorbereiteten Schema. Die Klinik müsse die Patienten rekrutieren und die Untersuchung nach dem vorgegebenen Schema durchführen. Die Daten würde er allerdings nicht bekommen und auch kein Publikationsrecht, es sei denn, die Firma stimme den Ergebnissen zu. Allein der Pharmakonzern würde entscheiden, was mit den Ergebnissen passiert.

Solche Studien werden angemessen finanziert. Im Haushalt der Universität werden diese Einnahmen als sogenannte Drittmittel verbucht. Einen kleinen Teil dieser Einnahmen gibt die Uni an den Studienleiter weiter – als Bonus. Sie schafft dadurch einen Anreiz, möglichst viele Forschungsaufträge von Dritten einzuwerben. Das entlastet den schmalen Forschungsetat der Universität.

Das Raffinierte an dieser Vorgehensweise ist die subtile Beeinflussung: Jeder der angesprochenen Ärzte hält sich für unabhängig und gerät doch unbewusst in eine Abhängigkeit. Denn Geschenke und lukrative Aufträge befördern die Neigung, sich für diese Nettigkeiten erkenntlich zu zeigen. Das entspricht unserer Kultur und den gesellschaftlichen Konventionen.

Doch wer war Doktor X?

Es war Prof. Dr. med. Klaus Lieb. Es war seine eigene Geschichte. Aber es war gleichzeitig die Geschichte eines jeden Arztes. Und das ist das Erschreckende: Solche Geschichten sind nach wie vor gewöhnlicher Forschungsalltag.

Doch Lieb zog Konsequenzen aus seinen Erkenntnissen und Beobachtungen. Er schloss sich einer internationalen Bewegung an, die sich »no free lunch«, in Deutschland »Mein Essen zahl ich selbst«, nennt. Denn mit der harmlos erscheinenden Einladung zu einem Essen fängt es an. Und da muss man auch anfangen, wenn man das Bewusstsein ändern möchte.

Klaus Lieb ist gerade 2013 als »Hochschullehrer des Jahres« ausgezeichnet worden, unter anderem, weil er sich für »integere Wissenschaft« einsetzt. Darunter versteht er größtmögliche Transparenz im Umgang mit Interessenskonflikten.

In seiner Klinik gibt es keine gesponserten Veranstaltungen mehr, keine Werbebroschüren, keine kostenlosen »Ärztemuster«. Selbstverständlich arbeiten er und seine Kollegen mit der Industrie zusammen, aber nach frei ausgehandelten Bedingungen. Die Studien werden auf jeden Fall veröffentlicht. Und das Essen in der Mensa zahlt jeder selbst.

Ist Klaus Lieb nun ein Betrüger? Oder ist er es vielleicht nicht mehr, war es aber früher? So direkt sagt er das nicht. Denn alles ist legal, und subjektiv glauben die Kollegen zumindest an ihre Objektivität.

Aber indirekt wirft Lieb sich und seinen Kollegen vor, sich leichtfertig und naiv in eine Abhängigkeit zu begeben, von der sie wissen könnten, ja wissen müssten, dass sie ihre Unabhängigkeit einschränkt.

Doktor humoris causa

Betrügereien mögen in der Wissenschaft tatsächlich eine Randerscheinung sein. Aber sie kommen vor, und das ist keine erfreuliche Angelegenheit. Ein Glück, dass es dann wieder etwas zu lachen gibt, wenn Humoristen gelegentlich auch mal die Wissenschaft auf die Schippe nehmen…

Gerolf Steiner

Gerolf Steiner war ein durchaus seriöser Zoologe, der allerdings einmal in seinem Leben eine lang geplante und genauestens vorbereitete Fälschung beging, für die er nie strafrechtlich verfolgt oder belangt wurde. Es war eine so geschickte Fälschung, dass man ihn für einen Schelm, einen Satiriker oder Eulenspiegel halten könnte…

Steiner fälschte nicht nur Daten, erfand nicht nur ganze Untersuchungen, er erfand eine vollständige Tiergattung und ließ sie gleich wieder aussterben. Und als Krone all dieser Ungeheuerlichkeiten schrieb er auch noch eine sogenannte Monografie, ein Buch, in dem diese Gattung ausführlich beschrieben und wissenschaftlich korrekt in den Stammbaum aller Tiere eingeordnet wurde.

Das Büchlein wurde von Steiner unter dem Pseudonym Prof. Dr. Harald Stümpke herausgegeben, der den Eindruck erweckte, auf dem in der Südsee gelegenen Heieiei-Archipel selbst gewesen zu sein und eine komplette Population mehrerer Arten der Gattung Rhinogradientia beobachtet zu haben.

Glaubhaft wurde dargelegt, dass lebende Exemplare dieser Gattung nur noch auf dem Heieiei-Archipel anzutreffen seien. Ferner habe er Indizien zusammengetragen, dass es, nachdem er selbst den Archipel verlassen habe, aufgrund eines geheim gehaltenen Atombombentests in unmittelbarer Nachbarschaft zu einem Erdbeben der Stärke 7,3 auf der damals noch nach oben offenen Richterskala gekommen und der Archipel mit den schwimmunfähigen Tieren im Meer versunken sei.

Umso glücklicher dürfe sich die Wissenschaftlergemeinschaft schätzen, dass die Aufzeichnungen Stümpkes erhalten geblieben seien, einschließlich der sehr gelungenen Zeichnungen des Autors, der einzigen Bilddokumente, die es somit von dieser Tierart noch gebe.

Es handle sich bei den Rhinogradentiae um Tiere, die sich auf der Nase fortbewegten und die den Fantasiegebilden eines Christan Morgenstern verblüffend ähnelten, der den Nasenschreitling oder das Nasobem in einem kurzen Gedicht verewigt hatte:

> Auf seinen Nasen schreitet
> einher das Nasobem,
> von seinem Kind begleitet.
> Es steht noch nicht im Brehm.

Bei dieser ganzen Geschichte handelt es sich um eine gelungene Satire. Die Darstellung ist so bemüht systematisch, dass die »Monografie« ein humorvolles Lehrbeispiel zum Abfassen von Haus- oder Doktorarbeiten geworden ist.

Ist nun Steiner ein Betrüger?

Er ist ein doppelter Betrüger: Erstens fälscht er und zweitens nimmt er das nicht ernst, sondern präsentiert es als Scherz, Satire, Narretei. Zweimal negativ ergibt positiv, also hat er noch einmal Glück gehabt. Ein Betrüger mit satirischen Absichten ist schwer zu fassen.

Loriot

Loriot schlüpfte in seiner unnachahmlichen Sketchreihe in die Rolle des Zoodirektors Grzimek, der seinerseits im Nebenberuf als Fernsehmoderator auftrat, um Mensch und Tier einander näherzubringen. Eines Abends war die Steinlaus dran, »das kleinste Nagetier unserer Heimat«. Der »possierliche, kleine Kerl« wurde intensiv vorgestellt und seine baldige Ausrottung beklagt.

Der Clou aber war, dass ein renommiertes Wörterbuch der Medizin, der »Pschyrembel« aus dem seriösen Fachverlag »de Gruyter«, darauf reagierte. Die Redaktion des »Pschyrembel« nahm – ohne mit der Wimper zu zucken – den Eintrag »Steinlaus« auf, zwischen »Steiner-Syndrom« und »Stein-Leventhal-Syndrom«. Ergänzt wurden die Angaben Loriots mit den Ergebnissen klinischer Tests. So sei untersucht worden, die Steinlaus therapeutisch einzusetzen, etwa bei Gallen- oder Nierensteinen.

Schon sehr erstaunlich, über wie viel Humor so ein seriöser Verlag verfügt. Doch dann …

Alle paar Jahre erschien der »Pschyrembel« in aktualisierter Form und stets war die »Steinlaus« präsent, doch dann wurde der kleine Artikel getilgt. Ein nie dagewesener Proteststurm veranlasste den Verlag aber, den Eintrag in der nächsten Auflage wieder aufzunehmen. Erklärt wurde das zeitweise Verschwinden der Steinlaus mit akutem Nahrungsmangel aufgrund der gefallenen Mauer.

Auch nicht schlecht. Hätte von Loriot sein können.

Schussel

So richtige Schussel habe ich eigentlich nicht gefunden. Was so ein richtiger Schussel ist, der hätte ja auch nicht das Examen gepackt. Ich glaube, dass es tatsächlich keine Schussel in der Wissenschaft gibt, weil sie alle vorher in die Filmindustrie gegangen sind. Nun tauchen sie in jedem siebten Kinofilm auf, alle mit dieser zerzausten Einsteinfrisur und der kleinen runden Drahtbrille und einem zerfetzten weißen Labormantel. So ist das Image des verrückten Professors entstanden. Auch ein Fall von Betrug in der Wissenschaft.

Ach, nun kommen Sie mir nicht auch noch als Neunmalkluger. Dieses Kapitel hieße ja schließlich »Die **10** größten Schussel der Wissenschaft«, aber es seien ja nur acht! Erstens gibt es nicht so viele interessante Fälle. Und zweitens: Viele Forscher haben so ein bisschen getrickst. Auch Louis Pasteur hat mal seine Laborprotokolle gefälscht. Das alles aufzuzählen, wird auf die Dauer langweilig. Aber Pasteur haben wir erwähnt, den zählen wir jetzt mit, dann wären es schon mal neun.

Noch was?

Jaja, den letzten Fall habe ich Ihnen unterschlagen. Na und?

Schließlich sind wir in der Abteilung »Betrug in der Wissenschaft«.

Da ging ihm ein Licht auf – Die 10 größten Zufälle in der Wissenschaft

18

In diesem Kapitel

- Archimedes: Heureka!
- Charles Goodyear: Der Gummi-Vulkan
- Louis Daguerre: Licht und Schatten
- Wilhelm Röntgen: Die Durchleuchtung
- Eduard Buchner: Die Gärung
- Heike Kamerlingh-Onnes: Super Leitung
- Alexander Fleming: Der Giftpilz
- Percy Spencer: Mickrige Wellen
- Spencer Silver: Kleben und kleben lassen
- Pfizer-Team: Erwünschte Nebenwirkung

Zufallsentdeckungen, Zufallserfindungen sind keine »Geschenke des Himmels«. Sie funktionieren nicht nach dem Motto »nur noch zugreifen und schon den Nobelpreis kassieren«. Der Zufall präsentiert meist das Ergebnis eines Experiments, das sich niemand ausgedacht hat. Die Leistung des Forschers besteht darin, den »Versuchsaufbau« im Nachhinein zu erkennen. Hinzu kommt dann noch der geniale Lichtblitz, wenn der Forscher erkennt, was da eigentlich anders war. Was ist das Neue, das Überraschende, das, was eine Entdeckung oder eine Erfindung ausmacht?

Archimedes: Heureka!

Archimedes entdeckte das Prinzip des spezifischen Gewichts. Diesen Zu-Fall habe ich schon in Kapitel 2 erzählt. Aber auf einen besonderen Punkt möchte ich noch zu sprechen kommen: Er bestieg die volle Wanne, Sie erinnern sich. Da merkte er, dass er genauso viel Wasser verdrängte, wie er an Körperfülle hineinbrachte. Damit hatte er eine einfache Methode gefunden, das Volumen eines Körpers zu bestimmen. Man musste nur das übergelaufene Wasser auffangen und schon konnte man in einem Messbecher das Volumen ablesen.

Das war insofern wichtig, weil sich aus dem Verhältnis von Gewicht und Volumen das **spezifische Gewicht** berechnen lässt. Ich vermute mal, dass Archimedes diesen Begriff noch gar nicht kannte, aber er hat das Prinzip entdeckt.

Und das geht so: Ein Kilo ist ein Kilo. Das lässt sich ja mit der Waage schnell bestimmen. Nun kommt's: Ein Kilo Holz ist sehr viel umfangreicher, also breiter und höher als ein Kilo Blei. Das Gewicht ist gleich (ein Kilo ist ein Kilo), aber das Volumen ist unterschiedlich: Leichtere Stoffe sind voluminöser, schwere Stoffe sind kompakter.

Beim spezifischen Gewicht geht man vom Volumen aus: Ein Kubikdezimeter ist ein Kubikdezimeter. Bei Wasser entspricht das einem Liter. Ein Liter ist ein Liter.

Das Volumen ist gleich. Aber dann ist das Gewicht unterschiedlich. Ein Kubikdezimeter Holz wiegt weniger als ein Kubikdezimeter Blei. Das spezifische Gewicht von Holz ist geringer als das von Blei. Gemessen wird immer Gewicht pro Volumen, also Kilogramm pro Kubikdezimeter.

Charles Goodyear: Der Gummi-Vulkan

Goodyear produzierte **Gummi** aus Kautschuk, doch der Gummi war nicht belastbar genug. Bei Kälte wurde er spröde, bei Wärme weich und instabil. Er setzte Blei und Schwefel zu, aber die Ergebnisse waren unbefriedigend.

Der Zufall kam 1839 in Gestalt eines Mitarbeiters vorbei, der ihn zu einer Besprechung abholen wollte. Goodyear legte die Masse irgendwohin und folgte seinem Mitarbeiter. Als er zurückkam, merkte er, dass er die Gummimasse auf eine Ofenplatte gelegt hatte. Im Ofen war noch Glut und die Ofenplatte war noch ziemlich heiß. Durch die Hitzeeinwirkung wurde der Gummi sehr elastisch – und dabei zäh wie Leder. Bei Kälte wurde er nicht bröselig und bei Wärme gab er nicht nach. Das **Vulkanisieren** war erfunden!

Louis Daguerre: Licht und Schatten

Daguerre machte, wie viele andere in den Jahren um 1840, Experimente mit verschiedenen lichtempfindlichen Substanzen. Es ging darum, in einer Kamera für kurze Zeit ein Lichtbild zu erzeugen und mit wenig Aufwand dauerhaft festzuhalten.

Daguerre verwendete versilberte Kupferplatten, die er mit Jod bedampfte. Diese Silberjodidschicht hatte sich als sehr lichtempfindlich erwiesen. Das große Problem war: Wie konnte man diese Schicht so behandeln, dass das Bild sichtbar wurde und dauerhaft sichtbar blieb?

Da kam ihm der Zufall in Form einer umgekippten Quecksilberflasche entgegen. Im Quecksilberdampf entwickelte sich das Bild und mit Salz konnte es fixiert werden. Die **Daguerreotypie** war erfunden!

Das Bild war zwar seitenverkehrt, stand aber nicht auf dem Kopf und war positiv, man musste also keinen Abzug davon machen. Es war damit auch kein Vervielfältigungsverfahren, hatte also den Nimbus eines Unikats. Die Bilder waren von Anfang an sehr detailreich und von großer Naturtreue und setzten damit gleich einen hohen Standard in der **Fotografie**.

Wilhelm Röntgen: Die Durchleuchtung

Röntgen hatte 1888 in Würzburg die Professur für Experimentalphysik angetreten. 1893 wurde er an der Universität zum Rektor gewählt. Er hatte dennoch Zeit, weiter zu forschen und mit den neu entwickelten Kathodenstrahlen zu experimentieren.

Am 8. November 1895 schloss er wieder die Gasentladungsröhre an eine hohe elektrische Spannung an, da begegnete ihm der Zufall in Form einer merkwürdigen Erscheinung. Einige der Kristalle im Regal begannen zu leuchten.

Röntgen begnügte sich nicht mit dem bloßen Effekt, er wollte genau wissen, was dahintersteckte. Also musste er die Erscheinung systematisch untersuchen. Er umwickelte die Röhre mit schwarzem Papier, doch die Kristalle leuchteten weiter. Er benutzte andere Materialien. Metalle schienen den stärksten Abschirmungseffekt zu haben.

Dann kam er auf die Idee, lichtempfindliches Fotopapier auszubreiten und Gegenstände aus unterschiedlichem Material darauf zu legen, unter anderem die Hand seiner Frau. Nach der Entwicklung des Fotopapiers erkannte er, dass die Gasentladungslampe neben den Kathodenstrahlen auch noch andere Strahlen produzierte, die Materie durchdringen konnten, aber je nach Dichte des Materials unterschiedlich abgeschwächt wurden.

Die Hand seiner Frau war durchsichtig geworden. Der Ehering war undurchdringlich, die Knochen waren schon etwas durchschimmernd, Muskeln und Bindegewebe fast durchscheinend. Der Mensch war durchsichtig geworden, der Blick ins Innere möglich geworden. Die Möglichkeiten für die Medizin waren offensichtlich.

Der Zufall hatte Röntgen darauf gestoßen: Er hatte die X-Strahlen, in Deutschland heißen sie nach ihrem Entdecker **Röntgenstrahlen**, entdeckt! Röntgen erhielt den ersten Nobelpreis für Physik im Jahre 1901.

Eduard Buchner: Die Gärung

Diesen Zu-Fall habe ich schon in Kapitel 7 erzählt, deshalb hier nur eine kurze Zusammenfassung: Hans Buchner hatte ein Glas mit Zucker und Hefe auf der Fensterbank stehen gelassen, als Buchners Bruder Eduard, ein Chemiker, zu Besuch kam. Der schaute in das blubbernde Glas und erkannte sofort, dass die Hefe den Zucker zu Alkohol und CO_2 verarbeitete. Eduard Buchner hatte die Gärung entdeckt!

Weil nur Hefeextrakt benutzt wurde, nicht die eigentlichen Hefezellen, konnte keine »Lebenskraft« am Werk gewesen sein. Gärung war ohne den Einfluss von »Lebendigem« möglich. Eduard Buchner erhielt 1907 den Nobelpreis für Chemie »für seine Entdeckung der zellfreien Gärung«.

Heike Kamerlingh-Onnes: Super Leitung

Der Niederländer Kamerlingh-Onnes war ein Pionier der **Tieftemperatur-Physik**. Als er am 8. April 1911 mit flüssigem Helium experimentierte, zeigte sich der Zufall in der Beobachtung von Quecksilber und seinem sehr merkwürdigen Verhalten: Bei 4,19 Kelvin, also knapp über dem absoluten Nullpunkt, verlor das Quecksilber plötzlich seinen elektrischen Widerstand, und zwar schlagartig.

Kamerlingh-Onnes hatte das Phänomen der **Supraleitung** entdeckt. Er äußerte damals schon, dass dieses Phänomen nur quantenphysikalisch gedeutet werden könnte. Eine entsprechende quantenphysikalische Theorie wurde denn auch erst 1957 formuliert, und die Entwickler dieser Theorie erhielten 1972 dafür den Nobelpreis.

Alexander Fleming: Der Giftpilz

Fleming, ein schottischer Bakteriologe, beschäftigte sich mit der Bekämpfung von Bakterien und untersuchte unter anderem ein Enzym, das Bakterien abschwächen konnte.

Der Zufall begegnete ihm in Form einer vergessenen Petrischale, in der er eine Staphylokokken-Kultur angesetzt hatte, eine gefährliche Bakterienart. Nach dem Urlaub, am 28. September 1928, fand er in seinem Labor diese Petrischale, in der sich inzwischen ein Schimmelpilz breit gemacht hatte.

Schon wollte er die »verunreinigte« Kultur wegwerfen, da begann er sich über kreisartige Muster in der Kultur zu wundern. Der Pilz hatte begonnen, sich auszubreiten und dabei die Bakterien regelrecht verdrängt. Es sah aus, als hätte der Pilz um sich herum ein Gift ausgeschwitzt, das für die Bakterien tödlich war.

Das sah nun ganz danach aus, als sei Fleming einem höchst effizienten Mechanismus auf der Spur, wie sich Bakterien schnell und sicher vernichten lassen könnten. Und so war es ja dann auch. Der Pilz der Gattung »Penicillium« hatte einen Eigenschutz entwickelt, um sich gegen Bakterien zur Wehr zu setzen. Diese Substanz sollte zur Grundlage einer neuen Medikamentengruppe werden, der **Antibiotika**. In den letzten Kriegsjahren konnte das erste Antibiotikum eingesetzt werden.

Mit Hilfe eines Zufalls hatte Fleming das **Penizillin** entdeckt! 1945 erhielt er dafür den Nobelpreis für Medizin.

Percy Spencer: Mickrige Wellen

Percy Spencer durchlief eine Karriere, wie sie wohl nur in Amerika möglich ist. Die Schule verließ er nach der 7. Klasse ohne Abschluss und begann als Maschinistenlehrling. Dann wurde er Funker bei der US-Marine. Anschließend arbeitete er bei einer Firma, die Leistungsröhren für Radar- und Funkanlagen herstellte.

1945 montierte Spencer in einer Radarantenne eine magnetische Röhre. Die Antenne sollte mehr Strahlung abgeben. Da begegnete ihm der Zufall in Form eines zerlaufenen Schokoriegels in seiner Hosentasche. Spencer ärgerte sich nicht, sondern überlegte, was die Ursache gewesen sein könnte. Dabei stellte er fest, dass die Radarantenne nicht im richtigen Frequenzbereich arbeitete. Im benachbarten Frequenzbereich hatten die elektromagnetischen Wellen aber ganz andere Eigenschaften. Sie konnten offenbar Speisen sehr schnell erhitzen. Er meldete ein Patent auf einen Herd an, der mit elektromagnetischen Strahlen arbeitete.

Per Zufall hatte Percy Spencer die **Mikrowelle** entdeckt!

1947 brachte seine Firma den ersten Mikrowellenherd heraus: Mannshoch, über 300 Kilo schwer kostete die Maschine rund 2000 Dollar. Mitte der 1960-er Jahre sank der Preis auf 500 Dollar. Richtig populär wurden die Geräte in den 1970-er Jahren.

Percy Spencer meldete im Laufe der Zeit rund 300 Patente an. Das Wissen, das er brauchte, hatte er sich im Selbststudium beigebracht. Auf dem Höhepunkt seiner Karriere wurde er Chef der Forschungs- und Entwicklungsabteilung.

Spencer Silver: Kleben und kleben lassen

Silver war als Chemiker bei der Firma 3M angestellt und experimentierte mit einer neu entwickelten **Klebemasse**. Eigentlich suchte er nach einer klebrigen Substanz, die nicht schmierte, nicht tropfte, bei Druck schnell klebte und dabei aushärtete. Die Masse, die er jetzt in seinem Töpfchen rührte, hatte alle diese Eigenschaften, bis auf das schnelle Aushärten. Das Kleben war auch nicht so toll. Im Gegenteil, die verklebten Oberflächen konnte man wieder voneinander lösen. Mit diesen Eigenschaften konnte man nun gar nichts anfangen – oder?

Der Zufall kam 1950 in Gestalt eines Kollegen, der ein Löffelchen der klebrigen Masse mit zu seinem Schreibtisch nahm, um damit zu experimentieren. Da ließ er aus Versehen ein Tröpfchen auf die Seite eines aufgeschlagenen Buchs fallen. Er nahm ein Notizzettelchen und versuchte das Tröpfchen wegzureiben. Da blieb das Zettelchen kleben, ließ sich wieder lösen und wieder ankleben.

Spencer Silver beobachtete den Vorgang amüsiert, da ging ihm plötzlich ein Licht auf: Die Welt wartete doch nur auf ein Notizzettelchen, das man überall bloß anzudrücken brauchte und das sich problemlos wieder entfernen ließ. Das »Post-it« war erfunden!

Pfizer-Team: Erwünschte Nebenwirkung

»Keine Wirkung ohne Nebenwirkung« heißt es oft. Bei »Viagra« hieß es »Keine Wirkung, tolle Nebenwirkung«. Entwickelt wurde die Substanz vom Pharmakonzern »Pfizer«, um die Herzleistung zu unterstützen. Doch die ersten Testreihen zeigten keine nennenswerten Effekte und wurden abgebrochen.

Der Zufall kam 1991 in Gestalt einiger älterer Herren unter den Testkandidaten. Sie verlangten nach dem Wirkstoff, denn sie hatten eine angenehme Nebenwirkung verspürt: die Substanz half bei der nachlassenden Erektionsfähigkeit. Geprüft und für gut befunden, wurde die Substanz unter dem Markennamen »Viagra« vermarktet. Die »Potenzpille« war erfunden!

Stichwortverzeichnis

A

B

C

D

E

F

G

H

Kunst entdecken

ISBN 978-3-527-70765-2

Der frühere Direktor des Metropolitan Museum of Art in New York, Jon Hoving, führt Sie in diesem Buch durch die Jahrhunderte der Kunstgeschichte: von den ersten Höhlenzeichnungen über die alten Griechen, die Rennaissance und den Barock bis ins 20. Jahrhundert und zur zeitgenössischen Kunst.

ISBN 978-3-527-70246-6

Leonardo da Vinci schuf mit der Mona Lisa nicht nur das bekannteste Gemälde aller Zeiten, er war auch ein begnadeter Erfinder, Ingenieur und Wissenschaftler. Doch war Leonardo auch der religiöse Freigeist, als der er in jüngster Zeit beschrieben wurde? Jessica Teisch und Tracy Barr lüften die Rätsel um das Renaissance-Genie und beantworten spannende Fragen zum Letzten Abendmahl und zu Mona Lisas Lächeln.

ISBN 978-3-527-70243-5

Alle, die mehr über Shakespeare wissen möchten, sollten sich dieses Buch nicht entgehen lassen. Fernab von trockenen Schulvorträgen und schlechten Aufführungen sorgen die Shakespeare-Fans John Doyle und Ray Lischner dafür, dass Shakespeare, seine Dramen und Gedichte sowie seine Zeit wieder lebendig werden!

ISBN 978-3-527-70684-6

Entdecken sie kraftvolle Stimmen, volltönende Orchester, fesselnde Dramen, tolle Tänze, aufwendige Bühnenbilder und üppige Kostüme! »Opern für Dummies« offenbart Ihnen, dass Sie sich vor dem ersten Zusammentreffen mit der Opernwelt nicht fürchten müssen. Das Buch lehrt Sie die »Opernsprache« und führt Sie anhand der Operngeschichte durch vergangene Jahrhunderte zu den Opern-Schauplätzen dieser Welt.

FÜR DUMMIES

MUSIK LIEGT IN DER LUFT!

DJ-ing für Dummies
ISBN 978-3-527-70417-0

E-Bass für Dummies
ISBN 978-3-527-70935-9

E-Gitarre für Dummies
ISBN 978-3-527-70130-8

Gitarre für Dummies
ISBN 978-3-527-70261-9

Homerecording für Dummies
ISBN 978-3-527-70548-1

Komponieren für Dummies
ISBN 978-3-527-70979-3

Konzertgitarre für Dummies
ISBN 978-3-527-70662-4

Piano für Dummies
ISBN 978-3-527-70474-3

Rockmusik machen für Dummies
ISBN 978-3-527-70476-7

Saxofon für Dummies
ISBN 978-3-527-70405-7

Schlagzeug und Perkussion für Dummies
ISBN 978-3-527-70342-5

Singen für Dummies
ISBN 978-3-527-70312-8

Songwriting für Dummies
ISBN 978-3-527-70977-9

Übungsbuch Piano für Dummies
ISBN 978-3-527-70815-4

Violine für Dummies
ISBN 978-3-527-70468-2

Die innere Ruhe finden – entspannter und bewusster leben

ISBN 978-3-527-70217-6

Ausgeglichen und voll innerer Ruhe würden alle gern leben. Macht dieser Wunsch den Buddhismus für viele so attraktiv? Leicht verständlich erläutern die Autoren die Grundlagen der fernöstlichen Lehre und beschreiben, wie man Buddhas Pfad in unserer hektischen Zeit folgen kann.

ISBN 978-3-527-70501-6

Was bringt Menschen dazu, stundenlang regungslos auf einem Kissen zu sitzen? Inken Prohl zeigt, warum das »Nichts« des Zen – keine Lehre und keine Antworten – gerade für westliche Sinnsuchende so attraktiv ist und wie die vollkommene innere Befreiung erreicht werden kann.

ISBN 978-3-527-70685-3

Lernen Sie die chinesische Philosophie kennen und stärken Sie Ihr Chi! Cornelius Hennings führt Sie in Qi Gong ein und zeigt Ihnen viele hilfreiche Atem-, Körper-, Konzentrations- und Meditationsübungen. So können Sie sich selbst helfen und Ihr Wohlbefinden sowohl auf körperlicher als auch auf psychischer Ebene verbessern.

ISBN 978-3-527-70634-1

Suchen Sie nach einer Entspannungsmethode, die Sie immer und überall anwenden können? Dann ist dieses Buch genau das richtige für Sie. Sie erfahren, wie Sie Zuhause, bei der Arbeit oder in der U-Bahn Entspannung finden, die Sie nur wenige Minuten am Tag kostet.